周　期　表

					18
					2 **He** ヘリウム 4.003 24.59 <0 —
13	14	15	16	17	
5 **B** ホウ素 10.81 8.298 0.277 2.04	6 **C** 炭素 12.01 11.26 1.263 2.55	7 **N** 窒素 14.01 14.53 −0.07 3.04	8 **O** 酸素 16.00 13.62 1.461 3.44	9 **F** フッ素 19.00 17.42 3.399 3.98	10 **Ne** ネオン 20.18 21.56 <0 —
13 **Al** アルミニウム 26.98 5.986 0.441 1.61	14 **Si** ケイ素 28.09 8.152 1.385 1.90	15 **P** リン 30.97 10.49 0.747 2.19	16 **S** 硫黄 32.07 10.36 2.077 2.58	17 **Cl** 塩素 35.45 12.97 3.617 3.16	18 **Ar** アルゴン 39.95 15.76 <0 —

10	11	12	13	14	15	16	17	18
28 **Ni** ニッケル 58.69 7.635 1.156 1.91	29 **Cu** 銅 63.55 7.726 1.228 1.90	30 **Zn** 亜鉛 65.38 9.394 <0 1.65	31 **Ga** ガリウム 69.72 5.999 0.30 1.81	32 **Ge** ゲルマニウム 72.63 7.899 1.2 2.01	33 **As** ヒ素 74.92 9.81 0.81 2.18	34 **Se** セレン 78.96 9.752 2.02 2.55	35 **Br** 臭素 79.90 11.81 3.365 2.96	36 **Kr** クリプトン 83.80 14.00 <0 3.00
46 **Pd** パラジウム 106.4 8.34 0.557 2.20	47 **Ag** 銀 107.9 7.576 1.302 1.93	48 **Cd** カドミウム 112.4 8.993 <0 1.69	49 **In** インジウム 114.8 5.786 1.3 1.78	50 **Sn** スズ 118.7 7.344 1.2 1.96	51 **Sb** アンチモン 121.8 8.641 1.07 2.05	52 **Te** テルル 127.6 9.009 1.971 2.10	53 **I** ヨウ素 126.9 10.45 3.059 2.66	54 **Xe** キセノン 131.3 12.13 <0 2.60
78 **Pt** 白金 195.1 8.61 2.128 2.28	79 **Au** 金 197.0 9.225 2.309 2.54	80 **Hg** 水銀 200.6 10.44 <0 2.00	81 **Tl** タリウム 204.4 6.108 0.2 2.04	82 **Pb** 鉛 207.2 7.416 0.364 2.33	83 **Bi** ビスマス 209.0 7.289 0.946 2.02	84 **Po** ポロニウム (210) 8.42 — 1.9 2.00	85 **At** アスタチン (210) — 2.8 2.20	86 **Rn** ラドン (222) 10.75 <0 —
110 **Ds** ダームスタチウム (281) — — —	111 **Rg** レントゲニウム (280) — — —	112 **Cn** コペルニシウム (285) — — —	113 **Nh** ニホニウム (278) — — —	114 **Fl** フレロビウム (289) — — —	115 **Mc** モスコビウム (289) — — —	116 **Lv** リバモリウム (293) — — —	117 **Ts** テネシン (293) — — —	118 **Og** オガネソン (294) — — —

64 **Gd** ガドリニウム 157.3 6.150 <0.5 1.20	65 **Tb** テルビウム 158.9 5.864 <0.5 —	66 **Dy** ジスプロシウム 162.5 5.939 <0.5 1.22	67 **Ho** ホルミウム 164.9 6.022 <0.5 1.23	68 **Er** エルビウム 167.3 6.108 <0.5 1.24	69 **Tm** ツリウム 168.9 6.18 <0.5 1.25	70 **Yb** イッテルビウム 173.1 6.254 <0.5 —	71 **Lu** ルテチウム 175.0 5.426 <0.5 1.0
96 **Cm** キュリウム (247) 6.09 — —	97 **Bk** バークリウム (247) 6.30 — —	98 **Cf** カリホルニウム (252) 6.3 — —	99 **Es** アインスタイニウム (252) 6.52 — —	100 **Fm** フェルミウム (257) 6.64 — —	101 **Md** メンデレビウム (258) 6.74 — —	102 **No** ノーベリウム (259) 6.84 — —	103 **Lr** ローレンシウム (262) — — —

注3）　12族元素は遷移元素に含める場合と含めない場合がある．
備考：超アクチノイド（原子番号104以降の元素）の周期表の位置は暫定的である．

理工系の基礎

基礎化学

井手本 康／橋詰 峰雄／湯浅 真／竹内 謙
郡司 天博／酒井 秀樹／近藤 行成／板垣 昌幸
田中 優実／杉本 裕／坂井 教郎／本田 宏隆 著

丸善出版

刊行にあたって

　科学における発見は我々の知的好奇心の高揚に寄与し，また新たな技術開発は日々の生活の向上や目の前に山積するさまざまな課題解決への道筋を照らし出す．その活動の中心にいる科学者や技術者は，実験や分析，シミュレーションを重ね，仮説を組み立てては壊し，適切なモデルを構築しようと，日々研鑽を繰り返しながら，新たな課題に取り組んでいる．

　彼らの研究や技術開発の支えとなっている武器の一つが，若いときに身に着けた基礎学力であることは間違いない．科学の世界に限らず，他の学問やスポーツの世界でも同様である．基礎なくして応用なし，である．

　本シリーズでは，理工系の学生が，特に大学入学後1，2年の間に，身に着けておくべき基礎的な事項をまとめた．シリーズの編集方針は大きく三つあげられる．第一に掲げた方針は，「一生使える教科書」を目指したことである．この本の内容を習得していればさまざまな場面に応用が効くだけではなく，行き詰ったときの備忘録としても役立つような内容を随所にちりばめたことである．

　第二の方針は，通常の教科書では複数冊の書籍に分かれてしまう分野においても，1冊にまとめたところにある．教科書として使えるだけではなく，ハンドブックや便覧のような網羅性を併せ持つことを目指した．

　また，高校の授業内容や入試科目によっては，前提とする基礎学力が習得されていない場合もある．そのため，第三の方針として，講義における学生の感想やアンケート，また既存の教科書の内容などと照らし合わせながら，高校との接続教育という視点にも十分に配慮した点にある．

　本シリーズの編集・執筆は，東京理科大学の各学科において，該当の講義を受け持つ教員が行った．ただし，学内の学生のためだけの教科書ではなく，広く理工系の学生に資する教科書とは何かを常に念頭に置き，上記編集方針を達成するため，議論を重ねてきた．本シリーズが国内の理工系の教育現場にて活用され，多くの優秀な人材の育成・養成につながることを願う．

2015年4月

東京理科大学　学長

藤　嶋　　昭

序　文

　化学は，科学（science）の中心に位置づけられる学問である．すなわち，世の中に存在する物質は化学によって生み出され，天然に存在する物質の構築も化学で説明できる．また，化学は周辺の学問分野である物理学，生物学，地学や，科学技術分野である工学，医学，薬学，農学，環境などと密接に結びついている．よって，これらの諸分野を学び理解するにあたって，少なくとも化学の基礎知識は重要であり，必要不可欠な基礎科目と考えられる．

　このように，種々の分野に関わる化学をどのように学んでいけばよいのであろうか．19世紀までの古典的な学問としての化学から，20世紀に入ってからの科学の著しい発展で，例えば物理化学の領域では巨視的/熱力学に立脚した学問から，微視的/量子力学に立脚した学問へ発展・拡大している．ほかにも物質で分類される無機化学，有機化学，領域で分類される高分子化学，生化学，環境化学，手法で分類される合成化学，分析化学など，これら各分野においても著しい発展によって質・量ともに大きな変化を遂げている．これらをすべて網羅することは至難の業である．物理化学を例にしても，代表的な教科書は数冊に分冊され，かなりのボリュームである．化学を専攻，または関連する分野の中で，物理化学を詳細に勉強しようとするものにとっては必要となったときにそれらを読んで理解すればよい．一方，化学全般，さまざまな分野に関わる化学をその基礎科目として学ぼうとするものにとっては，広範な内容を精選して，いわば化学の基礎を網羅した教科書が望まれる．

　また，化学は，物理化学，無機化学，有機化学，分析化学および高分子化学，生化学などの幅広い領域に分かれて教育・研究が行われている．これらは互いに関連が深い分野で構成されており，化学の基礎に着目した教科書を作成するにあたって，その関連に留意することにも重きをおいた．

　一般に教養の化学，化学の入門書は「一般化学」というタイトルがつけられることが多い．本書のタイトル「基礎化学」というのは，化学の各分野について学部における教育の中で，ここだけは基礎として押さえておいてほしいという意味も込めている．

　本書は，化学を専門とする学部学生が修得しておくべき基礎的な内容を網羅するよう

に構成されているが，化学を専門としない学部学生が化学を学ぶ教科書としても有用である．また，学部におけるさまざまな講義の教科書としてはもちろん，大学院生，社会人になっても手元において使えるように，ハンドブック的なデータも含めた内容になっている．

さらに，本書の特徴として，各章に関連する国内外の偉人，著名な研究者について「研究者コラム」を随時掲載している．先人の偉大な功績を学ぶことも化学に興味をもつ意味で重要である．

将来，研究者，技術者になるために，そして研究者，技術者として社会で活躍していくための一助として，さらに一生手元において役立つ参考書として，本書を長く活用していただければ幸いである．

最後に，本書の作成にあたり，多くの方々のご協力をいただいた．特に，東條健氏をはじめとして丸善出版株式会社の方々には，企画，編集，出版を通じて一貫して大変お世話になった．ここに記して心より謝意を表します．

2015 年 11 月

執筆者を代表して

井 手 本　康

目　次

1. 物質の構造　　1

- 1.1 原子の構成 ── 1
  - 1.1.1 元素　1
  - 1.1.2 原子の構造　1
  - 1.1.3 原子番号，質量数，同位体，原子量　2
- 1.2 分子の構造 ── 3
  - 1.2.1 分子　3
  - 1.2.2 化合物，混合物　3
- 1.3 イ オ ン ── 4
  - 1.3.1 単原子イオン，イオン結合　4
  - 1.3.2 多原子イオン　5
- 1.4 化学量論 ── 5
  - 1.4.1 モル　5
  - 1.4.2 分子量と式量　6
  - 1.4.3 パーセント組成　6
  - 1.4.4 化学反応式　7

2. 原子の構造　　8

- 2.1 はじめに ── 8
- 2.2 電子と原子核（陽子・中性子）── 8
  - 2.2.1 電子の発見　8
  - 2.2.2 電子の素電荷　10
  - 2.2.3 原子核（陽子・中性子）　11
- 2.3 粒子性と波動性 ── 13
  - 2.3.1 光：光電効果と光の二重性　13
  - 2.3.2 X線：ブラッグの反射条件とコンプトン散乱　15
  - 2.3.3 電子（物質）：ド・ブロイの仮説と電子線回折　15
- 2.4 原子スペクトルとエネルギー準位 ── 17
  - 2.4.1 原子スペクトル　17
  - 2.4.2 エネルギー準位　17
  - 2.4.3 水素原子のスペクトルとエネルギー準位　18
- 2.5 水素原子のボーアの原子模型 ── 20
  - 2.5.1 ボーアの原子模型と三つの条件　20
  - 2.5.2 ボーアの原子模型からの導き（ボーア理論）　21
  - 2.5.3 水素原子のスペクトルとボーア理論のまとめ　23
- 2.6 量子論の基礎 ── 24
  - 2.6.1 量子論・量子化学とは　24
  - 2.6.2 ド・ブロイの仮説と量子論　25
  - 2.6.3 ハイゼンベルクの不確定性原理　25
  - 2.6.4 電子の存在確率（電子雲）　26
- 2.7 量子論とその応用 ── 27
  - 2.7.1 シュレディンガーの波動方程式　27
  - 2.7.2 波動方程式の導き　28
  - 2.7.3 波動方程式と量子数，存在確率など　30

3. 原子の性質　34

- 3.1 量子数 ― 34
  - 3.1.1 主量子数　34
  - 3.1.2 方位量子数　34
  - 3.1.3 磁気量子数　34
  - 3.1.4 スピン量子数　35
- 3.2 原子の電子配置 ― 35
- 3.3 周期表 ― 40
  - 3.3.1 周期表の成立までの歴史　40
  - 3.3.2 モーズレーの法則　40
  - 3.3.3 周期表の成り立ち　40
- 3.4 イオン化エネルギー ― 41
- 3.5 電子親和力 ― 44
- 3.6 電気陰性度 ― 45
- 3.7 原子半径, イオン半径 ― 47

4. 化学結合と分子構造　51

- 4.1 化学結合の生成とその種類 ― 51
  - 4.1.1 イオン結合　51
  - 4.1.2 共有結合　52
  - 4.1.3 分子間結合　54
- 4.2 共有結合エネルギーと共有結合の強さ ― 56
- 4.3 軌道の混成と分子の形 ― 58
  - 4.3.1 sp^3 混成軌道　59
  - 4.3.2 sp^2 混成軌道　59
  - 4.3.3 sp 混成軌道　60
  - 4.3.4 占有軌道と空軌道の相互作用に基づく結合　61
- 4.4 分子構造と双極子モーメント ― 62
  - 4.4.1 結合の双極子モーメント　62
  - 4.4.2 双極子モーメントと結合のイオン性　63
  - 4.4.3 分子構造と双極子モーメントの方向　63
  - 4.4.4 双極子モーメントのベクトル和の計算　64
- 4.5 原子価殻電子対反発理論 ― 65

5. 物質の状態とエネルギー　67

- 5.1 気体 ― 67
  - 5.1.1 気体の3法則　67
  - 5.1.2 理想気体　68
  - 5.1.3 実在気体の状態方程式　70
- 5.2 液体 ― 72
  - 5.2.1 蒸気圧と標準沸点　72
  - 5.2.2 クラウジウス・クラペイロンの式とモル蒸発熱　72
  - 5.2.3 トルートンの通則　73
- 5.3 溶体と溶液 ― 73
  - 5.3.1 溶液の濃度　73
  - 5.3.2 溶解度とヘンリーの法則　74
  - 5.3.3 希薄溶液とその性質　74
- 5.4 固体 ― 75
  - 5.4.1 固体の定義　75
  - 5.4.2 結晶の分類　76
  - 5.4.3 単位格子と最密充塡構造　77
  - 5.4.4 イオン結晶の結晶構造と最小イオン半径比　78

5.4.5	ブラベ格子とミラー指数	79
5.4.6	結晶構造解析	80
5.4.7	固/液平衡	81

5.5 化学熱力学 ─── 81
5.5.1	化学熱力学とは	81
5.5.2	状態とエネルギー	81
5.5.3	状態変化とエントロピー	84
5.5.4	自由エネルギー	86

6. 化学反応・化学量論・反応速度　90

6.1 化学反応と化学量論 ─── 90
6.1.1	直接結合反応	90
6.1.2	分解反応	90
6.1.3	置換反応	90
6.1.4	交換反応	90
6.1.5	化学量論	90

6.2 化学平衡 ─── 91
6.2.1	平衡	91
6.2.2	平衡とエントロピー	91
6.2.3	動的平衡	92

6.3 反応速度 ─── 92
6.3.1	化学反応速度論の概要	92
6.3.2	活性化エネルギー	94
6.3.3	活性化衝突	95

6.4 触媒 ─── 97
| 6.4.1 | 触媒とは | 97 |
| 6.4.2 | 触媒の分類と種類 | 97 |

7. 酸と塩基　100

7.1 酸・塩基の概念 ─── 100
7.1.1	アレニウスによる定義	100
7.1.2	ブレンステッドとローリーによる定義	100
7.1.3	ルイスによる定義	101

7.2 酸性または塩基性水溶液中に存在するイオン種 ─── 101
| 7.2.1 | 水和した水素イオン（オキソニウムイオン） | 101 |
| 7.2.2 | H^+ と OH^- の間の平衡 | 101 |

7.3 水素イオン指数 ─── 102

7.4 酸・塩基の強さと解離定数 ─── 103
| 7.4.1 | 酸解離定数 | 103 |
| 7.4.2 | 塩基解離定数 | 104 |

7.5 弱酸，弱塩基水溶液のpHとpK_aの相関 ─── 105

7.6 塩の加水分解 ─── 106

7.7 塩効果と共通イオン効果 ─── 106
| 7.7.1 | 塩効果 | 106 |
| 7.7.2 | 共通イオン効果 | 106 |

7.8 緩衝液 ─── 107
7.8.1	酢酸-酢酸ナトリウム緩衝液	107
7.8.2	緩衝能	108
7.8.3	リン酸緩衝液	108

7.9 酸・塩基滴定 ─── 109
7.9.1	強酸-強塩基滴定曲線	109
7.9.2	弱酸-強塩基滴定曲線	109
7.9.3	強酸-弱塩基の滴定曲線	110
7.9.4	多塩基酸の中和反応	110

7.10 pH指示薬 ─── 110

7.11 水以外の溶媒中での酸・塩基反応 ── 111	7.11.2 溶媒の塩基性の寄与　112
7.11.1 溶媒の誘電率の寄与　111	

8. 酸化還元反応　113

8.1 酸 化 数 ── 113	8.2.2 イオン電子法による酸化還元反応のつり合わせ　114
8.1.1 酸化数とは　113	
8.1.2 酸化数の決定法　113	8.3 酸化還元と電気化学 ── 115
8.1.3 酸化数の表示　113	8.3.1 イオン化傾向と電池反応　115
8.1.4 酸化剤，還元剤　113	8.3.2 標準電極電位　116
	8.3.3 電池の起電力　116
8.2 酸化還元反応の化学量論 ── 114	8.3.4 腐食反応　121
8.2.1 酸化数による酸化還元反応のつり合わせ　114	

9. 無機化合物の反応と性質　123

9.1 水素とその化合物 ── 123	9.5.2 窒化物　132
9.1.1 水素　123	9.5.3 窒素の酸化物とオキソ酸　133
9.1.2 水素化物　123	9.5.4 窒素のオキソ酸塩　135
9.1.3 水酸化物　124	
	9.6 リンとその化合物 ── 135
9.2 ホウ素とその化合物 ── 125	9.6.1 リン　135
9.2.1 ホウ素　125	9.6.2 リン化物　135
9.2.2 ホウ化物　125	9.6.3 リンの酸化物とオキソ酸　136
9.2.3 ホウ素の酸化物とオキソ酸　125	9.6.4 リンのオキソ酸塩　137
9.2.4 ホウ酸塩　126	
	9.7 酸素とその化合物 ── 137
9.3 炭素とその化合物 ── 127	9.7.1 酸素　137
9.3.1 炭素　127	9.7.2 酸化物　138
9.3.2 炭化物　127	
9.3.3 炭素の酸化物とオキソ酸　128	9.8 硫黄とその化合物 ── 139
9.3.4 炭素のオキソ酸塩　128	9.8.1 硫黄　139
	9.8.2 硫化物　140
9.4 ケイ素とその化合物 ── 129	9.8.3 硫黄の酸化物とオキソ酸　140
9.4.1 ケイ素　129	9.8.4 硫黄のオキソ酸塩　141
9.4.2 ケイ化物　129	
9.4.3 ケイ素の酸化物とオキソ酸　130	9.9 ハロゲンとその化合物 ── 143
9.4.4 ケイ酸塩　130	9.9.1 ハロゲン　143
	9.9.2 ハロゲン化物　144
9.5 窒素とその化合物 ── 132	9.9.3 ハロゲンの酸化物とオキソ酸　145
9.5.1 窒素　132	9.9.4 ハロゲンのオキソ酸塩　145

9.10　貴ガス元素とその化合物 —— 147

10. 多原子分子の分子構造と化学結合　148

10.1　分子の構造とその表記法 —— 148
10.2　共鳴構造式 —— 150
10.3　有機化合物の共鳴構造式 —— 153
　10.3.1　ベンゼン　153
　10.3.2　ニトロベンゼン　153
　10.3.3　クロロベンゼン　153
　10.3.4　フェノール　153
　10.3.5　アニリン　154
　10.3.6　トルエン　154
　10.3.7　1,3-ブタジエン　155
　10.3.8　アクロレイン（2-プロペニルアルデヒド）　155
　10.3.9　アリルラジカル　155
10.4　無機化合物の共鳴構造式と化学的性質 —— 156
　10.4.1　一酸化炭素　156
　10.4.2　二酸化炭素　156
　10.4.3　一酸化窒素　156
　10.4.4　二酸化窒素　156
　10.4.5　一酸化二窒素　156
　10.4.6　酸素　157
　10.4.7　オゾン　157
　10.4.8　窒素　157
　10.4.9　硫酸　157
　10.4.10　硝酸　158
　10.4.11　炭酸　158
　10.4.12　硝酸イオン　158
10.5　有機化合物の共鳴構造式と化学的性質 —— 159
　10.5.1　共鳴効果（R効果）　159
　10.5.2　誘起効果（I効果）　160
　10.5.3　一置換ベンゼンの反応性とI, R効果　160

11. 有機化合物の構造と命名法　162

11.1　有機化合物の命名法 —— 162
　11.1.1　直鎖炭化水素　162
　11.1.2　炭化水素基　163
　11.1.3　環状炭化水素　164
　11.1.4　芳香族炭化水素　165
　11.1.5　橋頭炭素およびスピロ炭素をもつ炭化水素　166
　11.1.6　その他の化合物の命名法　167
11.2　有機化合物の構造と立体化学 —— 170
　11.2.1　分子の立体構造の表示法　170
　11.2.2　立体配置と光学活性物質　170
　11.2.3　絶対配置　172
11.3　有機化合物の異性体とその表示法 —— 173
　11.3.1　構造異性体　173
　11.3.2　立体異性体　173

12. 有機化合物の構造と性質　180

12.1　有機化合物の構造と物性 —— 180
　12.1.1　炭化水素　180
　12.1.2　ハロゲン化アルキル（ハロアルカン）　182
　12.1.3　含酸素化合物　183

12.1.4 含窒素化合物 187	12.2 **有機化合物の反応** ——— 189	
12.1.5 含硫黄化合物 188	12.2.1 単結合の結合様式 189	
12.1.6 有機金属化合物 188	12.2.2 イオン反応について 190	
	12.2.3 ラジカル反応について 193	

13. 無機化合物の命名法と構造　　196

13.1 無機化合物の命名法 ——— 196
13.1.1 命名法体系の種類　196
13.1.2 組成命名法　196
13.1.3 置換命名法　198
13.1.4 付加命名法　206

13.2 無機化合物の構造 ——— 208
13.2.1 錯体の幾何構造　208
13.2.2 立体異性体　209

1. 物質の構造

　化学とは，諸物質の構造・性質並びにこれら物質相互間の反応を研究する自然科学の一部門である（『広辞苑（第6版）』より）．つまり，我々の周りに存在するすべての物質およびそれらの反応は，生物に関するものも含めて化学の「ことば」を用いて記述し，理解することができる，といっても過言ではない．ただし，その「ことば」は時代とともに変わっていく場合もある．化学もほかの「科学」の分野と同様，常に進化を続けており，未だ完成された学問ではない．本章では種々の物質の構造や性質，反応を記述するうえで必要な要素について簡潔に述べる．

1.1 原子の構成

1.1.1 元素

　元素（element）は化学的手段（化学的反応）によってそれ以上単純なものに変えることができない基本的な物質である．種々の物質はこれら元素の組合せによりできている．通常の環境下における元素の状態には気体，液体，固体があり，それら，すべての元素が，**周期表（periodic table）**に記載されている．各元素の名称は，その元素を含む物質の名称（フッ素（蛍石）F），性質（アルゴン（不活性な）Ar）のほか，地名（スカンジウム（スカンジナビア）Sc），化学の発展に貢献した人物の名前（キュリウム（キュリー夫人）Cm），などに由来している．各元素を表す元素記号は，その元素の英語名からとられているもの（hydrogen（水素）H や carbon（炭素）C）が多いが，ラテン語やほかの言語に由来しているものもある（*natrium*（ラテン語，ナトリウム）Na や *Wolfram*（ドイツ語，タングステン）W）．

　紀元前から炭素，硫黄，鉄，銅，銀，スズ，アンチモン，金，水銀，鉛の10元素の存在が知られていたが，その後の新しい元素の発見のペースは比較的緩やかであった．19世紀前半にデベライナーによって三つ組元素（triad），すなわち性質の似た三つの元素の組が提唱され，その後あわせて16組の三つ組元素の存在が報告され，多くの化学者たちが組内の元素の類似性について説明を試みた．その中で，メンデレーエフによって今日の周期表の先駆けとなるものが提案されたのは1869年であった．日本でいえば明治時代に入った頃である．すでにさまざまな物質や材料が工業的に製造されていたにもかかわらず，現在の化学の基盤の一つが構築されたのはわずか150年ほど前のことである．

　周期表については，原子の性質との関連から3章で詳細に述べる．現在の周期表は，20～30年前の周期表とは掲載されている内容が少し異なっている．一つは新しく発見された（特殊な装置を用いて人類が製造した，という方が正しいかもしれない）人工的な元素が追加されている点，もう一つは，いくつかの元素の原子量（1.1.3項参照）の値が修正されている点である．最新の周期表では，水素や炭素など，いくつかの元素の原子量はある幅をもった値として表記されている．例えば，水素の原子量はこれまで1.00794 という値が示されていたが，最新の周期表では 1.00784 ～ 1.00811 という範囲をもった値として示されている．これは，測定技術の進歩により，同位体（1.1.3項参照）の存在率が天然において大きく変動することが明らかとなり，単一の数値で原子量を与えられないためである．なお通常の化学計算においては，そのような微小な値の変化が影響することは少ない．

1.1.2 原子の構造

　すべての物質は**原子（atom）**とよばれる独立のユニットから構成されている．いい換えると，原子は元

ドミトリ・メンデレーエフ

ロシアの化学者．35歳のときに周期表を作成した．その周期表の空欄から，当時は明らかになっていなかった元素の存在を，性質も含めて正確に予測した．元素名（Md）などさまざまなものに彼の名が残されている．(1834-1907)

素を特徴づける最小の単位である．原子の中における微粒子の分布状態を**原子構造**（atomic structure）とよぶ．原子は主要な3種類の粒子から構成されている．

原子は核と核外の二つの領域に分けられる．核は**原子核**（(atomic) nucleus）とよばれ，ほぼ球状であり約 $10^{-15} \sim 10^{-14}$ m の直径をもつ．なお，10^{-15} を f（フェムト）という接頭語で表すことができる．すなわち原子核の大きさは $1 \sim 10$ fm となる．原子核は，**陽子**（proton）と**中性子**（neutron）の2種類の粒子から構成される．陽子 p^+ は正に荷電し，中性子 n は電気的に中性である．中性子の質量（1.675×10^{-27} kg，本章では多くの場合について，より下位の数値まで正確に求められている値であっても有効数字4桁までの形で示す）は陽子の質量（1.673×10^{-27} kg）よりわずかに大きい．

核外もほぼ球状であり，そこには負に荷電している粒子すなわち**電子**（electron）e^- が球状に分布している．電子の比電荷は，電荷 e の質量 m に対する比 e/m で表され，トムソンの陰極線管を用いた実験結果により，1.759×10^8 C g^{-1} という値が得られた．その後，ミリカンの油滴実験により，e の値が 1.602×10^{-19} C であることが示され（e は正の値で定義されるため，電子のもつ電荷の大きさは $-e$ と表記することに注意），これと比電荷から電子の質量は 9.109×10^{-28} g と求められる．このように，電子の質量は，陽子や中性子の質量の約 1/1800 と小さい．

原子において陽子と中性子の質量の和は原子の全質量にほぼ等しく，核外の質量はごくわずかである．電子は，陽子の正の電荷と等しい負の電荷をもつ．原子は通常，電気的に中性であり，原子核内の陽子の数と核外の電子の数は等しく，電荷が 0 である．核外の領域の大きさは約 10^{-10} m である．10^{-12} については p（ピコ）という接頭語が使えるので，原子の直径は約 100 pm ということもできる．また，原子の大きさを表すときには 10^{-10} m に相当する Å（オングストローム）という単位が使われることも多い．いずれにしても，核外領域の大きさは核の直径の約 100 000 〜 10 000 倍である．質量における差も踏まえれば，原子核は高密度であり，核外の密度は低い．しかし原子の大きさは，核外領域の占める容積に依存している．電子はいわゆるボーアの原子模型（Bohr's atomic model）のように，原子核を中心とした同心円状の軌道を回っているわけではないと現在では考えられている．原子における電子の存在の仕方については，量子力学的な考え方が必要となり，それは2章で述べる．

1.1.3　原子番号，質量数，同位体，原子量

ある元素がほかの元素と性質が異なるのは，元素のもつ陽子と電子の数が異なるためである．ある元素の一つの原子に含まれる陽子の数を**原子番号**（atomic number）とよび Z で表す．元素の原子番号は原子核内の陽子の数（正の電荷数）に等しく，その元素が中性であるときは，原子中の電子の数に等しい．一つの元素の中のすべての原子は同じ原子番号である．周期表には，各元素の原子番号が整数で表示されていて，原子番号の順に並べられている．すなわち，原子番号により，どの元素か決定できる．例えば，カリウム原子 K の原子番号は 19 であり，19 個の陽子と 19 個の電子をもつ．**質量数**（mass number）は，一つの原子中の陽子と中性子の数の合計であり，A で表される（式(1-1)）．

$$A = Z + \text{中性子の数} \tag{1-1}$$

したがって中性子をもたない水素以外は，常に $A > Z$ である．各原子は，固有の質量数，いい換えると固有の数の中性子をもつ．表記方法は，A を上付添字，Z を下付添字として，両方の数字は元素記号の前に書く．すなわち，^A_ZX と表記する．例えば，炭素原子は，原子番号が 6 で 6 個の中性子をもっており，$^{12}_6$C となる．一方，同一の原子番号をもち質量数の異なるもの，すなわち電子と陽子の数は等しいが中性子数が異なるものを，その元素の**同位体**（isotope）とよぶ．よって，同位体は正負の電荷数は同じであるが質量数が異なる．同位体について触れるとき，原子番号は省略されることもあり，$^{12}_6$C を ^{12}C と表すことも多いが意味はまったく同じである．

例として，水素は**図 1-1**（各粒子の大きさの比や電子の存在位置は正確ではない．粒子の数のみに注目すればよい）に示したように 3 種の同位体をもち，通常の 1 個の陽子 p^+ と 1 個の電子 e^- をもつ水素（プロチウム）のほかに，1 個の陽子 p^+ と 1 個の中性子 n，1 個の電子 e^- をもつ重水素（ジュウテリウム），1 個の陽子 p^+ と 2 個の中性子 n，1 個の電子 e^- をもつ三

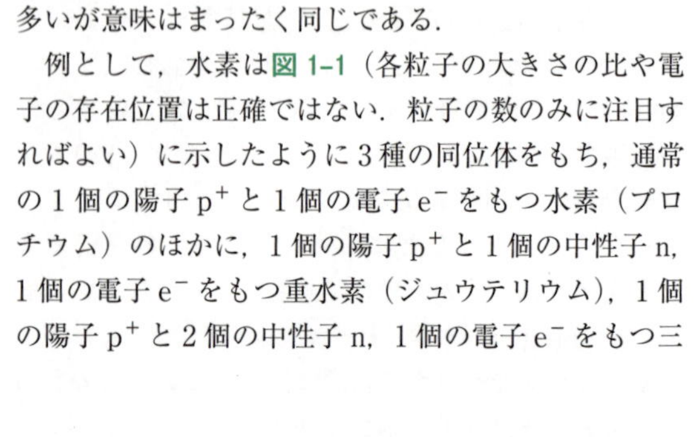

●：陽子 p^+　〇：中性子 n　〇：電子 e^+

(a) プロチウム $^1_1$H　(b) ジュウテリウム $^2_1$H　(c) トリチウム $^3_1$H

図 1-1　水素の同位体の模式図

重水素（トリチウム）が存在する．自然界に同位体が一つ以上ある元素について，すべての同位体の平均質量（加重平均）を原子質量単位で表したものを **原子量（atomic weight）** という．ここで，原子質量単位（atomic mass unit）とは，先に表した炭素の同位体 $^{12}_{6}C$ を原子量の基本単位とし，$^{12}_{6}C$ の原子1個の重さを正確に12原子質量単位（amu）と定義したものである．つまり，ほかの原子の質量は $^{12}_{6}C$ に対する相対比で表されている．先に述べた陽子，中性子，電子の質量をそれぞれ m_p，m_n，m_e とし，それらを原子質量単位で表すとそれぞれ $m_p = 1.00728$ amu, $m_n = 1.00867$ amu, $m_e = 0.000549$ amu となる．例えば，水素の自然界での存在割合は，$^{1}_{1}H$，$^{2}_{1}H$，$^{3}_{1}H$ が各々 99.985%, 0.015%, 10^{-9}% である（上述したように，より精密な存在比の値は変化しているが，ここでの計算には影響しない）．したがって，自然界の水素のほとんどは $^{1}_{1}H$ であり，水素の原子量は m_p と m_e の和に近い 1.0079 amu と求められる．化学では長い間 amu を単位とする原子質量単位が利用されてきたが，物理学では別の原子質量単位の定義を用いていた．現在は **統一原子質量単位（unified atomic mass unit，単位：u）** が公式な単位とされ，原子質量単位と同様，$^{12}_{6}C$ の質量の 1/12 と定義されている．タンパク質などの分子量を表すときに用いられる単位ダルトン（dalton, Da）は，統一原子質量単位と同義である．なお，一般的には原子量の方がよく用いられている．原子量は $^{12}_{6}C$ の質量を 12 と定義したときの相対質量であり，単位は無次元である．その数値は原子質量に等しく，例えば水素の原子量は 1.0079 である．

1.1 節のまとめ
- 元素は化学的手段によってそれ以上単純なものに変えることができない基本的な物質である．
- 原子は元素を特徴づける最小の単位である．
- 原子は陽子と中性子とから構成される原子核と，核外に存在する電子とからなる．
- 原子は原子番号で区別され，それは陽子の数に等しい．
- 通常の原子では，陽子の数と電子の数は等しい．
- 陽子の数は同じであるが，中性子の数が異なる元素を同位体という．
- 原子量は各同位体の質量数（陽子の数＋中性子の数）の加重平均である．

1.2 分子の構造

1.2.1 分子

いくつかの原子同士が化学結合で結合したものが **化合物（compound）** である．化学結合は，イオン結合と共有結合に分けられるが，これについては 4 章で詳しく述べる．共有結合の場合，化合物の基本単位，いい換えれば化合物の性質をもつ最小の粒子が **分子（molecule）** である．一つの化合物中の分子はすべて同じであり，それぞれ同種類，同数の原子から形成されている．分子を表す **化学式（chemical formula）** の中で，各原子の数は添字で表される．化学式には **分子式（molecular formula）** と官能基をわかりやすく示した **示性式（rational formula）** がある．例えば，ギ酸の分子式は CH_2O であり，また示性式は HCOOH（または HCO_2H）と表され，ギ酸 1 分子は二つの水素および酸素原子，一つの炭素原子からなることを示している．この分子における原子の結合の様子を示したのが，**構造式（structural formula）** である．ギ酸の場合は，図 1-2 のように表される．ここで，実線は化学結合を表し，単一線は一つの結合すなわち単結合を，二重線は二つの結合すなわち二重結合を表している．詳しくは 4 章で触れる．

1.2.2 化合物，混合物

上記のように化合物は，二つまたはそれ以上の元素が，ある一定の質量比で化学的に結合した物質である．これは **定比例の法則（law of definite proportion）**

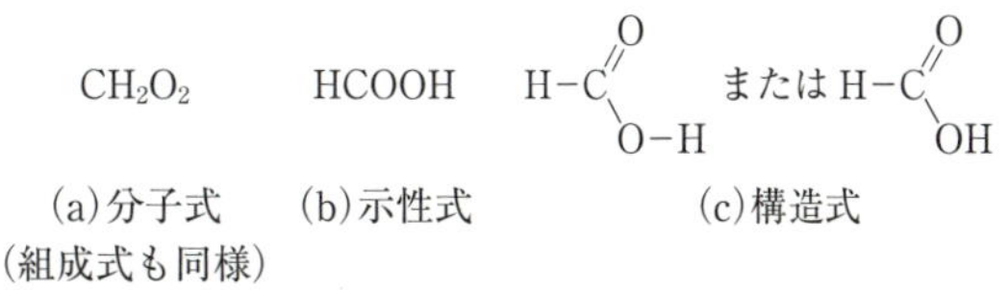

CH_2O　　　HCOOH　　　$H-C\overset{O}{\underset{O-H}{\diagdown}}$ または $H-C\overset{O}{\underset{OH}{\diagdown}}$

(a) 分子式　　(b) 示性式　　(c) 構造式
（組成式も同様）

図 1-2　ギ酸の種々の表記方法

にあたる．ある化合物の元素の質量比は化学式から求めることができる．**イオン (ion)** を構成要素としたイオン結合による化合物の場合，分子という概念は適用されず，化学式は**組成式 (compositional formula)** と同じである．共有結合による化合物は分子がその基本単位であり，分子式からその組成が読みとれる．有機化合物においては，分子式は組成式の整数倍の関係にある．例えばグルコースの分子式は $C_6H_{12}O_6$ であるが，組成式は CH_2O である．一つの化合物は，調製法に無関係な固有の性質をもっている．

純物質（pure substance）とは一つの元素または化合物からできている物質のことである．また1種類の元素からできている純物質を**単体（simple substance または element）**とよぶこともある．一方，**混合物 (mixture)** は，元素や化合物と違い，二つまたはそれ以上の物質（元素や化合物）が混じり合ったもので，純物質ではない．天然物や調製した物質のほとんどはこれにあたる．混合物の性質は，その組成が変化するにつれて変わる．混合物中の物質は化学的変化を起こすことなく物理的手段で分離できる．例えば，海水から飲料水を得るのに使う蒸留はこれにあたる．混合物は，均一（homogeneous），不均一（heterogeneous）のどちらかである．すべての溶液は，一様な性質をもち均一混合物である．これを単一の相（single phase）からなるといい，塩化ナトリウム水溶液などはこれにあたる．また，気体の混合物は必ず単一の相からなる．不均一の例としては塩化ナトリウムとグルコースの混合物があげられ，この場合2相存在しており，その間には境界がある．また塩化ナトリウムが溶け残っている飽和水溶液も，不均一であり液相と固相の2相からなる．氷水は，純物質であるが不均一で，やはり2相からなっている．

1.2節のまとめ
- 化合物のうち共有結合によって原子が結ばれているものが分子である．
- 分子を表現する化学式には分子式や示性式，構造式がある．
- 混合物は元素（単体）や化合物が混じり合ったものである．

1.3 イオン

1.3.1 単原子イオン，イオン結合

原子または原子団が電子を受けとったり，失ったりすることにより，負または正の電荷をもったものをイオンとよぶ．このうち，原子1個からなるイオンを**単原子イオン (monoatomic ion)** という．例えば，塩化カリウム（KCl）が元素から生成される際，カリウム原子（K）は電子1個を失い正の電荷をもつ．これをカリウムイオンといい，K^+ と表される．このように正電荷をもつイオンを**陽イオン (cation)** とよぶ．一方，塩素原子（Cl）は電子1個を得て負の電荷をもつ．これを塩化物イオンといい，Cl^- と表す．このように負電荷をもつイオンを**陰イオン (anion)** とよぶ．どの元素が陽イオンになりやすく，どの元素が陰イオンになりやすいか，またどの軌道（2章参照）がイオン生成に関与するか，などの詳細は3章で述べる．

KClに話を戻すと，原子KとClは電気的に中性であり，これらの原子がKClを生成する際に電荷を帯びる．このようにKClは K^+ と Cl^- からなり，このような化合物を**イオン（型）化合物 (ionic compound)** という．いい換えると，これらは反対の電荷をもつため，K^+ と Cl^- 間には引力が働き，中性の**塩 (salt)** であるKClができる．このように，正，負の両者の引力がこれらのイオンを一つに保つ．この結合が**イオン結合 (ionic bond)** である．イオン結合は，一つの原子が他の原子に1個以上の電子を移動し，その結果生じたイオンが反対の電荷により生じる引力によって一つになる化学結合である．**共有結合 (covalent bond)** の形成によって分子が生成する場合と違い，通常はKClという明確な分子ができるのではなく，K^+ と Cl^- とが規則正しく配列した**イオン結晶 (ionic crystal)** が生成する．一つの K^+ の周りには複数の Cl^- が存在しており，どの二つのイオンが対をつくっているかは特定できない．イオン結晶の結晶構造は，イオンの組合せや組成によって異なる．詳細は5章で述べる．

単原子陽イオンの名称は，元素名にイオンをつければよい．ただし，一つの元素で複数の価数をもつイオンは，各イオンの電荷を括弧で囲んだローマ数字で示す．例えば，Ce^{3+} はセリウム（Ⅲ）イオン，Ce^{4+} はセ

リウム(Ⅳ)イオンという．イオンが 1 種類のときはローマ数字を用いない．例えば，Ba^{2+} はバリウムイオンである．かつては一つの元素で電荷が異なる場合，日本語では，電荷の少ない方を第一，多い方を第二とつけて区別した．例えば，鉄イオンは 2 種類の電荷 +2，+3 をとり，Fe^{2+} を第一鉄イオン，Fe^{3+} を第二鉄イオンとよんでいた．しかしながら，このよび方は価数の値と一致しているわけでなく混乱を招くので，先のイオンを含むよび方，すなわち，各々，鉄(Ⅱ)イオン，鉄(Ⅲ)イオンの方が明確である．単原子陰イオンは，元素名の最後の 1 字を化物イオンに置き換えてよぶ．先に述べた塩素 (Cl) のイオンは塩化物イオン (Cl^-)，酸素 (O) のイオンは酸化物イオン (O^{2-}) とよぶ．

1.3.2　多原子イオン

異なる種類の元素が強い共有結合によって結合して電荷をもつものを**多原子イオン（polyatomic ion）**という．多原子イオンは分子と同様に単位として挙動する．その例として，硫酸イオン（SO_4^{2-}），硝酸イオン（NO_3^-），炭酸イオン（CO_3^{2-}），アンモニウムイオン（NH_4^+）などがある．これらは常に化合物の一部として存在し，イオンだけを単離して保存するようなことはできないが，化合物としては，硫酸（H_2SO_4），硫酸ナトリウム（Na_2SO_4）などで存在する．多原子陰イオンの多くは，酸素原子を含み XO_m^{n-} で表され，末尾に酸イオンがつく．例えば，リン酸イオン（PO_4^{3-}），塩素酸イオン（ClO_3^-）などがある．また，酸素の数により，命名が異なる．〜酸イオンより，一つ少ない酸素数の場合は，亜〜酸イオン，二つ少ない酸素数の場合は，次亜〜酸イオン，一つ多い酸素数の場合は，過〜酸イオンとよぶ．例えば，

XO_{m-2}^-　　ClO^-　　次亜塩素酸イオン
XO_{m-1}^-　　ClO_2^-　　亜塩素酸イオン
XO_m^-　　ClO_3^-　　塩素酸イオン
XO_{m+1}^-　　ClO_4^-　　過塩素酸イオン

がある．

一方，これらの規則に従わないものもいくつかある．例えば，OH^-（水酸化物イオン），CH_3COO^-（酢酸イオン），O_2^{2-}（過酸化物イオン）などがある．また，酢酸イオンの例でも明らかなように，分子の中にも容易にイオンとなるものがある．酢酸ナトリウム（CH_3COONa）はイオン結合によって酢酸イオンとナトリウムイオンが結合した化合物であるが，通常イオン結晶とはよばず，酢酸のナトリウム塩という分子として扱われる．

1.3 節のまとめ
- 原子または原子団の電子の授受によりイオンが生成する．
- イオン結合によって形成されている化合物をイオン化合物とよぶ．
- 単原子イオンは，元素名にイオンとつければよい．電荷数を括弧で括って示す場合もある．
- 多原子イオンは，酸素を含む場合〜酸イオンとよぶことが多い．電荷数により名称が変わる．

1.4　化学量論

実験室で化合物について研究するときに，化学反応に関係する**物質量（amount of substance）**の関係を考える必要がある．すなわち，化学における計算を行うには，化学的組成や化学反応の定量的取扱いが必要になり，そのようなときに**化学量論（stoichiometry）**を用いる．いい換えると，化学反応に関わる反応物と生成物の量を取り扱うのが化学量論である．化学量論の計算は，統一原子質量単位（単位：u）を用いて考えることができる．しかしながら，今日では以下に示すような取扱いを通常行う．詳細は 6 章で述べる．

1.4.1　モル

個々の原子は，とても小さく，実験で取り扱うには小さすぎ，より大きな単位が必要となる．そこで，6.022×10^{23} 個の物質で構成される単位を**モル（mole**，単位の略号：mol，SI 基本単位の一つ）として，利用されている．ここで，1 mol における粒子数 6.022×10^{23} 個を**アボガドロ定数（Avogadro constant**，単位：mol^{-1}）N_A とよぶ．アボガドロ定数には単位があり，それに対して単位を除いた部分（数値部分）は**アボガドロ数（Avogadro's number）**とよばれる．これは実験から求められたものである．

$$1 \text{ mol} = 6.022 \times 10^{23} \text{ 個}$$

例えば，炭素と水素からメタン（CH_4）を生成する反応

$$C + 4H \longrightarrow CH_4$$

は，

　C 原子 1 個＋H 原子 4 個 ⟶ CH_4 分子 1 個

と解釈することができる（1.4.4 項参照）．これをモルで表すと次のようになる．

　1 mol の C ＋ 4 mol の H ⟶ 1 mol の CH_4
　（N_A 個の C 原子）（$4 \times N_A$ 個の H 原子）（N_A 個の CH_4 分子）

すなわち，反応式の原子や分子の整数比と，原子や分子のモル比（モル数の比）は等しく，定量的に化学反応を取り扱うにはモル比で考えればよい．

モルにより，実験室で扱える量になったが，これを測定できる量に換算するにはどうすればよいのだろうか．モルは，当初原子量の数と等しいグラム数 [g] の元素の量と定義されていた（その後，経験的に 1 mol に原子が 6.022×10^{23} 個含まれることが発見された）．すなわち

　　　　1 mol の C ＝ 12.011 g の C
　　　　1 mol の Cl ＝ 35.453 g の Cl

つまり，ある元素 1 mol を得るには，その元素の原子量を調べ，そのグラム数をてんびんで量りとればよい．

1.4.2　分子量と式量

化合物の物質量を決定するには，元素のときと同様にてんびんを用いればよい．すなわち，ある物質の 1 mol の質量を求めるには，化合物を構成しているすべての元素の原子量を合計すればよい．その物質が分子で構成されているとき，その原子量の和を **分子量 (molecular weight)** という．例えば，CO_2 の分子量は，

C	1×12.01 （C の原子量）
O	2×16.00 （O の原子量）
CO_2	合計 44.01

であり，物質 1 mol の質量は分子量にグラム [g] をつければよい．よって，1 mol の CO_2 は 44.01 g である．原子質量で考えても同様である．

一方，イオン化合物（例えば KCl，$CaCl_2$）の場合は，分子ではなく，**式単位 (formula unit)** という．多くの場合上述の組成式と同じ意味となる．この一つの式単位中に含まれる元素の原子量を合計したものを **式量 (formula weight)** という．例えば，KCl は 39.1 ＋ 35.5 ＝ 74.6 であり，1 mol の KCl は 74.6 g である．この式量はイオン化合物に限らず，広義には分子にも適用できる．そのときは，式量＝分子量である．イオン化合物にも分子にもあてはまるものとして，モル質量 (molar weight) がある．モル質量は，物質 1 mol の質量 [g] を表す．このように，1 mol は，ある物質の量がその原子または分子量（式量も含む）のグラム数 [g] の質量と定義できる．

1.4.3　パーセント組成

化合物中に含まれる元素の量を簡単に計算できるものとして，化合物全体の質量に対する各元素の質量パーセントを **パーセント組成 (percent composition, 単位：%)** という（質量百分率ともいう）．計算は以下の式(1-1)を利用すればよい．

ある元素のパーセント組成

$$= \frac{\text{原子量} \times \text{分子中の原子数}}{\text{分子量}} \times 100 \ [\%] \quad (1\text{-}1)$$

これにより，化合物中の各元素の質量の相対比を求めることができる．例えば水における H のパーセント組成は 11.19% であり，二酸化炭素における C のパーセント組成は 27.29% である．このことは有機化合物の元素分析に利用できる．C，H，O からなり，その原子数の比が未知である有機化合物（分子）について，その一定質量を完全燃焼させて生成した水と二酸化炭素の生成量（質量）を求めれば，元の試料中の C，H，O の質量を計算することができる．すなわちその分子における各元素のパーセント組成が計算でき，それを基に最終的に原子数の比まで推定することができる．各元素の原子数の比を最も簡単な整数比で表した式が実験式である．つまり実験式は上述の組成式と同じ形になるが，実験結果から比を求めた場合に実験式とよばれることが多い．元素分析により実験式（組成式）まで求めることはできるが，分子式までは求められない．未知の有機化合物の分子量の決定には，最終的には質量分析法を利用する必要がある．

アントワーヌ・ラボアジェ

フランスの化学者．質量保存の法則を発見．それまでのフロギストン説を否定し，燃焼が物質と酸素との結合であることを明らかにした．33 の元素リスト（光と熱素を含む）や元素分析法も発表し，近代有機化学の礎を築いた．徴税請負人の職にあったことでフランス革命の際に処刑された．（1743-1794）

1.4.4 化学反応式

化学反応式（chemical equation） は，化学反応のときに起こる化学変化を表す．例えば，

$$H_2 + Br_2 \longrightarrow 2HBr$$

は一つの水素分子（H_2）と一つの臭素分子（Br_2）との反応により，二つの臭化水素分子（HBr）が生成することを示す．矢印の左側は反応が始まる前の物質で **反応物（reactant）**，右側は反応により生成した物質で **生成物（product）** とよばれる．矢印は「～を生じる」，「反応して～になる」などと読む．化学式のすぐ前の数字は係数とよばれる．また，上記のように，矢印の両側の原子数が同数なとき，その方程式は「つり合っている」という．かつては chemical equation は化学方程式（A＋B＝C のように，数学の方程式と同じく等式で結ぶ形．化学熱力学における計算では（特に熱量の項を加えて熱化学方程式として）今でも利用されている）に対応する英語とされていたが，最近では化学反応式（もともとは reaction formula という英語が使われていた）に対応する英語としても多くの教科書で使われている．

化学反応式の利点は，反応物と生成物の量的な関係を正確に表し，その係数は反応物と生成物の比を与えているところにある．これには，化学方程式がつり合って，**質量保存の法則（law of conservation of mass）** が成り立たなければいけない．通常，係数は整数の相対比で最も小さいものを用いる．また，このとき反応の係数決定に用いる手順は検算法とよばれ，特に決まったルールはないが，一般には，個々の元素について，原子数が不変となるように分子式の前に係数を決める．これがすべての元素について成り立てば，つり合いがとれていることになる．

1.4 節のまとめ

- 1 mol は 6.022×10^{23} 個であり，この数はアボガドロ定数 N_A [mol^{-1}] として定義される．
- ある元素 1 mol の質量は，原子量の数値 [g] と等しい．
- 分子の分子量，イオン化合物の式量は各構成元素の原子量の総和として求められる．
- パーセント組成は，化合物全体の質量に対する各元素の質量パーセントとして求められる．
- 化学反応式は両辺を矢印で結び，左辺の反応物が右辺の生成物を生じる反応を表す．両辺での原子数がつり合うよう各化合物に適当な係数をつける．

章末問題

問題 1-1

周期表は原子番号の順に，必ずしも原子量が大きくなっていくわけではない．周期表から該当する箇所を探し出しなさい．また，なぜ，そのようなことが起こるのか説明しなさい．

問題 1-2

12 個を一つにまとめて 1 ダースとよぶように，6.022×10^{23} 個の粒子をまとめて 1 mol とよぶ．ひとまとめにする個数は，扱いやすく，きりのよい数字に決めてよいはずである．しかし，アボガドロ数のきりは悪く，整数でさえない．なぜ，アボガドロ数は整数ではないのか説明しなさい．

問題 1-3

水の密度はほぼ $1\,g\,cm^{-3}$，すなわち水 1 mol の体積は $18\,cm^3$ である．水分子一つのおよその大きさを求めなさい．

2. 原子の構造

2.1 はじめに

原子は物質を構成する**基本的な粒子**（**基本粒子** (fundamental particle), **素粒子** (elementary particle) とほぼ同意語）である．図 2-1 に示すように，正電荷を有する密度の高い**原子核** (atomic nucleus) と，原子核の半径の 10^4 倍ほどの核外に負電荷を有する**電子** (electron) からなり，さらに原子核は**陽子** (proton) と**中性子** (neutron) からなる（陽子と中性子を総称して核子とよぶ）．電子の電荷は $-e$，陽子の電荷は $+e$，中性子は電荷をもたず，原子核の電荷は原子番号 Z を考慮すると $+Ze$ となる．ここで e は電気素量（素電荷）で $e = 1.6022 \times 10^{-19}$ C となる．また，元素記号の左下には原子番号 Z （＝陽子の数），左上には質量数 A （＝Z＋中性子の数）を示す．

また，原子を取り扱う化学を学ぶにあたり留意することとして，**古典力学** (classical mechanics) と**量子力学** (quantum mechanics) の取扱いがある．古典力学の諸々の法則はマクロな（巨視的な）物体（ボール，自動車，ロケット，惑星など）をよく説明でき，古典力学ではマクロな物体が得ることのできるエネルギー，速度などの大きさは何ら制限を受けないので，マクロな物体の運動に対する古典力学の説明はきわめて適切である．しかしながら，ミクロな（微視的な）粒子（電子，陽子，中性子などの素粒子）を含む系の運動は，古典力学の法則には従わない．例えば，一つの陽子と一つの電子からなる水素では，電子のエネルギーはその位置と正の電荷をもつ核の周りの運動から決まるが，どんな値をも有するわけではない．水素の電子が有するエネルギーには制限があり，この制限は古典力学では説明できない．そのため，古典力学ではない新しい形の力学である量子力学（または波動力学，化学では**量子化学**）が必要となる．

本章では，原子を構成する電子，原子核（陽子，中性子）の発見と特徴，原子軌道とその特有なエネルギーと形状について，古典力学に基づくラザフォードの原子模型から出発し，原子のようなミクロの世界で重要な量子化学の基本的概念を考慮したうえで，量子化学を利用した原子構造の考え方について説明する．

2.2 電子と原子核（陽子・中性子）

2.2.1 電子の発見

19世紀初期，ファラデーは化合物が電流により分解できること（電気分解）を発見し，一つの化合物から元素を一定量だけ遊離するのに必要な電気量 F （＝ 9.6490×10^4 C mol^{-1}）を測定した．その後，ストーニーはこれを考察し，電気は分離した単位から成り立ち，この単位は原子に付随したもので，原子は等量の反対符号の電荷をもつと考え，この電気の仮想的な単位に**電子**という名称を提案した．1897年，トムソンは気体中の電気伝導実験より電子の実在を確かめ，電子のいくつかの性質を決定している．特に，**陰極線** (cathode ray) の正体が電子だとわかり，陰極線のこ

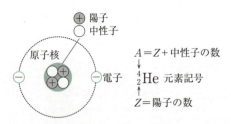

図 2-1 He 原子の構造と元素記号・質量数 A・原子番号 Z の関係

ジョゼフ・ジョン・トムソン（J.J.トムソン）

英国の物理学者．比電荷を求めて電子を発見した．また同位体を見出し，質量分析法を考案した．1906年にノーベル物理学賞を受賞．息子G.P.トムソンも1937年にノーベル物理学賞を受賞している．（1856-1940）

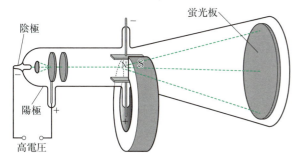

図 2-2 トムソンの実験（電場と磁場を同時に陰極線に作用させて，陰極線の電荷と質量の比（比電荷）を求める実験）

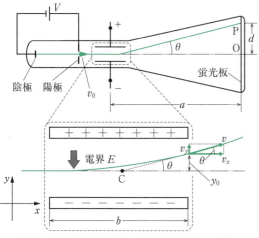

図 2-3 電場だけの場合の陰極線の振れの実験

とを**電子線（electron ray）**と名付けた．特に，トムソンの実験で有名なのが，図 2-2 に示す，電子の質量 m と電荷 e の比，すなわち**比電荷（specfic charge）** e/m を求める実験である．

図 2-3 に電場だけの場合の陰極線の振れを測定して比電荷 e/m を決定する例を示す．図のような放電管の一端に，陰極（ヒータ付）と穴の開いた陽極があり，陰極をヒータで加熱して熱電子を出させ，陽極と陰極の間に電圧 V [V] を印加し，電子を加速させて陽極へ向かわせる．加速された電子が陽極の穴を通って速さ v_0 [m s^{-1}] で出てくる．このとき電子は等速直線運動をしている．次に，長さ b [m] の偏向板間に電圧をかけて電場（電界の強さ E [V m^{-1}]）を発生させる．電子は負電荷をもつので正の金属板の方に引かれて進路が曲がる．電子（質量 m [kg]，電荷 $-e$ [C]，速さ v_0 [m s^{-1}]）は電界と逆向き（y 軸の正方向）に力を受け，x 軸方向には力を受けないので，x 軸方向に等速直線運動，y 軸方向に等加速度運動し，電子の運動は放物線を描く．最後に，偏向板を通り抜けた電子の運動の振れ角は θ となり，その後，等速直線運動を行って蛍光板のある点に到達する．電界 E があるときとないときの蛍光板への到達点をそれぞれ点 P と点 O とし，OP 間の距離は d となる．なお偏向板の中心（点 C）から蛍光板の中心（点 O）までの距離は a である．これらのことから，比電荷を求めると，

$$\frac{e}{m} = \frac{dv_0^2}{abE} \tag{2-1}$$

となり，これに諸条件を代入すると，

$$\frac{e}{m} = 1.7588 \times 10^{11} \, \text{C kg}^{-1} \tag{2-2}$$

となる．

例えば，トムソンの実験（図 2-3）および本文中の条件を用いて比電荷の関係式(2-1)を導いてみる．

本実験において，① 陰極-陽極間での電子の運動（等速直線運動），② 偏向板間における電子の運動（x 軸方向：等速直線運動および y 軸方向：等加速度運動），③ 偏向板を出てから蛍光板までの電子の運動（等速直線運動）をそれぞれ考える．

①において，陰極を飛び出した瞬間の電子の速さを 0 m s^{-1}，電子の電荷を $-e$ [C]，陰極-陽極間で電界がした仕事を eV [J] とすると，この仕事は電子が陽極に達したときの運動エネルギーに等しいので，

$$\frac{1}{2}mv_0^2 = eV \tag{2-3}$$

となり，これより v_0 は式 (2-4) となる．

$$v_0 = \sqrt{\frac{2eV}{m}} \tag{2-4}$$

次に②において，x, y 軸方向の加速度を a_x, a_y [m s^{-2}]，速度を v_x, v_y [m s^{-1}] および t [s] 後の位置を x, y [m] とすると，x 軸方向には力が生じないので，$a_x = 0$，初速度が v_0 となり，

$$v_x = v_0 \tag{2-5}$$
$$x = v_0 t \tag{2-5'}$$

また電子の y 軸方向の運動方程式が $F = ma_y = eE$ となるので $a_y = eE/m$ および y 軸方向の初速度が 0 となり，

$$v_y = a_y t = \frac{eE}{m}t \tag{2-6}$$

$$y = \frac{1}{2}a_y t^2 = \frac{eE}{2m}t^2 \tag{2-6'}$$

上記より x および y の式から t を消去すると，

$$y = \frac{eE}{2mv_0^2}x^2 \tag{2-7}$$

となり，偏向板内で放物線運動をしていることがわかる．

最後に，③において，電子が偏向板間を通り抜けるのに要する時間 b/v_0 [s] より偏向板の出口で陰極線（電子線）が入射方向となす角 θ から $\tan\theta$ を求めると，

$$\tan\theta = \frac{v_y}{v_x} = \frac{\left(\frac{eE}{m}\right)\left(\frac{b}{v_0}\right)}{v_0} = \frac{eEb}{mv_0^2} \tag{2-8}$$

電子が偏向板間を出るときの y 軸方向の変位を y_0 とすると，点 C から偏向板出口までの x 軸方向の変位 $x_0 = b/2$ より

$$\begin{aligned} y_0 &= x_0 \tan\theta \\ &= \frac{b}{2}\frac{eEb}{mv_0^2} \quad \text{または} \quad \frac{1}{2}a_yt^2 = \frac{1}{2}\frac{eE}{m}\left(\frac{b}{v_0}\right)^2 \\ &= \frac{eEb^2}{2mv_0^2} \end{aligned} \tag{2-9}$$

上記を用いて OP 間の距離 d を表すと，

$$\begin{aligned} d &= y_0 + \left(a-\frac{b}{2}\right)\tan\theta \\ &= \frac{eEb^2}{2mv_0^2} + \left(a-\frac{b}{2}\right)\left(\frac{eEb}{mv_0^2}\right) = \frac{abE}{v_0^2}\frac{e}{m} \end{aligned} \tag{2-10}$$

これは陰極線（電子線）が蛍光板に当たる位置は電子の比電荷によることを示しており，①〜③を考慮すると式(2-1)が導かれる．

トムソンの実験における結果から，粒子の比電荷は，(a) 陰極の金属の種類（白金，アルミニウム，銅，鉄，鉛，銀，スズ，亜鉛など），(b) 放電管内の気体の種類（空気，水素，二酸化炭素，ヨウ化メチルなど）を変えても，一定の値をとることが理解できる．また比電荷の値をもとにして，陰極線（電子線）の粒子は普通の形の物体とは異なった形の物体，すなわち物質中に共通に含まれている粒子であること，さらにストーニーの考えが正しいとすると原子よりもはるかに軽い粒子であることを示すと考えられ，トムソンによる電子の発見に至ったのである．これより電子の比電荷が決定されているので，電子の電荷を測定できれば，電子の質量が求められるのである．

2.2.2 電子の素電荷

前項で示したトムソンによる電子の発見と比電荷の決定以降，電子の電荷 e または電子の質量 m を個々に決定する研究が盛んに行われ，1909 年，ミリカンが油滴実験により e の値を 1% 誤差で決定した．ミリ

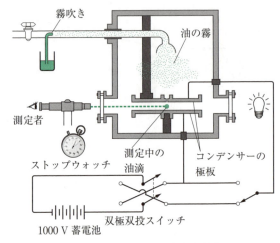

図 2-4 ミリカンの油滴実験装置

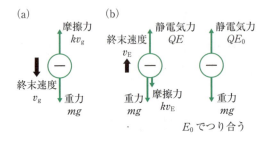

図 2-5 電場をかけない場合（a）と電場 E かけた場合（b）での力のつり合い

カンの油滴実験装置を図 2-4 に示す．

図中の霧吹きで油の小滴を作ると，その油滴は空気との摩擦力によりわずかに静電気を帯びる（または，極板間に X 線を照射して空気の分子の一部がイオン化することによって，油滴は電荷を帯びる）．次にその小さな油滴の一つをコンデンサー内に入れて顕微鏡で観測する．

この場合，電場をかけない場合とかける場合では図 2-5 に示すように力のつり合いは異なる．電場をかけない場合では，油滴は空気の大きな摩擦力（抵抗力） kv_g を受けて，地球の重力 mg により降下する．そし

ロバート・アンドリューズ・ミリカン

米国の物理学者．電気素量を見出した．さらに光電効果の定量実験によりプランク定数を求め，この業績により 1923 年にノーベル物理学賞を受賞した．カリフォルニア工科大学（Caltech）の創立者の一人．(1868-1953)

て油滴は摩擦力と重力がつり合ったところで，終末速度 v_g となる．すなわち油滴は v_g の等速運動で落下する（速度が変化しないので加速度は0である）．図 2-5 (a) から式(2-11)のようになる．

$$\text{重力 } mg + \text{摩擦力 }(-kv_g) = 0 \quad (2\text{-}11)$$
$$(k：摩擦係数)$$

v_g は油滴の大きさと質量で変化するが，油の密度 d と空気の粘性率 η（イータ）が既知だと油滴の半径 r が計算できる．

$$mg = \left(\frac{4}{3}\pi r^3 d\right)g \quad (d：油滴の密度) \quad (2\text{-}12)$$

ここで摩擦力はストークスの法則に従うので式(2-13)となる．

$$kv_g = -f = -6\pi \eta r v_g \quad (2\text{-}13)$$

なお，ストークスの法則とは，半径 r の球体が粘性係数 η の流体により摩擦を受けながら動く場合，球体が流体から受ける抵抗力（摩擦力）f を考えた場合，

$$f = 6\pi \eta r v \quad (v：球体の速度) \quad (2\text{-}14)$$

となる法則である．

式(2-12)と式(2-13)より r は次のように得られる．

$$\left(\frac{4}{3}\pi r^3 d\right)g - 6\pi \eta r v_g = 0$$
$$r = \sqrt{\frac{9\eta v_g}{2dg}} \quad (2\text{-}15)$$

次に，電場 E（上方が + で下方が −）をかける場合には，図 2-5 (b) のように正の電荷に引かれて速度が変化して上昇する（終末速度は v_E となる）．さらに電場（電界の強さ）を調節してつり合わせると油滴は静止する．すなわち，

$$\text{重力 } mg + \text{電場が油滴に働く力}(-QE_0) = 0$$
$$(E_0：つり合ったときの電界の強さ) \quad (2\text{-}16)$$

となる（なお，摩擦力（抵抗力）は終末速度が0なので0となる）．このときの電界の強さ E_0 と油滴の質量 m の値から，電荷 Q が見積もられる．

ミリカンは，いろいろな大きさの油滴を用いて実験を繰り返し，その結果を式(2-16)に代入して Q を求め，これらの値がある最小の電荷の整数倍となっていることを見出し，この条件で作られる最小の電荷がこの値であると結論した．すなわち**電子の電荷（電子の電気量，電気素量，素電荷，電荷素量（elementary charge）**という）は $-e = -1.6 \times 10^{-19}$ C となる．ミリカンが実験した当時では 1.59×10^{-19} C であったが，これは空気抵抗により1%の誤差を生じているためである．実験精度が向上し最終的には，

$$e = 1.6022 \times 10^{-19} \text{ C} \quad (2\text{-}17)$$

と決定されている．これらより，**電子の質量（mass of electrom）** m_e は

$$m_e = \frac{e}{e/m} = \frac{1.6022 \times 10^{-19}\text{C}}{1.7588 \times 10^{11}\text{C kg}^{-1}}$$
$$= 9.1095 \times 10^{-31} \text{ kg} \quad (2\text{-}18)$$

となり，水素原子の質量の約 1/1837 である．

例えば，ミリカンの油滴実験装置（図 2-4），その際の油滴の力のつり合い（図 2-5）を考慮して，電子の電荷（電気素量）を導いてみる．

つり合ったときの電位差 V_0，コンデンサーの極板距離を d とすると

$$E_0 = \frac{V_0}{d} \quad (2\text{-}19)$$

$$\therefore \ mg - Q\frac{V_0}{d} = 0$$

$$Q = \frac{mgd}{V_0} \quad (2\text{-}20)$$

となる．いろいろな大きさの油滴を用いて実験を繰り返し，その結果を代入して Q を求めると，例えば，

$$Q_1 = 1.6 \times 10^{-19} \text{ C}$$
$$Q_2 = 3.2 \times 10^{-19} \text{ C} = 2 \times 1.6 \times 10^{-19} \text{ C}$$
$$Q_3 = 8.0 \times 10^{-19} \text{ C} = 5 \times 1.6 \times 10^{-19} \text{ C} \quad (2\text{-}21)$$

となる．これらの値がある最小の電荷の整数倍となっていることを見出し，1.6×10^{-19} C という値を求め，電子の電荷（電気素量）を $-e = -1.6 \times 10^{-19}$ C と結論付けた．

2.2.3 原子核（陽子・中性子）

先に述べたように，真空放電により負に帯電している電子の存在が明らかになると，原子は，本来，中性であるので，正に帯電した粒子の存在が予想される．わずかに気体が残った状態での放電により，**陽極線（anode ray）**が発見された．陽極線の比電荷値は気体の種類により異なる．例えば，気体が水素の場合，それは**陽子（proton）**であり，陽子の電荷の絶対値は電子のそれに等しいのである．また，陽子の質量 m_p は，

$$m_p = 1.67265 \times 10^{-27} \text{ kg} \quad (2\text{-}22)$$

となり，電子の質量の約 1836 倍である．陰極線および陽極線の実験より，原子が正に帯電した部分と負の電子からなることがわかった．

それでは，その構造はどのようになっているのだろうか．図 2-6 に示すように，1898 年，トムソンは原子内には正の電荷をもつ部分が一様に分布し，それを中和するだけの数の電子が散在しているというモデルを提唱した．これを例えると，チョコチップクッキー

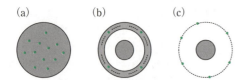

図 2-6　トムソンのモデル (a) と長岡らのモデル (b, 土星モデル) およびラザフォードらのモデル (c, 惑星モデルあるいは有核原子モデル)

やブドウパンのように正の電荷が均一に分布した広がり（クッキーやパンの生地）の中に，それを中和するだけの数の電子（チョコチップや干しブドウ）が散在しているモデルである．また，1900 年初頭，ペランや長岡などは正に帯電した粒子を電子が環状に取り巻いて周回運動しているモデルを提唱した．この議論に決着をつけたのが，ラザフォードの実験である．1911 年，ラザフォードの指導のもと，助手のガイガーと学生のマースデンは，ラジウムから出る α 線を非常に薄い金ぱくに当て，その進路を検討した（図 2-7 (a)．一般にラザフォードに実験と呼ばれるが，実験者を考慮してガイガー=マースデンの実験ともよばれる）．α 線は放射性核種が自然崩壊するとき放出される放射線の一種で，運動エネルギーが数百万 eV の ^{4}He の原子核の集まりである．放射性核種から放出される放射線には β 線と γ 線とがある．それによると，大部分の α 線は金ぱくによって散乱されることなく直進したが，ごく一部の α 線は金ぱくにより散乱され，中には大きく進路が曲がるものもあった．この実験結果から，原子が図 2-6 (c) あるいは図 2-7 (b) のような構造をしていることが類推できる．すなわち，(a) 正電荷が中心のごく小さい部分に集まり核を形成している，つまり原子核であること（この原子核の直径は $10^{-14} \sim 10^{-15}$ m 程度），そして (b) その原子核の周りを原子の大きさ程度までに広がる負電荷の電子が回っていることである（**有核原子モデル，existence nuclear atom model**）．

ラザフォードの実験（ガイガー=マースデンの実験）の翌年，トムソンが Ne の陽極線の比電荷を測定したところ，わずかに質量の異なる 2 種類の粒子（原子核）の混合物であることを見出し，**同位体（同位元素，isotope）**の存在を明らかにした．なお，前章で

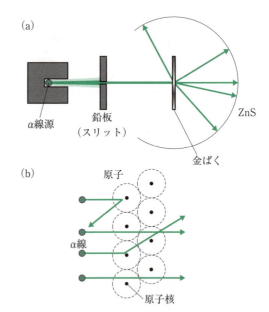

図 2-7　ラザフォードの実験装置 (a) とそれより得られる原子構造 (b)

示したように，同位体とはある元素を構成する原子で，同一の原子番号をもつが質量数の異なるもののことをいう．また核種（原子番号 Z と質量数 A により規定される一つの原子種）を用いた場合には，原子番号 Z が同じで質量数 A の異なる核種のことを同位体という．その後，比電荷を基本にする質量スペクトル測定より，ほとんどの元素が同位体の混合物であることがわかり，1932 年のチャドウィックの**中性子 (neutron)** の発見によって氷解された．中性子の質量 m_n は式 (2-23) となる．なお，電子，陽子ならびに中性子は原子の素粒子とよばれ，前節で述べたように原子番号 Z および質量数 A が規定される．

$$m_n = 1.672\,65 \times 10^{-27} \text{ kg}$$

> **長岡半太郎**
>
> 日本の物理学者．中央に正電荷を有する原子核，その周りを負電荷を有する電子が周回しているという土星モデルを提唱．1937 年，初代文化勲章受章．(1865-1950)
>
>

2.2 節のまとめ

- トムソンは電子の実在を確かめ，比電荷を決定した．

$$\frac{e}{m} = 1.7588 \times 10^{11} \, \mathrm{C \, kg^{-1}} \tag{2-2}$$

- ミリカンは電子の電荷（電気素量）e 値を決定した．

$$e = 1.6022 \times 10^{-19} \, \mathrm{C} \tag{2-17}$$

- 電子の質量　$m_e = 9.1095 \times 10^{-31} \, \mathrm{kg}$ (2-18)
  陽子の質量　$m_p = 1.67262 \times 10^{-27} \, \mathrm{kg}$ (2-22)
  中性子の質量　$m_n = 1.67493 \times 10^{-27} \, \mathrm{kg}$ (2-23)

- 原子の構造は，正電荷が中心のごく小さい部分に集まり原子核を形成し，原子核の周りを原子の大きさ程度までに広がる負電荷の電子が周回している．

2.3 粒子性と波動性

光は波に思えるが粒子でもある．X線はやはり波に思えるが粒子でもある．また，電子は粒子に思えるが波でもある．ここでは，このようなミクロの世界における**粒子と波の二重性**について考えてみる．

2.3.1　光：光電効果と光の二重性

図 2-8 に示すようなはく検電器，光電管を用いた実験において，金属に紫外線などの波長の短い電磁波を照射して金属表面から電子が飛び出す現象を光電効果といい，飛び出した電子は光電子とよばれる．例えば，図 2-8 (b) に示すように金属板を陰極（カソード，C）および細い金属棒を陽極（アノード，A）とする真空管（光電管）を用いて回路を作る．金属板に紫外線を照射すると光電管につないだ回路に光電子数に比例する光電流が流れる．この場合，A の電位を C の電位よりも低くすると，C から飛び出した光電子は C の方に引き戻される向きの力を受けるが，光電子の初速度が大きければ電子はこの力を振り切って A に到達し，光電流が流れるのである．このとき電位差を V [V] とすると光電子は，

$$-QV = -eV \, \mathrm{[J]} \tag{2-24}$$

の仕事を受ける．また，光電子の初速度と質量をそれぞれ v_0 [m s^{-1}] と m [kg] とすると，光電子の運動エネルギー U_K は，

$$U_K = \frac{1}{2} m v_0^2 \tag{2-25}$$

となる．これらより，光電子が A に到達する条件は

$$\frac{1}{2} m v_0^2 - eV \geq 0 \tag{2-26}$$

と表される．電位差 V を大きくすると，A に到達する光電子が減少し光電流も減少する．光電流が 0 になったときの電位差を V_0 [V] とすると，V_0 において光電子中の最大エネルギーをもつものが A に到達することができなくなるので，光電子の初速度の最大値を $v_{\max}$ [m s^{-1}] とすると，

$$\frac{1}{2} m v_{\max}^2 - eV_0 = 0$$

$$\frac{1}{2} m v_{\max}^2 = eV_0 \tag{2-27}$$

マックス・プランク

ドイツの物理学者．「量子論の父」ともよばれる量子論の創始者の一人．エネルギー量子の発見による物理学進展の貢献により，1918 年ノーベル物理学賞受賞．(1858-1947)

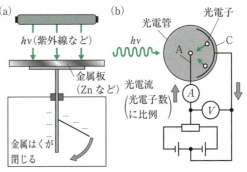

図 2-8　はく検電器 (a)，光電管 (b) による実験

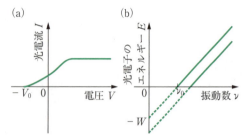

図 2-9 光電流と電位差の関係 (a) および光電子のエネルギーと光の振動数の関係 (b)

となる．以上の関係を図示すると光電流と電位差（この場合，印加電圧なので電圧と示す，I と V) の関係である図 2-9 (a) が得られ，V_0 を測定すれば，光電子の運動エネルギーの最大値 E が得られる．

また，上記より光電管の金属板である C に種々の振動数 ν（ニュー）[Hz] の光を照射して飛び出す光電子の運動エネルギーの最大値 E [J] を測定すると光電子のエネルギーと光の振動数（E と ν）の関係（図 2-9 (b)) が得られ，**光電効果 (photoelectric effect)** がある特定の振動数 ν_0 [Hz] 以上の光で生じることがわかる．ν_0 を限界振動数，対応する波長 λ_0（ラムダ）[m] を **限界波長 (threshold wavelength)** という．なお，図の直線の傾きは金属の種類が変わっても同じである．傾きを h [J s]，縦軸との交点を $-W$ [J] とすると，この直線の関係式は，

$$E = h\nu - W \quad \left(E = \frac{1}{2}mv_0^2\right) \quad (2\text{-}28)$$

となり，W を仕事関数とよぶ．この W は金属から光電子を引き出すのに必要な仕事の大きさを表す量，電子を束縛しているエネルギーに相当するので，金属によって異なる．

上記で述べたように，光電効果の現象は光を波動と捉えると考えづらい．1900 年，プランクは光電効果の現象を説明する前に，エネルギー量子の考えを導入し，「光を放射し吸収する振動子のエネルギー E は $h\nu$ の整数倍しかとれない（ν：振動数，h：プランク定数)」と考え，次式を導出した．

$$E = nh\nu \quad (h = 6.6262 \times 10^{-34} \text{ J s}) \quad (2\text{-}29)$$

すなわち，エネルギーはエネルギー量子 $\varepsilon = h\nu$ の整数倍になっていると仮定したのである．

エネルギー量子と述べたが，量子について考えてみよう．量子とは量の単位であり，原子，分子のようなミクロの（微視的な）世界では，すべての量は単位化され，これを量子化という．実験台の上に垂らした水滴は一塊の物質である．連続した塊のようにみえるが，水分子の集まりである．このように連続したかのようにみえる水も，実は細かな粒子が集まった，不連続な物質である．このような観点からミクロの（微視的な）世界は連続量のアナログ的な世界ではなく，不連続量でできたデジタル的な世界と考えられる．さらに不連続なのは物質だけではない．原子，分子の世界では，エネルギーなどの量も不連続である．そして，1905 年，アインシュタインは，光は $h\nu$ [J] のエネルギーをもつ粒子（の集合）であり，そのエネルギーの一部が金属表面から電子を放出させる仕事 W に使われ，残りのエネルギーが光電子の運動エネルギーになると考え，式(2-16) を

$$h\nu = W + E \quad (2\text{-}28')$$

とした．このときの粒子を **光子**（または **光量子**，**photon**) という．

以上のように，光には波動的性質と粒子的性質の二重の性質を有する．すなわち，光は電磁気的な放射の一つの形態で，また一面では光子とよばれるエネルギーの束と考えることができる．これより，**光の二重性 (duality of light)** が理解できる．

例えば，光電効果において，カリウムの仕事関数は 2.26 eV である．このとき，① カリウムから電子を放出させる光の限界波長 λ_0，および，② 波長 300 nm の光をカリウムに照射するとき放出される光電子の運動エネルギーの最大値 $E_{\max}$ を求めてみる．

① 題意より，

$$\lambda_0 = \frac{c}{\nu_0} = \frac{c}{W/h} = \frac{hc}{W}$$

$$= \frac{(6.63 \times 10^{-34} \text{ J s})(3.00 \times 10^8 \text{ m s}^{-1})}{2.26 \times 1.60 \times 10^{-19} \text{ J}}$$

$$= 5.500 \times 10^{-7} \text{ m}$$

$$= 5.50 \times 10^2 \text{ nm}$$

② 波長 300 nm の光の光子エネルギー $h\nu$ は，

$$h\nu = \frac{hc}{\lambda}$$

アルベルト・アインシュタイン

ドイツの物理学者．現代物理学の父とよばれ，相対性理論，揺動散逸定理，光量子仮説による光の二重性などを見出した．1921 年，光量子仮説による光電効果の理論的解明によりノーベル物理学賞を受賞．(1879-1955)

$$= \frac{(6.63\times 10^{-34}\,\text{J s})(3.00\times 10^{8}\,\text{m s}^{-1})}{300\times 10^{-9}\,\text{m}}$$
$$= 6.63\times 10^{-19}\,\text{J}$$
$$= \frac{6.63\times 10^{-19}}{1.60\times 10^{-19}}\,\text{eV}$$
$$= 4.1437\,\text{eV}$$
$$= 4.14\,\text{eV}$$

と求められる.

また,光電効果において,波長が λ 以上の光を照射すると光電子を出さず,λ 以下ならば光電子を出す金属があるとする.この金属に波長 $\lambda/2$ の光を照射した場合,飛び出す電子の速さの最大値を求めてみる.なお,電子の質量 m,光速 c およびプランク定数 h とする.

λ はこの金属の光電効果の限界波長であり,限界波長の光により放出された光電子の運動エネルギーはほぼ 0 である.

波長 λ の光の振動数を ν とすると,$c = \nu\lambda$ より
$$\nu = \frac{c}{\lambda}$$

波長 λ の光を当てたときに飛び出す光電子エネルギーの最大値は,
$$\frac{1}{2}mv_0^2 = h\nu - W = h\frac{c}{\lambda} - W = 0$$
$$W = \frac{hc}{\lambda}$$

そこで,$\lambda/2$ の波長の光を当てたときに飛び出す光電子エネルギーの最大値は,
$$\frac{1}{2}mv^2 = h\frac{c}{\lambda/2} - W = \frac{2hc}{\lambda} - \frac{hc}{\lambda}$$
$$v = \sqrt{\frac{2hc}{m\lambda}}$$

と求められる.

2.3.2 X 線:ブラッグの反射条件とコンプトン散乱

X 線を結晶に当てると X 線は平行ないくつかの原子面で反射し,同じ方向に進むものが互いに干渉する.この場合,次式の条件において反射された X 線(回折 X 線)は強め合う.

$$2d\sin\theta = n\lambda \qquad (2\text{-}30)$$

(d:原子面の間隔,θ:X 線の入射角,n:整数,λ:X 線の波長)

この関係を**ブラッグの反射条件**(Bragg's condition of reflection, 1912 年)といい,波動性を示している.

また,1923 年,コンプトンは,X 線を物質に当てたとき,電子が飛び出し,そして,散乱される X 線の中に入射 X 線より波長の長いものが含まれていることを発見した.これを**コンプトン散乱**(Compton scattering,**コンプトン効果**(Compton effect))という.前ページの ① において,波動と考えられていた X 線が粒子である電子を放出させる現象を見出したのである.すなわち,X 線がエネルギー $h\nu$ とともに運動量 $h\nu/c$(c:光速)をもつ粒子の流れと仮定している(粒子性).

以上のように,X 線においても,波動的性質と粒子的性質の二重の性質を有し,二重性が理解できる.

2.3.3 電子(物質):ド・ブロイの仮説と電子線回折

上述したように,光の本性は波動であると考えられていたが,光電効果の説明より光が粒子的な性質をもっていると考えなければならない.また,X 線もブラッグの反射条件に代表されるように波動性を有するが,コンプトン散乱の説明より粒子性を有すると考えなければならない.このことは,光や X 線だけの問題なのだろうか.

これまでは,電子について観察された性質からは,小さな帯電粒子であるという記述が正しいとされていた.1924 年,ド・ブロイは,ミクロの世界では,電子のように粒子と考えられていたものも波動性をもつのではないかと考察し,仮説を提唱した(**ド・ブロイの仮説**,de Broglie hypothesis).光子と電子の間の類推として,次のように考えた.

振動数 ν の光子のエネルギー E は,プランクの熱輻射の式より $E = h\nu$ で表される.次に,アインシュタインの光子の質量 m-エネルギー E の等価性より,
$$E = mc^2 \qquad (c:\text{真空中での光速}) \qquad (2\text{-}31)$$
となる.これらより,光子は,
$$m = \frac{E}{c^2} = \frac{h\nu}{c^2} \qquad (2\text{-}32)$$
で与えられる見掛けの質量をもつ.これより,光子の

ルイ・ド・ブロイ

フランスの物理学者.ド・ブロイの仮説は彼の博士論文.この学説は当時は孤立していたが,後の実験的証明などにより認められた.1929 年,電子の波動性の発見によりノーベル物理学賞を受賞した.(1892-1987)

運動量 p は,

$$p = mc = \frac{h\nu}{c} = \frac{h}{\lambda} \quad \left(\because \lambda = \frac{c}{\nu}\right) \quad (2\text{-}33)$$

で与えられ,

$$mc = \frac{h}{\lambda} \quad \text{すなわち, } \lambda = \frac{h}{mc} \quad (2\text{-}34)$$

となる.

　光子の質量の代わりに物質（電子）の質量をとり，光子の速度 c の代わりに物質（電子）の速度 v を用いて置き換えると，同じ式が物質（電子）にも適用できる.

> **ド・ブロイの式（de Broglie relation）:**
>
> $$\lambda = \frac{h}{mv} \quad (2\text{-}35)$$

この粒子は上式で表される波長 λ の波動性を有すると仮定できる．この波動を **物質波（matter wave, ド・ブロイ波（de Broglie wave））** という．この式より，止まっている物質（電子）は無限大の波長をもっており，波長は物質（電子）の速度が増加するにつれて減少する.

　このようなド・ブロイの仮説の検証実験（電子の波長の実験）は

- 1927 年　ダビソンとジャーマーのニッケル単結晶
- 1928 年　トムソンの金ぱく
- 1928 年　菊池の雲母

などの結晶での電子線照射による回折現象より検証されている（1927 年以降，電子は結晶格子によって回折することが証明され，実証された．特に，電子線を結晶に当てると，ラウエ斑点と同じような回折像が得られる）．すなわち，電子を加速すると，式(2-33)に示される λ をもつ波動の性質を示し，これを電子波とよぶ．また，波動性と粒子性をミクロ（原子，分子など）およびマクロ（日常の物質）の世界の物質でまとめると，図 2-10 のようにまとめられる（各自，意味を考えてほしい）.

　例えば，ド・ブロイの式を用いて，電子（微視的な粒子）とボール（巨視的な粒子）について比較して考えてみる.

　ド・ブロイは，電子を含めすべての粒子は物質波をもつと考え，電子の波動性を提唱し，ド・ブロイの式(2-35)を表した.

　これに関して，① 12.3 eV の電子の物質波の波長を nm 単位で計算してみる．ただし，1 eV = 1.602×10^{-19} J および電子の質量 $m = 9.11\times10^{-31}$ kg とする．また，② すべての物質が物質波をもつのであれば，時速 155 km で運動しているボール（質量 220 g）

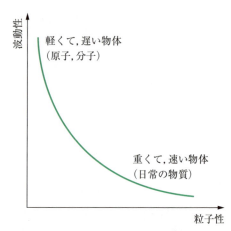

図 2-10　波動性と粒子性の比較

の物質波の波長を nm 単位で計算してみる.

　① （電子の運動エネルギー）$= \frac{1}{2}mv^2$

$$= 12.3 \text{ eV} = 12.3\times(1.602\times10^{-19}) \text{ J}$$

および，

$$m = 9.11\times10^{-31} \text{ kg}$$

より,

$$v^2 = 2\times\frac{12.3\times1.602\times10^{-19} \text{ J}}{9.11\times10^{-31} \text{ kg}}$$

$$= 4.326\times10^{12}(\text{m s}^{-1})^2$$

$$\therefore \quad v = 2.08\times10^6 \text{ m s}^{-1}$$

これより，式(2-35)に諸条件を代入すると,

$$\lambda = \frac{h}{mv}$$

$$= \frac{6.626\times10^{-34} \text{ J s}}{(9.11\times10^{-31} \text{ kg})\times(2.08\times10^6 \text{ m s}^{-1})}$$

$$= 3.50\times10^{-10} \text{ m}$$

つまり 0.350 nm となる.

　② ①と同様に式(2-35)を用いると,

$$\lambda = \frac{h}{mv} = \frac{6.626\times10^{-34} \text{ J s}}{220 \text{ g}\times155 \text{ km h}^{-1}}$$

$$= \frac{6.626\times10^{-34} \text{ J s}}{(0.220 \text{ kg}\times155\times10^3 \text{ m}/3600 \text{ s})}$$

$$\fallingdotseq 6.99\times10^{-35} \text{ m}$$

$$= 6.99\times10^{-26} \text{ nm}$$

このように，ボールの波長はきわめて小さく，その波動性を認識することはできない．すなわち，巨視的な物体に対する波動力学の影響は完全に無視できる程度といえる（ド・ブロイの式は質量の大きな物質の世界では成り立たない）.

2.3 節のまとめ

- 粒子と波の二重性：光，X線，電子（物質）
- a．① 光には波動的性質と粒子的性質の二重の性質を有し，電磁気的な放射の一つの形態である一方，光子とよばれるエネルギーの束である．
  - ② 光電効果の式： $h\nu = W + E$ (2-28′)
- b．X線においても，ブラッグの反射条件とコンプトン散乱より，波動的性質と粒子的性質の二重性を有する．
- c．電子（物質）においても，ミクロの世界では電子のように粒子と考えられているものも波動性をもつと仮説を提唱した（ド・ブロイの仮説，波動を物質波（ド・ブロイ波）とよぶ）．
  - ド・ブロイの式： $\lambda = \dfrac{h}{mv}$ (2-35)
- ド・ブロイの仮説の検証実験（電子の波長の実験）は結晶での電子線照射による回折現象より検証．

2.4 原子スペクトルとエネルギー準位

2.4.1 原子スペクトル

トムソンの実験で述べたように，水素，窒素，酸素などの気体を低圧で封入した放電管に高電圧をかけて放電すると，その気体特有の色の光を放出する．その光をプリズムや分光器にかけると，輝線のような線スペクトルになる．例えば，図 2-11（a）のように，食塩のような金属塩，鉄粉のような金属などを高温にすると，化合物特有の色の光を放出し，その光をスリット，プリズム（あるいは分光器）に通すと **線スペクトル**（line spectrum，電光の成分を波長の順に並べたもので，子線を結晶にあてると，ラウエ斑点と同じような回折像が得られる）を得る．この図ではナトリウム（Na）原子の例を示し，590 nm の線スペクトルを示している．また，図 2-11（b）のように，電灯光を高温 Na（電球のフィラメントよりも低温）に透過させ，スリット，プリズム（あるいは分光器）を通すと，Na の部分（590 nm での線スペクトル）が暗線となる **吸収スペクトル**（absorption spectrum）を観察できる（光を吸収している）．このように原子には固有のスペクトルが存在し，**原子スペクトル**（atomic spectrum）とよばれる．電磁放射のスペクトルの分類を図 2-12 に示す．

2.4.2 エネルギー準位

前項において，Na 原子は光の放出および吸収が可能であることを示した．光電効果で説明したように光（光子）はエネルギーであるので，Na 原子のエネルギーを E，590 nm の光子のエネルギーを ΔE とすると，Na 原子が光子を吸収したときのエネルギーは $E + \Delta E$，そして，光子を放出したときのエネルギーは E となる（もとの状態のエネルギーに戻る）．さらに，Na 原子は波長が 590 nm 以外の光子を吸収および放出しないので，Na 原子のエネルギーは $E + \Delta E$ と E のどちらかとなる．これから類推すると，原子のエネルギーの大きさはすべて飛び飛びの値になっていると考えられる．このような原子のエネルギーの飛び飛びの値を原子の **エネルギー準位**（energy level）という．

原子がエネルギーを吸収すると，原子は低いエネルギー準位から高いエネルギー準位に **遷移**（transition）すなわち **励起**（(electrical) excitation）している．このように原子を高いエネルギー準位に励起させるに

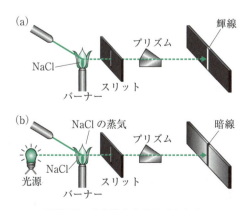

図 2-11 ナトリウムのスペクトル

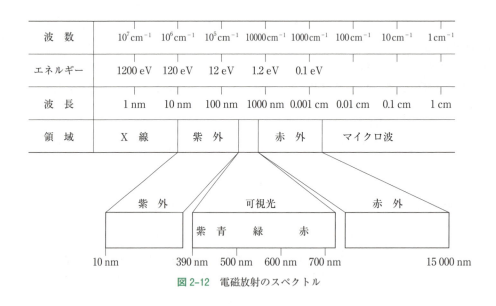

図 2-12 電磁放射のスペクトル

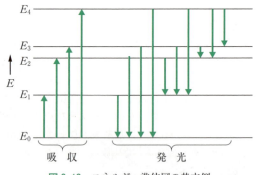

図 2-13 エネルギー準位図の基本例

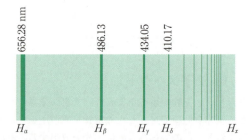

図 2-14 水素原子のスペクトル（発光スペクトル，可視領域：バルマー系列のスペクトル線，H_α, H_β など）

は，

- 高エネルギー（短波長，高振動数，高波数）の電磁放射の吸収（すなわち，$\lambda = c/\nu = 1/\bar{\nu}$（$\bar{\nu}$：波数）の関係より短波長，高振動数，高波数が理解できる）
- 火炎からの熱
- 電気火花，アークなどからの電気エネルギー

などの方法がある．

すなわち，図 2-13 のエネルギー準位図のように，原子が最もエネルギーの低い状態の基底状態にあると，原子は特定の波長（振動数）の光を吸収することにより，高いエネルギー準位に向かって遷移する（**吸収過程（absorption process）**．↑は原子が光を吸収したことによって起こる最低のエネルギー準位 E_0 からエネルギーの高いさまざまな準位（E_1, E_2, ……）への遷移を意味する）．逆に，原子が励起状態にあると，原子はより低いエネルギー準位に向かって遷移し，特定の波長（振動数）のエネルギーを放射することができる（**放射（放出）過程（radiative (emission) process）**．↓は原子の高エネルギーから低エネルギーへの遷移を意味する）．特に，個々の元素は励起されると，その元素に特有の一連の振動数からなる**発光スペクトル（emission spectrum）**を与える．このスペクトルは，あたかも人間の指紋のように，その元素に特有なものなので，未知物質の同定に用いられる．一例として，**水素原子のスペクトル（spectrum of hydrogen atom）**を図 2-14 に示す．

2.4.3 水素原子のスペクトルとエネルギー準位

陽子と電子をそれぞれ 1 個有する水素原子は原子の中で最も簡単なもので，最も簡単なスペクトルを与える（図 2-14）．これをよくみてみると，短波長側で間隔が詰まってくる一連の線列となっている．これを**ス**

表 2-1 水素原子のスペクトル系列

系列	n_1	n_2	備考
ライマン（Lymann）	1	2, 3, 4, ……	UV
バルマー（Balmer）	2	3, 4, 5, ……	vis
パッシェン（Paschen）	3	4, 5, 6, ……	IR
ブラケット（Brackett）	4	5, 6, 7, ……	IR
プント（Pfund）	5	6, 7, 8, ……	IR
……	……	……	

表 2-2 n_2, $\bar{\nu}$, λ および λ_{air} の関係

n_2	$\bar{\nu}$ [10^6 m^{-1}]	λ [nm]	λ_{air} [nm]
3	1.523 300	656.470	656.286
4	2.056 455	486.274	486.138
5	2.303 229	434.173	434.051
6	2.437 280	410.293	410.178

ペクトル系列（spectrum series）といい，一般に原子が放出または吸収する光のスペクトルは飛び飛びの細い線からなる線スペクトルであるが，原子スペクトルの線の間隔が短波長に向かって次第に狭くなり，ついにあるところに収束するような一群のスペクトル線を示す．水素原子のスペクトル系列には，表 2-1 に示すように，ライマン（遠紫外部），バルマー（可視・紫外部），パッシェン（赤外部），ブラケット（赤外部），プント（赤外部）などの系列がある．

水素原子のスペクトルからエネルギー準位を求めることができる．図 2-14 の水素原子のスペクトルより，それぞれの線スペクトルに対応する振動数 ν から光子のエネルギー $h\nu$ が求まる．さらに，バルマー（1885）およびリュードベリ（1890）は，水素の線スペクトルの ν および波数 $\bar{\nu}$ には，次に示されるような規則性があることを見出した（リュードベリの式，Rydberg formula）．

$$\bar{\nu} = \frac{1}{\lambda} = R\left(\frac{1}{n_1^2} - \frac{1}{n_2^2}\right) \quad (2\text{-}36)$$

（R：リュードベリ定数 $= 1.096\,775\,8 \times 10^7$ m^{-1}, n_1, n_2：整数，$n_1 < n_2$，表 2-1 参照）

例えば，水素原子スペクトルについて，次の ① と ② を考えてみる．① 水素原子のスペクトルのうち，可視部から紫外部にかけて現れるバルマー系列の最初の四つの線について，それらの（真空中の）波数 $\bar{\nu}$ および波長 λ を求め，さらに，② ① の結果を参考に，水素原子のスペクトルのうち，可視部から紫外部にか

ヨハネス・リュードベリ

スウェーデンの物理学者．原子のスペクトルに関するリュードベリの式を導いた．1919 年，ロンドン王立協会の外国人会員に選出された．（1854-1919）

けて現れるバルマー系列の最初の四つの線について，それらの空気中の波長 λ_{air} を求めてみる．なお，15℃，1 気圧における乾燥空気の屈折率は，この波長範囲において 1.000 28 である．

① 題意より，表 2-1 より $n_1 = 2$, $n_2 = 3, 4, 5, 6$ となるので，式（2-36）を用いて，（真空中の）波数 $\bar{\nu}$ および波長 λ が求まる．

② 題意より，真空中の波長 λ を空気の屈折率で割ると空気中の波長 λ_{air} となる．これらをまとめると表 2-2 となる．

また，水素原子の発光スペクトルの紫外部に現れるライマン系列のうちで 3 番目に長い波長は 97.25 nm である．この値とリュードベリの式を用いてパッシェン系列スペクトルの波長（長波長側の三つの波長）を計算してみる．なお，リュードベリ定数 R を求めるところから始める．

題意より，ライマン系列のうちで 3 番目に長い波長の光は，表 2-1 より $n = 1$, $n' = 4$ のときに出るので，リュードベリの式（2-36）より

$$\begin{aligned}
R &= \frac{1/\lambda_3}{(1/n^2) - (1/n'^2)} \\
&= \frac{1/(97.25 \times 10^{-9} \text{ m})}{(1/1^2) - (1/4^2)} \\
&= 1.0968 \times 10^7 \text{ m}^{-1} \fallingdotseq 1.097 \times 10^7 \text{ m}^{-1}
\end{aligned}$$

となり，R は求まる．

次に，表 2-1 よりパッシェン系列は $n_1 = 3$, $n_2 = 4, 5, 6, \ldots\ldots$ なので，式（2-36）および上記の結果を用いて，

$$\begin{aligned}
1/\lambda_1 &= (1.097 \times 10^7 \text{ m}^{-1})\{(1/3^2) - (1/4^2)\} \\
&= 5.3326 \times 10^5 \text{ m}^{-1} \\
\therefore \lambda_1 &= 1.8752 \times 10^{-6} \text{ m} \\
&\fallingdotseq 1.875 \times 10^{-6} \text{ m} \quad (1875 \text{ nm}) \\
1/\lambda_2 &= (1.097 \times 10^7 \text{ m}^{-1})\{(1/3^2) - (1/5^2)\} \\
&= 7.808 \times 10^5 \text{ m}^{-1} \\
\therefore \lambda_2 &= 1.2819 \times 10^{-6} \text{ m} \\
&\fallingdotseq 1.282 \times 10^{-6} \text{ m} \quad (1282 \text{ nm}) \\
1/\lambda_3 &= (1.097 \times 10^7 \text{ m}^{-1})\{(1/3^2) - (1/6^2)\} \\
&= 9.1416 \times 10^5 \text{ m}^{-1}
\end{aligned}$$

$$\therefore \lambda_3 = 1.0938 \times 10^{-6} \text{ m}$$
$$\fallingdotseq 1.094 \times 10^{-6} \text{ m} \quad (1094 \text{ nm})$$

と求まる．なお，実測値は 1875, 1282, 1094 nm である．

これより，各スペクトル線の波数や（波長の逆数）は R/n^2 という形の二つのスペクトル項の差で表されることがわかる（$\bar{\nu} = 1/\lambda = R/n^2$）．**表 2-1** を参考にして，$n = 1, 2, 3, 4$ に相当する系列を考える．これより，n 番目のエネルギー準位は次のように導かれる．

式(2-36)より，
$$\nu = \frac{c}{\lambda} = cR\left(\frac{1}{n_1^2} - \frac{1}{n_2^2}\right) \quad (c:\text{光速})$$
$$h\nu = hcR\left(\frac{1}{n_1^2} - \frac{1}{n_2^2}\right) = \frac{hcR}{n_1^2} - \frac{hcR}{n_2^2} \quad (2\text{-}37)$$

この式は 2 項の差で表されている．ここで，エネルギーの関係式：$h\nu = E_1 - E_2$ となるので，式(2-37)の各項が水素原子のエネルギー準位を示しているのである．エネルギー準位の最大値を 0 として，エネルギー準位を負の値で示すと，水素原子の最低のエネルギー準位は $-(hcR/n_2^2)$ に $n_2 = 1$ を代入したものであり，最低エネルギー準位の次のエネルギー準位は $-(hcR/n_2^2)$ に $n_2 = 2$ を代入したものとなる．これを順次行うと，最低エネルギー準位の低い方から n 番目のエネルギー準位 E_n は式(2-38)で与えられる．

$$E_n = -\frac{hcR}{n^2} \quad (n:\text{量子数}) \quad (2\text{-}38)$$

水素原子の最低のエネルギー準位は，式(2-38)に $n = 1$ を代入して次のように求められる．

$$E_1 = \frac{(6.626 \times 10^{-34}) \times (2.997 \times 10^8) \times (1.097 \times 10^7)}{1^2}$$
$$= -2.178 \times 10^{-18} \text{ J}$$
$$= -\frac{2.178 \times 10^{-18}}{1.602 \times 10^{-19}} = -13.60 \text{ eV}$$

また，この関係を用いて，

$$E_n = -\frac{13.6}{n^2} \text{ eV} \quad (2\text{-}38')$$

となる．

2.4 節のまとめ

- 原子には固有のスペクトルが存在し，原子スペクトルと，原子のエネルギーの飛び飛びの値を原子のエネルギー準位という．原子のスペクトルからエネルギー準位を求めることができる．
- 水素の線スペクトルの振動数（ν）および波数（$\bar{\nu}$）には，次のような規則性がある．

リュードベリの式： $\bar{\nu} = \dfrac{1}{\lambda} = R\left(\dfrac{1}{n_1^2} - \dfrac{1}{n_2^2}\right)$ (2-36)

リュードベリ定数： $R = 1.096\,775\,8 \times 10^7 \text{ m}^{-1}$

- リュードベリの式より，最低エネルギー準位の低い方から n 番目のエネルギー準位 E_n が求められる．

$$E_n = -\frac{hcR}{n^2} \quad (n:\text{量子数}) \quad (2\text{-}38)$$

$$E_n = -\frac{13.6}{n^2} \text{ (eV)} \quad (2\text{-}38')$$

2.5 水素原子のボーアの原子模型

2.5.1 ボーアの原子模型と三つの条件

1913 年，ボーアは，前述した原子スペクトルの現象を説明するために，**図 2-15** のような**ボーアの原子模型（Bohr's atomic model**．この水素原子模型は，1900 年，プランクのエネルギー量子を原子内の電子に適応したもの）を考案し，これを使って水素原子のエネルギー準位を非常に正確に計算する式を導き出すことに成功した．この際，水素原子の電子エネルギーを計算する式を導くにあたり，ボーアの原子模型は古典力学とは違う概念を用いた．すなわち，ボーアの原子模型は次の三つの仮定を基礎においている（**ボーア理論，Bohr theory**）．

a. 定常状態条件

原子はある飛び飛びの状態だけをとることが許され，その状態では光を出さない．すなわち，原子中の電子のエネルギーは量子化されており，飛び飛びの値をとる．これを定常状態とよぶ．定常状態にあるときは，電子のエネルギーは一定に保たれ，光を放出しない．これを**定常状態条件（steady state condition）**という．

b. 量子条件

定常状態として許されるのは，電子の軌道運動（核の周りのその軌道にある電子の運動）の角運動量であり，これは量子化されている．すなわち，角運動量は不連続な一群の値のみをとることが許され，その値は $h/2\pi$ の整数倍である（式(2-39)）．

$$mvr = n\frac{h}{2\pi} \tag{2-39}$$

（m：電子の質量，$n = 1, 2, 3, 4, \cdots\cdots$）

ここで，mvr は角運動量，n は整数で量子数とよばれる．すなわち，定常状態にある電子は角運動量子が $h/2\pi$ の整数倍になっている．半径 r の円軌道を質量 m の粒子が速度 v で運動しているときの角運動量 $p = mvr$ であることから $p = mvr = n(h/2\pi)$ の関係が成り立つ．これを**量子条件（quantum condition）**という．

c. 振動数条件

一つの定常状態から他の定常状態に遷移するときに光の放出または吸収が起こり，その光の振動数は式(2-39)の関係で決められる．

$$h\nu = E_H - E_L \tag{2-40}$$

（E_H と E_L：エネルギーの高い状態と低い状態のエネルギー）

すなわち，電子がある定常状態から別の定常状態に遷移するときに光の放出や吸収が起こる．光の振動数は式(2-40)で与えられるということで，これを**振動数条件（frequency condition）**という．

2.5.2 ボーアの原子模型からの導き（ボーア理論）

実際に，ボーアの原子模型（水素原子模型）から水素原子のエネルギー準位などを計算する式を次のように導く．

図 2-15 のように，水素原子は e [C] の電荷をもつ原子核の周りを $-e$ [C] の電荷をもつ 1 個の電子が円運動している．電子が原子核を中心とする半径 r の円周上を速さ v で等速円運動していると仮定する．電子の質量を m とすると，等速円運動の向心力（すなわち遠心力）F は

$$F = m\frac{v^2}{r} \tag{2-41}$$

そしてこの向心力は原子核と電子との間で働く静電気力（すなわちクーロン力）

$$F = \frac{e^2}{4\pi\varepsilon_0 r^2} \tag{2-42}$$

（ε_0：真空の誘電率（$= 8.8542\times 10^{-12}\,\mathrm{C^2\,N^{-1}\,m^{-1}}$））によるので，

$$m\frac{v^2}{r} = \frac{e^2}{4\pi\varepsilon_0 r^2} \tag{2-43}$$

となり，量子条件の式

$$mvr = n\frac{h}{2\pi} \quad (n = 1, 2, 3, \cdots\cdots) \tag{2-39}$$

より，

$$r = n^2\frac{\varepsilon_0 h^2}{\pi m e^2} \tag{2-44}$$

$$\therefore \quad r_n = n^2\frac{\varepsilon_0 h^2}{\pi m e^2} = n^2 a_0 \tag{2-44'}$$

となって，r は n^2 に比例して増大する．なお，a_0 は $n = 1$ という最小軌道の半径（**ボーア半径，Bohr radius**），すなわち，

ニールス・ボーア

デンマークの物理学者．「量子論の育ての親」とよばれ，ボーア模型に代表される前期量子論を展開し，量子力学の確立に貢献している．1922 年，ノーベル物理学賞を受賞した．(1885-1962)

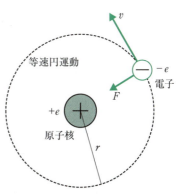

図 2-15　ボーアの原子模型

$$a_0 = \frac{\varepsilon_0 h^2}{\pi m e^2} = 5.292 \times 10^{-11} \text{ m}$$
$$= 0.05292 \text{ nm} \quad (2\text{-}45)$$

となる。この値は，実験的に求められていた水素原子の半径とほぼ一致する。

また，電子の運動エネルギー U_k は，

$$U_k = \frac{1}{2}mv^2 = \frac{e^2}{8\pi\varepsilon_0 r} \quad (2\text{-}46)$$

となる。そして，電荷 e [C] をもつ原子核から距離 r だけ離れた点の電位は，無限遠を基準にとると，水素の原子核から距離 r だけ離れた点にあることより，電子の位置エネルギー U_p は

$$U_p = QE = (-e)(V) = -\frac{e^2}{4\pi\varepsilon_0 r} \quad (2\text{-}47)$$

である。さらに，水素原子の軌道電子の全エネルギー E [J] は U_k（式(2-46)）と U_p（式(2-47)）の和および式(2-44)より

$$E = -\frac{e^2}{8\pi\varepsilon_0 r} = -\frac{me^4}{8\varepsilon_0^2 h^2}\frac{1}{n^2} \quad (2\text{-}48)$$

$$\therefore\ E_n = -\frac{me^4}{(8\varepsilon_0^2 h^2)}\frac{1}{n^2} \quad (2\text{-}48')$$

となる。

次に，上述した三つの条件について個々に考えてみる。

a. 定常状態条件について

式(2-44)と式(2-45)より，

$$r_n = (5.292 \times 10^{-11})mn^2 \quad (2\text{-}49)$$

となる。この式に $n = 1, 2, 3, 4, \cdots\cdots$ を代入した値が水素原子軌道の軌道半径であり，これは飛び飛びの大きさになる。これらの軌道上に電子が存在する状態を定常状態という。

b. 量子条件について

電子の運動量 mv と電子軌道の円周 $(2\pi r)$ の積は，式(2-46)と式(2-48)より，

$$(mv)(2\pi r) = \left(me\sqrt{\frac{k_0}{mr}}\right) \times (2\pi r) = 2\pi e\sqrt{mrk_0} \quad (2\text{-}50)$$

これに諸条件を代入すると，

$$2\pi mvr = 6.63 \times 10^{-34} n$$
$$2\pi mvr = hn \quad (h: \text{プランク定数}) \quad (2\text{-}50')$$

式(2-50')は，水素原子の電子軌道について運動量と円周の積がプランク定数の整数倍になるもののみが可能であることを示している。式(2-50')を変形すると，

$$2\pi r = \frac{h}{mv} \cdot n \quad (2\text{-}50'')$$

となり，右辺の h/mv は**電子波**の波長を示す．また，式(2-50'')は電子の軌道の円周が電子波の波長の整数倍に等しいことを示している．すなわち，**電子波が定常波を作っていること** ≡ 電子波が定常波となるような軌道だけが安定に存在すること，を示しているので，図 2-16 のように解釈できる．

c. 振動数条件について

量子数 n_2 の状態から n_1 の状態に移るとき $(n_2 > n_1)$，放出される光子の振動数 ν は，量子条件より次式を満たす．

$$E_2 - E_1 = h\nu \quad (2\text{-}51)\ [\to (2\text{-}40)]$$

これが振動数条件の基本となる式である．これより，電子の全エネルギー E は運動エネルギー U_k と位置エネルギー U_p の和を考慮して，エネルギー準位 E_n が求められる．

$$E_n = -\frac{me^4}{8\varepsilon_0^2 h^2}\frac{1}{n^2} \quad (2\text{-}48')$$

このエネルギー準位 E_n の関係式を考慮すると式(2-51)は，次のように変形できる．

$$\left(-\frac{me^4}{8\varepsilon_0^2 h^2}\cdot\frac{1}{n_2^2}\right) - \left(-\frac{me^4}{8\varepsilon_0^2 h^2}\cdot\frac{1}{n_1^2}\right) = h\nu$$

$$h\nu = \left(\frac{me^4}{8\varepsilon_0^2 h^2}\cdot\frac{1}{n_1^2}\right) - \left(\frac{me^4}{8\varepsilon_0^2 h^2}\cdot\frac{1}{n_2^2}\right)$$

$$\nu = \frac{me^4}{8\varepsilon_0^2 h^3}\left(\frac{1}{n_1^2} - \frac{1}{n_2^2}\right)$$

$$\nu \times \left(\frac{1}{c}\right) = \frac{me^4}{8\varepsilon_0^2 h^3}\left(\frac{1}{n_1^2} - \frac{1}{n_2^2}\right) \times \left(\frac{1}{c}\right)$$

$$\frac{\nu}{c} = \frac{me^4}{8\varepsilon_0^2 ch^3}\left(\frac{1}{n_1^2} - \frac{1}{n_2^2}\right)$$

$$\frac{1}{\lambda} = \frac{me^4}{8\varepsilon_0^2 ch^3}\left(\frac{1}{n_1^2} - \frac{1}{n_2^2}\right) \quad (2\text{-}52)$$

この式は，2.4.3 項における式(2-37)の実験での式と同じ形式となる．これより，リュードベリ定数 R は

定常波　非定常波(何度も周回する間に振幅は 0 になる)

図 2-16　水素原子の電子波：定常波と非定常波

$$R = \frac{me^4}{8\varepsilon_0^2 h^3 c} \quad (= 1.097\,37 \times 10^7 \text{ m}^{-1}) \quad (2\text{-}53)$$

となり，R の値は前述の実験値と一致する．

また，基底状態にある原子から一つの電子を無限遠に引き離すのに要するエネルギーをイオン化エネルギーといい，水素原子のイオン化エネルギーは $|E_1|$ に等しくなる．

以上のように，ボーアの研究や理論は，量子化学の先駆的な理論であったといえる．

例えば，ボーア理論と各種エネルギーについて，次の①~③を考えてみる．① 基底状態にある水素原子について，電子の運動エネルギー U_k，ポテンシャルエネルギー（位置エネルギー）U_p および全エネルギー E を計算してみる．なお，ボーア半径は 0.0529 nm である．② 水素原子の1原子および 1 mol あたりのイオン化エネルギー（各々，$|E_1|$ および $N_A|E_1|$，N_A：アボガドロ定数）を計算してみる．③ ②を参考にして，$n=2$ という励起状態にある水素原子から電子を取り去るには，どれだけのエネルギーを必要とするかを求めてみる．

① 題意より，

$$U_k = \frac{1}{2}mv^2 = \frac{e^2}{8\pi\varepsilon_0 r}$$

$$= \frac{(1.602\times10^{-19}\text{ C})^2}{8\pi(8.854\times10^{-12}\text{ C}^2\text{ N}^{-1}\text{ m}^{-2})(5.29\times10^{-11}\text{ m})}$$

$$= 2.18\times10^{-18}\text{ J}$$

$$U_p = -\frac{e^2}{4\pi\varepsilon_0 r} = -2U_k = -4.36\times10^{-18}\text{ J}$$

$$E = U_k + U_p = -2.18\times10^{-18}\text{ J}$$

② 1原子あたりのイオン化エネルギーは

$$E_\infty - E_1 = 0 - E_1 = |E_1|$$

となり①に等しい．これと題意より，

$$|E_1| = \frac{me^4}{8\varepsilon_0^2 h^2}$$

$$= \frac{(9.1095\times10^{-31}\text{ kg})(1.6022\times10^{-19}\text{ C})^4}{8(8.8542\times10^{-12}\text{ C}^2\text{ N}^{-1}\text{ m}^{-2})^2(6.6262\times10^{-34}\text{ J s})^2}$$

$$= 2.180\times10^{-18}\text{ J}$$

つまり，13.61 eV となる．

水素原子 1 mol あたりのイオン化エネルギーは，1 原子を考慮すると

$$N_A \times |E_1| = (6.022\times10^{23}\text{ mol}^{-1})\times(2.180\times10^{-18}\text{ J})$$

$$= 1313 \text{ kJ mol}^{-1}$$

③ ②と題意より，

$$E_\infty - E_2 = 0 - E_2 = |E_2| = \frac{|E_1|}{4} = 5.45\times10^{-19}\text{ J}$$

つまり，3.40 eV となる．

2.5.3 水素原子のスペクトルとボーア理論のまとめ

2.4 節（実験的検証）と 2.5 節（理論的検証）をまとめて考えてみると，前述したペラン，長岡やラザフォードの水素原子模型では線スペクトルとなる原子スペクトルを十分に説明できない（しかしながら，物質，例えば原子は原子核と電子（水素の場合は陽子と電子）からなり，スペクトルを与えると考えることができる）．例えば，正電荷を有する重い原子核を中心として，負電荷を有し，はるかに軽い質量 m の粒子が，速度 v，半径 r の円運動をしているとする．ここで，マクスウェルの電磁気学から考えると，電子が加速度をもって運動すれば電磁波を放出しなければならないので，エネルギーを放出するとともに，その周回半径は次第に小さくなり，最終的に核に到達する．その際に電磁波を放出し続けているので，この連続スペクトルが観測されるはずである．

このような矛盾が生じるために，ボーアは原子模型に三つの条件を定めたのである．すなわち，① 原子模型にみられる原子内の電子はエネルギーを吸収・放出しないこと，つまり，常に一定の半径 r の軌道を運動している定常状態にあること（定常状態条件），② ①の条件を満たすために，電子の周回運動における角運動量 mvr が常に $h/2\pi$ の整数倍をとること（量子条件）を仮定したのである．① および ②より，式(2-39)で示される量子数 n，さらには周回運動の半径 r（$n=1$ の場合はボーア半径 a_0），そして式(2-43)で示される定常状態におけるエネルギー，すなわち，エネルギー準位が導かれる．このエネルギー状態で考えると，前述のように，最もエネルギーの低い状態（$n=1$ で示される状態）を基底状態，それよりも高いエネルギー状態（$n=2$ 以上で示される状態）を励起状態としたのである．

さらに，ボーアは電子が定常状態にあるときにはエネルギーの変化がないが，ある定常状態から他の定常状態に遷移する際には，このエネルギー差に相当する振動数を有する電磁波（光）を放出あるいは吸収すること（振動数条件，式(2-40) あるいは式(2-51)）を仮定した．また，その式の変形より，式(2-52)のような波長の逆数（$1/\lambda$, = 波数 $\bar{\nu}$）と遷移に関連する式を示し，それが実験で得られたリュードベリの式に対応すること，リュードベリ定数 R を導けることなどを検証しているのである．以上のように，水素原子のスペクトルとボーア理論の間に，すなわち，2.4 節（実

験的検証）と 2.5 節（理論的検証）の間にはこのような関係があることに留意されたい．

> **2.5 節のまとめ**
> - ボーアの原子模型と三つの仮定（ボーア理論）
>   a．定常状態条件：原子中の電子のエネルギーは量子化されて飛び飛びの値をとる（定常状態）．定常状態にあるときは電子のエネルギーは一定に保たれ，光を放出しない．
>   b．量子条件：定常状態にある電子は角運動量が $(h/2\pi)$ の整数倍になっている．半径 r の円軌道を質量 m の粒子が速度 v で運動しているときの角運動量 $p = mvr$ なので $p = mvr = n(h/2\pi)$ の関係があるので
> $$2\pi r = \frac{h}{mv} \cdot n \tag{2-49''}$$
>   すなわち，電子波が定常波を作っている ≡ 電子波が定常波となるような軌道だけが安定に存在する．
>   c．振動数条件：電子がある定常状態から別の定常状態に遷移するときに光の放出や吸収が起こる．光の振動数は式 (2-40) で与えられる．
> $$h\nu = E_H - E_L \tag{2-40}$$
> $$(\text{あるいは } E_2 - E_1 = h\nu \tag{2-50})$$
>   上記の式の変形により，
> $$R = \frac{me^4}{8\varepsilon_0^2 ch^3} \quad (= 1.097\,37 \times 10^7\,\text{m}^{-1}) \tag{2-53}$$
>   となり，R は前述の実験値と一致する．
> - ボーア半径
> $$a_0 = \frac{\varepsilon_0 h^2}{\pi me^2} = 5.292 \times 10^{-11}\,\text{m} = 0.052\,92\,\text{nm} \tag{2-45}$$

2.6 量子論の基礎

2.6.1 量子論・量子化学とは

　量子論（quantum theory）とは，量子化学（物理では量子力学）を基礎にして物理現象を解明していく，いろいろな理論の総称である．この**量子化学**（quantum chemisty）（**量子力学**（quantum mechanics））とは，原子，分子などの微視的な（ミクロの）粒子の運動法則を研究する理論物理学（理論化学）の一つである．よって，物理の場合，量子力学と対比するものがニュートン力学となる．また，この量子論は広義には**ボーア理論**（Bohr theory）から始まるが，このボーア理論を考えてみると，前述のように古典論（古典力学，すなわち，ニュートン力学を示す）と量子論（すなわち，量子力学）をつぎはぎした不完全なものである．そこで，1925～1928 年，ハイゼンベルク，シュレディンガー，ディラックなどにより量子力学という新しい理論体系が確立され，原子，分子などの問題を取り扱う有力な理論（手法）となった．なお，ハイゼンベルク，シュレディンガー，ディラックなどが確立した量子力学，その総称である「量子論」に比べ，述べてきたプランク，アインシュタイン，ボーアなどの理論は古典的なので，**前期量子論**（old quantum theory）ともよばれる．ここでいう量子とは，ある量の整数倍しかとらない量について，その単位量のことである．例えば，電気量は電気素量の整数倍であり，振動数 ν の光のエネルギーは光子のエネルギー $h\nu$ の整数倍であるので量子と捉えることができる．すなわち，水素原子の構造についての古典的なボーアの原子模型（ボーア理論）から始まって不確定性原理に基づいて発展させた非相対論的な量子力学（光速よりもずっと遅い粒子を扱う），物性物理学や生物学への応用，相対論的な量子力学，宇宙の構造を解明する宇宙物理学など，さまざまな分野に及んでいるのである．すなわち，電子，原子，分子のような世界

は微視的な（ミクロな，微細な，または微小な）粒子の世界であり，私たちの日常生活とはかなり異なる現象が生じているのである．ここでは，電子の粒子性と波動性（ド・ブロイ波），ハイゼンベルクの不確定性原理，電子の存在確率（電子雲），シュレディンガーの波動方程式などを例に紹介する．

2.6.2 ド・ブロイの仮説と量子論

前述したように，1924年，ド・ブロイは，アインシュタインの<u>光量子仮説</u>（light quantum hypothesis, 波として考えられていた光に粒子（光子または光量子，photon）としての性質があるという仮説）を参考にして，電子は質量 m と負電荷 $-e$ をもつ粒子であると同時に光のような波（波動）として挙動するという仮説を提唱した（この波は<u>物質波</u>，<u>ド・ブロイ波</u>とよばれる）．

図 2-16 で示したように，電子を波（波動）として挙動すると考えた場合，非定常波ならば打ち消し合いが生じて最終的に消滅するが，定常波ならば安定して存在でき，円軌道の一周の長さは波長 λ の整数倍になる．

ここで，物質波あるいはド・ブロイ波を数式で表すと式(2-35)となる．

λ は m と v の関数であり，粒子性を示す mv と波動性を示す λ の積は一定（$= h$）となる．そのため，mv が大きいほど粒子性を増し，mv が小さいほど波動性を増すのである．

2.6.3 ハイゼンベルクの不確定性原理

ハイゼンベルクの<u>不確定性原理</u>（uncertainty principle）とは，電子の粒子性と波動性の二重性から提唱された原理である．ハイゼンベルクは，電子，一般的には粒子が波動性を有するという前述の考え方より，ニュートンの運動方程式では，ある時刻の物体の位置 x や運動量 $p = mv$ を正確に決められるが，量子力学では"微視的な（ミクロな）"粒子の x と p を同時にかつ正確に決めることができないと考えた．すな

わち，一つの粒子の x 座標の不確定さ（誤差）を Δx および運動量の x 成分の不確定さ（誤差）を Δp とすると，これらの間には，

$$\Delta x \cdot \Delta p \geq \frac{h}{2\pi} \quad (2\text{-}54)$$

の関係があるとした．これは，ド・ブロイの式を考慮すると次のように考えられる．

$$\lambda = \frac{h}{mv} = \frac{h}{p} \quad (2\text{-}55)$$

であり，

$$2\pi x = n\lambda \quad (2\text{-}56)$$

なので，

$$2\pi \frac{x}{n} = \frac{h}{p}$$

$$x \cdot p = \frac{nh}{(2\pi)}$$

$$x \cdot p \geq \frac{h}{(2\pi)} \quad (n = 1) \quad (2\text{-}57)$$

すなわち，これより式(2-55)が導かれる．このとき，一方の量，例えば，x を正確に決めるために Δx の値を小さくすると，Δp が大きくなり p の値が不正確になる．すなわち，$\Delta x \to 0$ とすると $\Delta p \to \infty$ となり，p が正確に決められない．また，$\Delta p \to 0$ とすると $\Delta x \to \infty$ となり，x が正確に決められないのである．すなわち，電子のような微粒子の位置と運動量を同時に正確に測定できないのである．これにより，原子核の周りを電子が一定の軌道で運行するというボーアの理論は正当性を失うことになる．量子力学では，電子をある位置の付近に見出す確率が予測（予言）されるだけである．

このような類似の不確定さは，エネルギー E と時間 t を用いても表せる．すなわち，

$$\Delta E \cdot \Delta t \geq \frac{h}{2\pi} \quad (2\text{-}58)$$

となる．これより，この原理は，微視的な（ミクロな）粒子の世界では，二つの量を"同時に"，"正確に"，決定することはできないということなのである（図 2-17）．

例えば，原子内の電子の位置を 0.020 nm の精度で決定できるとする（$\Delta x = 0.020$ nm）．その速度の不確定さ Δv_x はどの程度であるか求めてみる．なお，運動量の x 成分の不確定さを Δp_x とし，電子の質量 m_e を 9.11×10^{-31} kg とする．

題意および式(2-37)より，

ヴェルナー・カール・ハイゼンベルク

ドイツの物理学者．マトリックス力学，不確定性原理などを導いて，量子力学に深く貢献している．1932年，31歳の若さでノーベル物理学賞を受賞．1946〜1970年の多年にわたり，マックス・プランク物理学研究所所長を歴任．(1901-1976)

図 2-17 不確定性原理の説明例

$$\Delta p_x \geq \frac{h}{2\pi \Delta x}$$
$$= \frac{6.63 \times 10^{-34} \text{ J s}}{2 \times 3.14 \times 0.02 \times 10^{-9} \text{ m}}$$
$$= 5.28 \times 10^{-24} \text{ m kg s}^{-1}$$

ここで，$\Delta p_x = m\Delta v_x$ なので

$$\Delta v_x = \frac{\Delta p_x}{m} \geq \frac{5.28 \times 10^{-24} \text{ m kg s}^{-1}}{9.11 \times 10^{-31} \text{ kg}}$$
$$= 5.79 \times 10^{6} \text{ m s}^{-1}$$

つまり，5.8×10^{6} m s^{-1} のように求められる．

2.6.4 電子の存在確率（電子雲）

前項をよく考えると，微視的な粒子（電子など）の世界における不確定性原理は，電子の所在に関係すると考えることができる．すなわち，電子の位置とエネルギーを同時に，正確に，決められないのである．換言すると，どちらかを選ばなければならないのである．一般に，現在の化学は，現象の量的な関係を正確に説明する必要があり，特に電子のエネルギーを基礎にして築き上げられている．このため，電子の位置とエネルギーにおいて正確に決定されているのはエネルギーで，その結果，電子の位置は正確には決定できないのである．そこで，電子は位置のぼやけた**電子雲**

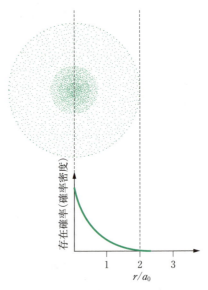

図 2-18 電子の存在確率（確率密度）の点画表示と存在確率（確率密度）〜r/a_0 関係図

(electron cloud) とよばれ，雲，煙，霧のようにはっきりとした領域，輪郭もないものとして扱われる．

上記のように，エネルギーを確定した電子は，不確定性原理により位置を確定できなくなるのである．しかしながら，電子の位置は正確に決定できないものの，確率として表すことができる．これが**電子の存在確率**（existence probability of electron）である．これは，観測したときに，どこに粒子（電子）が見つかりやすいかを表す指標である．ニュートン力学によれば，投げられたボールは，初期条件から決まる唯一の到達点へ到達するが，（この気持ち悪い）電子の存在確率という考え方こそ，量子化学の世界では重要である．一例として，水素原子中の電子の存在確率（確率密度）を図 2-18 に示す．中央部での電子の存在確率が大きい．詳細は 2.7.1 項で述べる．

2.6節のまとめ

- 量子論とは，量子力学（化学では量子化学）を基礎にして物理現象を解明していく，いろいろな理論の総称．
- ド・ブロイの式と量子論： $\lambda = \dfrac{h}{mv}$ (2-35)

より，mv が大きいほど粒子性を増し，mv が小さいほど波動性を増す．
- ハイゼンベルクの不確定性原理：微視的な（ミクロな）粒子の世界では，二つの量を"同時に"，"正確に"，決定することはできない．
- 電子の存在確率（電子雲）：電子は位置のぼやけた電子雲として扱われ，電子の位置は正確に決定できないものの，確率（電子の存在確率）として表すことができる．

2.7 量子論とその応用

2.7.1 シュレディンガーの波動方程式

オーストリアの物理学者シュレディンガーは，量子が波の性質をもつのであれば，その性質を表す方程式（波動方程式）が存在すると考え，さらに量子論では電子の動きは波動関数という関数（Ψ，プサイ）で表されるとした．ここで，Ψ は電子の動き以外にも電子のすべてを表す関数となるので，Ψ を取り扱うことにより電子の実験事実をすべて再現できる．これが **シュレディンガーの波動方程式（Schrödinger's wave equation）**

$$\hat{H}\Psi = E\Psi \qquad (2\text{-}59)$$

であり，量子力学（量子化学）の基本式となる．

なお，Ψ は系を構成する粒子の位置座標の関数であり，系の定常状態を記述するものである．例えば，ボールがピッチャーからキャッチャーへ渡されるのが物質移動，そうではなくて池や海の波の形だけが連続していくのが波（波動）である．特に，その時間と距離の形の関係は正弦波（$x \cdot \sin \theta$）の微分で，波動関数となる．ここでさらに，1 次元，2 次元，3 次元そして多次元へと拡大していき，この多次元空間における波とエネルギーの関係を求めたのが，シュレディンガーの波動方程式である．$\hat{H}$ は **ハミルトン演算子（Hamiltonian）**，E は系の全エネルギーである．演算子とは微分記号 $\mathrm{d}/\mathrm{d}x$，積分記号 $\int$ のように，関数にある演算（操作）をすることを要求する記号である．

この方程式に，原子を構成する電子の位置エネルギーや電子雲が安定に存在するといった条件を入れて解くと，関数 Ψ とエネルギー E を求めることができる．そして，この関数をもとにして，適当な演算子を用いて計算すると，エネルギーと同様に，各種の値を求めることができる．すなわち，波動関数 Ψ は，電子のすべてを表す関数である．本式は演算子 $\hat{H}$ を関数 Ψ に作用させた結果が，同じ関数に定数 E をかけたものに等しいことを示すものである．このとき，数学的には，Ψ を演算子 $\hat{H}$ の固有関数，E を固有値という．

系が一つの粒子である場合，その位置座標 x，y，z の関数である Ψ について考えてみる．量子化学では，位置座標 x，y，z には座標をかけるという演算子が対応し，運動量の x，y，z 成分である p_x，p_y，p_z には

$$p_x \longrightarrow \dfrac{h}{2\pi \mathrm{i}} \dfrac{\partial}{\partial x},$$

$$p_y \longrightarrow \dfrac{h}{2\pi \mathrm{i}} \dfrac{\partial}{\partial y},$$

$$p_z \longrightarrow \dfrac{h}{2\pi \mathrm{i}} \dfrac{\partial}{\partial z} \quad (\mathrm{i} = \sqrt{-1}) \qquad (2\text{-}60)$$

の微分演算子が対応する．これより，ハミルトン演算子 $\hat{H}$ は，ニュートン力学（古典力学）でのハミルトン関数 H に対応する演算子で，（保存系では）H は全エネルギー E に等しく，さらに，運動量成分の関数としての運動エネルギー U_k と位置座標の関数として

エルヴィン・シュレディンガー

オーストリアの物理学者．波動形式の量子力学である波動力学を提唱．シュレディンガーの波動方程式，シュレディンガーの猫などを発表し，量子力学（量子化学）に深く貢献した．1933年，ノーベル物理学賞を受賞．（1887-1961）

のポテンシャルエネルギー U_p の和となる．例えば，質量 m の一つの粒子の場合，上記より H は

$$H = U_k + U_p = \frac{1}{2m}(p_x{}^2 + p_y{}^2 + p_z{}^2) + U_p(x, y, z) \tag{2-61}$$

に対応し，右辺の物理量を対応する演算子で置換すると，ハミルトン演算子 $\hat{H}$ は

$$\hat{H} = -\frac{h^2}{8\pi^2 m}\nabla^2 + U_p(x, y, z) \tag{2-62}$$

のようになる．

ここで，∇^2 は**ラプラス演算子（Laplacian）**とよばれ，

$$\nabla^2 \equiv \frac{\partial^2}{\partial x^2} + \frac{\partial^2}{\partial y^2} + \frac{\partial^2}{\partial z^2} \tag{2-63}$$

のように定義される．これらより，式(2-59)，(2-61)および(2-63)から一つの粒子に対するシュレディンガーの波動方程式である次式を得る．

$$\frac{d^2 \Psi}{dx^2} + \frac{8\pi^2 m}{h^2}(E - U_p)\Psi = 0 \tag{2-64}$$

次に，$\Psi^2 dx dy dz$ は x と $x + dx$，y と $y + dy$，z と $z + dz$ の間の微小体積中にその粒子を見出す確率で，$|\Psi|^2$（あるいは $|\Psi_n|^2$）を**確率密度（probability density**，2.6.4 項参照）という．さらに，空間のどこかに粒子を見出す確率（確率の総和）は必ず 1 となるので，これを数学的に表現すると $\Psi^2 dx dy dz$ の三重積分となる（式(2-65)）．これを Ψ は**規格化条件（standardization condtion）**に従うという．

$$\int_{-\infty}^{\infty}\int_{-\infty}^{\infty}\int_{-\infty}^{\infty} \Psi^2 dx dy dz = 1 \tag{2-65}$$

Ψ^2 が式(2-65)を満足するためには，数学的に Ψ が変数の全領域において，連続，一価かつ有限でなければならない（境界条件）．この境界条件のもとでは，E のある特定な離散的な値に対してのみ Ψ は解を有する．量子化学では，このようにして離散的なエネルギー準位 E_n が導かれるのである．詳細は次項で述べる．

2.7.2 波動方程式の導き

一つの粒子に対する1次元におけるシュレディンガーの波動方程式を導いてみる．波長 λ，振動数 ν の波動関数 $\Psi(x, t)$ は次式となる．

$$\Psi(x, t) = \Psi = A \sin\left\{2\pi\left(\frac{x}{\lambda} - \nu t\right)\right\} \tag{2-66}$$

ここで，$x = 0$ の位置を考えると，関数の値は時間 t とともに振動しており，1 s 間に ν 回振動している．

式(2-66)を定常的な波動関数，すなわち波動関数の空間（座標）に関係する部分を $\phi(x)$ とすると定常状態においては

$$\phi(x) = \phi = A \sin\left(2\pi\frac{x}{\lambda}\right) \tag{2-67}$$

となり，この波は 1 波長（λ）ごとに同じ形（位相）をもつのである．

ここで，式(2-66)を複素関数として書き換えると，

$$\Psi(x, t) = \Psi = A \sin\left\{2\pi\left(\frac{x}{\lambda} - \nu t\right)\right\} \tag{2-66}$$

$$\Psi(x, t) = \Psi = \exp\left\{2\pi i\left(\frac{x}{\lambda} - \nu t\right)\right\} \tag{2-68}$$

となる．また，ド・ブロイの仮説を考慮して定常波で表すと，

$$\Psi(x, t) = \Psi = A \sin\frac{2\pi x}{\lambda} \cos(2\pi\nu t) \tag{2-69}$$

となって複素表現では

$$\Psi(x, t) = \Psi = A \sin\frac{2\pi x}{\lambda} \exp(-2\pi i \nu t) \tag{2-70}$$

となる．さらに，波動関数の空間に関する部分を $\phi(x)$ とすると式(2-67)が得られる．

参考として，正弦関数を**図 2-19** に示す（この図のような，定常的な波動を表す微分方程式が波動方程式である．音や光のような波動は，この式に従った定在波となる．粒子も波動性をもつとする量子力学の仮定に従えば，微視的な（ミクロな）世界では粒子もこの式に従うはずである）．

これらの1階および2階微分は次のようになる．

式(2-67)の1階微分：

$$\frac{d\phi}{dx} = \frac{2\pi}{\lambda} A \cos\left(2\pi\frac{x}{\lambda}\right) \tag{2-71}$$

式(2-66)の2階微分：

$$\frac{d^2\phi}{dx^2} = -\left(\frac{2\pi}{\lambda}\right)^2 A \sin\left(2\pi\frac{x}{\lambda}\right) \tag{2-72}$$

これらより，ϕ を使って書き直すと，

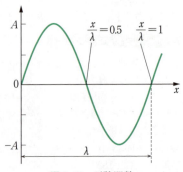

図 2-19 正弦関数

微分方程式：

$$\frac{d^2\psi}{dx^2} = -\frac{4\pi^2}{\lambda^2}\psi \quad (2\text{-}73)$$

(式(2-67), (2-71)および(2-72)の解析に対応)
となり，式(2-73)についてド・ブロイの式 $\lambda = h/mv$ を考慮して変形すると

$$\frac{d^2\psi}{dx^2} = -4\pi^2\left(\frac{m^2v^2}{h^2}\right)\psi = -\frac{8\pi^2 m}{h^2}\left(\frac{1}{2}mv^2\right)\psi \quad (2\text{-}74)$$

となる．さらに，$(1/2)mv^2$ は運動エネルギー U_k で，

$$U_k = E(\text{全エネルギー}) - U_p(\text{ポテンシャルエネルギー}) \quad (2\text{-}75)$$

なので，式(2-74)は最終的に次のように導かれる．

$$\frac{d^2\psi}{dx^2} + \frac{8\pi^2 m}{h^2}(E - U_p)\psi = 0 \quad (2\text{-}76)$$

この式は，一つの粒子に対する1次元におけるシュレディンガーの波動方程式である．

参考までに，1次元から3次元への拡張を行うと次のようになる（なお，変数が複数含まれるので，微分は偏微分になる）．

$$\left(\frac{\partial^2 \psi}{\partial x^2} + \frac{\partial^2 \psi}{\partial y^2} + \frac{\partial^2 \psi}{\partial z^2}\right) + \frac{8\pi^2 m}{h^2}(E - U_p)\psi = 0 \quad (2\text{-}77)$$

この式は，3次元の定常的なシュレディンガーの波動方程式である．式(2-77)を変形して，ハミルトン演算子 $\hat{H}$ を考慮すると

$$-\left(\frac{h^2}{8\pi^2 m}\right)\left(\frac{\partial^2 \psi}{\partial x^2} + \frac{\partial^2 \psi}{\partial y^2} + \frac{\partial^2 \psi}{\partial z^2}\right) + U_p \psi = E\psi \quad (2\text{-}78)$$

したがって，

$$H = -\left(\frac{h^2}{8\pi^2 m}\right)\left(\frac{\partial^2}{\partial x^2} + \frac{\partial^2}{\partial y^2} + \frac{\partial^2}{\partial z^2}\right) + U_p \quad (2\text{-}79)$$

を考慮すると

$$H\psi = E\psi \quad (2\text{-}80)$$

が導かれる．

ここで，シュレディンガーの波動方程式の最も簡単な適用例として，1次元の井戸の中を運動する質量 m の粒子がある．この条件は図2-20に示すように，井戸の幅の a の内側では U_p は0で，粒子は自由に運動することができるが，外側の U_p は無限大なので粒子は飛び出せない環境にある．この井戸の中で，粒子が速度 v で運動しているときのシュレディンガーの波動方程式は，前述した式(2-76)に $E = (1/2)mv^2$，$U_p = 0$ を代入したもので次のようになる．

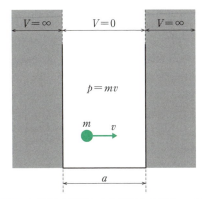

図2-20　1次元の井戸の中を運動する質量 m の粒子

$$\frac{d^2\psi}{dx^2} + \frac{8\pi^2 m}{h^2}\left(\frac{1}{2}mv^2\right)\psi = 0$$

$$\therefore \quad \frac{d^2\psi}{dx^2} = -\frac{4\pi^2 m^2 v^2}{h^2}\psi \quad (2\text{-}81)$$

この場合（1次元の井戸の中を運動する質量 m の粒子（電子））のエネルギー準位 E_n, 波動関数 ψ_n および単位長さあたりの存在確率（存在確率密度）$|\psi_n|^2$ を求めてみる．

題意より，式(2-74)と式(2-81)を比較して解である式(2-67)を考慮すると

$$\psi = A\sin\left(\frac{2\pi mv}{h}x\right) \quad (2\text{-}82)$$

となり，解の境界条件は，$x = 0, a$ の2点で $\psi = 0$ なので，正弦関数が0，すなわち，π の整数倍なので次のようになる．

$$\frac{2\pi mva}{h} = n\pi \quad (n = 1, 2, 3, \cdots\cdots) \quad (2\text{-}83)$$

$$E\psi = \left(-\frac{h^2}{8m\pi^2}\right)\frac{d^2\psi}{dx^2} \quad (2\text{-}84)$$

$$\psi = A\sin\left(\frac{n\pi}{a}x\right)$$

$$\psi_n = A\sin\left(\frac{n\pi}{a}x\right) \quad (2\text{-}85)$$

$(A = \sqrt{2/a})$

$$E = \frac{1}{2}mv^2 = \frac{n^2 h^2}{8ma^2}$$

$$E_n = \frac{1}{2}mv^2 = \frac{n^2 h^2}{8ma^2} \quad (2\text{-}86)$$

$(E - U_p = U_k$ なので $E - 0 = (1/2)mv^2)$

$$|\psi_n|^2 = \left|A\sin\left(\frac{n\pi}{a}x\right)\right|^2 \quad (2\text{-}87)$$

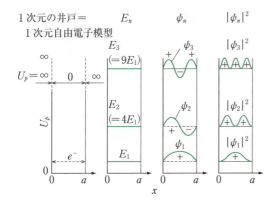

図 2-21　2次元の井戸の中を運動する質量 m の粒子（電子）とそのエネルギー準位（E_n），波動関数（Ψ_n）および単位長さあたりの存在確率（存在確率密度，$|\Psi_n|^2$）

これらをまとめると，波動方程式，波動関数，エネルギー，単位長さあたりの存在確率（存在確率密度）などは式(2-85)〜(2-87)のようになり，図 2-21 に示すことができる．

2.7.3　波動方程式と量子数，存在確率など

水素原子は一つの原子核を中心にして一つの電子が周回している．原子核を直交座標の原点とした場合，その $\hat{H}$ は式(2-61)およびその中の U_p は，

$$U_\mathrm{p} = -\frac{e^2}{4\pi\varepsilon_0\sqrt{x^2+y^2+z^2}} \qquad (2\text{-}88)$$

のように示せるので，波動方程式は，

$$\left\{-\frac{h^2}{8\pi^2 m}\left(\frac{\partial^2}{\partial x^2}+\frac{\partial^2}{\partial y^2}+\frac{\partial^2}{\partial z^2}\right) -\frac{e^2}{4\pi\varepsilon_0\sqrt{x^2+y^2+z^2}}\right\}\phi = E\phi \qquad (2\text{-}89)$$

となる．ポテンシャルエネルギーが球対称であるため，図 2-22 に示すように，直交座標 x, y, z を極座標 r, θ, φ に変換すると便利である．これより，

$$\begin{aligned}x &= r\sin\theta\cos\varphi \\ y &= r\sin\theta\sin\varphi \\ z &= r\cos\theta\end{aligned} \qquad (2\text{-}90)$$

の関係があるので極座標で表した波動方程式は，

$$\frac{1}{r^2}\frac{\partial}{\partial r}\left(r^2\frac{\partial\phi}{\partial r}\right) + \frac{1}{r^2\sin\theta}\frac{\partial}{\partial\theta}\left(\sin\theta\frac{\partial\phi}{\partial\theta}\right) \\ + \frac{1}{r^2\sin^2\theta}\frac{\partial^2\phi}{\partial\varphi^2} + \frac{8\pi^2 m}{h^2}\left(E+\frac{e^2}{4\pi\varepsilon_0 r}\right)\phi = 0 \qquad (2\text{-}91)$$

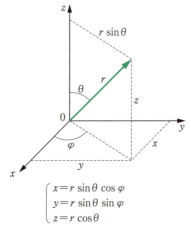

図 2-22　直交座標と極座標

となる．この式は，

$$\begin{aligned}\psi_{n,l,m}(r,\theta,\varphi) &[= R(r)\Theta(\theta)\Phi(\varphi)] \\ &= R_{n,l}(r)\cdot Y_{l,m}(\theta,\varphi)\end{aligned} \qquad (2\text{-}92)$$

とおいて，各変数 r, θ および φ の一つだけを含む三つの関数 $R(r)$, $\Theta(\theta)$ および $\Phi(\varphi)$ の積あるいは $R_{n,l}(r)$ および $Y_{l,m}(\theta,\varphi)$ の積として与えられる．ここで，$R_{n,l}(r)$ は動径関数および $Y_{l,m}(\theta,\varphi)$ は球面調和関数とよび，前者は波動関数の空間的広がりを表し，後者は波動関数の形と方向性を規定する．この解に三つの量子数 n（主量子数），l（方位量子数），m（磁気量子数）が含まれる．すなわち，これらの量子数は 3 次元の運動に対応しているわけである．式(2-91)で解いた結果の一例を式(2-93a-f)に示す．

$n=1$, $l=0$, $m=0$ （1s 軌道）：

$$\psi_{1\mathrm{s}} = \frac{1}{\sqrt{\pi}}\left(\frac{1}{a_0}\right)^{\frac{3}{2}}\exp(-\rho) \qquad (2\text{-}93\mathrm{a})$$

$n=2$, $l=0$, $m=0$ （2s 軌道）：

$$\psi_{2\mathrm{s}} = \frac{1}{4\sqrt{2\pi}}\left(\frac{1}{a_0}\right)^{\frac{3}{2}}(2-\rho)\exp\left(-\frac{\rho}{2}\right) \qquad (2\text{-}93\mathrm{b})$$

$n=2$, $l=1$, $m=0$ （2p$_z$ 軌道）：

$$\psi_{2\mathrm{p}_z} = \frac{1}{4\sqrt{2\pi}}\left(\frac{1}{a_0}\right)^{\frac{3}{2}}\rho\exp\left(-\frac{\rho}{2}\right)\cos\theta \qquad (2\text{-}93\mathrm{c})$$

$n=3$, $l=0$, $m=0$ （3s 軌道）：

$$\psi_{3\mathrm{s}} = \frac{1}{81\sqrt{3\pi}}\left(\frac{1}{a_0}\right)^{\frac{3}{2}}(27-18\rho+2\rho^2)\exp\left(-\frac{\rho}{3}\right) \qquad (2\text{-}93\mathrm{d})$$

$n=3$, $l=1$, $m=0$ （3p$_z$ 軌道）：

$$\psi_{3\mathrm{p}_z} = \frac{\sqrt{2}}{81\sqrt{\pi}}\left(\frac{1}{a_0}\right)^{\frac{3}{2}}(6\rho-\rho^2)\exp\left(-\frac{\rho}{3}\right)\cos\theta \qquad (2\text{-}93\mathrm{e})$$

$n = 3$, $l = 2$, $m = 0$ (3d$_{z^2}$ 軌道) :

$$\psi_{3d_{z^2}} = \frac{1}{81\sqrt{6\pi}}\left(\frac{1}{a_0}\right)^{\frac{3}{2}} \rho^2 \exp\left(-\frac{\rho}{3}\right)(3\cos^2\theta - 1)$$

(2-93f)

($\rho = r/a_0$, a_0 : ボーア半径)

ここで，水素原子の 1s 軌道の原子軌道関数は式(2-93)に示されるとおりの r だけの関数で，球対称の関数である．したがって，$n = 1$, $l = 0$, $m = 0$ なので ψ_{1s} となる．その絶対値の 2 乗 $|\psi_{1s}|^2$ は，電子の単位長さあたりの存在確率（存在確率密度）で，前述の図 2-18 に示されるものと対応する．すなわち，図 2-18 は水素原子の電子の存在確率密度 $|\psi_{1s}|^2 \sim r/a_0$ の関係図となっている．動径方向を考慮した $|\psi_{1s}|^2$ は，

$$|\psi_{1s}|^2 = \frac{1}{\pi}\left(\frac{1}{a_0}\right)^3 \exp(-2\rho)$$

(2-94)

で定義され，$\exp(-2\rho) = \exp(-2r/a_0)$ に比例し，図 2-18 に示されるように中心で最も大きくなる（$n = 1$, $l = 0$ の 1s 軌道の動径関数 $R_{1,0}(r)$，すなわち $R_{1,0}(r) \sim r$ の関係図は $|\psi_{1s}|^2$ は $\sim r/a_0$ 関係図と対応する）．これを含めた水素原子の 3 次元的な電子の存在確率密度（すなわち，1s, 2p, および 3d 軌道の波動関数の存在確率密度の等高線）を図示すると図 2-23 となる．

これより，1s 電子は原子核の近くに存在する確率が最も高いこと，原子核から離れるとその確率は急激に減少すること，ある断面の確率密度は同心円上で同じ値をもつことなどがわかる．

上記で極座標表示をしたが，原子核の周りの空間を $r \sim r + dr$ 間の微小球殻の体積 dv を考えると

$$dv \fallingdotseq 4\pi r^2 dr$$

(2-95)

となり，電子を見出す確率（すなわち，電子が距離 $r \sim r + dr$ 間にある確率）は

$$|\psi|^2 dv = 4\pi r^2 |\psi|^2 dr = D(r) dr \quad (2\text{-}96)$$

となり，$D(r)$ を**動径分布関数（radial distribution function）**という（なお，$4\pi r^2 |\psi|^2 = D(r)$ を中心から $r \sim r + dr$ 間の微小球殻にある電子を足し合わせたものと考えるとわかりやすい）．図 2-24 に水素原子の 1s, 2s および 3s 電子の動径分布関数を示す．基底状態の水素原子の電子，すなわち 1s 電子が最も存在確率の高い r はボーア半径 a_0 に一致する．また，図より主量子数 n が大きくなるにつれて，核から離れた位置で飛び飛びに電子が分布することがわかる．

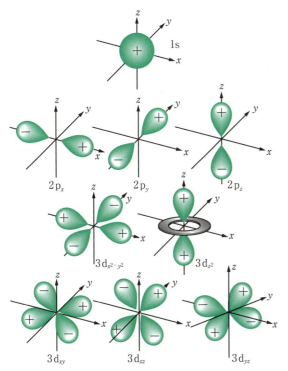

図 2-23 電子の存在確率密度．水素原子の 1s, 2p, および 3d 軌道の波動関数の等高線（図中の + および − は確率密度を求めるために 2 乗する前の波動関数の符号）

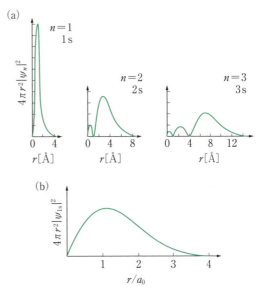

図 2-24 電子の動径分布関数．(a) 水素原子の 1s, 2s および 3s 電子の動径分布関数と (b) 1s 電子の動径分布関数の r 依存性の拡大図（(a) および (b) の縦軸は中心から $r \sim r + dr$ 間の微小球殻にある電子を足し合わせたものと考えるとわかりやすい）

また，水素原子は1電子原子であるが，ほとんどの原子が多電子原子である．多電子原子とは，2個以上の電子をもつ原子であり，ヘリウム原子は電子2個でも多電子原子，水素原子以外は多電子原子と考えることができる．N 個の電子をもつ原子，すなわち N 電子原子のシュレディンガーの波動方程式の厳密な解は非常に複雑であり，計算科学に依存するしかない．これを考えると，数値計算では精度は高められるが，解の形を定性的に見通せない，すなわち，直観的な化学の利点が失われてしまうのである．そこで，一般には軌道近似法に頼り，**有効核電荷 (effective nuclear charge)** Z_{eff} が用いられる．

Z_{eff}（あるいはカーネル電荷）とは，多電子原子系において，最外殻電子（または着目する電子）が感じる中心原子核の電荷のことをいう．ほかの個々の電子から受ける静電反発ポテンシャルを原子核を覆う一つの殻として扱い，原子核本来の正電荷を部分的にしゃへいすると近似する．これを有効核しゃへいとよぶ．Z 番目の電子が感じる Z_{eff} はしゃへい定数 S で補正し，次式で表される．

$$Z_{eff} = Z - S \quad (Z：原子番号) \tag{2-97}$$

このような Z_{eff} を用いて，多電子原子系を直観的に考えることができる．

2.7 節のまとめ

- シュレディンガーの波動方程式（式(2-59)）とは，Ψ を取り扱うことにより電子の実験事実をすべて再現でき，量子力学（量子化学）の基本式である．

$$\hat{H}\Psi = E\Psi \tag{2-59}$$

- 一つの粒子に対する1次元におけるシュレディンガーの波動方程式：

$$\frac{d^2\psi}{dx^2} + \frac{8\pi^2 m}{h^2}(E - U_p)\psi = 0 \tag{2-81}$$

および1次元の井戸の中を運動する質量 m の粒子のシュレディンガーの波動方程式の応用例

エネルギー準位： $E_n = \frac{1}{2}mv^2 = \frac{n^2 h^2}{8ma^2}$ (2-86)

波動関数： $\psi_n = A \sin\left(\frac{n\pi}{a}x\right)$ (2-85)

確率密度分布： $|\psi_n|^2 = \left|A \sin\left(\frac{n\pi}{a}x\right)\right|^2$ (2-87)

- 極座標で表した波動方程式は

$$\frac{1}{r^2}\frac{\partial}{\partial r}\left(r^2 \frac{\partial \psi}{\partial r}\right) + \frac{1}{r^2 \sin\theta}\frac{\partial}{\partial \theta}\left(\sin\theta \frac{\partial \psi}{\partial \theta}\right) + \frac{1}{r^2 \sin^2\theta}\frac{\partial^2 \psi}{\partial \varphi^2} + \frac{8\pi^2 m}{h^2}\left(E + \frac{e^2}{4\pi\varepsilon_0 r}\right) = 0 \tag{2-91}$$

となり，

$$\psi_{n,l,m}(r, \theta, \varphi)[= R(r)\Theta(\theta)\Phi(\varphi)] = R_{n,l}(r) \cdot Y_{l,m}(\theta, \varphi) \tag{2-92}$$

とおいて解くことができる．この解には三つの量子数 n（主量子数），l（方位量子数），m（磁気量子数）が含まれる．

- 極座標表示より，電子を見出す確率は

$$|\phi|^2 dv = 4\pi r^2 |\phi|^2 dr = D(r) dr \tag{2-96}$$

となり，$D(r)$ を動径分布関数という．特に，基底状態の水素原子の電子，すなわち 1s 電子が最も存在確率の高い r はボーア半径 (a_0) に一致する．

章末問題

問題 2-1
プランクによるエネルギー量子説とアインシュタインによる光（量）子説にどのような違いがあるのかを，$E = nh\nu$ の解釈の仕方を踏まえて説明しなさい．

問題 2-2
ボーアの原子モデルによる水素原子をボーア原子模型といい，その最も小さい半径を a_0 で表し，ボーア半径という．ボーア半径を計算しなさい．

問題 2-3
一般に，波を表す関数は，sin や cos を用いた実関数でも，$e^{i\theta} = \cos\theta + i\sin\theta$ を用いて変換した複素関数でも表記される．例えば，$\phi = A\cos(kx - \omega t) = \mathrm{Re}[A\, e^{i(kx - \omega t)}]$ である．複素数表示では計算が簡略化できるので，波動関数を複素数表示して計算し，最後にその実部をとることが行われる．一方，物質波である波動関数 ϕ は計算の簡略のためではなく，複素数表示することが求められる．物質波の波動関数 ϕ を複素数表示する理由を説明しなさい．

3. 原子の性質

3.1 量子数

原子の性質の周期性や化学結合の本質を理解するためには，原子中の電子のふるまいを理解することが重要である．前章で述べたように，原子内の電子が許容される軌道およびエネルギーは，主量子数，方位量子数，磁気量子数およびスピン量子数の四つの量子数で決定される．

3.1.1 主量子数

主量子数（principal quantum number）は軌道のエネルギー準位を決定する主因であり，主量子数は n で表され，任意の正の整数値をとる．

$$n = 1, 2, 3, \cdots\cdots$$

同じ主量子数となる電子軌道は，同じ**殻**（shell）に存在すると表現される．殻の記号は**表 3-1** に示すように大文字のアルファベットで示され，主量子数 n = 1，2，3，…… と大きくなるに従い，K，L，M，……（アルファベット順）となる．水素原子のエネルギーは主量子数を含む以下の式(3-1)により決まる．

$$E_n = -\frac{me^4}{8\varepsilon_0^2 h^2 n^2} \qquad (3\text{-}1)$$

(ε_0：真空の誘電率，h：プランク定数，m：電子の静止質量，e：素電荷)

3.1.2 方位量子数

方位量子数（azimuthal quantum number）は電子軌道の空間的方位を決定し，l で表され，軌道の形を支配する．方位量子数は電子の角運動量と関連し，この値の増大は角運動量の増大に対応する．そのため，方位量子数は角運動量量子数ともよばれる．主量子数 n の場合，方位量子数は 0 から $n-1$ までのすべての整数をとる．

$$l = 0, 1, 2, \cdots\cdots, n-1$$

方位量子数は**表 3-2** に示す記号で表される．**表 3-2** で示した記号の s，p，d，f はそれぞれ sharp, principal, diffuse, fundamental の頭文字である．同じ主量子数と方位量子数となる電子軌道は，同じ副殻に共存すると表現される．

3.1.3 磁気量子数

原子が磁場または電場中におかれると原子スペクトル線が分裂する．これは**ゼーマン効果**（Zeeman effect）とよばれ，この分裂によって生じた準位を表すのに**磁気量子数**（magnetic quantum number）を用いる．磁気量子数は m で表される．角運動量をもつ電子は環を流れる電流と考えることができる．この磁性の大きさは磁気量子数によって決定される．この磁性の根源は電子の角運動量にあるので，磁気量子数の許容値は方位量子数により決まる．方位量子数 l に対して，$(2l+1)$ 個の磁気量子数が存在する．

$$m = -l, -l+1, \cdots\cdots, 0, \cdots\cdots, l-1, l$$

磁気量子数による方位量子数 l 中の $(2l+1)$ 個のエネルギーは，磁場がない場合にはすべて等しくなる．このように，状態は異なるが等しいエネルギーをもつことを縮重（縮退）しているという．**図 3-1** に s

表 3-1　主量子数 n と殻の記号

主量子数 n	殻の記号
1	K
2	L
3	M
4	N
5	O
6	P

表 3-2　方位量子数 l と表示文字

方位量子数 l	軌道の記号
0	s
1	p
2	d
3	f
4	g
5	h

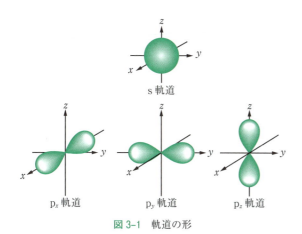

図 3-1 軌道の形

軌道と p 軌道の形状を示す．s 軌道と p 軌道の形状の違いは方位量子数に支配される．p 軌道には空間内の電子の確率存在の配向が異なる p_x, p_y, p_z 軌道が存在し，これは磁気量子数に支配される．

3.1.4 スピン量子数

上で述べた電子の角運動に起因する磁気効果のほかに，電子自身にも磁気的性質が存在する．電荷をもつ粒子が自身の軸の周りでコマのような運動をしている場合，その挙動も磁気的であるといえる．原子内では電子がスピンをもつと表現される．**スピン量子数 (spin quantum number)** は，アルカリ金属のスペクトル線に観察される分裂した二重線を説明するためにウレンベックらによって導入された．軌道運動および自転による磁場の相互作用は，電子の自転方向が右回りか左回りかにより，軌道運動による磁場を強めるか弱めるかの二つの場合が生じる．二つのわずかに異なるエネルギー軌道が生じることにより，スペクトル線の分裂を説明することができる．このようにスピン量子数 s は，電子の自転の方向により決まる値で，各磁気量子数に対して $-1/2$ と $1/2$ をとることができる．

$$s = -\frac{1}{2}, \frac{1}{2}$$

±1/2 のほかにも，↑および↓と表記されることがある．この場合，電子の自転の軸が磁場の方向であれば↑（上向き）で表され，反対方向であれば↓（下向き）で表される．

3.1 節のまとめ

- 原子内の電子が許容される軌道およびエネルギーは主量子数，方位量子数，磁気量子数およびスピン量子数の四つの量子数で決定される．
- 主量子数は軌道のエネルギー準位を決定する主因であり，主量子数は n で表され，任意の正の整数値をとる．
- 方位量子数は電子軌道の空間的方位を決定し，l で表され，軌道の形を支配する．
- 原子が磁場または電場中におかれると原子スペクトル線が分裂する．この分裂によって生じた準位を表すのに磁気量子数を用いる．
- 軌道運動および自転による磁場の相互作用は，電子の自転方向が右回りか左回りかにより，軌道運動による磁場を強めるか弱めるかの二つの場合が生じる．スピン量子数は，電子の自転の方向により決まる値である．

3.2 原子の電子配置

一つの原子の中で，三つの量子数で示される一つの軌道にはスピン量子数の異なる 2 個の電子のみ入ることができる．これを**パウリの排他律 (Pauli exclusion principle)** とよぶ．主量子数 n が 1〜4 の場合にとりうる各量子数とその組合せ数を**表 3-3** に示す．$n = 1$（K 殻）では $l = m = 0$ のみが許されるため，異なるスピン量子数をもつ 2 個の 1s 電子のみの存在が可能

ヴォルフガング・エルンスト・パウリ

スイスの物理学者．オーストリア生まれ．スピンの概念やパウリの排他律を提唱し，ハイゼンベルクとともに場の量子論の基礎を築いた．ニュートリノの存在を予言したことでも知られる．1945 年ノーベル物理学賞受賞．（1900-1958）

表 3-3 電子のとりうる状態

殻	軌道の記号	主量子数 n	方位量子数 l	磁気量子数 m	軌道数	収容できる電子数	殻に収容できる電子数
K	1s	1	0	0	1	2	$2 = 2 \times 1^2$
L	2s	2	0	0	1	2	$8 = 2 \times 2^2$
	2p	2	1	+1, 0, −1	3	6	
M	3s	3	0	0	1	2	$18 = 2 \times 3^2$
	3p	3	1	+1, 0, −1	3	6	
	3d	3	2	+2, +1, 0, −1, −2	5	10	
N	4s	4	0	0	1	2	$32 = 2 \times 4^2$
	4p	4	1	+1, 0, −1	3	6	
	4d	4	2	+2, +1, 0, −1, −2	5	10	
	4f	4	3	+3, +2, +1, 0, −1, −2, −3	7	14	

である。$n = 2$（L殻）では $l = 0$ と $l = 1$ が許され，それぞれ $m = 0$，$m = -1, 0, 1$ となる．よってスピン量子数を含めて8個の電子の組合せがある．同様に $n = 3, 4$ では電子の組合せは，それぞれ18個と32個であり，各殻には $2n^2$ 個の電子まで収容することができる．

2個の電子が同じスピン量子数をもつとき平行スピンであるという．逆に，2個の電子が異なるスピン量子数をもつとき反平行スピンという．ある方位量子数で磁気量子数の異なる軌道が存在する場合には，電子は相互の反発を避けるため，スピン量子数が同じ値で別の軌道に入る．つまり，電子が平行スピンとなるよ

表 3-4 p軌道における電子のスピン状態

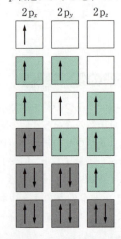

うに別の軌道に入る．これを**フントの規則（Hund's rule）**という．例として，p軌道に1〜6個の電子が入る場合のスピンの状態を表3-4に示す．

一般に電子がもつエネルギーは，主量子数nと方位量子数lによって決定される．電子のエネルギー準位は，主量子数nは数字で，方位量子数lは記号で表される．例えば$n=1$, $l=0$であれば1s，$n=2$, $l=1$であれば2p，$n=3$, $l=2$であれば3dと書く．原子の軌道に電子が分配されるようすを電子配置という．電子配置は副殻のエネルギー準位により決定される．基底状態における原子に絞って例を挙げると，$_1$Hでは1個の電子が1sに入り電子配置は1s^{1}と書かれる．$_2$Heでは2個の電子が1sに入り電子配置は1s^{2}と書かれる．また，$_5$Bの電子配置は1s^{2}2s^{2}2p^{1}となるが，原子番号が大きくなるとフントの規則に従って2p軌道が電子で満たされ，$_{10}$Neで1s^{2}2s^{2}2p^{6}となる．基底状態では電子はエネルギー準位の低い軌道から満たされていくことを述べたが，その軌道の一般的順序を図3-2に示す．図3-2の順序は，原子中の電子が占有する軌道の順であるため，占有序列とよばれる．さらに，表3-5には原子番号が106以下の元素について電子配置を示す．

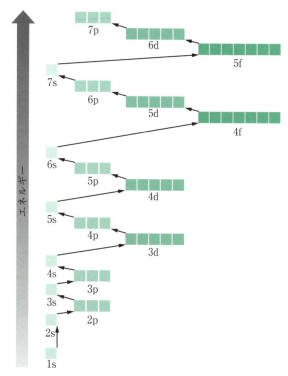

図3-2 多電子原子において電子が満たされていく軌道の順序

3.2節のまとめ
- 一つの原子の中で，三つの量子数で示される一つの軌道には，スピン量子数の異なる2個の電子が入ることができる．
- ある方位量子数で磁気量子数の異なる軌道が存在する場合には，電子は相互の反発を避けるため，できるだけスピン量子数が同じ値の別の軌道に入る．つまり，電子が平行スピンとなるように軌道に入る．これをフントの規則という．
- 原子の軌道に電子が分配される様子を電子配置という．電子配置は副殻のエネルギー準位により決定される．基底状態では電子はエネルギー準位の低い軌道から満たされていく．

表 3-5 元素の電子配置

元素	K	L		M			N				O		
	1s	2s	2p	3s	3p	3d	4s	4p	4d	4f	5s	5p	5d
1 H	1												
2 He	2												
3 Li	2	1											
4 Be	2	2											
5 B	2	2	1										
6 C	2	2	2										
7 N	2	2	3										
8 O	2	2	4										
9 F	2	2	5										
10 Ne	2	2	6										
11 Na	2	2	6	1									
12 Mg	2	2	6	2									
13 Al	2	2	6	2	1								
14 Si	2	2	6	2	2								
15 P	2	2	6	2	3								
16 S	2	2	6	2	4								
17 Cl	2	2	6	2	5								
18 Ar	2	2	6	2	6								
19 K	2	2	6	2	6		1						
20 Ca	2	2	6	2	6		2						
21 Sc	2	2	6	2	6	1	2						
22 Ti	2	2	6	2	6	2	2						
23 V	2	2	6	2	6	3	2						
24 Cr	2	2	6	2	6	5	1						
25 Mn	2	2	6	2	6	5	2						
26 Fe	2	2	6	2	6	6	2						
27 Co	2	2	6	2	6	7	2						
28 Ni	2	2	6	2	6	8	2						
29 Cu	2	2	6	2	6	10	1						
30 Zn	2	2	6	2	6	10	2						
31 Ga	2	2	6	2	6	10	2	1					
32 Ge	2	2	6	2	6	10	2	2					
33 As	2	2	6	2	6	10	2	3					
34 Se	2	2	6	2	6	10	2	4					
35 Br	2	2	6	2	6	10	2	5					
36 Kr	2	2	6	2	6	10	2	6					
37 Rb	2	2	6	2	6	10	2	6			1		
38 Sr	2	2	6	2	6	10	2	6			2		
39 Y	2	2	6	2	6	10	2	6	1		2		
40 Zr	2	2	6	2	6	10	2	6	2		2		
41 Nb	2	2	6	2	6	10	2	6	4		1		
42 Mo	2	2	6	2	6	10	2	6	5		1		
43 Tc	2	2	6	2	6	10	2	6	5		2		
44 Ru	2	2	6	2	6	10	2	6	7		1		
45 Rh	2	2	6	2	6	10	2	6	8		1		
46 Pd	2	2	6	2	6	10	2	6	10				
47 Ag	2	2	6	2	6	10	2	6	10		1		
48 Cd	2	2	6	2	6	10	2	6	10		2		
49 In	2	2	6	2	6	10	2	6	10		2	1	
50 Sn	2	2	6	2	6	10	2	6	10		2	2	
51 Sb	2	2	6	2	6	10	2	6	10		2	3	
52 Te	2	2	6	2	6	10	2	6	10		2	4	
53 I	2	2	6	2	6	10	2	6	10		2	5	
54 Xe	2	2	6	2	6	10	2	6	10		2	6	

元素	K	L	M	N				O					P						Q
				4s	4p	4d	4f	5s	5p	5d	5f	5g	6s	6p	6d	6f	6g	6h	7s …
55 Cs	2	8	18	2	6	10		2	6				1						
56 Ba	2	8	18	2	6	10		2	6				2						
57 La	2	8	18	2	6	10		2	6	1			2						
58 Ce	2	8	18	2	6	10	1	2	6	1			2						
59 Pr	2	8	18	2	6	10	3	2	6				2						
60 Nd	2	8	18	2	6	10	4	2	6				2						
61 Pm	2	8	18	2	6	10	5	2	6				2						
62 Sm	2	8	18	2	6	10	6	2	6				2						
63 Eu	2	8	18	2	6	10	7	2	6				2						
64 Gd	2	8	18	2	6	10	7	2	6	1			2						
65 Tb	2	8	18	2	6	10	9	2	6				2						
66 Dy	2	8	18	2	6	10	10	2	6				2						
67 Ho	2	8	18	2	6	10	11	2	6				2						
68 Er	2	8	18	2	6	10	12	2	6				2						
69 Tm	2	8	18	2	6	10	13	2	6				2						
70 Yb	2	8	18	2	6	10	14	2	6				2						
71 Lu	2	8	18	2	6	10	14	2	6	1			2						
72 Hf	2	8	18	2	6	10	14	2	6	2			2						
73 Ta	2	8	18	2	6	10	14	2	6	3			2						
74 W	2	8	18	2	6	10	14	2	6	4			2						
75 Re	2	8	18	2	6	10	14	2	6	5			2						
76 Os	2	8	18	2	6	10	14	2	6	6			2						
77 Ir	2	8	18	2	6	10	14	2	6	7			2						
78 Pt	2	8	18	2	6	10	14	2	6	9			1						
79 Au	2	8	18	2	6	10	14	2	6	10			1						
80 Hg	2	8	18	2	6	10	14	2	6	10			2						
81 Tl	2	8	18	2	6	10	14	2	6	10			2	1					
82 Pb	2	8	18	2	6	10	14	2	6	10			2	2					
83 Bi	2	8	18	2	6	10	14	2	6	10			2	3					
84 Po	2	8	18	2	6	10	14	2	6	10			2	4					
85 At	2	8	18	2	6	10	14	2	6	10			2	5					
86 Rn	2	8	18	2	6	10	14	2	6	10			2	6					
87 Fr	2	8	18	2	6	10	14	2	6	10			2	6					1
88 Ra	2	8	18	2	6	10	14	2	6	10			2	6					2
89 Ac	2	8	18	2	6	10	14	2	6	10			2	6	1				2
90 Th	2	8	18	2	6	10	14	2	6	10			2	6	2				2
91 Pa	2	8	18	2	6	10	14	2	6	10	2		2	6	1				2
92 U	2	8	18	2	6	10	14	2	6	10	3		2	6	1				2
93 Np	2	8	18	2	6	10	14	2	6	10	4		2	6	1				2
94 Pu	2	8	18	2	6	10	14	2	6	10	6		2	6					2
95 Am	2	8	18	2	6	10	14	2	6	10	7		2	6					2
96 Cm	2	8	18	2	6	10	14	2	6	10	7		2	6	1				2
97 Bk	2	8	18	2	6	10	14	2	6	10	9		2	6					2
98 Cf	2	8	18	2	6	10	14	2	6	10	10		2	6					2
99 Es	2	8	18	2	6	10	14	2	6	10	11		2	6					2
100 Fm	2	8	18	2	6	10	14	2	6	10	12		2	6					2
101 Md	2	8	18	2	6	10	14	2	6	10	13		2	6					2
102 No	2	8	18	2	6	10	14	2	6	10	14		2	6					2
103 Lr	2	8	18	2	6	10	14	2	6	10	14		2	6	1				2
104 Rf	2	8	18	2	6	10	14	2	6	10	14		2	6	2				2
105 Db	2	8	18	2	6	10	14	2	6	10	14		2	6	3				2
106 Sg	2	8	18	2	6	10	14	2	6	10	14		2	6	4				2

原子番号 89 以降の元素には，正確な電子配置が知られていないものが多い．

3.3 周期表

3.3.1 周期表の成立までの歴史

　前節で原子の電子構造を示したが，これに起因して原子の性質が周期的に変化する．これが原子の**周期律 (periodic law)** であり，元素やその化合物の化学的性質を考える際の基礎となる．

　19世紀以降，化学者たちは原子量の小さい順に元素を並べると，周期的に性質が似た元素が現れることに気付いた．1864年，英国のニューランズは八つごとに，ドレミの音階のように性質の似た元素があることを明らかにし，オクターブ則という説を発表した．しかし，化学と音楽を関連づけるこの奇抜なアイディアは，当時の学術界からは評価されなかった．ドイツのマイヤーは，固体単体を原子量の順に配置すると，物性に周期性が見出されることを明らかにした．

　このように多くの化学者が，元素の周期性に気付きはじめてはいたが，現在の**周期表 (periodic table of the elements)** に近いものを見出したのは，ロシアのメンデレーエフである．他の化学者が当時知られていた元素を並べて表にしたのに対し，メンデレーエフは化学的性質の周期性に重きをおき，説明のつかない部分はあえて空欄とした．その空欄には未発見の元素が入るに相違ない，と予言した彼の功績は大きい．

　例えば，ケイ素 (Si) の下にあるべき元素がまだ発見されていないと考えたメンデレーエフは，そこにエカケイ素という架空の元素をあてはめた．その原子量が 72 であることや，比重などのほかの物性も予言した．その後，メンデレーエフの予言どおりの物性をもつゲルマニウムが発見された．その他にも，空欄に新元素が次々と発見されたので，メンデレーエフの周期表は多くの化学者から高く評価されるようになった．

　また，当時は貴ガスが発見されていなかったが，メンデレーエフは「周期表の両端（アルカリ金属とハロゲン）は，それらの化学的性質が大きく異なりすぎており不自然である」と疑問を呈していた．その後，貴ガスが発見され，メンデレーエフの周期律に対する考えがきわめて的を射ていたことがわかる．

　周期表を考案した多くの化学者がいる中で，周期表の発案者はメンデレーエフであると認識されているのは，このような事情のためである．

3.3.2 モーズレーの法則

　当初，化学者は原子量をもとに元素の周期性を考えていた．しかし，周期表において，元素の位置を決定するのは原子量ではないことが英国のモーズレーらの研究により明らかになった．

　モーズレーは，電子が真空管中で陽極に衝突した際に生じる X 線の振動数と陽極を構成する物質との関係を調べた．その結果，彼は，各々の元素から生じる X 線の振動数が，周期表中の元素の位置と関係あることを見出した．これをモーズレーの法則とよび，その関係式は次式となる．

$$\sqrt{\nu} = a(Z-b)$$

（ν：X 線の振動数，Z：原子番号，a, b：定数）

3.3.3 周期表の成り立ち

　現在の周期表を本書見返しに示した．また，**表 3-5** からわかるように，原子の電子配置には 2, 8, 18, 32 の 4 種類の周期がある．8 の周期を基準とした元素の周期表を短周期型，18 の周期を基準にしたものを長周期型という．見返しの周期表は長周期型であり，現在使われている周期表のほとんどはこの型である．周期表の横の行を周期とよぶ．また，縦に並ぶ列を族とよび，同族内の元素は類似した化学的性質をもっている．前節で示した**表 3-5** は周期表と対応させることで深く理解することができる．周期表の構造は，電子が副殻を満たしていく順序に対応している．この副殻により分けた周期表の模式図を**図 3-3** に示す．

　例えば，s ブロックでは主量子数が n である s 副殻

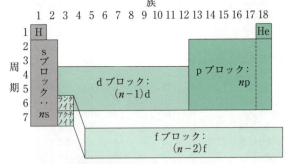

図 3-3　周期表の副殻による分類

ヘンリー・モーズレー

英国の物理学者．オックスフォード大学卒業後，マンチェスター大学のラザフォードの下で研究した．元素の特性 X 線の波長測定からモーズレーの法則を発見，X 線分光学の端緒を開いた．第一次世界大戦で戦死．(1887-1915)

(ns) の軌道に電子が入る．また，d ブロックでは主量子数が $(n-1)$ の d 軌道（$(n-1)$d）に電子が入る．図 3-3 で，最外殻電子が s, p 副殻となる電子配置をもつ元素を**典型元素**（typical element），それが d, f 副殻である元素を**遷移元素**（transition element）とよぶ．典型元素の族には名称があり，1 族はアルカリ金属，2 族はアルカリ土類金属，3 族は希土類元素，17 族はハロゲン元素，18 族は貴ガス元素とよぶ．$_{57}$La から $_{71}$Lu までをランタノイド，$_{89}$Ac から $_{103}$Lr までをアクチノイドという．一般に周期表では，ランタノイドとアクチノイドは欄外にまとめて書かれている．$_{93}$Np 以降は超ウラン元素とよばれ，人工的に合成された元素である．アルカリ金属は最外殻電子 ns^1 を失った貴ガス型電子配置をもつ安定な一価の陽イオンとして存在する場合が多い．単体は水酸化物や塩化物などの電解によって得られる軽くて軟らかい金属である．アルカリ土類金属の最外殻電子は s^2 で，s 電子 2 個を失って安定な二価の陽イオンとして存在する場合が多い．Y, Sc およびランタノイド，アクチノイドを合わせて希土類元素（レアアース）という．この一群の元素は化学的性質が酷似している．ランタノイドでは化学的性質を決定する電子は 6s^2 であるが，$_{58}$Ce から $_{71}$Lu まで 4f 軌道に順次電子が満たされていくことが，化学的類似性の理由である（表 3-5 を参照）．ハロゲン元素には F, Cl, Br, I, At が含まれる．ハロゲン元素は貴ガス元素の電子配置より電子が 1 個少ないので，電子 1 個を取り込み一価の陰イオンとなりやすい．貴ガス元素は反応性が限られており，最外殻は 1s^2 か ns^2np^6 となる．これらの同族内での化学的性質の類似性は，最外殻電子の配置状態が同様であることに基づいている．この最外殻電子は化学結合に関係するので価電子とよばれる．一方，遷移元素はすべて金属元素なので遷移金属ともよばれる．遷移元素では d 副核が一部だけ電子で占められている．遷移元素は以下の特徴をもつ．

① 周期表で同族が類似しているのみでなく，同周期の元素間にも類似性がある．
② 族の番号は必ずしも原子価殻の電子数を示さない．
③ さまざまな正の酸化数をとる．
④ イオン化エネルギー，電子親和力，電気陰性度が小さい（次節以降参照）．
⑤ 遷移元素を含むイオンや化合物は有彩色を示すものが多い．
⑥ 単体は金属であり，強く，硬く，高融点であり，熱および電気の伝導体である．
⑦ 種々の錯体の構成元素となる．

金属元素の性質をいろいろと述べたが，実は金属元素と非金属元素の境界は明確ではない．この境界に存在する元素はメタロイドとよばれ，金属と非金属の両方の性質をもつ．メタロイドには B, Si, Ge, As, Sb, Bi などが含まれる．最もよく知られているメタロイドは Si であるが，その単体表面は金属に近い．金属元素は正の酸化数のみ示すが，メタロイドは H_3As, H_3Sb, H_2Te のように負の酸化数を示す場合がある．電気伝導の観点から，メタロイドは半導体的性質を示すものが多く工業的に重要である．現在のエレクトロニクス技術はメタロイドの精製法と利用法の開発とともに発展したといえる．

3.3 節のまとめ
- 現在の周期表に近いものを見出したのは，ロシアのメンデレーエフである．
- 周期表において，元素の位置を決定するのは原子量ではないことが英国のモーズレーらの研究により明らかになった．
- 周期表の横の行を周期とよぶ．また，縦に並ぶ列を族とよび，同族内の元素は類似した化学的性質をもっている．

3.4 イオン化エネルギー

最外殻にある電子（価電子）は原子の原子価を決定し，その挙動が化学的性質に重要な役割を演じる．一般に原子のイオンになりやすさの尺度として**イオン化エネルギー**（ionization energy）と電子親和力が用いられる．イオン化エネルギー I は，基底状態にある気体状原子から最外殻に存在する電子を取り去るために（無限遠まで引き離すために）必要な最小のエネルギーである．

$$A \longrightarrow A^+ + e \quad \Delta E = I$$

電子を取り去ることが容易である元素ほど，イオン化

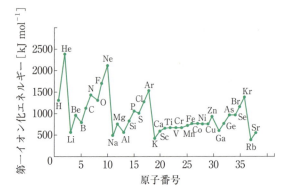

図 3-4 各原子の第一イオン化エネルギー

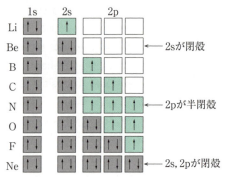

図 3-5 Be, B および N, O の電子配置

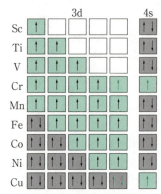

図 3-6 遷移元素の電子配置

エネルギーは小さい. 核電荷が z の原子で, 最外殻にある主量子数 n の電子のエネルギー E_n は次式で表される (式(2-48)参照).

$$E_n = -\frac{(z-s)^2 me^4}{8\varepsilon_0^2 h^2 n^2} = -\frac{Z_{\mathrm{eff}}^2 me^4}{8\varepsilon_0^2 h^2 n^2} \quad (3\text{-}2)$$

(s:しゃへい定数, Z_{eff}:有効核電荷)

最外殻の電子は内殻電子によるしゃへい効果により, z よりも小さい電荷 $(z-s)$ の影響を受ける. また, 式(3-2)はリュードベリ定数 $R_\infty (= me^4/8\varepsilon_0^2 ch^3)$ を用いると次式となる.

$$E_n = -\frac{R_\infty hc Z_{\mathrm{eff}}^2}{n^2} \quad (3\text{-}3)$$

イオン化エネルギーはこの電子を取り去るために必要な最小の仕事に対応するので,

$$I = -E_n = \frac{R_\infty hc Z_{\mathrm{eff}}^2}{n^2} \quad (3\text{-}4)$$

となる. 式(3-4)より, 同一周期内の元素については原子番号 Z が大きくなるのとともに I は増大し, 周期が変わり最外殻の主量子数 n が大きくなると I が減少することが定性的にわかる. 図 3-4 にイオン化エネルギーの元素依存を示すが, 上で述べた結果とほぼ定性的に一致している. さらに, 図 3-4 右上に I の値の周期表上での傾向を図示するが, 周期表では左下の原子の I が小さく, 右上の原子の I は大きくなる.

同一周期のイオン化エネルギーを仔細にみると, 単純に増加しているわけではないことがわかる. 例えば, 第2周期では, Be のイオン化エネルギーは B のそれよりも大きい. また, N のイオン化エネルギーは O のそれよりも大きい. これらの逆転は, 電子配置によって説明される.

図 3-5 に Li から Ne までの電子配置を示す. 図 3-5 をみるとわかるように, Be の場合には, 取り去られる一つ目の電子は, もともとは満たされている (閉殻とよぶ) 2s 副殻にある. 一方で, B の場合には, 2p 副殻に一つだけ存在している電子が取り去られる. 閉殻の方がエネルギー的に安定であるために, Be の閉殻の 2s から電子を引き離すエネルギーは, B の 2p に一つだけ存在する電子を引き離すエネルギーよりも高くなる. そのために, イオン化エネルギーは Be＞B となるのである.

N の場合は, 2p 副殻が半分満たされている (半閉殻とよばれる). 一方で, O の場合は, 2p 副殻が四つの電子で占められている. 2p 副殻のうち, 二つの電子が入る軌道は, 電子-電子間の反発が大きい. その結果, この O の 2p 軌道の電子を取り去るエネルギーは, N の 2p 軌道の電子を取り去るエネルギーよりも低くなる. その結果, イオン化エネルギーは N＞O となる.

このようなイオン化エネルギーの順序の逆転は, 第3周期, 第4周期でもみられる. これらも, 第1周期, 第2周期と同様に, 電子配置から説明できる.

一方, 3p より 4s の方が若干エネルギー準位が低いので, 遷移元素では, 電子が詰まるとき, 3d 副殻より先に 4s 副殻から入る. しかし, これらが陽イオン

表 3-6 各元素およびイオンのイオン化エネルギー [eV]

Z	元素	I	II	III	IV	V	VI	VII	VIII	Z	元素	I	II	III	IV	V	VI	VII	VIII
1	H	13.598								52	Te	9.009	18.6	27.96	37.41	58.75	70.7	137	
2	He	24.587	54.416							53	I	10.451	19.131	33					
3	Li	5.392	75.638	122.451						54	Xe	12.130	21.21	32.1					
4	Be	9.322	18.211	153.893	217.713					55	Cs	3.894	25.1						
5	B	8.298	25.154	37.930	259.368	340.217				56	Ba	5.212	10.004						
6	C	11.260	24.383	47.887	64.492	392.077	489.981			57	La	5.577	11.06	19.175					
7	N	14.534	29.601	47.448	77.472	97.888	552.057	667.029		58	Ce	5.539	10.85	20.20	36.72				
8	O	13.618	35.116	54.934	77.412	113.896	138.116	739.315	871.387	59	Pr	5.464	10.55	21.62	38.95	57.45			
9	F	17.422	34.970	62.707	87.138	114.240	157.161	185.182	953.886	60	Nd	5.525	10.72						
10	Ne	21.564	40.962	63.45	97.11	126.21	157.93	207.27	239.09	61	Pm	5.582	10.90						
11	Na	5.139	47.286	71.64	98.91	138.39	172.15	208.47	264.18	62	Sm	5.644	11.07						
12	Mg	7.646	15.035	80.143	109.24	141.26	186.50	224.94	265.90	63	Eu	5.670	11.25						
13	Al	5.986	18.828	28.447	119.99	153.71	190.47	241.43	284.59	64	Gd	6.150	12.1						
14	Si	8.152	16.345	33.492	45.141	166.77	205.05	246.52	303.17	65	Tb	5.864	11.52						
15	P	10.486	19.725	30.18	51.37	65.023	220.43	263.22	309.41	66	Dy	5.939	11.67						
16	S	10.360	23.33	34.83	47.30	72.68	88.049	280.93	328.23	67	Ho	6.022	11.80						
17	Cl	12.967	23.81	39.61	53.46	67.8	97.03	114.193	348.28	68	Er	6.108	11.93						
18	Ar	15.760	27.629	40.74	59.81	75.02	91.007	124.319	143.456	69	Tm	6.18	12.05	23.71					
19	K	4.341	31.625	45.72	60.91	82.66	100.0	117.56	154.86	70	Yb	6.254	12.17	25.2					
20	Ca	6.113	11.871	50.908	67.10	84.41	108.78	127.7	147.24	71	Lu	5.426	13.9						
21	Sc	6.54	12.80	24.76	73.47	91.66	111.1	138.0	158.7	72	Hf	6.78	14.9	23.3	33.3				
22	Ti	6.82	13.58	27.491	43.266	99.22	119.36	140.8	168.5	73	Ta	7.40							
23	V	6.74	14.65	29.310	46.707	65.23	128.12	150.17	173.7	74	W	7.60							
24	Cr	6.766	16.50	30.96	49.1	69.3	90.56	161.1	184.7	75	Re	7.76							
25	Mn	7.435	15.640	33.667	51.2	72.4	95	119.27	196.46	76	Os	8.28							
26	Fe	7.870	16.18	30.651	54.8	75	99	125	151.06	77	Ir	9.02							
27	Co	7.864	17.06	33.50	51.3	79.5	102	129	157	78	Pt	8.61	18.563						
28	Ni	7.635	18.168	35.17	54.9	75.5	108	133	162	79	Au	9.225	20.5						
29	Cu	7.726	20.292	36.83	55.2	79.9	103	139	166	80	Hg	10.437	18.756	34.2					
30	Zn	9.394	17.964	39.722	59.4	82.6	108		174	81	Tl	6.108	20.428	29.83					
31	Ga	5.999	20.51	30.71	64					82	Pb	7.416	15.032	31.937	42.32	68.8			
32	Ge	7.899	15.934	34.22	45.71	93.5				83	Bi	7.289	16.69	25.56	45.3	56.0	88.3		
33	As	9.81	18.633	28.351	50.13	62.63	127.6			84	Po	8.42							
34	Se	9.752	21.19	30.820	42.944	68.3	81.70	154.4		85	At								
35	Br	11.814	21.8	36	47.3	59.7	88.6	103.0	192.8	86	Rn	10.748							
36	Kr	13.999	24.359	36.95	52.5	64.7	78.5	111.0	126	87	Fr								
37	Rb	4.177	27.28	40	52.6	71.0	84.4	99.2	126	88	Ra	5.279	10.147						
38	Sr	5.695	11.030	43.6	57	71.6	90.8	106	122.3	89	Ac	5.17	12.1						
39	Y	6.38	12.24	20.52	61.8	77.0	93.0	116	129	90	Th	6.08	11.5	20.0	28.8				
40	Zr	6.84	13.13	22.99	34.34	81.5				91	Pa	5.89							
41	Nb	6.88	14.32	25.04	38.3	50.55	102.6	125		92	U	6.191							
42	Mo	7.099	16.15	27.16	46.4	61.2	68	126.8	153	93	Np	6.266							
43	Tc	7.28	15.26	29.54						94	Pu	5.8							
44	Ru	7.37	16.76	28.47						95	Am	6.0							
45	Rh	7.46	18.08	31.06						96	Cm	6.09							
46	Pb	8.34	19.43	32.93						97	Bk	6.30							
47	Ag	7.576	21.49	34.83						98	Cf	6.3							
48	Cd	8.993	16.908	37.48						99	Es	6.52							
49	In	5.786	18.869	28.03	54					100	Fm	6.64							
50	Sn	7.344	14.632	30.502	40.734	72.28				101	Md	6.74							
51	Sb	8.641	16.53	25.3	44.2	56	108			102	No	6.84							

になるときは，外側の 4s 電子が離脱する．その結果，図 3-6 に示すように，原子番号の増加につれて核電荷が増大するが，4s 軌道の電子とのクーロン力は内側に増える電子によるしゃへい効果により相殺され，電子を取り去る際に必要になるエネルギーはあまり変化しないことになる．したがって遷移元素ではイオン化エネルギーの変化が大きくない．

原子の最外殻電子 1 個を取り去るためのエネルギーを第一イオン化エネルギー I_1 とよび，一価の陽イオンから 1 個の電子を取り去るために必要なエネルギーを第二イオン化エネルギー I_2 とよぶ．さらに 3，4 番目の電子を取り去るためのエネルギーを順次第三イオン化エネルギー I_3，第四イオン化エネルギー I_4 とよぶ．いくつかの元素のイオン化エネルギーを表 3-6 に示す．表 3-6 から第一イオン化エネルギーに比較して，第二，第三イオン化エネルギーと順次大きくなっていることがわかる．

これは，最外殻電子を取り去る場合と比較して，イオン化した原子から電子を取り去る場合には内殻電子のしゃへい効果が小さくなるためである．

第一イオン化エネルギーは，分光学的方法および光電子分光法により求めることができる．分光学的方法では，吸収スペクトルの系列端の測定から第一イオン化エネルギーを求める．水素原子の発光スペクトルの波長 λ は次式で表される（リュードベリの式）．

$$\frac{1}{\lambda} = R_\infty \left(\frac{1}{n_1^2} - \frac{1}{n_2^2} \right) \quad (3\text{-}5)$$

ここで，n_1，n_2 は正の整数で，$n_2 > n_1$ である．式(3-5)で $n_2 = \infty$ は，電子が原子から無限遠に離れた状態を意味し，原子のイオン化に相当する．また，$n_1 = 1$ は電子の基底状態に対応する．この二つの状態を遷移するためのエネルギー ΔE がイオン化エネルギーで，吸収スペクトルを測定することで式(3-6)から 13.6 eV と計算される．

$$\Delta E = \frac{hc}{\lambda} \quad (3\text{-}6)$$

原子にイオン化エネルギー I よりも大きなエネルギー $h\nu$ をもつ光子が吸収されると，次式の関係より運動エネルギー ε をもつ光電子が放出される．

$$\varepsilon = \frac{hc}{\lambda} - I \quad (3\text{-}7)$$

この原理に基づく方法を光電子分光法とよぶ．光電子は $hc/\lambda > I$ であれば放出され，hc/λ が既知であれば ε を分析することで，I を求めることができる．

3.4 節のまとめ

- 原子のイオンになりやすさの尺度として，イオン化エネルギーと電子親和力が用いられる．イオン化エネルギー I は，基底状態にある気体状原子から最外殻に存在する電子を取り去るために（無限遠まで引き離すために）必要な最小のエネルギーである．
- 同一周期内の元素については，原子番号 Z が大きくなるのとともに I は増大し，周期が変わり最外殻の主量子数 n が大きくなると I が減少する．
- 同一周期のイオン化エネルギーを仔細にみると，単純に増加しているわけではないことがわかる．例えば，第 2 周期では，Be のイオン化エネルギーは B のそれよりも大きい．また，N のイオン化エネルギーは O のそれよりも大きい．これらの逆転は，電子配置によって説明される．

3.5 電子親和力

気相の原子が電子を受け取って陰イオンになるとき，外部へ放出されるエネルギーが **電子親和力 (electron affinity)** E_A であり，電子親和力が大きいほどその原子は陰イオンになりやすい．

$$\text{A} + \text{e}^- \longrightarrow \text{A}^- \quad \Delta E = -E_A \quad (3\text{-}8)$$

電子親和力もイオン化エネルギーと同様に孤立した原子に関するエネルギー変化である．式(3-8)から，E_A が正の値の場合に ΔE は負で，電子が加わるときにエネルギーを放出することを意味している．したがって，電子親和力は原子が電子を引き寄せる度合いを表す．通常，電子親和力の単位は kJ mol^{-1} である．電子親和力の元素依存を図 3-7 に示す．周期表では左下にいくほど電子親和力は小さくなり，右上にいくほど電子親和力は大きくなる．F, Cl, Br, I（ハロゲン元素）の最外殻は $n\text{s}^2 n\text{p}^5$ であり，あと 1 個の電子を取り込むことにより，安定な $n\text{s}^2 n\text{p}^6$ の閉殻構造になる．このため各周期において，ハロゲン元素の電子親和力は最大となる．ハロゲン元素の電子親和力は，塩素からヨウ素へ周期が大きくなるに従い減少するが，フッ素は例外的に小さい値をとる．これは，第 2 周期のすべての元素にみられ，第 2 周期の元素が小さい原子半径であることに起因する．図 3-7 から，ほとんどの元素の電子親和力は正の値となるが，例外として 2 族と 18 族は負の値となることがわかる．

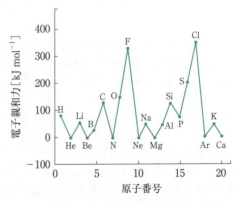

図 3-7　元素の電子親和力と原子番号の関係

3.5 節のまとめ

- 気相の原子が電子を受け取って陰イオンになるとき，外部へ放出されるエネルギーが電子親和力 E_A であり，電子親和力が大きいほどその原子は陰イオンになりやすい．
- 周期表では左下にいくほど電子親和力は小さくなり，右上にいくほど電子親和力は大きくなる．

3.6 電気陰性度

　化学結合している2個の原子が同じものであれば，核間の電子は対称的に分布するが，2個の原子が異なれば電子を引きつける能力の差から電子の分布に偏りを生じる．化学結合における電子を引きつける能力に関する尺度が**電気陰性度（electronegativity）**である．代表的な電気陰性度にはポーリング，マリケン，オールレッド・ロコウの三つの定義がある．

　ポーリングは多くの原子について電気陰性度（ポーリングの電気陰性度 χ^P）という値を定義し，その値を使って化学結合の結合エネルギーや分子の双極子モーメントの議論を試みた．これらの値は次の関係式で示された．

$$\left(\frac{\Delta_{AB}}{96.48}\right)^{\frac{1}{2}} = |\chi_A{}^P - \chi_B{}^P| \quad (3\text{-}9)$$

$$\Delta_{AB} = D_{AB} - \frac{D_{AA} + D_{BB}}{2} \quad (3\text{-}10)$$

　ここで，Δ_{AB} の単位は $kJ\ mol^{-1}$，D_{AA} と D_{BB} は等核二原子分子 AA と BB の結合エネルギー，D_{AB} は AB 分子の結合エネルギーである．ポーリングの電気陰性度の元素依存を図3-8に示す．電気陰性度は同族においては周期が大きくなるに従い大きくなる．O，N，S，F，Cl，Br などの非金属元素では，金属元素に比較して電気陰性度は大きくなる．一つの周期内では左から右になるに従って電気陰性度は大きくなる．

　マリケンは，原子のイオン化エネルギーと電子親和力との加算平均を電気陰性度の尺度とした．

周期＼族	1	2	3	4	5	6	7	8	9	10	11	12	13	14	15	16	17	18
1	H 2.20																	He
2	Li 0.98	Be 1.57											B 2.04	C 2.55	N 3.04	O 3.44	F 3.98	Ne
3	Na 0.93	Mg 1.31											Al 1.61	Si 1.90	P 2.19	S 2.58	Cl 3.16	Ar
4	K 0.82	Ca 1.00	Sc 1.36	Ti 1.54	V 1.63	Cr 1.66	Mn 1.55	Fe 1.83	Co 1.88	Ni 1.91	Cu 1.90	Zn 1.65	Ga 1.81	Ge 2.01	As 2.18	Se 2.55	Br 2.96	Kr 3.00
5	Rb 0.82	Sr 0.95	Y 1.22	Zr 1.33	Nb 1.60	Mo 2.16	Tc 1.90	Ru 2.20	Rh 2.28	Pd 2.20	Ag 1.93	Cd 1.69	In 1.78	Sn 1.96	Sb 2.05	Te 2.10	I 2.66	Xe 2.60
6	Cs 0.79	Ba 0.84	*	Hf 1.30	Ta 1.50	W 2.36	Re 1.90	Os 2.20	Ir 2.20	Pt 2.28	Au 2.54	Hg 2.00	Tl 2.04	Pb 2.33	Bi 2.02	Po 2.00	At 2.20	Rn
7	Fr 0.70	Ra 0.90	**															

* ランタノイド	La 1.10	Ce 1.12	Pr 1.13	Nd 1.14	Pm	Sm 1.17	Eu	Gd 1.20	Tb	Dy 1.22	Ho 1.23	Er 1.24	Tm 1.25	Yb	Lu 1.0
** アクチノイド	Ac 1.10	Th 1.3	Pa 1.5	U 1.7	Np 1.3	Pu 1.3	Am	Cm	Bk	Cf	Es	Fm	Md	No	Lr

図3-8　ポーリングの電気陰性度

$$\chi^{M} = \frac{I_P + E_A}{2}[\text{eV}] = \frac{I_P + E_A}{2 \times 96.48}[\text{kJ mol}^{-1}] \quad (3\text{-}11)$$

ポーリングとマリケンの電気陰性度はよい対応をみせているが，その相互関係式を以下に示す．

$$\chi^{P} = 0.336(\chi^{M} - 0.62) \quad (3\text{-}12)$$

オールレッド・ロコウは，原子が電子を引きつける力は，

$$F = -\frac{Z_{\text{eff}}^2 e^2}{r^2} \quad (3\text{-}13)$$

に比例すると仮定した．この式の Z_{eff} は有効電荷で，r は共有結合半径である．Z_{eff} をスレーター則で求めて，ポーリングの電気陰性度の値と F の値をプロットすると，高い相関があることがわかり，次式のような関係があることが明らかとなった．

$$\chi^{P} = \frac{3590(Z_{\text{eff}} - 0.35)}{r^2} + 0.744 \quad (3\text{-}14)$$

ただし，r の単位は pm である．この方法によれば，χ の算出は容易で，適応範囲が広い．図 3-9 に第 2 から第 6 周期の主な元素のオールレッド・ロコウの電気陰性度を示すとともに，表 3-7 にポーリング，マリケン，オールレッド・ロコウの電気陰性度を比較した値を示す．

電気陰性度を用いて分子の極性を特徴づけることができる．理想的な共有結合の場合には電子は両方の原子に同等に共有される．HCl や HI のような異核二原子分子の場合には電気陰性度の違いから電荷が偏り，電荷が非対称に分布する．この非対称な分布の結果，分子に双極子モーメントが生じる．このことは，一般に下記のように表される．

$$\overset{\delta^+}{\text{H}}—\overset{\delta^-}{\text{Cl}}$$

ここで，H が δ^+ で Cl が δ^- となるのは H の電気陰性度が Cl のそれよりも小さいためである．双極子モーメント μ は正負の電荷 $\pm q$ の絶対値と正負の電荷中心間の距離 r との積で表される．

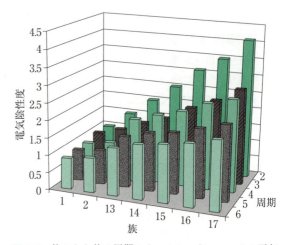

図 3-9 第 2 から第 6 周期のオールレッド・ロコウの電気陰性度

表 3-7 電気陰性度の値の比較

元素	ポーリング	マリケン	オールレッド・ロコウ
F	3.98	3.90	4.10
Cl	3.16	2.95	2.83
Br	2.96	2.62	2.74
I	2.66	2.52	2.21
H	2.20	2.21	2.20
Li	0.98	0.84	0.97
Na	0.93	0.74	1.01
K	0.82	0.77	0.91

$$\mu = qr \quad (3\text{-}15)$$

実験的には，双極子モーメントは比誘電率の測定によって求められる．双極子モーメントの単位はデバイ (D) であり，1 D $= 3.3356 \times 10^{-30}$ C m である．二原子分子の共有結合とイオン結合の違いは電気陰性度の差から議論することができるが，その詳細は 4 章で述べる．二原子分子の分子式を表記する場合，電気陰性度の小さな元素を先におく（例，NaCl，HCl など）．

ライナス・カール・ポーリング

アメリカの物理化学者．量子力学を化学に応用し，量子力学的共鳴概念による化学結合の説明に成功した．タンパク質分子のらせん構造，免疫抗体など研究は多岐にわたる．第二次世界大戦後，核実験反対運動に尽力．ノーベル化学賞とノーベル平和賞を受賞した．(1901-1994)

ロバート・サンダーソン・マリケン

アメリカの物理化学者．マサチューセッツ大学卒業後，政府機関を経てシカゴ大学のミリカンの下で水銀の同位体分離の研究に従事した．分子軌道法による化学結合および分子の電子構造に関する研究により，1966 年ノーベル化学賞を受賞した．(1896-1986)

3.6 節のまとめ

- 化学結合している2個の原子が同じものであれば，核間の電子は対称的に分布するが，2個の原子が異なれば電子を引きつける能力の差から電子の分布に偏りを生じる．化学結合における電子を引きつける能力に関する尺度が電気陰性度である．
- 代表的な電気陰性度にはポーリング，マリケン，オールレッド・ロコウの三つの定義がある．
- 電気陰性度を用いて分子の極性を特徴づけることができる．理想的な共有結合の場合には電子は両方の原子に同等に共有される．HClやHIのような異核二原子分子の場合には電気陰性度の違いから電荷が偏り，電荷が非対称に分布する．この非対称な分布の結果，分子に双極子モーメントが生じる．

3.7 原子半径，イオン半径

例えば，固体の結晶構造を学ぶ場合，原子を剛体の球とみなすと直感的に理解しやすい．しかし，現実には電子は原子核の周りに連続的に分布しているため，原子の占める体積を決めることはできない．量子力学の取扱いでは，電子は明確な軌道を描く代わりに原子核の周りにある存在確率をもって，雲状に分布する．そこで原子半径として，存在確率が最大のところ，すなわち動径分布関数の値が極大となる原子核からの距離とする考え方がある．量子力学では，ボーア半径は $r = a_0 n^2$, $a_0 = \varepsilon_0 h^2 / \pi m e^2$ で表され（ちなみに，この式を用いると水素原子の軌道半径は 0.529 Å（0.0529 nm）と計算される），多電子原子の原子半径は $r = a_0 n^2 / Z_{eff}$ で表される．同一周期においては，Z_{eff} が大きくなるにつれ原子半径が小さくなり，次の周期に移るときは n^2 の項が大きくなることで原子半径は大きくなる．原子を球であるとみなした場合の半径が原子半径であるが，1個の原子の体積を明確に決めることはできないので，単一原子の半径を決定することはできない．一般に，原子の大きさは共有結合半径と金属原子半径により表現され，次の仮定の下で決定される．

① 単結合の共有結合半径では，一対の電子で結合している二つの原子の半径の和がその核間距離に等しいとする．
② 金属原子半径は単体金属結晶中の最近接原子の核間距離の半分である．

このようにして決定した各元素の原子半径を図3-10に示す．さらに，図3-11に原子半径の周期表上で

図3-10 原子半径 [nm]

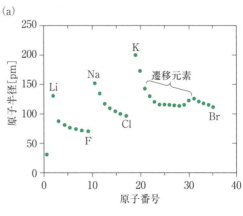

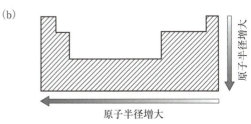

図3-11 原子番号，周期表と原子半径

表 3-8 代表的な典型元素のイオン半径 [pm]

Li	Be	B	C	N	O	F
(1+)76(6)	(2+)45(6)	(3+)27(6)	(4+)16(6)	(3−)146(4)	(2−)140(6)	(1−)133(6)
				(3+)16(6)		

Na	Mg	Al	Si	P	S	Cl
(1+)102(6)	(2+)72(6)	(3+)54(6)	(4+)40(6)	(3+)44(6)	(2−)184(6)	(1−)181(6)
				(5+)38(6)	(6+)29(6)	

K	Ca	Ga	Ge	As	Se	Br
(1+)138(6)	(2+)100(6)	(3+)62(6)	(2+)73(6)	(3+)58(6)	(2−)198(6)	(1−)196(6)
			(4+)53(6)	(5+)46(6)	(4+)50(6)	(7+)39(6)

Rb	Sr	In	Sn	Sb	Te	I
(1+)152(6)	(2+)118(6)	(3+)80(6)	(4+)69(6)	(3+)76(6)	(2−)221(6)	(1−)220(6)
				(5+)60(6)	(4+)97(6)	(5+)95(6)
					(6+)56(6)	(7+)53(6)

Cs	Ba	Tl	Pb	Bi	Po	At
(1+)167(6)	(2+)135(6)	(1+)150(6)	(2+)119(6)	(3+)103(6)	(4+)94(6)	(7+)62(6)
		(3+)89(6)	(4+)78(6)	(5+)76(6)	(6+)67(6)	

Fr	Ra
(1+)180(6)	(2+)148(8)

表 3-9 代表的な遷移元素のイオン半径 [Å]

Sc^{3+} 0.885 1.010(8)	Ti^{2+} 1.00 Ti^{3+} 0.810 Ti^{4+} 0.745	V^{2+} 0.93 V^{3+} 0.780 V^{4+} 0.72 V^{5+} 0.68	Cr^{2+} 0.87(LS), 0.94(HS) Cr^{3+} 0.755	Mn^{2+} 0.81(LS), 0.97(HS) Mn^{3+} 0.72(LS), 0.785(HS)	Fe^{2+} 0.77(4), 0.75(LS), 0.92(HS) Fe^{3+} 0.69(LS), 0.785(HS)	Co^{2+} 0.72(4HS), 0.79(LS), 0.885(HS) Co^{3+} 0.685(LS), 0.75(HS)	Ni^{2+} 0.69(4), 0.63(4SQ), 0.83 Ni^{4+} 0.62(LS)	Cu^{+} 0.74(4), 0.91 Cu^{2+} 0.71(4), 0.71(4SQ), 0.87	Zn^{2+} 0.74(4), 0.880
Y^{3+} 1.040 1.159(8)	Zr^{4+} 0.86 0.92(7) 0.98(8)	Nb^{3+} 0.86 Nb^{4+} 0.82 Nb^{5+} 0.78	Mo^{3+} 0.83 Mo^{4+} 0.790 Mo^{5+} 0.75 Mo^{6+} 0.73	Tc^{4+} 0.785 Tc^{5+} 0.74 Tc^{7+} 0.70	Ru^{3+} 0.82 Ru^{4+} 0.760 Ru^{5+} 0.705	Rh^{3+} 0.805 Rh^{4+} 0.74 Rh^{5+} 0.69	Pd^{2+} 0.78(4SQ), 1.00	Ag^{+} 0.81(2), 1.14(4), 1.29	Cd^{2+} 0.92(4), 1.09
La^{3+} 1.172 1.300(8) 1.41(10)	Hf^{4+} 0.85 0.97(8)	Ta^{3+} 0.86 Ta^{4+} 0.82 Ta^{5+} 0.78	W^{4+} 0.80 W^{5+} 0.76 W^{6+} 0.56(4) 0.74	Re^{4+} 0.77 Re^{5+} 0.72 Re^{6+} 0.69 Re^{7+} 0.52(4), 0.67	Os^{4+} 0.770 Os^{5+} 0.715 Os^{6+} 0.685 Os^{7+} 0.665 Os^{8+} 0.53(4)	Ir^{3+} 0.82 Ir^{4+} 0.765 Ir^{5+} 0.71	Pt^{2+} 0.74(4SQ), 0.94 Pt^{4+} 0.765	Au^{+} 1.51 Au^{3+} 0.82(4SQ), 0.99	Hg^{+} 1.33 Hg^{2+} 1.10(4) 1.16
Ac^{3+} 1.26									

カッコ内の数値は配位数を示す．カッコがついていない場合は6配位．SQ：平面正方形構造，LS：低スピン状態，HS：高スピン状態（第二，三遷移金属は低スピン状態）．

の傾向を示す．原子半径は左下にいくほど大きく，右上にいくほど小さくなる．

イオンの大きさはイオン半径で表される．原子半径と同様に，イオンには明確な球の表面が定められないため，二つのイオンの半径の和がそれらのイオンの結晶での核間距離に等しくなるように定義される．

つまり，球とみなしたイオンが接触しながら充填してイオン結晶を構成しているとした場合，二つのイオンのイオン半径の和はイオン結晶の格子定数から求めることができる．このようにして決定した各元素のイオン半径を典型元素に関しては表 3–8，遷移元素に関しては表 3–9 に示す．一つの周期内では陰イオンの半径は常に陽イオンの半径より大きい．ある原子が陽イオンあるいは陰イオンのどちらかになるときは常に $r_{陽イオン} < r_{陰イオン}$ である．一つの族でみると，表 3–8，表 3–9 に示されているように周期が大きくなるに従いイオン半径が大きくなる．ランタノイド元素のイオン半径は原子番号が大きくなるにつれて減少している．これはイオンの正電荷が増加するとイオン半径が小さくなる現象で，ランタノイド収縮（lanthanide contraction）とよばれる．希土類元素では，最外殻軌道の電子数が原子番号とともに増さないで内殻の f 軌道の電子数が増していく．これは，ランタノイドでは内殻の 4f 軌道の電子が 0 から 14 まで順次増すためである．ランタノイド収縮は，電子の数の増加とともに原子核の正電荷も増大し，電子を引き締める力が強くなる結果である．イオン半径は同族では周期が大きくなるほど大きくなる．しかしながら，同周期の中では一般的な傾向はみられない．これは安定なイオンの価数がその周期内で変化するためである．

3.7 節のまとめ

- 量子力学の取扱いでは，電子は明確な軌道を描く代わりに原子核の周りにある存在確率をもって，雲状に分布する．そこで原子半径として，存在確率が最大のところ，すなわち動径分布関数の値が極大となる原子核からの距離とする考え方がある．
- 多電子原子の原子半径は $r = \dfrac{a_0 n^2}{Z_{\text{eff}}}$ で表される．同一周期においては，Z_{eff} が大きくなるにつれ原子半径が小さくなり，次の周期に移るときは n^2 の項が大きくなることで原子半径は大きくなる．原子を球であるとみなした場合の半径が原子半径であるが，1 個の原子の体積を明確に決めることはできないので，単一原子の半径を決定することはできない．
- イオンの大きさはイオン半径で表される．原子半径と同様に，イオンには明確な球の表面が定められないため，二つのイオンの半径の和がそれらのイオンの結晶での核間距離に等しくなるように定義される．

章末問題

問題 3-1

電子（質量 m）が原子核（原子番号 Z）の周りを円運動（半径 r，速度 v）しているとするボーアモデルでは次式が成り立つ．

$$\begin{cases} \dfrac{Ze^2}{4\pi\varepsilon_0 r^2} = \dfrac{mv^2}{r} \\ mvr = n\dfrac{h}{2\pi} \end{cases}$$

上記の 2 式より，r を消去し，電子の速度 v を表す式を導出しなさい．アインシュタインの相対性理論によれば，光速を超える速度の粒子は存在しない．導出した式を用いて基底状態（$n = 1$）における原子番号 Z の上限値を求めなさい．

問題 3-2

原子番号 Z に対する原子のイオン化エネルギーの変化をみると，周期表の同一周期内で単調に増加しているわけではない．同一周期内でイオン化エネルギーが減少する箇所を探し出しなさい．また，なぜそのようなことが起こるのかを説明しなさい．

問題 3-3

窒素の両隣の元素である炭素と酸素はいくらかの正の電子親和力をもつのに対し，窒素は電子親和力がほとんど 0 である．その理由を説明しなさい．

4. 化学結合と分子構造

4.1 化学結合の生成とその種類

原子間で電子の授受または共有が行われ，各原子の最外殻が電子で満たされると安定な分子が生成する．このとき，二つの原子が互いに相互作用することによってエネルギー的に有利となる場合，二つの原子間には **化学結合（chemical bond）** が生成する．一般に，化学結合が生成するとエネルギーは熱として放出され，逆に，化学結合を開裂するにはそれと同量のエネルギーを注入しなければならない．このように化学結合が生成するのは，正と負の相反する電荷は互いに引きつけ合い，さらに電子はより広い空間に広がろうとする性質をもっているためである．すなわち，化学結合はクーロン力ならびに電子の授受によって形成されるということができる．

4.1.1 イオン結合

ナトリウムは塩素と反応して塩化ナトリウムの白色結晶を生成する．ナトリウム原子と塩素原子は互いの価電子の授受により，それぞれがその最外殻を 8 個の電子で占有した貴ガス型の電子配置をとって，安定な正および負のイオンになる（**8 電子則またはオクテット則**）．これらの正負のイオンはクーロン力により互いに引き合って結合を生じる．このような結合様式を **イオン結合（ionic bond）** といい，**静電結合（electrostatic bond）** ともいわれる．この様子を模式的に図 4-1 に示す．イオン間に働くクーロン力には方向性がなく，空間のどの方向にも作用するので，陽イオンと陰イオンは互いにできる限り多く集まって集合体を作り，イオン結晶を形成する．したがって，イオン結晶内では NaCl という単独の分子は存在せず，Na^+ と Cl^- が交互に連なった集合体があるにすぎない．ただし，高温の気相では Na^+Cl^- というイオン対分子が存在する．

ナトリウムと塩素からイオン結合による塩化ナトリウムが生成するようすを熱力学を使って考察してみよう．ナトリウムは式(4-1)のように電子を失ってナトリウムイオンになる．これは **イオン化ポテンシャル** I に相当し，$496\,\mathrm{kJ\,mol^{-1}}$ の吸熱を伴う．塩素は式(4-2)のように電子を受け取って塩化物イオンになる．これは **電子親和力** EA に相当し，$349\,\mathrm{kJ\,mol^{-1}}$ の発熱を伴う．したがって，式(4-3)のように Na^+ と Cl^- から塩化ナトリウム分子が生成するときの反応熱は $147\,\mathrm{kJ\,mol^{-1}}$ の吸熱となり，この結合の生成には不利となり，矛盾する．一方，クーロン力による寄与を考慮すると，正と負のイオンが気体状態で約 $2.8\,\text{Å}$（$0.28\,\mathrm{nm}$）の距離にあるときは約 $500\,\mathrm{kJ\,mol^{-1}}$ の発熱を伴って安定に存在すると計算される．そこで，ナトリウムイオンと塩化物イオンの生成に加えて，これらのイオンが静電的に安定に存在するためのエネルギーを合わせて考えると，式(4-4)のように激しい発熱を伴って塩化ナトリウムが生成することがわかる．

$$Na \longrightarrow Na^+ + e^- \quad I = 496\,\mathrm{kJ\,mol^{-1}} \quad (4\text{-}1)$$

図 4-1 イオン結合と共有結合の形成

シャルル-オーギュスタン・ド・クーロン

フランスの土木技術者，物理学者．陸軍で建築技師として従事する傍ら研究を行う．自ら発明したねじれ秤を用いた研究から，電気的・磁気的引力と斥力の逆二乗則（クーロンの法則）を発見した．電荷の単位クーロン（C）は彼の名にちなむ．(1736-1806)

$$Cl + e^- \longrightarrow Cl^- \quad EA = -349 \text{ kJ mol}^{-1} \quad (4\text{-}2)$$
$$Na^+ + Cl^- \longrightarrow NaCl \quad \Delta E' = 496 - 349 = 147 \text{ kJ mol}^{-1} \quad (4\text{-}3)$$
$$\Delta E = \Delta E' + (-500) = 147 - 500 = -353 \text{ kcal mol}^{-1} \quad (4\text{-}4)$$

4.1.2 共有結合

H_2, Cl_2, O_2, N_2, CO_2, CH_4 などの分子では，図4-1 に示すように結合電子対が構成原子間で共有されている．このような結合を**共有結合**（covalent bond）または**電子対結合**（electron-pair bond）という．2原子間で1対の2電子を共有することにより**単結合**（single bond）が，2対の4電子を共有することにより**二重結合**（double bond）が，3対の6電子を共有することにより**三重結合**（triple bond）が生成する．

二つの水素原子から水素分子を作るときのポテンシャルエネルギーを二つの水素原子間の距離rの関数として図4-2 に模式的に示す．二つの水素原子が十分に離れているとき，系のポテンシャルエネルギーは**零点エネルギー**の分だけわずかに安定化しているが，ほぼ0となり一定である．原子間距離rが縮まるにつれて，ポテンシャルエネルギーは低下し，ついには極小に達する．このときの距離は実際の分子での原子間の平衡距離r_eに対応し，**結合距離**といわれる．水素分子では0.74 Å（0.074 nm）である．そして，さらに距離が縮まるとポテンシャルエネルギーは急激に増加する．rを無限遠からr_eまで小さくしたときにポテンシャルエネルギーが低下するのは，主として電子が二つの核から同時に受ける引力に起因している．また，rをr_eより小さくしたときにポテンシャルエネルギーが増加するのは，主として二つの原子核間の斥力によっている．水素原子のポテンシャルエネルギーと零点エネルギーの差は**結合解離エネルギー** D といわれ，水素分子では432 kJ mol^{-1}である．

1927年，ハイトラーとロンドンは分子においても原子軌道が存在すると仮定して共有結合の生成を量子力学的に説明した．これは**原子価結合法**（valence-bond method：VB法）といわれる．水素分子の生成を例に説明する．水素原子 H_a, H_b が互いに接近すると，それぞれの1s軌道が重なるために原子間の電子密度が高くなり核間に引力が作用し始める．そして，ある一定の核間距離で電子と原子核の間の引力と原子核間の斥力がつり合って安定化し，共有結合が生成する．すなわち，ここで結合に関与するのは原子価電子であり，その軌道の重なりが最大になることが結合形成に重要であること（**最大重なりの原理**）を示してい

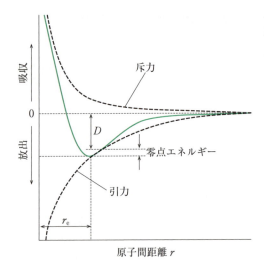

図4-2 水素原子から水素分子を形成するときのポテンシャルエネルギーの変化

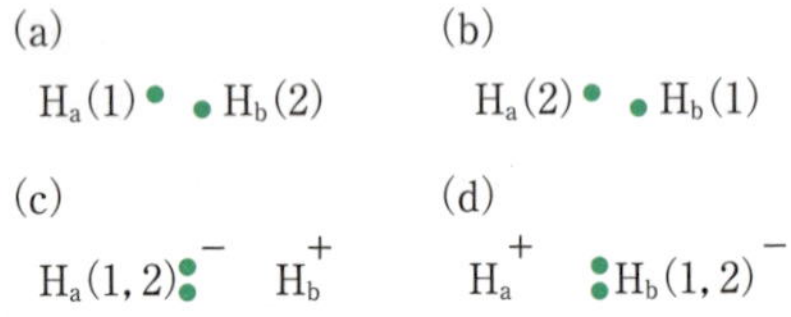

(a)　　　　　　　　(b)
$H_a(1)\bullet \quad \bullet H_b(2)$　　　$H_a(2)\bullet \quad \bullet H_b(1)$

(c)　　　　　　　　(d)
$H_a(1,2)\overset{\bullet}{\bullet}{}^- \quad H_b{}^+$　　　$H_a{}^+ \quad \overset{\bullet}{\bullet} H_b(1,2)^-$

図4-3 水素分子のとりうる可能な構造

る．換言すると，共有結合は軌道（電子雲）の重なりにより生成するということができる．いま，水素原子 H_a, H_b に属する電子をそれぞれ1，2とすると，水素分子のとりうる構造として図4-3の4種が考えられる．電子1が核aに，電子2が核bに属した（a）の構造のみを考慮して波動方程式を解くと極小値をもつ曲線が得られるが，実測値とはかなり異なり，安定化は小さく原子間距離も長い．しかし，実際には分子内で電子は互いに区別できないので，電子1が核bに，電子2が核aに属した（b）の構造も水素分子の構造として重要である．これらの構造を考慮した波動関数を解くと，結果は大幅に改善されるが，さらに，（c）および（d）のイオン構造の寄与および電子によるしゃへいなどを考慮すると，実測値により近づく．

s軌道とp軌道の重なりには，（a）s軌道同士が重なる場合，（b）p軌道がhead to headで重なる場合，（c）s軌道とp軌道が重なる場合，（d）p軌道がside by sideで重なる場合，の4種類があり（図4-4），その重なり方により，形成される結合の種類も変わる．

（a）～（c）ではいずれも**シグマ（σ）結合**を形成する．軌道を重ねるときは必ず同一符号の**ローブ**（lobe）間で重ねる．ローブとは電子の存在確率を示

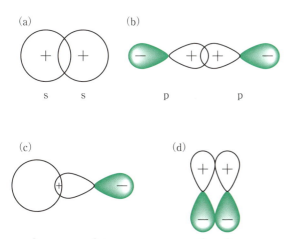

図 4-4 原子軌道の重なりによる σ 結合および π 結合の生成

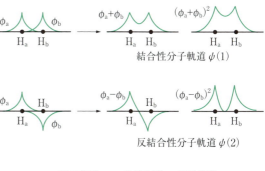

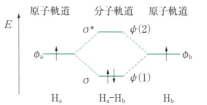

図 4-5 水素原子 H_a および H_b から水素分子が形成するようす

す球状，またはアレイ型の領域のことであり，このときの符号とは電荷を意味する符号ではなく波動関数の符号を示す単なる数学的な符号である．σ 結合では原子を結ぶ結合軸を含むどのような面にも電子密度が 0 になる**節平面**を生じない．(d) では**パイ (π) 結合**を形成する．π 結合では結合軸を含む面の一つが**節平面**になる．σ 結合と π 結合では σ 結合の方がそのエネルギー準位は低く，π 結合が σ 結合に優先して形成されることはない．したがって，σ 結合の形成後に残った p 軌道同士が重なるためには，幾何学的な配置から必然的に側面と側面が重なることになる．(a)〜(c) で生成する σ 結合は，(d) でできる π 結合よりも軌道の重なりが大きく，強い．また，σ，π いずれの結合でも結合形成によって原子間の電子密度は大きくなっている．なお，多重結合は σ 結合と π 結合からなり，**二重結合**は σ 結合と 1 個の π 結合から，**三重結合**は σ 結合と 2 個の π 結合からなる．

共有結合の形成を量子力学的に説明するもう一つの方法に**分子軌道法** (molecular orbital method：MO 法) がある．MO 法では分子内の電子はその分子を構成するすべての原子核に結びつけられ，分子全体に広がる分子軌道を占有すると考える．一般に，分子軌道を表す波動関数は**原子軌道の線形結合** (linear combination of atomic orbital：LCAO) で近似される．この方法を用いて水素分子に代表される等核二原子分子の分子軌道を考えてみよう．各原子の原子軌道を ϕ_a，ϕ_b とすると，その線形結合により式 (4-5)，(4-6) のような二つの分子軌道 $\phi(1)$，$\phi(2)$ ができる．

$$\phi(1) = \phi_a + \phi_b \quad (4\text{-}5)$$

$$\phi(2) = \phi_a - \phi_b \quad (4\text{-}6)$$

図 4-5 に示すように，$\phi(1)$ の分子軌道では 2 個の原子核間に節はなく，電子は両原子核間に広がって存在し，そのエネルギーは元の原子軌道のエネルギーよりもずっと低くなり，電子はこの分子軌道を占有して安定な水素分子を形成する．$\phi(1)$ は**結合性分子軌道** (bonding molecular orbital) といわれる．一方，$\phi(2)$ では原子核間に節ができ，元の原子軌道よりもエネルギーは高くなる．もし，電子がこの $\phi(2)$ 分子軌道を占めると，元の原子よりも不安定になり，結合には寄与しない．$\phi(2)$ は**反結合性分子軌道** (antibonding molecular orbital) といわれる．この二つの状態は＋，－の符号で表される原子軌道の位相が一致するか否かで決まる．

図 4-5 に示した分子軌道形成の様子を 1s 原子軌道，形成された結合性分子軌道 σ_{1s} と反結合性分子軌道 σ_{1s}^* を用いる模式的なエネルギー準位図として図 4-6 に示す．二つの 1s 軌道の相互作用により，二つの分子軌道ができるようすがわかる．結合性分子軌道では等電荷曲線は両原子核にまたがり，電子は両原子核間に広がって存在し，その中間に存在しやすくなる．その結果，電子を介して両原子核は強く結びつけられ，σ 結合が生成する．ところが反結合性軌道では両原子核間に節平面ができ，たとえこの軌道を電子が占有したとしても電子は反発し合い，両原子核間に引力が働くことはない．σ_{1s} の添字 1s は 1s 軌道からできた分子軌道であることを示し，＊印は反結合性であること

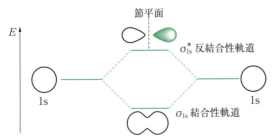

図4-6 s結合の重なりによりσ結合を形成するときのエネルギー準位図

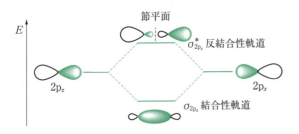

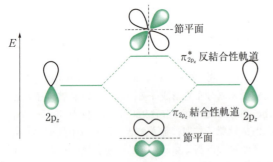

図4-7 p結合の重なりによりσ結合およびπ結合を形成するときのエネルギー準位図

を示している.

p軌道の重なりによるσおよびπ分子軌道の形成についても同様な関係図が得られる（図4-7）. s軌道の場合と同様, p軌道のhead to headの相互作用でも結合性分子軌道σ_{2p}と反結合性分子軌道σ_{2p}^*が生成する. 2p軌道の側面-側面の相互作用では結合性分子軌道π_{2p}と反結合性分子軌道π_{2p}^*が生成する. 結合性軌道が原子核間の空間を埋めているのに対し, 反結合性軌道は原子核間に節平面をもっている. 1s軌道や2p軌道から生成するσ分子軌道と同様に, 結合性分子軌道π_{2p}のエネルギー準位は反結合性分子軌道π_{2p}^*のそれより低い. そして, 反結合性軌道の等電荷曲線は原子の中心と結合軸から外に向かって広がっており, 反発力が働いていることを示している.

分子軌道法は原子価結合法でうまく説明できないような分子の性質を明らかにできる場合があり, 原子価結合法よりも進んだ方法といえよう. しかし, 結合の方向性や分子の共鳴構造式を考える場合, 原子価結合法の方が都合がよいこともある.

4.1.3 分子間結合

イオン結合の構造単位は陽イオンと陰イオンであり, 共有結合の構造単位は原子であった. ところが分子をその構造単位として分子間に働く弱い結合, すなわち分子間力がある. 分子間力には主としてa. **水素結合 (hydrogen bonding)**, b. **双極子-双極子相互作用 (dipole-dipole interaction)**, c. **ファンデルワールス力 (van der Waals force)** がある. これらの分子間力はそれぞれエタノール (a), エタノールやクロロメタン (b), プロパン (c) のような各化合物で観測され, その強さは, 水素結合＞双極子-双極子相互作用＞ファンデルワールス力の順である. これらの化合物の沸点の違いはこれらの分子間力の違いを反映している.

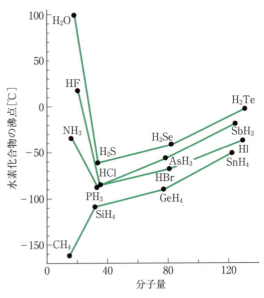

図4-8 14〜17族元素の水素化合物の分子量と沸点との関係

a. 水素結合

一般に融点や沸点は分子量の増加とともに高くなる. ところがH_2Oの沸点は, その酸素同族体の水素化物H_2S, H_2Se, H_2Teに比べ, 分子量が小さいにも関らず非常に高い（図4-8）. これは水分子同士の**分子間力**によりH_2O分子が多量体を形成し, 実質的な分子量を大きくしているためである. フッ化水素HF

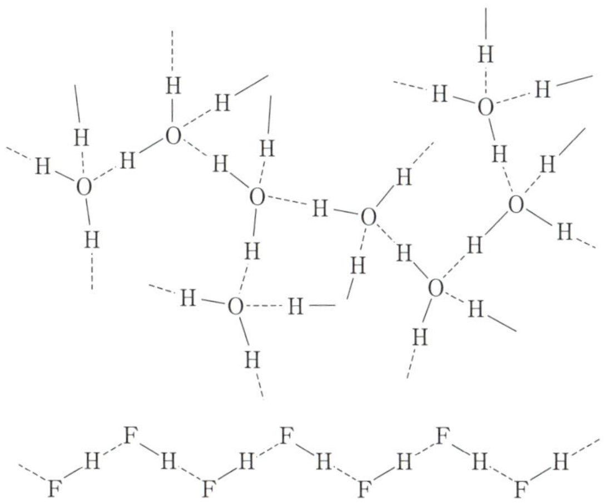

図 4-9 水とフッ化水素の結晶構造の模式図

表 4-1 水素結合の結合エネルギー

結合	結合エネルギー [kJ mol^{-1}]
O—H⋯N	29
O—H⋯O	25
C—H⋯N	11
N—H⋯O	10
N—H⋯N	8〜17
N—H⋯F	21
F—H⋯F	30

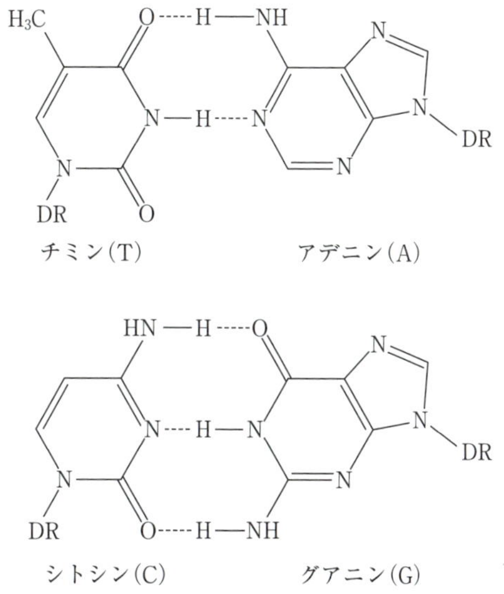

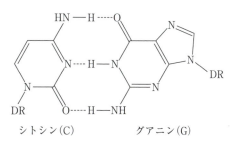

図 4-10 核酸塩基とその水素結合（DR はデオキシリボース部）

においても同様な現象が認められている．酸素，窒素，フッ素などのように電気陰性度が大きく，原子半径が比較的小さい原子と水素原子が結合した分子は，固体や液体状態で互いに強く会合している．H_2O や HF などに働くこのような分子間力を**水素結合**という．

水の O—H 間の共有結合電子は，電気陰性度の大きい酸素原子の方へ引き寄せられて，水素は正の微少電荷 δ^+ を，酸素は負の微少電荷 δ^- をもっている．このため隣接する水分子の水素と酸素の間にクーロン力が働き，弱い結合が生じると考えられる．この場合，正に帯電した水素はきわめて小さいので，2個の酸素によって覆われてしまい，一般に第3の酸素との水素結合はできにくい．氷における水素結合エネルギーは 26.8 kJ mol^{-1} である．図 4-9 に水とフッ化水素の結晶を模式的に示した．このような分子間の水素結合を分子間水素結合という．

水素結合エネルギーは当然のことながら水素結合の種類によって異なる．表 4-1 に水素結合のエネルギーを示す．これによると F—H⋯F，O—H⋯N，O—H⋯O が最も大きく 25〜30 kJ mol^{-1} であるが，共有結合エネルギーに比べれば桁外れに小さく，ファンデルワールス力（約 4 kJ mol^{-1}）よりずっと大きい．

水素結合は生体物質の構造にも重要な役割を果たしている．例えば，遺伝子で知られるデオキシリボ核酸（DNA）は，1' 位にグアニン（G），シトシン（C），アデニン（A），チミン（T）からなる核酸塩基をも

ジェームズ・D・ワトソン

アメリカの分子生物学者．クリックと DNA の二重らせん構造モデルを提唱し，クリック，ウィルキンスとともにノーベル生理学・医学賞を受賞した（1962 年）．ハーバード大学教授，コールド・スプリング・ハーバー研究所所長および会長などを務めた．(1928-)

フランシス・ハリー・コンプトン・クリック

英国の分子生物学者．はじめ物理学の道に進むが，第二次世界大戦後に生物学へ転向した．1953 年，ワトソンとの連名で DNA 二重らせん構造発見を科学誌に発表．これにより 1962 年にワトソン，ウィルキンスとともにノーベル生理学・物理学賞を受賞した．(1916-2004)

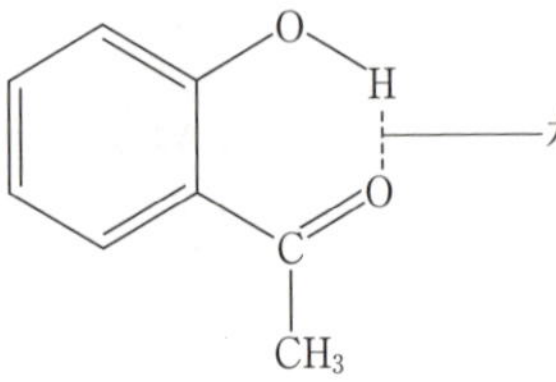

図 4-11 2'-ヒドロキシアセトフェノンの分子内水素結合

つデオキシリボース骨格の 3' および 5' 位のヒドロキシ基とリン酸の間でエステル結合により結ばれた長い鎖状のポリヌクレオチドであり，2 本の鎖の核酸塩基が相補的に対を作り，二重らせん構造を形成したものである．この塩基対は図 4-10 に示すように G—C，A—T 間で形成される水素結合により生成する．また，タンパク質などにあるポリペプチド鎖は水素結合により α-ヘリックス（α-helix）といわれるらせん構造を形成する．

水素結合は分子間だけでなく分子内でも可能であり，2'-ヒドロキシアセトフェノンでは図 4-11 のような分子内水素結合が生成する．

b. 双極子-双極子相互作用

ほとんどの共有結合ではそれを構成する原子の電気陰性度の違いによりその結合電子雲は偏りを起こし，分極している．その結果，対称性のない分子では分子全体として双極子モーメントをもっている．この双極子を形成する正と負の電荷は他の分子の双極子の正と負の電荷と静電的に引き合い，分子間に引力を生じる．これを**双極子-双極子相互作用**（dipole-dipole interaction）という．二つの双極子が相互作用する場合，当然のことながら，次に示すようにモーメントベクトルの向きが互いに逆の場合が安定であり，向きが同じ組合せはエネルギー的に不利である．

この分子間力は水素結合より小さいが，双極子モーメントの大きい分子ほど大きい．したがってヒドロキシ基以外の極性基をもつ分子で重要な分子間力である．

c. ファンデルワールス力

分極が非常に小さい炭化水素やヘリウム，ネオン，水素などの分子では双極子モーメントはほとんど 0 であり，双極子-双極子相互作用は働かない．しかし，分子の中では電子は動きまわっており，瞬間的には分子は分極する．この分極分子はさらにほかの分子に分極を誘起する．このようにして生じた瞬間的な分極を通して分子間に働く引力を**ファンデルワールス力**（van der Waals force）という．そのエネルギーは 4 kJ mol^{-1} 程度である．原子または分子が大きくなればそれだけ表面積が大きくなり，しかも電子が動きやすくなるのでファンデルワールス力は大きくなる．しかし，ファンデルワールス力は原子あるいは分子間距離の 7 乗に反比例するので，その作用は非常に小さい．

4.1 節のまとめ

- 化学結合：クーロン力と電子の授受により形成．
- 化学結合の種類：イオン結合，共有結合．
- 化学結合の説明：原子価結合法，分子軌道法．
- 化学結合の形成：σ 結合，π 結合．
- 化学結合の表現：結合性軌道，反結合性軌道．
- 分子間結合：水素結合，双極子-双極子相互作用，ファンデルワールス力．

4.2 共有結合エネルギーと共有結合の強さ

4.1.2 項において，2 個の水素原子から水素分子が生成する場合のエネルギー曲線を考えた．図 4-2 において無限遠点にある 2 個の原子が近づくにつれて系のエネルギーは減少し，ある一定の核間距離でエネルギー曲線は極小値を与える．この極小値と零点エネルギーとの差は，結合の生成または解離に必要なエネルギーであり，前者を**結合生成エネルギー** $\Delta_f H$，後者を**結合解離エネルギー** D という．$\Delta_f H$ と D は同じ大きさであり，$\Delta_f H$ は負，D は正の値をとる．多原子分子で，結合のホモ開裂により生成した各フラグメントは**ラジカル**または**遊離基**といわれる．

表 4-2 主な結合の結合解離エネルギー

結合	結合解離エネルギー [kJ mol^{-1}]	結合	結合解離エネルギー [kJ mol^{-1}]	結合	結合解離エネルギー [kJ mol^{-1}]	結合	結合解離エネルギー [kJ mol^{-1}]
B—F	745	H$_3$C—C≡CH	465	H$_5$C$_6$—H	460	HN—H	388
B—Cl	530	H$_3$C—COOH	403	H$_5$C$_6$—Br	333	H$_2$N—H	432
B—Br	428	H$_3$C—COOCH$_3$	355	H$_2$C=HC—CH=CH$_2$	468	H$_2$N—NH$_2$	285
B—H	326	H$_3$C—H	418	H$_2$C=CH$_2$	719	O—H	427
H$_3$C—CH$_2$	417	H$_3$C—F	539	HC≡CH	960	HO—H	499
H$_3$C—CH$_3$	368	H$_3$C—Br	291	CH$_3$C(=O)—Cl	340	H$_3$C—OH	436
H$_3$C—C$_2$H$_5$	357	H$_3$C—Cl	345	C—H	339	S—H	351
H$_3$C—C(CH$_3$)$_3$	344	H$_3$C—I	233	HC—H	427	HS—H	383
H$_3$C—C$_6$H$_5$	417	H$_3$C—CN	513	H$_2$C—H	461	HS—SH	274
H$_3$C—CH$_2$C$_6$H$_5$	302	H$_3$C—CH$_2$CN	337	H$_3$C—SiH$_3$	360		
H$_3$C—CH=CH$_2$	466	H$_5$C$_6$—C$_6$H$_5$	468	N—H	352		

表 4-3 代表的な結合エネルギー

結合	結合エネルギー [kJ mol^{-1}]	結合	結合エネルギー [kJ mol^{-1}]	結合	結合エネルギー [kJ mol^{-1}]	結合	結合エネルギー [kJ mol^{-1}]
H—H	432	B—Cl	456	Si—Si	222	S—S(S$_8$)	226
H—C	411	B—Br	190	Si—F	565	S—F	284
H—Si	313	C—C	346	Si—O	452	F—F	155
H—N	386	C—Si(SiC)	318	Si—Cl	381	F—Cl(ClF$_5$)	142
H—O	459	C—N	305	Si—Br	310	F—Br(BrF$_5$)	187
H—S	363	C—P	246	Si—I	234	F—I(IF$_7$)	231
H—F	567	C—O	358	N—O	201	Cl—Cl	242
H—Cl	428	C—S	272	N—F	283	Cl—Br(BrCl)	216
H—Br	362	C—F	485	N—Cl	313	Cl—I(ICl)	208
H—I	295	C—Cl	323	P—F(PF$_3$)	490	Br—Br	190
B—C	372	C—Br	285	P—Cl(PCl$_3$)	326	Br—I(IBr)	175
B—F	613	C—I	213	O—O(HO—OH)	207	I—I	149

一般に結合解離エネルギー D とは気体分子(遊離基)内の特定の結合を開裂させるのに必要なエネルギーであって,その解離反応のエンタルピー変化として与えられる.代表的な結合解離エネルギーを**表 4-2** に示す.結合解離エネルギーの値は,同種の結合でも結合の状態により異なる値をもつ.したがって,結合の強さを結合解離エネルギーで表現するのは,概念としては簡単であるが実用的には限界がある.例えば,CH$_3$ ラジカル(CH$_3$•)は平面構造で sp^2 混成軌道を使って結合しているが,CH$_4$ は正四面体構造で sp^3 混成軌道で結合しているので,メタンの C—H 結合の解離エネルギーは CH$_3$—H 結合切断エネルギーのほかに軌道の混成の変化に伴うエネルギー変化も含まれることになる.この弊害を是正するために,**結合エネルギー**という考え方がある.結合エネルギーは基底状態にある分子が構成原子個々の基底状態に完全に分解されるのに必要なエネルギーを分子内の一つ一つの結合に割り当てた量,すなわち平均値であり,分子中のすべての結合の結合エネルギーの和はその分子の生成熱 $\Delta_f H$ を与える.例えば,メタンの C—H の結合エネルギーは式(4-7)~(4-10)により求められ,その平均値として 418 kJ mol^{-1} と算出される.このようにして求めた代表的な結合エネルギーの値を**表 4-3** に示す.

$$CH_4 \longrightarrow \cdot CH_3 + \cdot H \quad D = 440 \text{ kJ mol}^{-1} \quad (4\text{-}7)$$
$$\cdot CH_3 \longrightarrow :CH_2 + \cdot H \quad D = 462 \text{ kJ mol}^{-1} \quad (4\text{-}8)$$
$$:CH_2 \longrightarrow :CH\cdot + \cdot H \quad D = 428 \text{ kJ mol}^{-1} \quad (4\text{-}9)$$
$$:CH\cdot \longrightarrow :C: + \cdot H \quad D = 340 \text{ kJ mol}^{-1} \quad (4\text{-}10)$$

さらに, 表 4-4 に多重結合の結合エネルギーの値を結合距離とともに示す. 例えば, 炭素-炭素間の結合では単結合の結合エネルギーは 346 kJ mol^{-1}, 結合距離は 1.54 Å (0.154 nm) であるが, 二重結合では結合エネルギーは 602 kJ mol^{-1} に増え, 結合距離は 1.34 Å (0.134 nm) に短くなり, 結合が強くなっていることがわかる. そして, 三重結合ではこの傾向はさらに強くなっている. このように, 結合の多重性とともに結合距離は短くなり, これに伴い軌道の重なりは大きくなるので結合は強くなる. しかし, 結合エネルギーは必ずしも結合次数に比例しない. 単結合, 二重結合, 三重結合の結合次数はそれぞれ 1, 2, 3 である. 同種の結合間で比べるとき, 結合次数が大きければ大きいほどその結合は強く, 結合距離は短い.

表 4-4 多重結合の結合エネルギー

結合	結合距離 [Å]	結合エネルギー [kJ mol^{-1}]
C—C	1.54	346
C=C	1.34	602
C≡C	1.20	835
C—O	1.42	358
C=O (ケトン)	1.24	748
N—H(H$_2$N—NH$_2$)	1.45	247
N=N	1.25	418
N≡N	1.10	942
O—O(HO—OH)	1.48	207
O=O	1.21	494

4.2 節のまとめ

- 結合生成エネルギー：結合の生成に必要なエネルギー.
- 結合エネルギー：結合の解離に必要なエネルギー. 結合生成エネルギーと同量で符号が逆.

4.3 軌道の混成と分子の形

原子軌道の重なりにより結合が形成される. したがって, 構成原子の最外殻電子の原子軌道の形からその分子の形が推定できる. 例えば水分子 (H$_2$O) は酸素の 2p 軌道と水素の 1s 軌道の重なりにより形成され, その形は図 4-12 のように表される. したがって, 結合角 ∠H—O—H は直角をなすと考えられる. しかし, その結合角の実測値は 104.45° と報告されており, 直角よりかなり大きい. この違いは酸素および水素原子の電気陰性度の差に基づく O—H 結合の分極により生じた水素原子上の正の微少電荷 δ$^+$ の間の反発によるとも説明できる. しかし, 最も簡単な炭化水素であるメタンの構造を図 4-12 に示した水の構造と同様にして炭素の 2p 軌道と水素の 1s 軌道の重なりを用いて説明することはできない. 炭素原子 (C) は 1s^{2}2s^{2}2p^2 のような電子配置をしているから, 2p 軌道に 2 個の不対電子をもち, その価数は 2 価であると予想される. しかし, 最も簡単な安定な炭化水素は CH$_2$ ではなく, CH$_4$ であり価数は 4 価である. また, メタンは正四面体構造をしており, 結合角 ∠H—C—H は 109.5° であり, 直交している二つの 2p 軌道を使ってもこのような角度にはならない. これらのことを説明するために混成軌道 (hybrid orbital) の考え方が導入された. 混成軌道は結合生成に際して, 反応中心原子の最外殻軌道の混成によって形成され, 相手原子の原子軌道と最大の重なりをもち, さらに結合電子対相互の反発が最小になるような方向性をもつ等価な軌道である. 混成軌道の波動関数は混成に関わる原子軌道の波動関数の一次結合で表され, 原子軌道の種類と数により sp, sp^2, sp^3, sp^{3}d, dsp^3, sp^{3}d^2, d^{2}sp^3 混成軌道などがある. 表 4-5 と図 4-13 に一般によく用いられる混成軌道の種類とその形, 混成軌道間の角度をまとめて示す. 角度は理論値であり, 混成軌道の数はそれを作るのに混ぜ合わせた原子

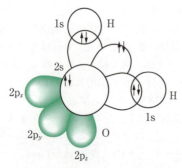

図 4-12 酸素の 2p 軌道と水素の 1s 軌道の重なりで表した水分子の形 (↑ は電子のスピン方向を示し, ローブの陰影は位相の違いを示す)

表 4-5 主な混成軌道の種類と性質

混成軌道	軌道の割合			混成軌道		混成軌道間の角度	化合物の例
	s	p	d	s性	数	形	
sp	1	1	0	1/2	2	直線状	180°	$HgCl_2$, $BeCl_2$
sp^2	1	2	0	1/3	3	正三角形	120°	BF_3
sp^3	1	3	0	1/4	4	正四面体	109.5°	CH_4, NH_4^+
sp^3d, dsp^3	1	3	1	1/5	5	三角両錐	90°, 120°	PCl_5
sp^3d^2, d^2sp^3	1	3	2	1/6	6	正八面体	90°	SF_6

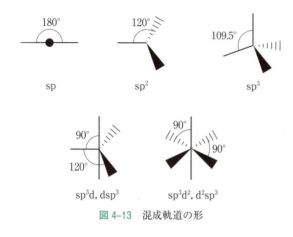

図 4-13 混成軌道の形

図 4-15 $2sp^3$ 混成軌道の模式図

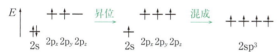

図 4-14 $2sp^3$ 混成軌道を形成するようす

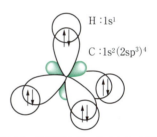

図 4-16 軌道図を用いたメタンの表記

軌道（s, p, d）の和に等しく，形成された混成軌道はすべて同等である．

4.3.1 sp^3 混成軌道

炭素原子 C の電子配置は $1s^2 2s^2 2p^2$ であるから，等価な四つの軌道を作り，原子価を 4 とするためには，2 個の 2s 軌道の電子のうちの一つを空の 2p 軌道に**昇位**し，$1s^2 2s^1 2p^3$ とする．しかし，これでは 4 個の軌道のうちの 3 個は 2p 軌道であるから，方向性が異なるだけで性質は変わらず，残りの 1 個は依然として 2s 軌道のままであるから他の 3 個とは性質が異なる．そこで 1 個の 2s 軌道と 3 個の 2p 軌道に混成し，等価な 4 個の $2sp^3$ 混成軌道を作る．このとき得られる安定化エネルギーの方が 2s 軌道の電子 1 個を 2p 軌道に昇位するのに要するエネルギーより大きい．以上のことを模式的に図 4-14 に示した．4 個のローブがまったく等価になるためには正四面体の中心に炭素原子核が位置するような構造をとる必要がある．すなわち，電子 1 個ずつが満たされた sp^3 混成軌道は，それぞれ正四面体の中心から各頂点へ向かう方向性をもち，互いに 109.5° をなす．すなわち，sp^3 混成軌道は正四面体構造をつくり出す．表 4-5 に示すように sp^3 混成軌道の s 性は 1/4 である．図 4-15 に $2sp^3$ 混成軌道を示す．これらの軌道にそれぞれ水素の 1s 軌道が重なり，図 4-16 に示した CH_4 分子を形成する．このほかアンモニウムイオンなども sp^3 混成による正四面体構造をとる．

4.3.2 sp^2 混成軌道

sp^2 混成軌道はエチレンなどの二重結合性炭素原子にみられるもので，s 軌道と 2 個の p 軌道から形成される 3 個の等価な軌道である．表 4-5 に示すように sp^2 混成軌道の s 性は 1/3 である．図 4-17 に炭素原子の sp^2 混成軌道形成におけるエネルギー関係を示した．各 sp^2 軌道は同一平面内で 120° をなし，正三角形の中心から各頂点に向かう方向性をもっている（図 4-18）．すなわち，sp^2 混成軌道は三方形構造を作り

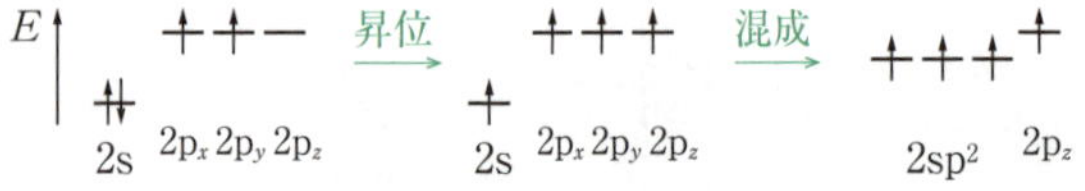

図 4-17　2sp² 混成軌道を形成する様子

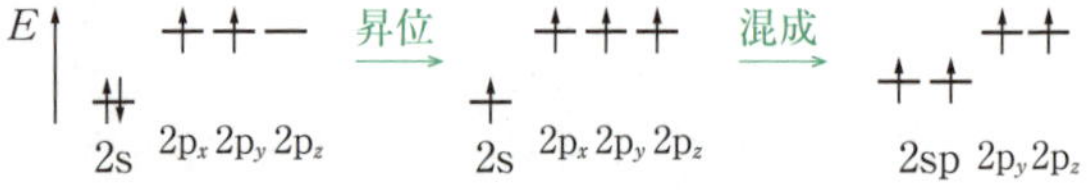

図 4-20　2sp 混成軌道を形成する様子

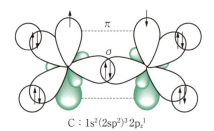

図 4-18　2sp² 混成軌道の模式図

図 4-21　2sp 混成軌道の模式図

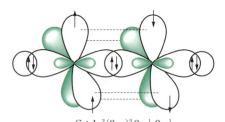

C : $1s^2(2sp)^2 2p_y^1 2p_z^1$

図 4-22　軌道図を用いたアセチレンの表記

C : $1s^2(2sp^2)^3 2p_z^1$

図 4-19　軌道図を用いたエチレンの表記

出す．

軌道図を用いてエチレンの分子構造を描いてみよう．図 4-19 に示すようにエチレンでは電子が 1 個ずつ満たされた 2sp² 混成軌道同士の重なりにより炭素-炭素 σ 結合が，2sp² 混成軌道と水素の 1s 軌道の重なりにより炭素-水素 σ 結合が形成される．隣接した 2p 軌道にはそれぞれ電子が 1 個ずつ満たされており，これらは side by side の重なりにより π 結合を形成する．したがって，二つの炭素原子と，四つの水素原子は同一平面上に存在し，この平面に垂直に残った 2p 軌道が隣接している．sp² 混成軌道をもつ他の例として，BF₃ がある．ホウ素 B の電子配置は $1s^22s^22p^1$ であり，炭素の場合と同様に 2s 軌道と 2 個の 2p 軌道から 2sp² 混成軌道が形成される．したがって，1 個ずつの電子で半分だけ満たされた 3 個の等価な 2sp² 混成軌道は，それぞれフッ素原子の 2p 軌道と重なって σ 結合を形成する．これらの 4 原子は同一平面上にあり，この平面に垂直に B の残りの 2p 軌道が位置するが，この軌道を電子は占有せず**空軌道**である．この空軌道が原因で BF₃ は電子対を受け入れる性質のある**ルイス酸（Lewis acid）**として働く．

4.3.3　sp 混成軌道

sp 混成軌道はアセチレンなどの三重結合性炭素原子にみられるもので，炭素原子の 1 個の 2s 軌道と 1 個の 2p 軌道が混成されて 2 個の等価な 2sp 混成軌道が形成され，s 性は 1/2 である．そして，これらは互いに 180° をなす．すなわち，sp 混成軌道は直線状構造を作り出す．図 4-20 に炭素原子の sp 混成軌道形成におけるエネルギー関係を，図 4-21 に軌道の形を示す．また，これを用いてアセチレンの構造を描くと図 4-22 のようになる．アセチレンでは電子が 1 個ずつ満たされた 2sp 混成軌道同士の重なりにより炭素-炭素 σ 結合が，2sp 混成軌道と水素の 1s 軌道の重なりにより炭素-水素 σ 結合が形成され，これら 4 個の原子は一直線上に並んでいる．そして，2 個の炭素原子上にそれぞれ残った $2p_y$ と $2p_z$ 軌道は side by side の重なりにより，この直線上で直交する二つの π 結合平面を形成する．したがって，アセチレンを炭素-炭素結合軸に沿ってみると，図 4-22 に示したように結合軸の周りを π 電子雲が取り巻くような構造になる．

sp 混成軌道をもつほかの例として，BeCl₂ がある．Be の電子配置は $1s^22s^2$ であり，2s 電子 1 個が対を解いて 2p 軌道に昇位し，2s 軌道と 2p 軌道 1 個から 2 個の 2sp 混成軌道が形成される．

表 4-5 に示すように sp 混成軌道の s 性は 1/2 である．2s 軌道は 2p 軌道よりもエネルギー準位は低いため，s 性が高いほど 2sp^n 混成軌道のエネルギー準位は低く，その軌道は安定である．したがって，これらの軌道エネルギーは 2s < 2sp < 2sp² < 2sp³ < 2p とな

4.3.4 占有軌道と空軌道の相互作用に基づく結合

アンモニア分子には N 原子と H 原子の間に共有される三つの電子対のほかに，N 原子のみに属する電子対がある．このように外殻電子のうち他の原子との結合にあずからないで 2 個ずつ対になって軌道を占有している電子がある．このような電子対を**非共有電子対**（unshared electron pair），**孤立電子対**（lone paired electrons, lone pair）または**非結合電子対**（nonbonding electron pair）という．

a. 配位結合

水素イオン（プロトン）H^+ は 1s 軌道に電子をもたず，1s 軌道は空軌道であるので一対の電子を収容できる．したがって，アンモニアの N 原子はその非共有電子対を H^+ と共有してアンモニウムイオン NH_4^+ を与える．こうして結合した H は正四面体の一頂点を占め，イオンの構造はメタンと同じく 4 個の等価な N—H 共有結合をもつ（図 4-23）．

このように結合に必要な電子対が結合に関与する片方の原子のみから供給される結合を**配位結合**（coordinate bond）または**供与体-受容体結合**（donor-acceptor bond）という．すなわち，配位結合とは電子対で満たされた片方の原子の占有軌道と電子を欠く他方の原子の空軌道の間で電子対を授受することにより形成される結合のことである．

同様な結合はオキソニウムイオン（H_3O^+）においてもみられる．また，BF_3 の B 原子は 1 個の空の 2p 軌道をもっており，この軌道にさらに 1 対の 2 電子を収容する余裕がある．したがって，BF_3 は NH_3 の非共有電子対を受け入れて図 4-24 に示すような結合を形成する．

配位結合は CO，N_2O，O_3 の分子中にもみられるほか，**金属錯体**や**キレート化合物**（または単にキレート）にみられる電子対供与体としての**配位子**（ligand）と電子対受容体としての金属間の結合はほとんどがこの配位結合からなる．

b. 三中心二電子結合

ボラン BH_3 はホウ素の最も簡単な水素化物であるが，通常はジボラン B_2H_6 という二量体で存在する．ジボランは図 4-25 のような構造をしている．4 個の

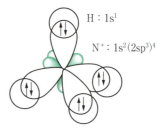

図 4-23 アンモニウムイオンの模式図

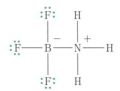

図 4-24 三フッ化ホウ素とアンモニアの結合

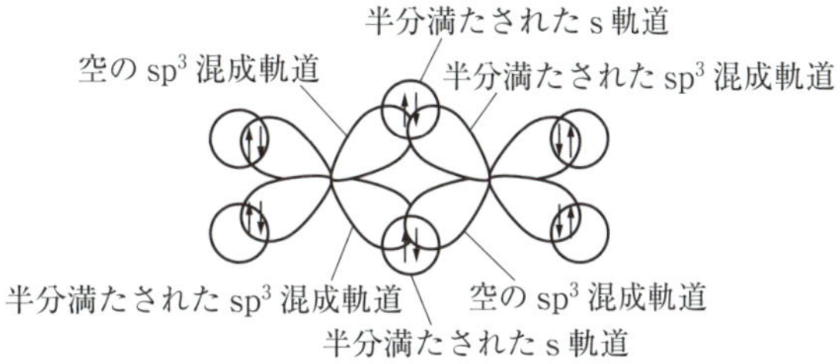

図 4-25 ジボランの三中心二電子結合

H 原子と 2 個の B 原子は一つの平面をなし，これに直交するように残りの 2 個の H 原子と 2 個の B 原子とがもう一つの平面を作り，これらの 2 個の H 原子は 2 個の B 原子間に橋を架けたような形をしている．

ジボランに対しては普通の電子対結合の考え方を適用すると原子価電子が不足する．したがって，2 個の B 原子と，橋架けしている H 原子の三つの原子が 1 組の電子対で結びつけられているような**三中心二電子結合**を形成していると考えられている．すなわち，図 4-25 に示すように半分満たされた B の sp^3 混成軌道ともう一つの B 原子の空の sp^3 混成軌道が重なり，これにさらに半分満たされた H の s 軌道が重なって 1 組の電子対を作って結合を形成できるとすると，B と H から供給された 2 個の電子は非局在化し，安定化する．この種の結合を含む分子は**電子欠損分子**（electron-deficient molecules）といわれ，ジボランのほかトリメチルアルミニウム $Al(CH_3)_3$ も Al—CH_3—Al 間に三中心二電子結合をもつ電子欠損分子である．

> **4.3 節のまとめ**
> - 結合の形成：原子軌道の重なりにより結合が形成．
> - 混成軌道：sp^3 混成軌道，sp^2 混成軌道，sp 混成軌道．
> - 混成軌道の s 性：混成軌道を構成する s 軌道の割合．
> - 占有軌道と空軌道の相互作用に基づく結合
> - 電子対：結合電子対，非共有電子対．
> - 空軌道を使った結合：配位結合，三中心二電子結合．

4.4 分子構造と双極子モーメント

4.4.1 結合の双極子モーメント

H_2, O_2, N_2, Cl_2 などの共有結合性等核二原子分子では，電子は結合に対称的に分布している．両原子が同じ元素であるため電気陰性度の差は 0 であり，電荷が一方の原子に偏ることはない．しかし，HCl, HBr, HI のように異核二原子分子の場合，電気陰性度の大きい原子に負電荷が偏り，電荷は非対称的に分布する．この結果，この分子または結合は**双極子モーメント（dipole moment）** μ を生じる．すなわち，結合の極性は電子雲の偏りの程度と方向を示す双極子モーメントで表すことができる．双極子モーメントは，正電荷 $+q$ と負電荷 $-q$ が距離 r だけ離れて存在するとき式(4-11)により定義し，その方向は ⊢→ のように正電荷から負電荷に向かうベクトルで表す．

$$\mu = qr \tag{4-11}$$

双極子モーメントの SI 単位は C m（クーロン・メートル）であるが，慣例として cgs-esu 単位系の D（デバイ，debye）がよく用いられている．これらの間には，

$$1\,\mathrm{D} = 3.3356 \times 10^{-30}\,\mathrm{C\,m} = 1 \times 10^{-18}\,\mathrm{esu\,cm} \tag{4-12}$$

の関係があり，1 D は電子の電荷の約 20%が正の同量の電荷から 1 Å（0.1 nm）離れているときの双極子モーメントにほぼ等しい．表 4-6 に主な結合の双極子モーメントの大きさを示す．

構成原子数の多い分子の場合，官能基が一つのモーメントをもつと考えると分子全体の双極子モーメントを容易に推定できる．このモーメントを**グループモーメント**といい，官能基が結合する相手によって値を選択する必要がある．表 4-7 にフェニル基，メチル基，

表 4-6 結合の双極子モーメント

結合	双極子モーメント	結合	双極子モーメント
H—C	0.30	N—O	0.3
H—N	1.31	N—F	0.17
H—O	1.51	P—Cl	0.81
H—S	0.68	P—Br	0.36
H—F	1.94	P—I	0.0
H—Cl	1.08	O—Cl	0.7
H—Br	0.78	S—Cl	0.7
H—I	0.38	F—Cl	0.88
C—C	0.0	C=C	0.0
C—N	0.22	C=N	0.9
C—O	0.74	C=O	2.3
C—S	0.9	C=S	2.6
C—F	1.41	N=O	2.0
C—Cl	1.46	C≡C	0.0
C—Br	1.38	—C≡N	3.5
C—I	1.19	—N≡C	3.0

表 4-7 グループモーメント

置換基 (X)	C_6H_5—X	CH_3—X	C_2H_5—X
—CH_3	0.40*	0	0
—CN	4.39	3.94	4.00
—CHO	3.1	2.72	2.73
—$COCH_3$	3.00	2.84	2.78
—COOH	1.64*	1.73	1.73
—$COOCH_3$	1.83*	1.67	1.76
—NH_2	1.48	1.23	1.2
—NO_2	4.21	3.50	3.68
—OH	1.4	1.69	1.69
—OCH_3	1.35	1.30	1.22
—F	1.59	1.81	1.92
—Cl	1.46*	1.87	2.05
—Br	1.73	1.80	2.01
—I	1.7	1.64	1.87

* 水溶液中の値

エチル基に結合した置換基 X のグループモーメントをまとめて示す．

4.4.2 双極子モーメントと結合のイオン性

化学結合には共有結合とイオン結合があり，実際の結合はこれらの中間的な性質を示す．また，結合のイオン性はその結合の双極子モーメントを用いて計算することができる．

HCl 分子を例として，**共有結合のイオン性**を説明する．HCl 分子の核間距離 r は 1.274 Å（0.1274 nm）である．HCl が完全に H^+ と Cl^- にイオン化してイオン結合を形成すると仮定したときの双極子モーメント μ_{calcd} は式(4-13)より計算される．

$$\mu_{calcd} = (4.803 \times 10^{-10} \text{ esu}) \times (1.274 \times 10^{-8} \text{ cm})$$
$$= 6.096 \times 10^{-18} \text{ esu cm} = 6.1 \text{ D} \quad (4\text{-}13)$$

これと実測値 $\mu_{obsd} = 1.03$ D と比較すると，H—Cl 結合のイオン性は約 17% となる．同様にして，HF，HBr，HI における結合のイオン性を求めると，それぞれ 45，12，5% になる．ハロゲン化水素の中で最も電気陰性度の差が大きな元素の組合せである H—F 結合でもそのイオン性は約 45% であり，約 55% の共有結合性を有することがわかる．

4.4.3 分子構造と双極子モーメントの方向

極性をもつ分子を**極性分子**（polar molecule）という．また，分子としては極性をもたない分子を**無極性分子**（nonpolar molecule）という．

多原子分子の双極子モーメントは通常，個々の結合モーメントのベクトル和として現れるので，分子の立体構造によって左右される．すなわち，多原子分子では構成原子間の結合に結合双極子があっても，分子が全体として双極子モーメントをもつとは限らない．例えば，CO_2，BF_3，CCl_4，C_6H_6 などが挙げられる．

CO_2 は二つの炭素-酸素二重結合からなり，各結合には炭素から酸素に向かう双極子モーメントが存在する．CO_2 は直線状の分子構造をもっているため，炭素-酸素結合に関する双極子モーメントの大きさは等しいが向きが逆であるため，全体としては打ち消しあい，分子としての双極子は存在しない．例えば，$BeCl_2$，$HgBr_2$ なども同様である．

BF_3 のホウ素は $1s^2(2sp^2)^3$ の電子配置をもち，sp^2 混成軌道をとっている．したがって図 4-26 に示すように，BF_3 分子は∠F—B—F が 120° で 4 個の原子が同一平面上にある点対称の分子構造をもつ．B—F 結

図 4-26　BF_3 の双極子モーメント

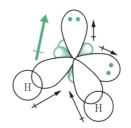

図 4-27　H_2O の分子構造と双極子モーメント

合は B から F に向かう双極子をもつが，この 3 個の双極子ベクトルは互いに打ち消しあってベクトル和は 0 となり，分子としての双極子は存在しないと予想される．事実，BF_3 の双極子モーメントの実測値は 0 である．ベンゼン C_6H_6 の場合も同様であり，6 個の C—H 結合はいずれも H から C に向かう双極子をもつが，分子の対称性のためにこれらはすべて打ち消されて，分子全体としては双極子モーメントはなくなる．

H_2O の双極子モーメントは 1.84 D であり，非常に極性が大きい分子である．水分子の分子構造は酸素原子の 3 個の 2p 軌道を使って説明できるが，結合角∠H—O—H が 104.5° であることから $2sp^3$ 混成軌道をとっていると考える方がより妥当である．原子軌道図を用いて水の分子構造と双極子モーメントを図 4-27 に示す．H—O 結合の結合双極子モーメントはいずれも H から O に向かい，大きさは等しく，その角は 104.5° である．したがってそのベクトル和は∠H—O—H を二等分する線上にあり O に向かっている．さらに，酸素の残った二つの $2sp^3$ 軌道を占有する 2 対の非共有電子対もそれぞれ酸素原子核から外側に向かう双極子モーメントをもち，そのベクトル和もまた O—H 結合の双極子モーメントの和と同一線上にしかも同じ方向に並ぶ．結局，これら二つのベクトルは互いに強めあい，図 4-27 に示した太実線の矢印のような方向に双極子モーメントをもつことになる．これが，水分子が大きな双極子モーメントをもつ理由である．また，2 対の非共有電子対の反発により∠H—O—H は押し狭められ，$2sp^3$ 混成軌道本来の角度 109.5° よりも少し小さい 104.5° になる．

NH$_3$ の場合，事情が水の場合に非常によく似ている．窒素の 2sp^3 混成軌道のうち 3 個は電子が半分だけ占有し水素原子と重なって σ 結合を形成し，残りの 1 個には 2 個の電子が占有して非共有電子対を形成している．すなわち図 4-28 において非共有電子対が占有している二つの 2sp^3 混成軌道のうちの片方に H の 1s 軌道が重なって σ 結合を作る．アンモニアにおいて N 原子が 2sp^3 混成軌道を形成しないと考えると，非共有電子対は 2s 軌道に入ることになり，方向性のあるアンモニアの非共有電子対の性質を表すには 2sp^3 混成軌道を形成していると考える方が合理的である．3 個の N—H 結合の結合双極子モーメントは H から N に向かい，その大きさは等しい．したがって，その和は非共有電子対の双極子モーメントと同一方向を向くことになる．一方，NF$_3$ では N—F 結合の双極子モーメントは N から F に向かい，その和は N の非共有電子対の双極子モーメントと反対方向を向くことになる．その結果，両者は互いに弱めあい，NF$_3$ は NH$_3$ とは逆方向に小さな双極子モーメント（$\mu = 0.235$ D）をもつことになる（図 4-29）．

CH$_2$Cl$_2$ の炭素原子は sp^3 混成軌道をとっているため二つの C—Cl 結合と二つの C—H 結合の結合双極子を考えればよい．C—Cl 結合の結合双極子モーメントの和は ∠Cl—C—Cl を二等分する直線上に存在し，C を背にした方向に向いている．C—H の結合双極子にはまったく存在しないとする説と H から C に向かうベクトルをもつと考える説がある．ここでは後者の場合を考えよう．C—H の結合双極子モーメントの和は ∠H—C—H を二等分する直線，すなわち ∠Cl—C—Cl を二等分する直線上に C に向かって生成する．したがって，これらは互いに強めあい図 4-30 の太実線のような方向をもつことになる．

4.4.4 双極子モーメントのベクトル和の計算

表 4-6 に示した結合の双極子モーメントの値を用いると分子の双極子モーメントを見積もることができる．メタノールを例に説明する．CH$_3$ 基の三つの C—H 結合の結合双極子のベクトル和の大きさは一つの C—H 結合の結合双極子のそれに等しい．したがって，図 4-31 に示すように平行四辺形に余弦則を適用すると，そのベクトル和は $\mu_{\text{calcd}} = 1.55$ D となる．一方，実測値は $\mu_{\text{obsd}} = 1.67$ D であり，メタノールの双極子モーメントは計算値と実測値がほぼ一致している．

芳香族分子の場合は，表 4-7 のグループモーメントがもっと有効に利用できる．例えば，1,2-，1,3- および 1,4-置換ベンゼンの双極子モーメントは，近似的ではあるが，図 4-32 のようにそれぞれの一置換ベンゼンのグループモーメントからベクトル算で計算できる．いま，μ_1，μ_2 をグループモーメントとすると，式 (4-14) の余弦公式を使ってベクトル和を求めることができる．1,2-体に対しては $\theta = 60°$，1,3-体に対しては $\theta = 120°$ である．

$$\mu = \sqrt{\mu_1^2 + \mu_2^2 + 2\mu_1\mu_2 \cos\theta} \quad (4\text{-}14)$$

クロロトルエンを例に示す．CH$_3$ 基，Cl 基のグループモーメントをそれぞれ 0.46 D，1.46 D とすると，1,2-クロロトルエン，1,3-クロロトルエン，1,4-クロ

図 4-28　NH$_3$ の双極子モーメント

図 4-29　NF$_3$ の双極子モーメント

図 4-30　ジクロロメタンの双極子モーメント

図 4-31　メタノールの双極子モーメントの計算

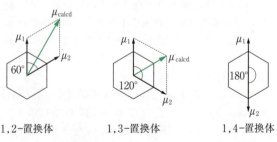

図 4-32　二置換ベンゼンの双極子モーメントの計算

ロトルエンの μ_calcd は 1.30 D, 1.70 D, 1.86 D と計算される. 実測値 μ_obsd はそれぞれ 1.30 D, 1.78 D, 1.90 D であり, 満足な一致を示している.

4.4 節のまとめ
- 結合の双極子モーメント：電荷の非対称な分布により発生, 正から負に向かうベクトルで表現.
- 分子の双極子モーメント：グループモーメント, ベクトル合成.
- 結合のイオン性：双極子モーメントによる推定, 結合の共有結合性.
- 分子の極性：極性分子, 無極性分子.

4.5 原子価殻電子対反発理論

分子の構造を説明する方法の一つに**原子価殻電子対反発理論**（valence shell electron pair repulsion theory）がある.

化学結合を形成する結合電子対は二つの原子の原子価殻にある電子が対をなすことにより生成し, それらの反発が最も小さくなるように配置する. すなわち, 結合電子対を形成する電子は結合性軌道に入り, 二つの原子核間に強く束縛され, その電子雲は二つの原子核の結合に沿う. 一方, 非共有電子対の電子は原子軌道に入るが結合する相手がなく, より原子核の近くにある. したがって, これらの電子対間の反発は, 非共有電子対間＞非共有電子対と結合電子対の間＞結合電子対間の順序になる.

結合電子対は原子核間という比較的狭い空間に閉じこめられているが, 非共有電子対はより広い空間に広がっているため, 非共有電子対同士はより広い空間にある方が有利となる. そのため, 結合角は, 非共有電子対間＞非共有電子対と結合電子対の間＞結合電子対間の順序になる.

例えば, メタン（CH_4）, アンモニア（NH_3）, 水（H_2O）について, C—H, N—H, O—H 結合間の角度を推定してみよう. メタンは結合電子対を四つ, アンモニアは結合電子対を三つと非共有電子対を一つ, 水は共有結合を二つと非共有電子対を二つ有する. したがって, C—H, N—H, O—H 結合間の角度はメタン＞アンモニア＞水の順になると推定され, 実測値の順序メタン（109.5°）＞アンモニア（107.8°）＞水（104.5°）と一致する.

また, 酸素と同族元素の水素化物である硫化水素（H_2S）, セレン化水素（H_2Se）の構造は水分子と同様と考えられるが, 酸素＜硫黄＜セレンの順に原子半径が大きくなると結合電子対間の反発は水分子より小さくなるので, 結合角は 90°に近づく. 窒素と同族元素の水素化物であるホスフィン（PH_3）とアルシン（AsH_3）にも, 同様の説明ができる.

4.5 節のまとめ
- 原子価殻電子対反発理論：電子対間の反発（非共有電子対間, 非共有電子対と結合電子対の間, 結合電子対間）.

章末問題

問題 4-1
Na 原子, Cl 原子と NaCl 分子について次のような説明があった.
「Na 原子の電子配置は $1s^2 2s^2 2p^6 3s^1$ であるので 1 個の電子を取り去れば貴ガスの電子構造になる. 電子

を取り去るためにはイオン化エネルギーに相当する 496 kJ mol^{-1} が必要である．一方，Cl 原子の電子配置は，1s^{2}2s^{2}2p^{6}3s^{2}3p^5 であるので，1 個の電子を取り込めば貴ガスの電子構造になる．電子を取り込むと電子親和力に相当する 349 kJ mol^{-1} が放出される．Na 原子と Cl 原子が Na$^+$ と Cl$^-$ がイオン結合した NaCl を形成させるためには，Cl が Cl$^-$ になるとき放出される 349 kJ mol^{-1} では，Na が Na$^+$ になるための 496 kJ mol^{-1} をまかなえない．すなわち，Na 原子と Cl 原子から NaCl 分子を作るには 496 kJ mol^{-1} − 349 kJ mol^{-1} = 147 kJ mol^{-1} を加える必要がある．」

この説明では Na 原子，Cl 原子より NaCl 分子の方が不安定となっている．この説明の不足分を補いなさい．

問題 4-2

15 族および 16 族の水素化物の結合角を示す．

15 族および 16 族の水素化物の結合角（°）

NH$_3$	107.3	H$_2$O	104.5
PH$_3$	93.3	H$_2$S	92.2
AsH$_3$	92.1	H$_2$Se	91.0
SbH$_3$	91.6	H$_2$Te	89.3

NH$_3$ と H$_2$O 以外はほぼ 90° であり，NH$_3$ と H$_2$O が大きく異なった値となっていることが読み取れる．なぜ，このような違いがあるのかを説明しなさい．

問題 4-3

炭素原子 C の電子配置は 1s^{2}2s^{2}2p^2 であるが，原子価は 2 ではなく，4 となる．その理由として次のような説明があった．

「炭素原子 C の 2s 軌道の 2 個の電子のうち一つが空の 2p 軌道に昇位し，1 個の 2s 軌道と 3 個の 2p 軌道が混成し，等価な 4 個の 2sp^3 混成軌道を作るためである．」

この説明では，電子が一つ昇位しているので，元の炭素原子 C より混成軌道を形成した方がエネルギー的に不安定となっている．この説明の不足分を補いなさい．

5. 物質の状態とエネルギー

　物質の状態とその状態変化を議論する場合，その物質とその周囲とを明確に区別する必要がある．一般に，物質を **系（system）** とし，その周りを外界として区別する．さらに，系は，物性が一様な均一系とそうでない不均一系に分けることができる．特に，不均一系では，系の他の部分と区別されるいくつかの均一な部分（**相（phase）**）から構成される．したがって，均一系は単一な相のみの単相系であり，不均一系は二つ以上の相の多相系である．また，相は状態により固相，液相および気相に分けられ，**固体（solid）**，**液体（liquid）** および **気体（gas）** という3種類の基本的な状態に対応する．本章では，物質の状態（すなわち，相）に対応した固体，液体および気体について概説する．また，液相中に溶質を均一に溶解させた溶液の特性についても議論する．さらには，物質のエネルギー的な状態変化に関する学問である化学熱力学の初歩についても触れることにする．

5.1 気体

　気体は，その要素である原子，分子などの間に相互作用が小さい（理想気体の場合は相互作用がない）ために，容積安定性，形状安定性などをもたない．したがって，気体では，原子や分子の運動エネルギーが強く反映された特性を示す．そのため，熱力学的な現象の理論的な記述が比較的容易であるため，古くから多くの法則が導き出されてきた．本節では，気体の3法則，理想および **実在気体（real gas）** とそれらの **状態方程式（equation of state）**，**理想気体（ideal gas）** の分子運動論などについて概説する．

5.1.1 気体の3法則

a. ボイルの法則とシャルルの法則

　気体では，その体積は温度および圧力に依存する．例えば，図5-1 (a) および式(5-1)で

$$PV = 一定 \qquad (5\text{-}1)$$

$$(P：圧力，V：体積)$$

で表されるように「気体では，一定の温度においてその一定量の体積は圧力に逆比例する」という **ボイルの法則（Boyle's law）**（1662年）が成り立つ．一般に，ボイルの法則は高い圧力では成り立ちにくい．なお，圧力のSI単位はパスカル（$Pa = m^{-1} kg\, s^{-2} = N\, m^{-2}$）であり，従来よく用いられていた気圧（atm）とは

$$1\,\text{atm} = 1.013 \times 10^5\,\text{Pa} \qquad (5\text{-}2)$$

の関係がある．また，他の圧力単位であるトル（Torr（= mmHg））とは次のような関係がある．

$$1\,\text{Torr} = \frac{1}{760}\,\text{atm} = \frac{1.013 \times 10^5}{760}\,\text{Pa} \qquad (5\text{-}3)$$

　一方，一定の圧力において一定量の気体の体積と温度の関係は

$$V = V_0\left(1 + \frac{t}{273}\right) \qquad (5\text{-}4)$$

（V_0：0℃における体積，t：セルシウス温度（℃））

で表される **シャルルの法則（Charles's law）** または，**ゲイ・リュサックの法則（Gay-Lussac's law）** により表される．すなわち，一定圧力において，一定量の気体の体積は1℃上がるごとに，0℃における体積 V_0 の1/273だけ増加する．

　さらに，式(5-4)を

$$\frac{V}{t+273} = \frac{V_0}{273} = 一定 \qquad (5\text{-}5)$$

と変形して絶対温度（$T = t + 273$，単位：K）を用いると

$$\frac{V}{T} = 一定 \qquad (5\text{-}6)$$

（V：体積，T：絶対温度）

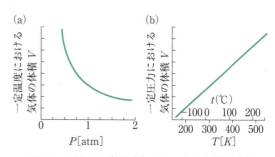

図5-1　ボイルの法則 (a) とシャルルの法則 (b)

となる．この関係は，「気体では，一定の圧力においてその一定量の体積は絶対温度に比例する」ということを意味している．ボイルの法則（式(5-1)）とシャルルの法則（式(5-6)）を結合すると

$$\frac{PV}{T} = 一定 \tag{5-7}$$

のボイル・シャルルの法則（Boyle-Charles'law）が得られる．

b. アボガドロの法則

1811年に「同温および同圧の同一条件下では，すべての気体の同一体積中には同数の分子が含まれる」というアボガドロの仮説が提唱された．その後，実験的裏付けが得られてアボガドロの法則（Avogadro's law）（1858年）となった．さらに，この法則は「同温および同圧条件下ではすべての1 molの気体は同一体積を占める」，すなわち

$$\frac{V}{n} = 一定 \tag{5-8}$$

（V：体積，n：モル数）

のようにも記述できる．なお，標準状態（STP，$P = 1$ atm，および $T = 273.15$ K）で1 molの気体の体積は22.414 Lとなり，これはモル体積 V_m と定義される．

5.1.2 理想気体
a. 理想気体とその状態方程式

前項のボイルの法則，シャルルの法則およびアボガドロの法則をまとめると，気体の体積は，圧力に逆比例し（式(5-1)），絶対温度に比例し（式(5-6)），モル数に比例する（式(5-8)）．すなわち，

$$\frac{PV}{nT} = 一定 \tag{5-9}$$

（P：圧力，V：体積，n：モル数，T：絶対温度）

となる．式(5-9)は上記の3法則を包括するものであるが，実際に存在する気体（実在気体）に対しては，必ずしも成り立たない．しかしながら，常に式(5-9)を満足する気体を定義することはでき，このような気体を理想気体とよぶ．

また，式(5-9)を満たす定数は普遍定数で，一般に，気体定数（gas constant）R とよばれ，これを用いて書き直すと n mol の場合は式(5-10)，および1 molの場合は式(5-11)のような関係式が得られる．

$$n \text{ mol の場合} \quad PV = nRT \tag{5-10}$$
$$1 \text{ mol の場合} \quad PV_m = RT \tag{5-11}$$

（V_m：モル体積，なお，$V_m = V/n$）

前述したように，一般に，温度，圧力および体積の間には一定の関係があり，これらの量の関係を表す式を状態方程式（または状態式）といい，式(5-10)および式(5-11)を理想気体の状態方程式という．なお，状態方程式で示される気体の温度，圧力，体積などの量の関係は，微視的な観点からの気体中に含まれる多数の分子の運動より導かれているのではなく，その気体全体の巨視的な観点からの量の関係として導出されていることに留意する必要がある．

気体定数 R は，1 mol（$n = 1$）の気体の標準状態（$P = 1$ atm，$V = 22.414$ L，$T = 273.15$ K）の物性値を用いて求めることができ，式(5-12)のように，

$$R = \frac{PV}{nT} = \frac{1 \times 22.414}{1 \times 273.15}$$
$$= 0.082\,058 \text{ atm L K}^{-1} \text{ mol}^{-1} \tag{5-12}$$

となり，より基本となるSI単位系では，気体定数は式(5-13)のように表される．

$$R = 8.3144 \text{ J K}^{-1} \text{ mol}^{-1} \text{ (SI 単位系)}$$
$$= 1.9872 \text{ cal K}^{-1} \text{ mol}^{-1} \tag{5-13}$$
$$(1 \text{ cal} = 4.184 \text{ J})$$

b. ドルトンの分圧の法則

混合気体においては，各気体成分の濃度は分圧（partial pressure）で表される場合が多い．例えば，理想気体の混合気体において，気体の全圧（P）は各気体成分の分圧（p_i，$i = 1, 2, 3, \cdots\cdots$）の和に等しく，

$$P = p_1 + p_2 + p_3 + \cdots\cdots \tag{5-14}$$

と表すことができる．さらに，気体の全物質量 n お

ロバート・ボイル

アイルランドの化学者，物理学者，哲学者．ロバート・フックを助手として空気ポンプを製作し，空気に関する研究を進めてボイルの法則を見出した．王立協会の創設メンバーの一人．（1627-1691）

アメデオ・アボガドロ

イタリアの物理学者，化学者．大学で法律を修めたのちに数学，物理学を学んだ．1811年アボガドロの法則を発表した．ヴェルチェッリ王立大学物理学教授，トリノ大学数理物理学教室の初代教授を務めた．（1776-1856）

よび各気体成分の物質量 n_i ($i = 1, 2, 3, \cdots\cdots$) において理想気体の状態方程式を用いると，
$$PV = nRT = (n_1+n_2+n_3+\cdots\cdots)RT \quad (5\text{-}15)$$
の関係があり，式(5-14)と式(5-15)より，
$$p_1V = n_1RT, \; p_2V = n_2RT, \; p_3V = n_3RT, \; \cdots\cdots \quad (5\text{-}16)$$
のような関係が得られる．ここで，式(5-16)を式(5-15)で割ると，
$$\frac{p_1}{P} = \frac{n_1}{n} = y_1, \; \frac{p_2}{P} = \frac{n_2}{n} = y_2 \quad (5\text{-}17)$$
(y_i ($i = 1, 2, 3, \cdots\cdots$) は各気体成分のモル分率) と表せ，さらに，
$$p_1 = y_1P, \; p_2 = y_2P, \; p_3 = y_3P, \; \cdots\cdots \quad (5\text{-}18)$$
と変形できる．このように，各気体成分の分圧が全圧と各成分のモル分率の積で表されるという関係を**ドルトンの分圧の法則**（Dalton's law of partial pressure）という．

c. 理想気体の気体分子運動論

前節では，巨視的な観点から気体の温度，圧力，体積，モル数などの量の関係が理想気体の状態方程式で表されることを述べた．ここでは，微視的な観点により，気体は多数の分子の集合であり，各分子があらゆる方向に乱雑な力学的運動を行っていると考え，これら多数の気体の運動を統計的に取り扱うことにより気体の巨視的な諸性質を説明する**理想気体の気体分子運動論**について述べる．一般に，気体分子運動論において，理想気体分子は以下のように記述される．

(1) 気体は多数の分子より構成され，分子は絶えずニュートン力学に従った直線的な運動をし，気体の大きさは分子間距離，容器の大きさに比べ小さく無視できる．

(2) （分子同士が衝突する瞬間以外は，）分子間の引力，斥力は無視できる．

(3) 分子と器壁の衝突および分子相互の衝突は完全弾性衝突であり，運動エネルギー，運動量は保存される．

> **ジョン・ドルトン**
>
>
>
> 英国の化学者，物理学者．気体の研究に化学的原子説を提唱し，倍数比例の法則を導いた．親族および自身を観察対象とした色覚異常の研究でも知られる．ジュールの家庭教師でもあった．(1766-1844)

上記に従って理想気体の圧力を考えてみる．まず，気体分子が一辺 a の立方体の容器中に含まれ，立方体の一つの頂点を原点とした3方向を x, y および z 軸とし，任意分子の運動速度 v の x, y および z 成分を各々 v_x, v_y および v_z とした場合，以下の式(5-19)が導かれる．
$$v^2 = v_x^2 + v_y^2 + v_z^2 \quad (5\text{-}19)$$

(3) の仮定より，分子の器壁への衝突では，入射と反射の角度は等しく，かつ，衝突前後の v_x 成分は方向が逆で大きさが等しくなるので，1回の衝突による運動量の x 成分の変化は $2mv_x$ (m：分子の質量）となる．また，1個の分子が同じ壁に2回衝突するまでの x 成分の距離は $2a$ となるので，1個の分子が x 軸に垂直な一つの壁と衝突する単位時間あたりの回数は $v_x/2a$ となる．これらより，1個の分子の壁との衝突による運動量の単位時間あたりの x 成分変化は，
$$2mv_x \times \frac{v_x}{2a} = \frac{mv_x^2}{a} \quad (5\text{-}20)$$
で与えられる．さらに，容器の中の分子数を N とすると，壁との衝突による単位時間あたりの x 成分の運動量変化は $Nm\overline{v_x^2}/a$ となる．ここで，分子により速度が異なるので平均二乗速度（$\overline{v_x^2}$）を用いている．単位時間あたりの運動量変化は力と同義であり，単位面積あたりの垂直に受けた力は圧力となるので，x 軸に垂直な壁に及ぼされる圧力 P は以下のようになる．
$$P = \frac{Nm\overline{v_x^2}}{a} \times \frac{1}{a^2} = \frac{Nm\overline{v_x^2}}{a^3} = \frac{Nm\overline{v_x^2}}{V} \quad (5\text{-}21)$$
（V：容器の体積）

分子の運動は無秩序であり，他の方向の速度成分の大きさも変わらないので，平均二乗速度で表すと
$$\overline{v_x^2} = \overline{v_y^2} = \overline{v_z^2} = \frac{\overline{v^2}}{3} \quad (5\text{-}22)$$
($\overline{v_x^2}$, $\overline{v_y^2}$, $\overline{v_z^2}$ および $\overline{v^2}$：v_x^2, v_y^2, v_z^2 および v^2 の平均二乗速度）

となり，最終的に，圧力 P は，式(5-21)および式(5-22)より
$$P = \frac{Nm\overline{v^2}}{3V} \quad (5\text{-}23)$$
で表される．式(5-23)を変形すると
$$PV = \frac{Nm\overline{v^2}}{3} \quad (5\text{-}24)$$
となり，理想気体の圧力に関する**ベルヌーイの式**（Bernoulli's equation）が得られる．

さらに，理想気体の状態方程式より式(5-24)は
$$\frac{1}{3}Nm\overline{v^2} = nRT \quad (5\text{-}25)$$

となり，気体に含まれる N 個の分子の全（並進）運動エネルギー $E_{t'}$ は式(5-25)を考慮して，

$$E_{t'} = \frac{1}{2}Nm\overline{v^2} = \frac{3}{2}nRT \quad (5\text{-}26)$$

と表される．

なお，1 mol の気体の場合の全並進運動エネルギー E_t はアボガドロ定数 N_A を用いて，

$$E_t = \frac{1}{2}N_A m\overline{v^2} = \frac{3}{2}RT \quad (N_A：アボガドロ定数)$$
$$(5\text{-}27)$$

と表される．さらに，式(5-27)はボルツマン定数（$k = R/N_A$）を用いると，

$$E_t = \frac{1}{2}N_A m\overline{v^2} = \frac{3}{2}RT = \frac{3}{2}kN_A T \quad (5\text{-}28)$$

のように表すことができ，さらに，式(5-28)は $M = N_A m$（M：分子量）を用いると，

$$E_t = \frac{1}{2}N_A m\overline{v^2} = \frac{1}{2}M\overline{v^2} \left[= \frac{3}{2}RT = \frac{3}{2}kN_A T \right]$$
$$(5\text{-}29)$$

のように表される．最後に，導いた式(5-29)を変形すると，

$$\overline{v^2} = \frac{3RT}{M} \quad (5\text{-}30)$$

となり，これより，気体分子の**根平均二乗速度 (root-mean-square speed)**（$v_{\rm rms} = \sqrt{\overline{v^2}}$）は式(5-31)のように表される．

$$v_{\rm rms} = \sqrt{\overline{v^2}} = \sqrt{\frac{3RT}{M}} = \sqrt{\frac{3RT}{N_A m}} \quad (5\text{-}31)$$

式(5-26)より，分子種が異なっても運動エネルギーは等しいので，低分子量の（軽い）分子は高分子量の（重い）分子に比べ（根平均二乗）速度が大きくなる．また，温度 T の増加とともに（根平均二乗）速度も増加する．

d. 気体の拡散：グラハムの法則

気体が容器の小さな孔を通して外部に流れ出る現象を流出という．この場合，流出するための孔は流れ出る気体により容器内の分子の運動に影響を及ぼさないほど小さいものとする．このとき，「気体が容器の小孔より流出する速度は気体の分子量（または密度）の平方根に反比例する」という法則が成り立ち，この法則を**グラハムの法則 (Graham's law)** という．この法則により気体分子の分子量（または密度）の近似値が得られる．2種類の気体 A および B（分子量および密度を，各々，M_A と M_B および ρ_A と ρ_B とする）が，同温，同圧の条件で同容器の小孔より流出する時間を，各々，t_A および t_B とすると，次式のような関係が得られる．

$$\frac{t_A}{t_B} = \sqrt{\frac{M_B}{M_A}} = \sqrt{\frac{\rho_B}{\rho_A}} \quad (5\text{-}32)$$

これより，分子量（または密度）既知の気体 A と未知の気体 B の t_A と t_B を求めれば，未知の気体 B の分子量（または密度）を求めることができる．

5.1.3　実在気体の状態方程式

a. ファンデルワールスの状態方程式

実際の気体で厳密に理想気体の状態方程式に従うのは，その気体の圧力が非常に低く，温度が高いときのみである．ある物質のある状態のときの P, V, T, n の関係を表す式を状態方程式とよぶ．理想気体の状態方程式は，$PV = nRT$ のみであるが，実在気体についてはいくつかの状態方程式が提案されている．最もよく知られているのは，19世紀後半に提出された，**ファンデルワールスの状態方程式 (van der Waals equation of state)** である．

$$\left(P + \frac{an^2}{V^2}\right)(V - nb) = nRT \quad (5\text{-}33)$$

（a, b：ファンデルワールス定数）

この式は基本的に理想気体の状態方程式と同じものであるが，圧力項に an^2/V^2 の補正項が加えられて $P + an^2/V^2$ となっており，体積項に $-nb$ の補正項が加えられて $V - nb$ となっている．これらの補正項は，実在気体で測定された理想気体からのずれを説明づけるために加えられたものであり，理想気体モデルの基本的な仮定のうち，以下の2点を補正している．

第1の補正は，理想気体のように気体分子を質点と扱わず，直径 d の剛体球とみなしている点である．したがって，分子が有限の体積をもつため，その分だけ分子の自由に動きうる空間が減ることになる．1 mol の気体について，その減る空間を**排除体積 (excluded volume)** とよぶ．図 5-2 に示すように，同種の分子 A_1, A_2（半径 $d/2$）を考えた場合，二つの分子は，中心距離 d 以内には接近できない．すなわち，

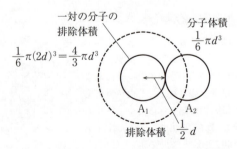

図 5-2　理想気体の法則に関する体積の補正

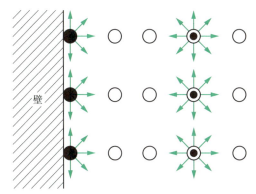

図 5-3 理想気体の法則に関する圧力の補正

表 5-1 いくつかの気体のファンデルワールス定数

気体	a [atm L^2 mol^{-2}]	b [L mol^{-1}]
NH_3	4.17	0.0371
CO_2	3.59	0.0427
He	0.0341	0.0237
H_2	0.244	0.0266
HCl	3.667	0.0408
N_2	1.39	0.0391
O_2	1.36	0.0318
SO_2	6.71	0.0561
H_2O	5.46	0.0305

分子 A_2 は半径 d の球内には入り込めないことになる。この体積は $(4/3)\pi d^3$ であるが，これは，一対の分子の排除体積であるため，1 分子あたりの排除体積は $(2/3)\pi d^3$ となる。ここで求めた排除体積は，1 分子の体積 $(\pi d^3/6)$ の 4 倍となっている。さらに，1 mol の分子の排除体積は $(2\pi/3)N_A d^3$ であり，これを b とすれば，n mol では nb となり，分子の真に動きうる空間は $V - nb$ となる。

第 2 の補正は，分子間に引力が働くとしている点である。したがって，図 5-3 に示すように分子が存在した場合，壁（圧力を感知する部分）から離れた位置に存在する分子（●印）は，周りから均等に引かれているが，壁に衝突している分子（●印）は壁の方に引かれている力がないため，壁と反対方向に引かれる力（f）を受ける。そのため，圧力は減少することになり，その分だけ実験圧 P に加えてやらなければならない。内側に引かれる圧力 f は，単位体積あたりの分子数の二乗に比例し，$f = a(n/V)^2$ と表される。したがって，補正を加えた真の圧力は $P + a(n/V)^2$ となる。以上より，ファン・デル・ワールスは 1873 年，有名な状態方程式 (5-33) を導いた。この式は，通常の圧力の気体の挙動はうまく表すことができるが，高圧ではずれが大きくなる。表 5-1 に，いくつかの気体分子について，定数 a, b の値を示した。多くの原子や電子を含む大きな分子では，a, b の値は大きくなっている。

b. ビリアル方程式

ビリアル方程式（virial equation）は，実在気体に関してしばしば用いられる状態方程式であり，以下の形で表される。

$$\frac{PV}{RT} = 1 + \frac{B}{V} + \frac{C}{V^2} + \cdots\cdots \quad (5\text{-}34)$$

（V：1 mol あたりの体積，B：第二ビリアル係数，C：第三ビリアル係数）

以下に，ファンデルワールスの状態方程式からビリアル方程式への展開について記述する。まず，ファンデルワールスの状態方程式を変形して

$$P = \frac{RT}{V-b} - \frac{a}{V^2} \quad (5\text{-}35)$$

ここで，

$$\frac{1}{V-b} = \frac{1}{V} \times \left\{\frac{1}{(V-b)/V}\right\} = \frac{1}{V} \times \frac{1}{1-b/V} \quad (5\text{-}36)$$

と書き換えられるが，排除体積 b は V よりもずっと小さく，$b/V \ll 1$ である。

また，$1/(1-x)$ は，x が 1 に比べてずっと小さいときは，

$$\frac{1}{1-x} = 1 + x + x^2 + \cdots\cdots \quad (5\text{-}37)$$

と近似できる。このとき，

$$\frac{1}{1-(b/V)} = 1 + \left(\frac{b}{V}\right) + \left(\frac{b}{V}\right)^2 + \cdots\cdots$$

と展開できるので，

$$\frac{1}{V-b} = \frac{1}{V} \times \left\{1 + \frac{b}{V} + \left(\frac{b}{V}\right)^2 + \cdots\cdots\right\}$$

> **ヨハネス・ファン・デル・ワールス**
>
> オランダの物理学者．物質の状態変化などを研究し，気体と液体の連続性を明らかにした．分子の体積と分子間引力（ファンデルワールス力）を考慮した気体の状態方程式を発見し，1910 年にノーベル物理学賞を受賞．表面張力の研究でも知られる．(1837-1923)

$$= \frac{1}{V} + \frac{b}{V^2} + \frac{b^2}{V^3} + \cdots\cdots \quad (5\text{-}38)$$

これより，

$$P = \frac{RT}{(V-b)} - \frac{a}{v^2}$$

$$= RT\left(\frac{1}{V} + \frac{b}{V^2} + \frac{b^2}{V^3} + \cdots\cdots\right) - \frac{a}{V^2}$$

$$= \frac{RT}{V} + \frac{(bRT-a)}{V^2} + \frac{RTb^2}{V^3}\cdots\cdots \quad (5\text{-}39)$$

両辺に V/RT をかけて，

$$\frac{PV}{RT} = 1 + \frac{(bRT-a)}{VRT} + \frac{b^2}{V^2}\cdots\cdots$$

$$= 1 + \frac{\{b-a/(RT)\}}{V} + \frac{b^2}{V^2}\cdots\cdots \quad (5\text{-}40)$$

したがって，第二ビリアル係数 $B = b - \dfrac{a}{RT}$

$$(5\text{-}41)$$

第三ビリアル係数 $C = b^2 \quad (5\text{-}42)$

と表せる．

分子間力に関係するパラメータである a は第二ビリアル係数 B に影響し，引力相互作用が大きくなる（a が大きくなる）ほど，第二ビリアル係数は小さくなる．

5.1 節のまとめ

- 理想気体の状態方程式： $PV = nRT$
- 理想気体に関するベルヌーイの式： $\frac{1}{3}Nm\overline{v^2} = nRT$
- N 個の分子の全運動エネルギー： $E_t' = \frac{1}{2}Nm\overline{v^2} = \frac{3}{2}nRT$
- ファンデルワールスの状態方程式： $\left(P + \dfrac{an^2}{V^2}\right)(V - nb) = nRT$
- ビリアル方程式： $\dfrac{PV}{RT} = 1 + \dfrac{\{b-a/(RT)\}}{V} + \dfrac{b^2}{V^2}\cdots\cdots$

5.2 液体

液体は，その構成要素である原子，分子，イオンなどの間に相互作用が存在するために，容積安定性を有するが，固体とは異なり形状安定性をもたない．一方，液体を構成する原子，分子，イオンなどの運動エネルギーは，固体に比べてかなり大きく，そのため流動性を有する．ここでは，液体に関する蒸気圧と標準沸点，クラウジウス・クラペイロンの式とモル蒸発熱などについて概説する．

5.2.1 蒸気圧と標準沸点

液体の蒸発と，その蒸気の凝縮の速度が等しく平衡となったとき，蒸気の示す圧力を液体の（平衡）蒸気圧という．純物質の蒸気圧は一定の温度に対して一定であり，温度とともに大きくなる．また，圧力一定下で液体を加熱していくとき，蒸気圧と外圧が等しくなると液体内部に気泡が生じて連続的に蒸発が行われる現象を沸騰といい，その温度を**沸点（boiling point）**という．特に，1 atm（1.013×10^5 Pa）における沸点を標準沸点（T_b）という．沸点は外圧に対して変化し，外圧とともに高くなる．また，液体がすべて気体に変化するときに吸収される熱を**蒸発熱（heat of evaporation）**といい，後述するクラウジウス・クラペイロンの式に基づいて実験的に求めることができる．

5.2.2 クラウジウス・クラペイロンの式とモル蒸発熱

液体の蒸気圧の温度変化は，以下の**クラペイロンの式（Clapeyron equation）**で表される（ここでは式の証明は省く．詳細は，熱力学の教科書を参照されたい）．

$$\frac{dP}{dT} = \frac{\Delta H_{\text{evaporation}}}{T(V_{\text{gas}} - V_{\text{liquid}})} \quad (5\text{-}43)$$

（P：圧力，T：温度，V_{gas}：気体のモル体積，V_{liquid}：液体のモル体積，$\Delta H_{\text{evaporation}}$：モル蒸発熱）

この式は，純物質の二つの相が平衡にある状態での圧力の温度変化に対して用いられる式である．

一方，一般に，$V_{\text{gas}} \gg V_{\text{liquid}}$ より $(V_{\text{gas}} - V_{\text{liquid}}) \approx$

V_{gas} であり，理想気体の状態方程式より，1 mol あたりでは $V_{gas} = RT/P$ である．したがって，式(5-43)に代入すると，

$$\frac{dP}{dT} = \frac{P\Delta H_{evaporation}}{RT^2} \quad (5\text{-}44)$$

のようになる．この形の式は，**クラウジウス・クラペイロンの式**（Clapeyron-Clausius equation）とよばれる．

さらに，クラウジウス・クラペイロンの式を用いたモル蒸発熱の求め方について考えてみる．ここで，

$$\frac{1}{P}\frac{dP}{dT} = \frac{d(\ln P)}{dT} \quad (5\text{-}45)$$

と表されるので，

$$\frac{d(\ln P)}{dT} = \frac{\Delta H_{evaporation}}{RT^2} \quad (5\text{-}46)$$

のように変形できる．さらに，$\Delta H_{evaporation}$ が一定とみなせる場合は，式(5-46)を積分することにより，

$$\ln P = -\frac{\Delta H_{evaporation}}{RT} + C \quad (C \text{ は積分定数})$$

$$\log P = -\frac{\Delta H_{evaporation}}{2.303RT} + C' \quad (C' \text{ は積分定数}) \quad (5\text{-}47)$$

$$(5\text{-}48)$$

のように表される．したがって，$\ln P$ と $1/T$ の関係は直線となり，そのプロットの傾きから $\Delta H_{evaporation}$ を実験的に求めることができる．

5.2.3 トルートンの通則

多くの液体ではモル蒸発熱と標準沸点の比は一定となり，

$$\frac{\Delta H_{evaporation}}{T_b} \approx 88 \text{ J K}^{-1} \text{ mol}^{-1} \quad (5\text{-}49)$$

のように表される．この関係を**トルートンの通則**（Trouton's rule）といい，T_b より $\Delta H_{evaporation}$ の値を概算できる．なお，沸点の低い物質（水素，酸素など），会合液体（水，エタノールなど）などでは，トルートンの通則は適用できない．

5.2節のまとめ

- クラペイロンの式： $\dfrac{dP}{dT} = \dfrac{\Delta H_{evaporation}}{T(V_{gas} - V_{liquid})}$

- クラウジウス・クラペイロンの式： $\dfrac{dP}{dT} = \dfrac{P\Delta H_{evaporation}}{RT^2}$

- トルートンの通則： $\dfrac{\Delta H_{evaporation}}{T_b} \approx 88 \text{ J K}^{-1} \text{ mol}^{-1}$

5.3 溶体と溶液

二つ以上の物質の均一な混合物を溶体といい，特に，液相の溶体を溶液という．さらに，液体に固体，液体，気体などの物質が溶解して溶液ができた場合，その液体を溶媒，また溶解した物質を溶質という．以下，このような溶体および溶液に関する種々の性質・法則について概説する．

5.3.1 溶液の濃度

溶液の濃度を示すものとしては，質量百分率（または，重量百分率），容積百分率，モル分率，ppm（part per million）と ppb（part per billion），質量モル濃度 m，モル濃度 M などがある．また，原子や分子，イオンの濃度は [ ] で囲んで表されることもある．

a. 質量百分率（重量百分率）

2 成分系溶液の成分 a および b の質量を，それぞれ，m_a および m_b とすると，

$$(a \text{ の質量百分率}) = \frac{m_a}{m_a + m_b} \times 100 \quad (5\text{-}50a)$$

$$(b \text{ の質量百分率}) = \frac{m_b}{m_a + m_b} \times 100 \quad (5\text{-}50b)$$

と表せる．

b. 容積百分率

本項 a と同様に，2 成分系溶液の成分 a および b の容積を，それぞれ，V_a および V_b とすると，

$$(a \text{ の容積百分率}) = \frac{V_a}{V_a + V_b} \times 100 \quad (5\text{-}51a)$$

$$(b \text{ の容積百分率}) = \frac{V_b}{V_a + V_b} \times 100 \quad (5\text{-}51b)$$

と表せる．

c. モル分率

2成分系溶液の成分 a および b のモル数を，それぞれ，n_a および n_b とすると，

$$(a \text{ のモル分率}) \quad x_a = \frac{n_a}{n_a + n_b} \quad (5\text{-}52a)$$

$$(b \text{ のモル分率}) \quad x_b = \frac{n_b}{n_a + n_b} \quad (5\text{-}52b)$$

と表せる．なお，x_a および x_b は 0～1 で，$x_a + x_b = 1$ である．

d. ppm と ppb

一般に，溶媒や溶質の質量に基づいて定義されている．ppm および ppb は，溶質および溶媒の質量を，それぞれ，$m_{溶質}$ および $m_{溶媒}$ とすると，

$$\text{ppm} = \frac{m_{溶質}}{m_{溶媒}} \times 10^6 \quad (5\text{-}53a)$$

$$\text{ppb} = \frac{m_{溶質}}{m_{溶媒}} \times 10^9 \quad (5\text{-}53b)$$

e. 質量モル濃度 m

「溶媒 1 kg に溶けている溶質のモル数」で表される．ある溶液の溶質の物質量を $n_{溶質}$ および溶媒の kg 重量を $w_{溶媒/kg}$ とすると，

$$m = \frac{n_{溶質}}{w_{溶媒/kg}} \quad (5\text{-}54)$$

と表すことができる．

f. モル濃度 M

「溶液 1 L に溶けている溶質の物質量」で表される．ある溶液の溶質の物質量を $n_{溶質}$ および溶液の体積を $V_{溶液/L}$ とすると，

$$M = \frac{n_{溶質}}{V_{溶液/L}} \quad (5\text{-}55)$$

と表すことができる．特に，重量モル濃度とモル濃度の違いを十分に理解すべきである．

5.3.2 溶解度とヘンリーの法則

溶解度としては，固体の液体に対する溶解度および気体の液体に対する溶解度についての理解が重要である．

1）固体の液体に対する溶解度（solubility）は，飽和溶液濃度で表され，「一定温度における溶媒 100 g あたりの最大溶解した溶質の質量［g］」と定義されている．また，溶解度と温度の曲線を溶解度曲線といい，通常温度とともに溶解度が増加する場合が多い

が，逆に減少する場合もある．

2）気体の液体に対する溶解度は，主に，ブンゼンの吸収係数により表され，「一定温度，気体分圧 1 atm における単位体積あたりの液体に溶解する気体の体積を 0℃，1 atm の場合に換算した値」と定義される．一般に，気体の溶解度は，温度の増加とともに減少し，（一定温度で）圧力の増加に対し増加する．また，溶解度が小さい場合には，「一定温度で一定量の液体に溶解する気体の体積は，この溶液と平衡にある気体成分の分圧に比例する」というヘンリーの法則（Henry's law）に従う．なお，「希薄溶液において溶質の蒸気圧は溶液中の溶質濃度に比例する」と換言でき，

$$p_s = K_s x_s \quad (5\text{-}56)$$

（p_s：溶質の蒸気圧，K_s：ヘンリーの法則の定数，x_s：溶質のモル分率）
と表すことができる．

5.3.3 希薄溶液とその性質

溶質のモル分率 x_s について $x_s \ll 1$ が成り立つような溶液を希薄溶液といい，前述したヘンリーの法則や後述するラウールの法則，沸点上昇および凝固点降下の法則などが成り立つ．以下に，これらの法則とその関係について述べる．

a. ラウールの法則

一般に，ある溶媒に不揮発性の溶質を溶解すると，その系の蒸気圧は低下する．これに関連して希薄溶液において，ラウールの法則（Raoult's law）は，「希薄溶液の蒸気圧の相対的な低下は溶質のモル分率に比例する」と定義しており，純溶媒および溶液の蒸気圧を，それぞれ，p_a^* および p_a とし，溶質のモル分率を x_b とすると，

$$x_b = \frac{p_a^* - p_a}{p_a^*} \quad (5\text{-}57)$$

と表せる．さらに，式(5-57)は，

$$\frac{p_a}{p_a^*} = 1 - x_b = x_a \quad \rightarrow \quad p_a = p_a^* x_a \quad (5\text{-}58)$$

と変形できる．すなわち，ラウールの法則は，「希薄溶液の蒸気圧は，純溶媒の蒸気圧に溶媒のモル分率を乗じたものとなる」ことを表している．

b. 沸点上昇と凝固点降下

一般に，ある溶媒に不揮発性の溶質を溶解すると，その系の蒸気圧は低下し，それに伴い沸点が上昇する．このように，溶液およびその溶媒の沸点に差が生

じる現象を**沸点上昇（rising of boiling point）**といい，特に，希薄溶液において

$$\Delta T_\mathrm{b} = K_\mathrm{b} m_\mathrm{b} \qquad (5\text{-}59)$$

（ΔT_b：沸点上昇，K_b：モル沸点上昇定数，m_b：溶質の重量モル濃度）
の関係が成り立つ．

また，同様に，（希薄）溶液とその溶媒のみを冷却する際に凝固点に差が生じる現象を**凝固点降下（depression of freezing point）**といい，特に，希薄溶液において

$$\Delta T_\mathrm{f} = K_\mathrm{f} m_\mathrm{b} \qquad (5\text{-}60)$$

（ΔT_f：凝固点降下，K_f：モル凝固点降下定数，m_b：溶質の重量モル濃度）
の関係が成り立つ．また，

$$m_\mathrm{b} = \frac{n_\mathrm{b}}{w_\mathrm{a}} = \frac{w_\mathrm{b}}{M_\mathrm{b} w_\mathrm{a}} \qquad (5\text{-}61)$$

（n_b：溶質のモル数，w_a：溶媒の質量，w_b：溶質の質量，M_b：溶質の分子量）
と表すことができる．

したがって，既知のモル沸点上昇定数またはモル凝固点降下定数を有する溶媒を用いて沸点上昇または凝固点降下の測定を行うことにより，溶質の分子量を求めることができる．

c. 浸透圧とファント・ホッフの法則

一般に，溶媒分子は通すが溶質分子は通さない半透膜を隔てて溶液と溶媒を接触させた場合，溶媒のみが半透膜を通して溶液中に拡散する現象を**浸透（osmosis）**といい，この溶媒の浸透を阻止するために溶液に加えられる圧力を**浸透圧（osmotic pressure）**という．特に，希薄溶液において

$$\Pi V = n_\mathrm{b} RT \qquad (5\text{-}62)$$

（Π：溶液の浸透圧，V：溶液の体積，n_b：溶質の物質量，R：気体定数，T：絶対温度）
の関係（**ファント・ホッフの法則（van't Hoff's law）**）が成り立つ．さらに，溶液のモル濃度を c_b とすると $c_\mathrm{b} = n_\mathrm{b}/V$ より，式(5-62)は

$$\Pi = c_\mathrm{b} RT \qquad (5\text{-}63)$$

となる．

本項で述べた性質は溶質の種類には無関係で溶質の分子の数のみに依存する束一的な性質である．

5.3節のまとめ
- いろいろな濃度表現（質量百分率，体積百分率，モル分率，ppm，ppb，質量モル濃度，モル濃度）が存在する．
- ヘンリーの法則：「希薄溶液において溶質の蒸気圧は溶液中の溶質濃度に比例する」 $p_\mathrm{s} = K_\mathrm{s} x_\mathrm{s}$
- ラウールの法則：「希薄溶液の蒸気圧の相対的な低下は溶質のモル分率に比例する」 $p_\mathrm{a} = p_\mathrm{a}^* x_\mathrm{a}$
- 希薄溶液に関する沸点上昇： $\Delta T_\mathrm{b} = K_\mathrm{b} m_\mathrm{b}$
- 希薄溶液に関する凝固点降下： $\Delta T_\mathrm{f} = K_\mathrm{f} m_\mathrm{b}$
- 浸透圧に関するファント・ホッフの法則： $\Pi V = n_\mathrm{b} RT$

5.4 固 体

固体は，原子，分子，イオンなどの間に強い相互作用が存在するために，気体や液体に比べて高い形状安定性をもつ．このため，規則的な三次元構造を有する各種の結晶が存在する．また，規則的な三次元構造をもたないが，その結合の特性により高い容積安定性，形状安定性などを有する無定形固体（アモルファス固体）も存在する．ここでは，このような固体に関する構造の分類と性質，結晶の構造解析と分類，固相の相変化などについて概説する．

5.4.1 固体の定義

固体とは，狭義には結晶と同義であり，多くの原子あるいは分子が一定の繰り返し構造をもって三次元的に規則正しく並んだものである．そのうち**単結晶（single crystal）**とは，一つの固体の粒子が単一の結晶から構成されているものであるのに対して，**多結晶（polycrystalline）**とは，微細な単結晶の集合体で構成されており，微細な結晶の界面には**粒界（grain boundary）**が存在する．

一方，広義の固体とは，多くの原子が集まって目にみえるほどの塊となっているもので，見た目に流動性

がないものを指して用いられる．結晶のほかに，ガラス，高分子材料なども含まれ，これらは**非晶質**（amorphous；アモルファス，無定形固体）とよばれる．以下は，結晶性の固体について議論を進める．

5.4.2 結晶の分類

結晶は，原子，分子，イオンなどの構造単位を結び付ける結合により，**イオン結晶（ionic crystal）**［イオン/イオン結合］，**共有結合の結晶（covalent bond crystal）**［原子/共有結合］，**金属結晶（metallic crystal）**［原子/金属結合］，**分子結晶（molecular crystal）**［分子/ファンデルワールス力］，**水素結合性結晶（hydrogen bond crystal）**［分子/水素結合］に分類できる．なお，[ ] 内は，[構造単位/結合または結合力] を示す．

a．イオン結晶

陽イオンと陰イオン間の**クーロン力（Coulomb force）**（または，静電力）によるイオン結合に基づく結晶で，結晶一つが一つの巨大分子のようなものである．一つのイオンの周囲にある反対電荷（または，異符号）のイオンの数を配位数といい，陽イオンと陰イオンの半径比（r^+/r^-）により決定される．一般に，イオン結晶において，配位数は 8，6 および 4 が存在し，それらの半径比（r^+/r^-，計算値）はそれぞれ >0.732，$0.414 \sim 0.732$ および $0.225 \sim 0.414$ である．

また，イオン結晶では一つのイオンの最も近くを反対電荷のイオンが取り囲んでいるので，同電荷のイオン間に静電的な反発力が生じても，より近接の反対電荷のイオンによる静電的な引力により結晶が保持されている．さらに，二つのイオンの電子雲が重なるくらいに接近すると反発力が増大するので，イオン半径はある範囲内に存在している．イオン結合は方向性をもたず，結晶の融点は比較的高く，さらに，結晶が融解または水に溶解すると電気伝導性を有するという特徴がある．

b．共有結合の結晶

結晶中の全原子が互いに共有結合によって結ばれた結晶で，図 5-4（a）に示すダイヤモンド，炭化ケイ素，酸化ケイ素などの結晶が属し，結晶全体が一つの巨大分子とみなされる．特に，共有結合は方向性を有し，結晶は硬く，高い融点を有する．また，雲母や図 5-4（b）に示す黒鉛などは共有結合によって二次元的に配列した巨大分子が層状に重なって層間に働く比較的弱いファンデルワールス力により結合してい

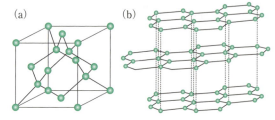

図 5-4 ダイヤモンド（a），黒鉛（b）の結晶構造

る．このような物質を層状化合物または層間化合物といい，比較的軟らかく，薄くはがれやすい．

c．金属結晶

格子点に陽イオンが存在して最外殻電子が結晶全体を自由に動いて陽イオン同士を結び付けているような「自由電子による金属原子間の結合」である金属結合によって作られた結晶である．特に，金属結合は方向性をもたず，これにより結晶は**六方最密構造（hexagonal close-packed structure）**および**立方最密構造（cubic close-packed structure）**（または，面心立方格子）のような最密構造（または，それに擬似の最密構造）であり，配位数はどちらも 12，空隙率 26.0% である．金属結晶の特徴としては，① 結晶内の結合は強いが方向性がないために変形しやすく，延性，展性などを示すこと，② 結合の強さに応じて融点や硬さもまちまちであること，③ 自由電子は熱エネルギーを伝えやすいので熱伝導性に優れていること，④ 電位差により自由電子が動くので，電気伝導性に優れていること，および ⑤ 金属は光遮断性があり光沢を有することなどがある．

d．分子結晶

分散力，双極子-双極子相互作用などに基づき分子間に働く力である**ファンデルワールス力（van der Waar's force）**により結合している結晶で，多くの有機化合物の結晶はこれに属する．特にこの結合は方向性をもたないため，結晶は金属結晶で示したような最密構造となる．さらに，ファンデルワールス力はイオン結合，共有結合などに比べて弱いため，結晶は軟らかく，低い融点を有する．

e．水素結合性結晶

電気陰性度の大きい 2 原子間に水素原子が介在することで生じる水素結合によって作られた結晶で，水分子の水素結合に基づく氷，ヒドロキシ基やカルボキシ基などを有する有機化合物などにこの結晶が存在す

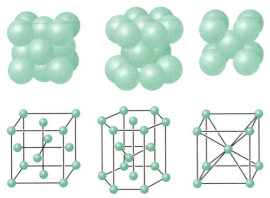

(a) 面心立方格子　(b) 六方最密格子　(c) 体心立方格子

図 5-5　代表的なブラベ格子

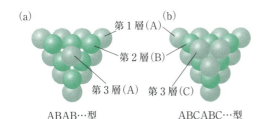

図 5-6　六方最密充填構造（a）と立方最密充填構造（b）

る．特に，水素結合は方向性を有し，かつイオン結合，共有結合などの化学結合よりも弱いが，ファンデルワールス力による結合よりも強い結合である．また，水（H_2O），硫化水素（H_2S）のような 6 族の水素化物の中で，水のみ高融点，高沸点，大きい蒸発熱などを有するのは水分子間の水素結合に基づくものである．

5.4.3　単位格子と最密充填構造

固体の性質は，各粒子（原子・イオン）が固体の中でどのように配列しているかによって影響を受ける．結晶ではそれを構成している粒子が三次元的に規則正しく配列されているので，繰り返し単位となる最小単位が存在し，これは**単位格子（unit lattice）**とよばれる．単位格子の形には制約があり，自然に存在する空間格子は 14 種類しかなく，これらは**ブラベ格子（Bravais lattice）**とよばれる．代表的なブラベ格子として，面心立方格子，六方最密格子，体心立方格子を図 5-5 に示す．

同種の粒子が配列する場合，粒子は一定の半径をもった球をなるべく密に充填した配列をとる．その配列には図 5-6 に示すように 2 種類が考えられ，いずれも各球は同一層において他の六つの球と近接している．

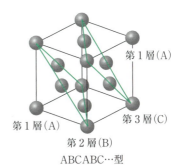

図 5-7　立方最密充填による面心立方格子の形成

次に，この層の上に別の最密充填層を重ねていく場合を考える．第 1 層のくぼみに第 2 層の球を置くと，最も空間充填率が高くなる．一方，第 3 層については，2 通りの配置が考えられる．

(1) 第 1 層の球の真上に第 3 層の球を置く場合で，第 1 層を A 層，第 2 層を B 層とすれば，この構造は ABAB…型とよぶことができる．この構造は，**六方最密充填構造（hexagonal close-packing：hcp）**といい，その六角柱構造からなる格子を六方最密格子とよぶ．（図 5-6（a））

(2) 第 1 層のくぼみのうち，第 2 層の球によって占められていない方のくぼみの上に第 3 層の球を置く場合であり，各層の配列はすべて異なるため，ABCABC…型とよばれる（図 5-6（b））．この最密構造は，別の角度からみると，図 5-7 のように，立方体を形成するので，**立方最密充填構造（cubic close-packing：ccp）**とよび，このような格子を**面心立方格子（face-centered cubic lattice）**とよぶ．図 5-7 の立方体の各面をみてみると，その中心に一つの球が置かれるような構造となっている．金属ではニッケル，金，銀，銅などがこの構造をとる．

六方最密充填，立方最密充填とも球の充填率は 74% と等しい．一方，金属の中には，最密充填以外の結晶構造をとるものも存在する．例えば，**体心立方構造（body-centered cubic structure：bcc，図 5-5（c））**では，8 個の球を頂点とする立方体の中心（体心）に 1 個の球が存在する．体心立方では球の充填率は 68% と最密充填構造より若干小さくなるが，アルカリ金属元素などは，体心立方構造をとりやすい．さらに，体心立方格子のうち，体心位置にある球を除いた構造を**単純立方構造（simple cubic structure）**というが，このような構造を有する金属はポロニウムしか知られていない．

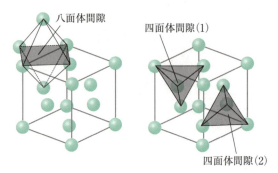

図 5-8 面心立方格子における八面体間隙と四面体間隙

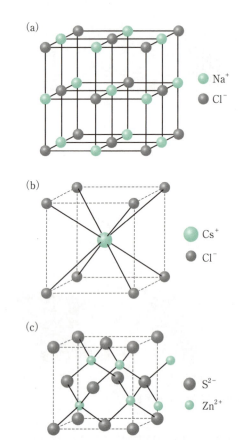

図 5-9 塩化ナトリウム (a), 塩化セシウム (b), 閃亜鉛鉱型構造 (c) の結晶構造

5.4.4 イオン結晶の結晶構造と最小イオン半径比

最密充塡構造であっても, 球と球の間には間隙が生じる. 八面体間隙, 四面体間隙の 2 種類の間隙があり, そこに異種元素 (イオン) が入りうる. 八面体間隙は, 6 個の隣接球により囲まれていて, 四面体間隙は 4 個の隣接球により囲まれている. 図 5-8 には, 面心立方格子における各間隙を図示している.

一方, イオン結晶では, 前述したように陽イオン-陰イオンに作用するイオン結合により安定な固体状態を保持している. 多くの二元系イオン結晶 AX_n の構造は, 最密充塡配列した元素 X の 4 面体あるいは八面体間隙に元素が充塡された形で構成されている. イオン結晶の多くは, 室温での電気伝導率が小さい絶縁体である. 以下に代表的なイオン結晶の結晶構造について説明する.

a. 塩化ナトリウム (NaCl) 構造 (図 5-9 (a))

陰イオンが立方最密充塡構造による面心立方格子を構成し, その八面体間隙のすべてに陽イオンが配列している (実際は, 間隙に入った陽イオンも同時に面心立方格子を形成している). 一つの陰イオン (陽イオン) は, 八面体を形成する六つの対イオンに囲まれているため, ともに配位数は 6 となる.

b. 塩化セシウム (CsCl) 型構造 (図 5-9 (b))

陰イオンが単純立方格子を形成し, その体心位置に陽イオンが配置された構造である. この場合も, 立方体間隙の陽イオンはやはり単純立方格子を形成しているので, 陽イオンと陰イオンを入れ替えても同じ結晶構造が得られる. また, 各イオンの配位数は 8 となる. この結晶構造は, 陽イオンと陰イオンのイオン半径が同程度の場合でみられる.

c. 閃亜鉛鉱型構造 (ZnS) (図 5-9 (c))

陰イオンが面心立方格子 (立方最密充塡) を形成し, その四面体間隙の半分に陽イオンが配列している. 陽イオンと陰イオンの配位数はいずれも 4 であり, 陽イオンと陰イオンを入れ替えても結晶構造は変わらない. 陽イオンのイオン半径が陰イオンに比べてかなり小さいときに形成する構造である.

陽 (陰) イオンの配位数を決定する最も重要な要素は, 陽イオンと陰イオンの半径比である. 陽イオンの周りに配位する陰イオンが相互に接触するようになった状態での半径比 (臨界半径比) が, その配位数を実現するための半径比の最小値となる.

(i) 8 配位 (塩化セシウム型構造) の場合 (図 5-10)

格子定数を a とする. 斜線部について考えると

$$r^- = \frac{a}{2}$$

$$r^+ + r^- = \frac{\sqrt{3}}{2} \times a \quad (三平方の定理)$$

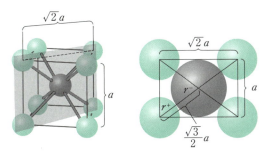

図5-10　8配位の場合の臨界半径比

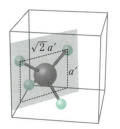
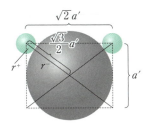

図5-12　4配位の場合の臨界半径比

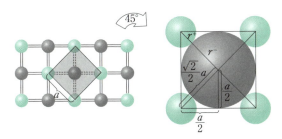

図5-11　6配位の場合の臨界半径比

よって　$r^+ = (\sqrt{3}-1)\dfrac{a}{2}$

したがって，臨界半径比 $r^+/r^- = \sqrt{3}-1 = 0.732$.

(ii) 6配位（塩化ナトリウム型構造など）の場合（図5-11）

図中の斜線を付した正方形の一辺の長さを a とする．斜線部について考えると，

$$r^- = \dfrac{a}{2}$$

$r^+ + r^- = \sqrt{2} \times \dfrac{a}{2}$　よって $r^+ = (\sqrt{2}-1)\dfrac{a}{2}$

したがって，臨界半径比 $r^+/r^- = \sqrt{2}-1 = 0.414$.

(iii) 4配位（閃亜鉛鉱型構造など）の場合（図5-12）

単位格子の8分の1をとりだし，その一辺を a' とする．その対角線（斜線部）を考える．

陰イオンの半径を r^-，陽イオンの半径を r^+ とすると，

$$r^- = \dfrac{\sqrt{2}}{2} \times a'$$

$r^+ + r^- = \dfrac{\sqrt{3}}{2} \times a'$　（三平方の定理）

よって，$r^+ = \left(\sqrt{3} - \dfrac{\sqrt{2}}{2}\right) \times a'$

したがって，臨界半径比 $r^+/r^- = (\sqrt{3}-\sqrt{2})/\sqrt{2} = 0.225$.

5.4.5　ブラベ格子とミラー指数

結晶においては，原子，分子，イオン，原子団などの構造単位が3次元的に規則正しく反復配置されている．この構造単位を点で置換し，幾何学的に理想化して3次元の格子としたものを空間格子という．また，空間格子の最小繰返単位を単位格子（または，単位胞）という．一般に，各格子点の位置ベクトル $\boldsymbol{r}$ は，三つの基本ベクトル $\boldsymbol{a}$，$\boldsymbol{b}$ および $\boldsymbol{c}$ を用いて

$$\boldsymbol{r} = n_1\boldsymbol{a} + n_2\boldsymbol{b} + n_3\boldsymbol{c} \quad (n_1, n_2, n_3：整数) \quad (5\text{-}64)$$

と表すことができる．単位格子は，この三つの基本ベクトルの長さ a，b および c とそれぞれのなす角 α，β および γ を用いて定められ，これらのパラメータを**格子定数**（lattice constant）という．1848年，ブラベにより14種類の単位格子が存在することが明らかとなり，これらの格子を**ブラベ格子**（Bravais lattice）という．特に，基本的な構造として単純立方格子，体心立方格子，面心立方格子などが重要である．また，ブラベ格子は対称性に基づいて格子定数により区別できる七つの結晶系に分類できる（表5-2）．

格子点は平行で等間隔の一群の面である格子面上に配置することができ，この格子面の方向を規定するのが**ミラー指数**（Miller index）である．ミラー指数は，図5-13のように原点Oより x，y および z 軸に沿って格子面ABCの切片を，それぞれ，OA，OB および OC とした場合，x，y および z 軸の単位の長さ a，b および c で換算した面ABCの切片 OA/a，OB/b および OC/c の逆数 a/OA，b/OB および c/OC の最小整数比であり，(hkl) で表される．なお，負の整数の場合は数字の上にバーをつけて示す．例えば，ある格子面の x，y および z 軸の切片が $(1/2)a$，b および $2c$ である場合，① x，y および z 軸の単位長さ a，b および c で換算した切片は，$1/2$，1 および 2，② その逆数は，2，1 および $1/2$ となるので，③ $h:k:l = 2:1:1/2 = 4:2:1$ より，この格子面のミラー指数は，(421) となる．また，格子面の間隔を面間隔といい，例えば，単純直方格子（$\alpha = \beta = \gamma = 90°$）の

表 5-2 結晶系の分類（ブラベ格子）

結晶系		ブラベ格子	格子定数
三斜晶系	1	単純三斜格子	$a \neq b \neq c$ $\alpha \neq \beta \neq \gamma \neq 90°$
単斜晶系	2	単純単斜格子	$a \neq b \neq c$ $\alpha = \gamma = 90°$ $\beta \neq 90°$
	3	底心単斜格子	
直方晶系 （斜方晶系）	4	単純直方格子	$a \neq b \neq c$ $\alpha = \beta = \gamma = 90°$
	5	底心直方格子	
	6	体心直方格子	
	7	面心直方格子	
六方晶系	8	単純六方格子	$a = b \neq c$ $\alpha = \beta = 90°$ $\gamma = 120°$
三方晶系	9	単純三方格子	$a = b = c$ $\alpha = \beta = \gamma \neq 90°$
正方晶系	10	単純正方格子	$a = b \neq c$ $\alpha = \beta = \gamma = 90°$
	11	体心正方格子	
立方晶系	12	単純立方格子	$a = b = c$ $\alpha = \beta = \gamma = 90°$
	13	体心立方格子	
	14	面心立方格子	

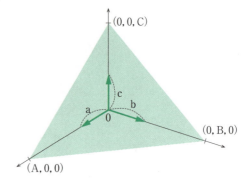

図 5-13 結晶軸と格子面の関係
a/OA, b/OB および c/OC の最小整数比がミラー指数 (hkl) となる．

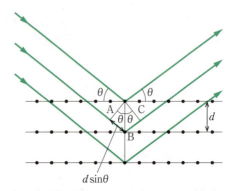

図 5-14 X線回折でのブラッグの条件

場合，(hkl) 面の面間隔 (d_{hkl}) は，

$$\left(\frac{1}{d_{hkl}}\right)^2 = \left(\frac{h}{a}\right)^2 + \left(\frac{k}{b}\right)^2 + \left(\frac{l}{c}\right)^2 \tag{5-65}$$

と表すことができる．例えば，単純立方格子の (111) 面は，$a = b = c$ となるので，式(5-65)より，$(\sqrt{3}/3)a$ となる．

5.4.6 結晶構造解析

結晶構造解析には 1912 年ラウエにより発見され，1913 年ブラッグらにより大成された X 線回折が用いられている．図 5-14 に示すように，ある結晶に X 線を照射すると面で X 線が反射される．このとき，隣り合う二つ面での X 線の光路差は，

$$AB + BC = 2d \sin\theta \tag{5-66}$$

（d：面間隔，θ：入射角（または視射角））
となり，反射された波長 λ の X 線が干渉作用により強め合う条件は，

$$2d \sin\theta = n\lambda \quad (n = 1, 2, 3, \cdots\cdots) \tag{5-67}$$

と表され，この式を**ブラッグの式（Bragg equation）**という．特に，面間隔 d をミラー指数で定義された面間隔 d_{hkl} で表すと，

$$\lambda = 2\left(\frac{d}{n}\right)\sin\theta = 2d_{hkl}\sin\theta \tag{5-68}$$

となる．さらに，立方晶系 $(a = b = c)$ の面間隔 d_{hkl} は，

$$d_{hkl} = \frac{a}{\sqrt{h^2 + k^2 + l^2}} \tag{5-69}$$

と表せ，式(5-68)および式(5-69)より，

$$\sin^2\theta = \frac{\lambda^2}{4a^2}(h^2 + k^2 + l^2) \tag{5-70}$$

の関係が得られる．

ウィリアム・ローレンス・ブラッグ

英国の物理学者．ケンブリッジ大学にて J.J. トムソンに師事．ブラッグの条件を導き，父のヘンリー・ブラッグと共同で研究した結晶構造の X 線回折法によりノーベル物理学賞を受賞した（1915年）．（1890-1971）

5.4.7 固/液平衡

a. 固体の融解

固体が液体に変わる現象を融解といい，その際の一定圧力下で固体と液体が平衡にある温度を固体の融点という．また，この際に固体が吸収する熱を融解熱という．一般に，融点の圧力による変化も，クラウジウス・クラペイロンの式で表される．

$$\frac{dP}{dT} = \frac{\Delta H_{\text{fusion}}}{T(V_{\text{liquid}} - V_{\text{solid}})} \quad (5\text{-}71)$$

（V_{liquid}, V_{solid}：液体，固体のモル体積で（$V_{\text{liquid}} - V_{\text{solid}}$）により体積変化を示す．$\Delta H_{\text{fusion}}$：固体のモル融解熱）

固体の融解の際，体積変化（$V_{\text{liquid}} - V_{\text{solid}}$）が小さいので融点での圧力変化も小さくなる．一般に，$V_{\text{liquid}} > V_{\text{solid}}$ より

$$\frac{dP}{dT} > 0 \quad (5\text{-}72)$$

となる．

5.4 節のまとめ

- 結晶の分類：
    a．イオン結晶［イオン/イオン結合］
    b．共有結合結晶［原子/共有結合］，
    c．金属結晶［原子/金属結合］，
    d．分子結晶［分子/ファンデルワールス力］
    e．水素結合性結晶［分子/水素結合］
- 最密充填構造
    　　六方最密充填（ABAB…型）
    　　立方最密充填（面心立方格子：ABCABC…型）
- イオン結晶の結晶構造と臨界半径比：
    4 配位構造（閃亜鉛鉱型構造（ZnS）構造など）　臨界半径比　0.225
    6 配位構造（塩化ナトリウム（NaCl）型構造など）　臨界半径比　0.414
    8 配位構造（塩化セシウム（CsCl）型構造など）　臨界半径比　0.732
- ブラベ格子：対称性に基づいて分類される七つの結晶系．
- ミラー指数：結晶面を表現する指数．
- ブラッグの式：　$2d \sin\theta = n\lambda$（$n = 1, 2, 3, \cdots\cdots$）

5.5 化学熱力学

5.5.1 化学熱力学とは

化学熱力学（thermodynamics）とは，本章のはじめで触れた，ある系における熱と仕事の間の変換，物質の状態変化とエネルギーの関係などに関する学問であり，巨視的な観点から検討している**古典熱力学**（classical thermodynamics）と，系が分子集団であるという微視的な観点から検討している**統計熱力学**（statistical thermodynamics）がある．ここでは，古典熱力学を中心に述べる．

5.5.2 状態とエネルギー

a. 熱と仕事

熱と仕事は，一つの系から別の系へ移動することができる二つの形のエネルギーである．熱は，物質の温度変化によって規定されるエネルギーで，特に物質の温度差がもたらすエネルギーの移動である．例えば，物質の温度を dT だけ変化させるのに必要な微小熱量 δq は dT に比例して，

$$\delta q = C \times dT \quad (5\text{-}73)$$

と表せる．C は，**熱容量**（heat capacity）であり，その系の温度を単位温度差だけ上昇させるのに必要な熱量である．また，熱は温度を与えても一義的に決定されず，温度変化の経路を求めてはじめて熱量が算出可

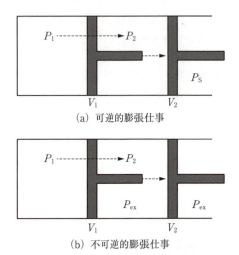

(a) 可逆的膨張仕事

(b) 不可逆的膨張仕事

図 5-15 ピストンでの容積変化の仕事

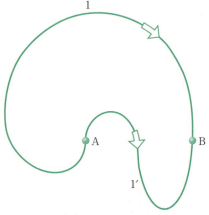

図 5-16 状態変化 A→B での二つの経路

能となる．熱は外界から系に加えられるときに正となり，逆の場合は負となる．仕事は，一つの力学系から他の力学系へのエネルギーの移動である．例えば，微小仕事 δw は，力の作用点の変位 $\mathrm{d}r$ と同一方向の力成分 $f(r)$ との積となり，

$$\delta w = -f(r) \times \mathrm{d}r \tag{5-74}$$

と表せる．特に，図 5-15 のようなピストンでの体積変化の仕事を考えた場合，仕事 δw は

$$\delta w = -f(r) \times \mathrm{d}r = -(PA)\left(\frac{\mathrm{d}V}{A}\right) = -P\mathrm{d}V \tag{5-75}$$

となり，体積 V_1 から体積 V_2 までの体積変化の仕事は，

$$w = -\int_{V_1}^{V_2} P\mathrm{d}V \tag{5-76}$$

と求まる．特に，可逆的 (reversible) 膨張仕事 w_r および不可逆的 (irreversible) 膨張仕事 w_i は，それぞれ，

$$w_\mathrm{r} = -\int_{V_1}^{V_2} P\mathrm{d}V \quad (可逆変化) \tag{5-77}$$

$$w_\mathrm{i} = -\int_{V_1}^{V_2} P_\mathrm{ex}\mathrm{d}V = -P_\mathrm{ex}(V_2-V_1) \quad (不可逆変化) \tag{5-78}$$

と表せる．また，系がした仕事は系が失ったエネルギーなので負となり，逆は正となる．

b. 熱力学第一法則と内部エネルギー・エンタルピー

一般に，エネルギーとは，物質の仕事をする能力のことで，熱や仕事もエネルギーの一つの形態である．**内部エネルギー (internal energy)** U とは，一定（温度，圧力など）の状態量が与えられたとき，系全体としての**運動エネルギー (kinetic energy)** と**位置エネルギー (potential energy)** を除く系の中の物質に含まれる全エネルギーのことで，系を構成する原子，分子などのエネルギーの総和である．（なお，熱や仕事は，経路によって異なる転移状態のエネルギーであり，一般に状態量ではない．一般に，**状態量 (quantity of state)** とは，系の状態が熱力学的性質の値によって一義的に与えられる場合の物理量である．状態量は変化の経路によることなく変化の始めと終わりに関係し，変化が微小の場合，状態量は完全微分 $\mathrm{d}x$ で表される．しかし，熱や仕事は変化の経路の関数であり，変化が微小の場合，熱や仕事は不完全微分 δx で表される．）

特に，系の置かれた状態によって内部エネルギーは確定される．例えば，図 5-16 に示す二つの状態 A および B での内部エネルギーを U_A および U_B と考えた場合，状態変化 A→B において 2 経路 1 および 1′（経路 1 での熱量 Q，仕事量 W および経路 1′ での熱量 Q'，仕事量 W' とする）が存在するとき，U の変化量 ΔU は，

$$\Delta U = U_\mathrm{B} - U_\mathrm{A} = Q + W = Q' + W' \tag{5-79}$$

と表される．この場合，ΔU は変化の道筋によらないが，熱量や仕事量は変化の道筋による．さらに，経路 1′ の逆を $-1'$ とすると，変化の経路 $1+(-1')$，A→B→A のサイクル変化となり，

$$\int_1 \mathrm{d}U + \int_{-1'} \mathrm{d}U = \oint_{1+(-1')} \mathrm{d}U = 0 \tag{5-80}$$

と表され，「サイクル変化に対して U の変化の総和は 0」となり，このような変化において**エネルギー保存則 (law of energy conservation)** が成り立つのである．

このように，「サイクル変化のような孤立系（外界との間に物質もエネルギーも出入りのない系）で起こったすべてのエネルギー変化の総和は 0」であること

を表すエネルギー保存則を**熱力学第一法則**（first law of thermodynamics）という．

この法則は，
$$dU = \delta q + \delta w \qquad (5\text{-}81)$$
と表せる．また，化学熱力学を解釈するうえで内部エネルギー以外に「内部エネルギーと圧力-容積（pV）仕事を同時に含む量と定義される新しいパラメータとして**エンタルピー**（enthalpy）Hがあり，数学的には
$$H \equiv U + pV \qquad (5\text{-}82)$$
と表される．

c. 熱容量

本項 a でも定義したように，熱容量 C は系の温度を単位温度差だけ上昇させるのに必要な熱量で，
$$C = \frac{\delta q}{dT} \qquad (5\text{-}83)$$
と表せる．熱容量には，① 体積一定の条件での**定容熱容量**（heat capacity at constant volume）C_V と，② 圧力一定の条件での**定圧熱容量**（heat capacity at constant pressure）C_P があり，それぞれ，
$$C_V = \left(\frac{\partial q}{\partial T}\right)_V = \left(\frac{\partial U}{\partial T}\right)_V \qquad (5\text{-}84)$$
$$C_P = \left(\frac{\partial q}{\partial T}\right)_P = \left(\frac{\partial H}{\partial T}\right)_P \qquad (5\text{-}85)$$
のように表せる．さらに，モル換算した熱容量に，それぞれ，**定容モル熱容量** $C_{V.\mathrm{m}}$ と定圧モル熱容量 $C_{P.\mathrm{m}}$ がある．特に，理想気体を仮定した場合の熱容量は，次のような（1）から（3）の関係を有する．

(1)　T のみの関数で p には無関係

(2)　$C_{P.\mathrm{m}} = a + bT + \dfrac{c}{T^2}$

　　　（a, b および c は経験的な定数）　　(5-86)

(3)　$C_{P.\mathrm{m}} - C_{V.\mathrm{m}} = R$ または $C_P - C_V = nR$
$$\qquad (5\text{-}87)$$

d. 状態変化とその過程

状態変化の生じる経路を過程といい，① **定容過程**（constant volume process）（系の体積が一定に保たれる過程），② **定圧過程**（constant pressure process）（系の圧力が一定に保たれる過程），③ **定温過程**（constant temperatrue process）（系の温度が一定に保たれる過程），④ **断熱過程**（adiabatic process）（系と外界の間に熱の授受のない過程），などがある．なお，このような過程を検討する場合，系が理想気体であり，**ジュールの法則**（Joule's law）（理想気体の U および H は T のみの関数で，力や V の関数ではない）に従うことを前提に述べる．例えば，① 定容過程での内部エネルギーの変化（ΔU）および ② 定圧過程でのエンタルピーの変化（ΔH）は，それぞれ，
$$(\Delta U)_V = (q)_V = \int_{T_1}^{T_2} C_V dT \qquad (5\text{-}88)$$
$$(\Delta H)_P = (q)_P = \int_{T_1}^{T_2} C_P dT \qquad (5\text{-}89)$$
（T_1 および T_2 は状態 1→2 の変化における温度，C_V および C_P はそれぞれ定容および定圧熱容量）と表される．

また，③ 定温過程では
$$(q)_T = -(w)_T = +nRT \int_{V_1}^{V_2} \frac{dV}{V}$$
$$= nRT \cdot \ln \frac{V_2}{V_1} = nRT \cdot \ln \frac{P_1}{P_2} \qquad (5\text{-}90)$$
（V_1, V_2，および P_1, P_2 は状態 1→2 の変化における容積および圧力）
の関係がある．

さらに，④ 断熱過程では，
$$(\Delta U)_A = +(w)_A = C_V \int_{T_1}^{T_2} dT = C_V(T_2 - T_1)$$
$$= \frac{P_2 V_2 - P_1 V_1}{\gamma - 1} \quad (\gamma \text{ は断熱係数}) \qquad (5\text{-}91)$$
の関係がある．

e. 化学反応と熱変化

発熱や吸熱は，系の物理的な集合状態に変化を生じた場合の熱変化である．特に，**化学反応**（chemical reaction）の場合は，分子や原子の規模での集合状態の変化で，反応により系に熱変化が生じる．このときの系に出入りする熱を**反応熱**（heat of reaction）といい，外界から系への熱変化を**吸熱**（endothermic）（$q_\mathrm{r} > 0$：吸熱反応），および系から外界への熱変化を**発熱**（exothermic）（$q_\mathrm{r} < 0$：発熱反応）と区別する．

化学反応での熱変化を考える場合，二つの重要な法則がある．ヘスの法則とキルヒホッフの法則である．

標準状態（298.15 K，0.1013 MPa）において元素のエンタルピー H を 0 と約束する．次に，標準状態にある元素から種々の化合物を生成するためのエンタルピーを**標準生成エンタルピー**（standard enthalpy of formation）（ΔH_f°，これらの化合物がその構成元素から生成される場合の定圧反応熱に相当）とする．ある化学反応 [$n_\mathrm{A}\mathrm{A} + n_\mathrm{B}\mathrm{B} \rightarrow n_\mathrm{C}\mathrm{C} + n_\mathrm{D}\mathrm{D}$] において，原系および生成系のすべての物質の ΔH_f° が求まれば，標準状態の**反応エンタルピー**（enthalpy of reaction）（ΔH_{298}°），すなわち，原系および生成系が 298.15 K，0.1013 MPa である場合の標準反応熱が求まる．この

ように,「任意の反応が一連の反応により分解されて表示されるとき,その反応のエンタルピー変化は,分解された反応のエンタルピー変化の和となる」としたのが,**ヘスの法則(Hess's law)** である.

ヘスの法則より主要な反応の標準エンタルピー変化を求められるが,化学反応は種々の温度で生じるので,$\Delta H_{298}°$ をもとに,任意温度の反応エンタルピー(反応熱)の計算が必要である.例えば,ある化学反応:$[n_A A + n_B B \rightarrow n_C C + n_D D]$ の T における反応エンタルピー $\Delta H_T°$ は,

$$\Delta H_T° = n_C H_C + n_D H_D - (n_A H_A + n_B H_B) \quad (5\text{-}92)$$

と表せ,圧力一定で T について微分し,式(5-85)を用いると,

$$\frac{\partial(\Delta H_T°)}{\partial T} = n_C(C_P)_C + n_D(C_P)_D - \{n_A(C_P)_A + n_B(C_P)_B\} \quad (5\text{-}93)$$

となり,298 K から T まで積分を考えると,

$$\Delta H_T° = \Delta H_{298}° + \int_{298}^{T} [n_C(C_P)_C + n_D(C_P)_D - \{n_A(C_P)_A + n_B(C_P)_B\}] dT \quad (5\text{-}94)$$

となる.この式を一般化したのが,

$$\Delta H_{T2}° = \Delta H_{T1}° + \int_{T1}^{T2} \Delta C_P dT$$

$$\Delta C_P = \sum[n_i(C_P)_i]_{product} - \sum[n_i(C_P)_i]_{reactant} \quad (5\text{-}95)$$

で,この式が **キルヒホッフの法則(Kirchhoff's law)** を示している.

5.5.3 状態変化とエントロピー

a. 熱力学第二法則とエントロピー

前述したように熱力学第一法則は「エネルギーの保存則」であるが,熱力学第二法則は「エネルギーの変換過程の方向性,エネルギーの使用内容の制限などの経験則」と考えられる.例えば,**クラウジウスの原理 (Clausius's principle)** では,高温物体から低温物体への熱の移動は不可逆であると述べられている.また,ケルビン(Kelvin)やトムソン(Thomson)の原理では,温度の一様な物体からとった熱をすべて仕事に変え,それ以外に何の変化も残さないことは不可能であるとも述べられている.このように,熱力学第二法則を経験的に実証するような原理がいろいろある.

状態変化に基づく熱力学第二法則を考えるうえで,理想的な熱機関である **カルノーサイクル(Carnot cycle)** を用いて検討してみる.図5-17に示すように

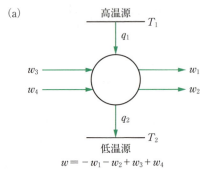

(a)

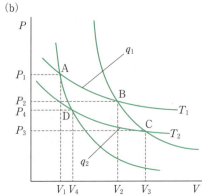

(b)

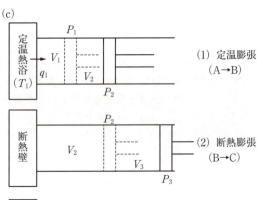

(c)

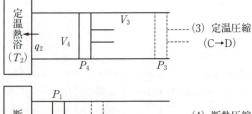

図5-17 カルノーサイクル

カルノーサイクルでは，すべての過程が可逆的であり，二つの定温変化と二つの断熱変化の四つの過程によりサイクルを完成し，二つの熱源の間で理想気体を作業物質として働く熱機関である．四つの過程は，

(1) 定温可逆膨張［A→B：A (P_1, V_1, T_1)→B (P_2, V_2, T_1)，熱 q_1 を吸収，PV 仕事 $(-w_1)$ をする］
(2) 断熱可逆膨張［B→C：B (P_2, V_2, T_1)→C (P_3, V_3, T_2)，PV 仕事 $(-w_2)$ をし，温度低下 $(T_1→T_2, T_1>T_2)$］
(3) 定温可逆圧縮［C→D：C (P_3, V_3, T_2)→D (P_4, V_4, T_2)，熱 $-q_2$ を放出，PV 仕事 $(+w_3)$ を受ける］
(4) 断熱可逆圧縮［D→A：D (P_4, V_4, T_2)→A (P_1, V_1, T_1)，PV 仕事 $(+w_4)$ を受け，温度上昇 $(T_2→T_1, T_1>T_2)$］

であり，これらの総和が A→B→C→D→A の過程となる．ここで，カルノー熱機関の**熱効率（thermal efficiency）**（η：カルノーの定数）は，熱力学第一法則よりの関係，

$$0 = \oint dU = (q_1-q_2)+w \quad \Rightarrow \quad -w = q_1-q_2 \tag{5-96}$$

（w：仕事の総和 $(= -w_1-w_2+w_3+w_4)$）

を用いて，

$$\eta = \frac{(仕事の総和)}{(系に吸収された熱)}$$
$$= -\frac{w}{q_1} = \frac{q_1-q_2}{q_1} = \frac{T_1-T_2}{T_1} \tag{5-97}$$

のようになる．ここで，式(5-97)は，

$$\frac{q_1}{T_1} = \frac{q_2}{T_2} \quad または \quad \frac{q_1}{T_1} - \frac{q_2}{T_2} = 0 \tag{5-98}$$

のように変形できる．この式は，全過程において q/T の和が 0 であることを示しているので，

$$\sum_{1}^{4}\left(\frac{q_r}{T}\right) = 0 \tag{5-99}$$

となる．ここで，q/T は状態量と考えられ，一般の

ニコラ・レオナール・サディ・カルノー

フランスの物理学者．熱を仕事に換える熱機関の効率を研究．熱力学第二法則，エントロピーの概念の原型となった仮想熱機関カルノーサイクル，カルノーの定理など，熱力学の基礎となる考えを示した．コレラにより 36 歳の若さで死去した．(1796-1832)

サイクル変化に拡張すれば，

$$\sum_{cycle}\left(\frac{\delta q_r}{T}\right) = 0 \tag{5-100}$$

のような関係となる．さらに，微細サイクルは微分小の大きさまで細分化が可能なので，式(5-100)は次式のように変形できる．

$$\oint\left(\frac{\partial q_r}{T}\right)\left(=\oint dS\right) = 0 \tag{5-101}$$

すなわち $\partial q_r/T$ は新しい状態量で，**エントロピー（entropy）** S とよばれ，カルノーサイクルで保存される．S は，

$$dS \equiv \frac{\partial q_r}{T} \tag{5-102}$$

と定義できる．また，状態変化 1→2 におけるエントロピーの変化 ΔS は，

$$\Delta S = \int_1^2 dS = S_2 - S_1 \tag{5-103}$$

と表せ，ΔS は積分の経路には無関係で，系の S の最初 (1) と最後 (2) の状態により与えられる．

可逆（ACB）過程および不可逆（AC'B）過程を考えた場合，内部エネルギー変化 dU は，

$$dU = \partial q_r + \partial w_r = \partial q_i + \partial w_i \tag{5-104}$$

（$q_r, \partial w_r$, および $q_i, \partial w_i$：それぞれ，可逆（ACB）および不可逆（AC'B）過程での熱量，仕事量）

となる．ここで，一般に，

$$|w_r| > |w_i| \tag{5-105}$$

と考えられ，この場合，w_r, w_i を系がした仕事と考えると，これらは系が失ったエネルギーに相当するので負の値であり

$$\delta w_r < \delta w_i, \rightarrow \delta q_r > \delta q_i \rightarrow \frac{\delta q_r}{T} > \frac{\delta q_i}{T} \tag{5-106}$$

の関係が導かれる．これより，エントロピー S は，可逆および不可逆過程において，

可逆過程　　$dS = \dfrac{\delta q_r}{T}$　「孤立系」　→　$dS = 0$

不可逆過程　$dS > \dfrac{\delta q_i}{T}$　$q_r = q_i = 0$　→　$dS > 0$

$$\tag{5-107}$$

のような関係となる．すなわち，このことは「孤立系では，可逆過程による変化においては系のエントロピーは変化なく一定で，不可逆過程による変化においては系のエントロピーは常に増大する」ことを意味し，換言すると，「孤立系では，自然（自発）変化すなわち不可逆過程によりエントロピーは増大し，（自然変化の終点である）平衡すなわち可逆過程でエントロピーは極大値となる」という**熱力学第二法則（second law of thermodynamics）**を示しているのである．こ

のようにエントロピーは不可逆過程では変化し，可逆過程では一定値を示す因子であり，系の状態に応じて一義的に定められる状態量といえるのである．

b. エントロピーの諸性質

エントロピーの諸性質としては，可逆過程での温度に対するエントロピー変化，理想気体のエントロピー変化，理想気体の混合エントロピー，熱移動に伴うエントロピー変化，相転移とエントロピー変化など多数あるが，一例として，可逆過程での温度に対するエントロピー変化について述べる．可逆過程での温度に対するエントロピー変化には，(1) 定容，および (2) 定圧条件の場合があり，それぞれ，状態 1→2 の変化に対して，

(1) $\Delta S_V = \int_1^2 \frac{(\delta q)_V}{T} = \int_1^2 \left(\frac{C_V}{T}\right) dT$

$= \int_1^2 C_V d(\ln T)$ (5-108)

(2) $\Delta S_P = \int_1^2 \frac{(\delta q)_P}{T} = \int_1^2 \left(\frac{C_P}{T}\right) dT$

$= \int_1^2 C_P d(\ln T)$ (5-109)

のようになる．特に，(2) の条件においては，a)，b) のように変形することができる．

a) C_P が温度に無関係：

$\Delta S_P = C_P \int_1^2 \frac{dT}{T} = C_P \ln \frac{T_2}{T_1}$ (5-110)

b) C_P が温度に依存：$C_P = a + bT + cT^2$ より

$\Delta S_P = C_P \int_1^2 \left(\frac{a + bT + cT^2}{T}\right) dT$

$= a \ln \frac{T_2}{T_1} + b(T_2 - T_1) + \frac{c}{2}(T_2^2 - T_1^2)$

(5-111)

c. 熱力学第三法則と絶対エントロピー

ある温度でのエントロピー S_T 値は，定圧熱容量 C_P を温度関数として求め，式(5-110)を用いて決定できる．さらに，絶対温度の 0 度（0 K）におけるエントロピー S_0 を求めれば，その差 $(S_T - S_0)$ より，エントロピーの絶対値である**絶対エントロピー（absolute entropy）**が決定できる．これは有益な熱力学データとなる．ここで，S_T は前述した式などよりかなり具体的に算出できる．また，「完全な結晶では，すべての原子が規則的な配列をとるため，0 K のエントロピーはすべて同一である」，すなわち，「0 K において不規則配列のない純粋な結晶（完全結晶）物質のエントロピーは 0 である」といえ，この法則が**熱力学第三法則（third law of thermodynamics）**である．これらより，ある物質の T [K] における絶対エントロピーは，

$S_T - S_0 = \int_0^T \left(\frac{C_P}{T}\right) dT \xrightarrow{S_0 = 0}$

$S_T = (S =) \int_0^T \left(\frac{C_P}{T}\right) dT$ (5-112)

となり，相変化を考慮すると，

$(S_T) = S = \int_0^{T_m} \frac{(C_P)_{\text{solid}}}{T} dT + \frac{\Delta H_m}{T_m}$

$+ \int_{T_m}^{T_v} \frac{(C_P)_{\text{liquid}}}{T} dT + \frac{\Delta H_v}{T_v} + \int_{T_v}^T \frac{(C_P)_{\text{vapor}}}{T} dT$

(5-113)

(T_m および T_v：融点および沸点，$(C_P)_{\text{solid}}$，$(C_P)_{\text{liquid}}$，$(C_P)_{\text{vapor}}$：固体，液体および気体の熱容量，ΔH_m および ΔH_v：融解および蒸発のエンタルピー）

となる．また，熱力学第三法則に基づいて標準状態（298.15 K，0.1013 MPa）での各種の物質の標準絶対エントロピー S が求められている．

5.5.4 自由エネルギー

a. 定温・定容条件での自由エネルギー

熱力学第一法則および熱力学第二法則は，数学的に，それぞれ，

・$dU = \delta q + \delta w$ (5-81)

・可逆過程　$dS = \frac{\delta q_r}{T}$ $\{\to \delta q = TdS'\}$

不可逆過程　$dS > \frac{\delta q_i}{T}$ $\{\to \delta q < TdS'\}$ (5-107)

と表されるので，両者を結合すると，

$dU - TdS \leq dw$ (5-114)

と表される．ここで，この結合式は熱力学の関係式を考察するうえで重要な式である．ここで，定温条件より $TdS = d(TS)$ となり，式(5-114)は，

$dU - TdS = dU - d(TS) = d(U - TS) \leq dw$

（定温条件） (5-115)

と表せる．U，T および S は状態量であることより，$(U - TS)$ も状態量と考えられる．これより，新たな状態量，

$(U - TS) \equiv A$ (5-116)

を定義し，A を**ヘルムホルツの自由エネルギー（Helmholtz's free energy）**という．ここで，定温条件での式(5-116)は

$(dA)_T \leq dw$ （$(dA)_T$ は定温条件を示す） (5-117)

となる．すなわち，式(5-117)は式(5-107)のように，

可逆過程　　　　$(dA)_T = +\delta w$

不可逆過程　　　$(dA)_T < +\delta w$ (5-118)

と表され，定温可逆過程においてヘルムホルツの自由エネルギーは系の最大仕事を表すので，最大仕事関数ともよばれる．さらに，定温・定容条件において $\delta w = -PdV = 0$ となるので，式(5-118)は，

| 可逆過程，平衡 | $(dA)_{T,V} = 0$ |
| 不可逆過程 | $(dA)_{T,V} < 0$ (5-119) |

と表される．すなわち，「定温・定容条件の閉じた系で，系に仕事が加えられない場合，自発変化はヘルムホルツの自由エネルギーが減少する方向に進行し，平衡において最小値をとる」といえるのである．

b. 定温・定圧条件での自由エネルギー

定圧条件で仕事が体積変化の仕事 $\delta w = -PdV$ の場合，式(5-116)は，

$$dU - TdS \leq \delta w \rightarrow dU - TdS \leq PdV \rightarrow$$
$$dU - TdS + PdV \leq 0 \quad (5\text{-}120)$$

と表される．5.5.4 項 a と同様に，式(5-120)は

$$dU - TdS + PdV = d(U - TS + PV) \leq 0$$
$$\langle 定温・定圧条件 \rangle \quad (5\text{-}121)$$

と表せる．U，T，S，P および V は状態量であることより，$(U - TS + PV)$ も状態量と考えられる．これより，新たな状態量，

$$(U - TS + PV) \equiv G \quad (5\text{-}122)$$

を定義し，G を**ギブズの自由エネルギー（Gibbs free energy）**という．ここで，定温・定圧条件での式(5-122)は，

$$(dG)_{T,P} \leq 0 \quad ((dG)_{T,P} は定温・定圧条件を示す) \quad (5\text{-}123)$$

となる．すなわち，式(5-123)は

| 可逆過程，平衡 | $(dG)_{T,P} = 0$ |
| 不可逆過程 | $(dG)_{T,P} < 0$ (5-124) |

と表される．すなわち，「定温・定圧条件の閉じた系で，系に PV 仕事以外の仕事が加えられない場合，自発変化はギブズの自由エネルギーが減少する方向に進行し，平衡において最小値をとる」といえるのである．これら A および G は系の変化における自発性や平衡状態の判定基準となる．

c. ギブズの自由エネルギーの性質

前項で述べた式(5-122)より，

$$G \equiv (U - TS + PV) = H - TS \quad (5\text{-}125)$$
$$また，\Delta G = \Delta H - T\Delta S \quad (5\text{-}126)$$

と表すことができる．これは，G，H，S の間の関係を示す重要な式である．

また，反応に伴うギブズの自由エネルギー変化 ΔG と，平衡定数 K の間には，

$$\Delta G = -RT \ln K \quad (5\text{-}127)$$

の関係が成り立つ．

さらに，ギブズエネルギー $G(T, P, N)$ の各変数による偏微分は，

$$\left(\frac{\partial G}{\partial T}\right)_{P,N} = -S(T, P, N) \quad (5\text{-}128)$$

$$\left(\frac{\partial G}{\partial P}\right)_{T,N} = V(T, P, N) \quad (5\text{-}129)$$

$$\left(\frac{\partial G}{\partial N_i}\right)_{T,P,N_j} = \mu_i(T, P, N) \quad (5\text{-}130)$$

と表される．ここで，μ は**ケミカルポテンシャル（chemical potential）**とよばれ，一成分系においては，1 mol の物質が有するギブズの自由エネルギーに等しい量である．

熱力学の学習では，これらの関係式がしばしば用いられるが，式の導出などについては他書に譲ることにする．

5.5 節のまとめ

- 内部エネルギー U：運動エネルギーと位置エネルギーを除いた，系を構成する原子・分子のもつエネルギーの総和．
- 熱力学の第一法則：サイクル変化のような孤立系で生じたすべてのエネルギー変化の総和は 0．
- エンタルピー H：内部エネルギーと圧力－容積（PV）仕事を同時に含む量（$H \equiv U+PV$）．
- ヘスの法則：任意の反応が一連の反応により分解されて表示されるとき，その反応のエンタルピー変化は，分解された反応のエンタルピー変化の和となる．
- カルノー熱機関の熱効率： $\eta = \dfrac{（仕事の総和）}{（系に吸収された熱）} = -\dfrac{w}{q_1} = \dfrac{q_1-q_2}{q_1} = \dfrac{T_1-T_2}{T_1}$
- エントロピー S：$\left(\dfrac{\partial q_r}{T}\right)$ で表される状態量で，カルノーサイクルでは保存される．不可逆過程では，dS >0 となる．
- 熱力学の第二法則：孤立系での自発変化，すなわち不可逆過程においては，エントロピーは常に増大する．
- 熱力学の第三法則：0 K において不規則配列のない純粋な結晶物質のエントロピーは 0 である．
- ヘルムホルツの自由エネルギー A：定温・定容条件での自由エネルギー $(U-TS) \equiv A$
- ギブズの自由エネルギー G：定温・定圧条件での自由エネルギー $(U-TS+pV) \equiv G$
  定温・定圧条件の閉じた系で，系に PV 仕事以外の仕事が加えられない場合，自発変化は G が減少する方向に進行し，平衡において最小値をとる．

章末問題

問題 5-1
気体定数 R は 0.082 06 L atm K^{-1} mol^{-1} と表される．これを SI 単位による表記に変換しなさい．

問題 5-2
ある有機分子について，各温度 T の液体の平衡蒸気圧 P が求まっているとき，それらのデータからモル蒸発熱 $\Delta H_{\text{evaporation}}$ を求めるにはどうすればよいか，説明せよ．

問題 5-3
A，B からなる 2 成分系を考える．A と B の質量および分子量をそれぞれ，w_A [g]，w_B [g]，M_A，M_B とし，溶液の体積を V [L] とする．
1) 溶質 B の濃度を質量百分率 $m_{\%B}$，モル分率 X_B，モル濃度 m_B を求めなさい．
2) X_B を C_B に換算する式を求めなさい．

問題 5-4
ダイビング用のスチールタンク（体積 10 L）に空気が 200 気圧で充填されていた．ダイビング後，スチ

ールタンクの圧力（残圧）が 50 気圧になった．ダイビング後にボンベはどれくらい軽くなったか．計算に必要なデータを調べて，この問題に答えよ．空気は理想気体と仮定してよい．

問題 5-5

一般に，金属結晶は結合性軌道の数に比べて電子の数が足りない元素で作られている．したがって，金属結晶はできるだけ密に充填した最密構造（立方最密構造か六方最密構造，充填率：74%)）をとると考えられる．しかし，最密構造ではない体心立方格子による結晶（充填率：68%）を作っている金属原子（1, 5, 6 族など）もある．また，最密構造をとるにしても，元素によって立方最密充填構造か六方最密充填構造のいずれかをとる．このように，金属元素によって異なる結晶構造をとる理由について考察しなさい．

6. 化学反応・化学量論・反応速度

6.1 化学反応と化学量論

化学量論とは，化学反応に関わる反応物と生成物の量を取り扱うもので，"一定量の反応物からどれくらいの生成物が作り出されるか"，"一定量の生成物を作り出すにはどれくらいの原料が必要か"など，化学反応を量論的に扱うものである．

このように，化学反応を量論的に扱うには，化学反応をいくつかの型に分類しておくと役立つので，それを述べておこう．ただし，ここで述べる分類は，ごく一般的なもので，基本的にはすべての反応を含むが，化学反応が起こるかどうかの予見の基礎を与えるものではない．

6.1.1 直接結合反応

直接結合反応とは，二つの元素または化合物が，直接別の化合物に変わる反応で，一般式は次のようになる．

$$A+B \longrightarrow AB$$

もし，AとBが元素なら，主として天然に存在する状態で反応に関わるが，必ずしも単原子の状態とは限らないし，AとBは分子の状態であってもよい．その上，AとBは1：1で結合するとは限らない．元素の直接結合反応の例には，

$$2Mg(s)+O_2(g) \longrightarrow 2MgO(s)$$
$$H_2(g)+Cl_2(g) \longrightarrow 2HCl(g)$$

などがあり，化合物の例には，

$$Na_2O(s)+CO_2(g) \longrightarrow Na_2CO_3(s)$$
$$H_2C=CH_2(g)+H_2(g) \longrightarrow H_3C-CH_3(g)$$

などがある．

6.1.2 分解反応

分解反応は，上の直接結合反応の逆反応である．化合物ABの分解反応の一般式は次のように表せる．

$$AB \longrightarrow A+B$$

AとBが元素の場合，上と同じく，必ずしも原子の状態とは限らない．分解反応の例には，

$$2HgO(s) \longrightarrow 2Hg(l)+O_2(g)$$
$$CaCO_3(s) \longrightarrow CaO(s)+CO_2(g)$$

などがある．

6.1.3 置換反応

単純な置換反応としては，元素の一つが置き換わったものがある．一般式は，次のように表せる．

$$AB+C \longrightarrow CB+A$$

ここで，AとBは単純なイオンや原子であっても，多原子イオンであってもよい．例としては，

$$Zn(s)+2HCl(aq) \longrightarrow ZnCl_2(aq)+H_2(g)$$
$$2Na(s)+2H_2O(l) \longrightarrow 2NaOH(aq)+H_2(g)$$

などがある．

6.1.4 交換反応

交換反応は，入れ替え可能なイオンをもつ化合物が関与する反応である．この反応では，二つの単原子，または多原子イオンからできている二つの化合物の間でイオン交換し，二つの新しい化合物が生じる．この反応の一般式は，次のように表せる．

$$AB+CD \longrightarrow AD+CB$$

ここでも，AB, CD, AD, CBは，必ずしも1：1で化合する必要はない．交換反応の例としては，

$$2AgNO_3(aq)+BaCl_2(aq) \longrightarrow$$
$$2AgCl(s)+Ba(NO_3)_2(aq)$$
$$NaOH(aq)+HCl(aq) \longrightarrow NaCl(aq)+H_2O$$

などがある．

6.1.5 化学量論

上のように，反応はいくつかの型に分類できた．そこに現れた化学反応式，すなわち係数付き化学方程式において（係数が1の場合も含めて），係数は反応に関わる物質のモル数，分子数，または原子数の比を示すのであって，質量の比を示すのではない．上で現れた次の反応について考えてみる．

$$2AgNO_3+BaCl_2 \longrightarrow 2AgCl+Ba(NO_3)_2$$

この式は，2 molのAgNO$_3$が1 molのBaCl$_2$と反応して，2 molのAgClと1 molのBa(NO$_3$)$_2$を生じることを示している．すなわち，これが化学量論である．

6.1 節のまとめ

- 直接結合反応： A+B ⟶ AB
- 分解反応： AB ⟶ A+B
- 置換反応： AB+C ⟶ CB+A
- 交換反応： AB+CD ⟶ AD+CB
- 化学量論：化学反応の係数は，対象とする反応に関わる物質・分子・原子のモル数または数の比を表す．

6.2 化学平衡

6.2.1 平衡

簡単な力学系を用い，平衡の概念を考えてみる．図6-1(a)はテーブルの上にある三つの異なった平衡位置を示す．箱の位置AとCでは，箱の重心は，それよりわずかに移動した場合より低いところにあり，箱を少し傾けても元の平衡位置に自然に帰っていく．AまたはCの位置にある箱の重力のポテンシャルエネルギーは極小であり，どちらの位置も**安定な平衡状態（stable equilibrium state）**を表している．しかし，位置CがAよりも安定であることは明らかである．したがって，位置Aでは箱は**準安定平衡（metastable equilibrium）**にあるといわれる．

位置Bもまた平衡ではあるが，**不安定平衡（unstable equilibrium）**の状態である．Bの箱の重心は，移動したどの位置よりも高く，したがって，ほんの少し傾けるだけで箱は位置AかCに移る．この不安定平衡の位置では，ポテンシャルエネルギーは極大で，外から力が加わらないときに限って実現される．

図6-1(a)の系のポテンシャルエネルギー $U(x)$ を重心の位置 x の関数としてプロットすれば，図6-1(b)のようになり，次のように表すことができる．

安定平衡の位置は曲線の極小で示され，不安定平衡の位置は極大によって表される．平衡位置 ($x = x_0$) では，$U(x)$ と変位 x との曲線の傾き $dU(x)/dx$ は 0 に等しく，平衡条件は下のように書ける．

$$\left(\frac{dU(x)}{dx}\right)_{x=x_0} = 0 \quad (6\text{-}1)$$

$U(x)$ を2次微分してみると，平衡が安定か不安定かわかる．すなわち，

$$\left(\frac{d^2U(x)}{dx^2}\right) > 0 \quad (6\text{-}2)$$

ならば安定であり，

$$\left(\frac{d^2U(x)}{dx^2}\right) < 0 \quad (6\text{-}3)$$

ならば不安定である．

6.2.2 平衡とエントロピー

エントロピー S を導入することによって，物理化学的変化すべてを支配する統一的な理論を作り上げることができる．すなわち，孤立した系の中で起こる任意の変化に対して，

$$\Delta S \geq 0 \quad (6\text{-}4)$$

が成り立つとすることである．孤立系とは，周囲といかなる相互作用ももたない系であり，熱の伝達もなく，仕事をすることも，されることもない系である．したがって孤立系は，エネルギーと体積が一定である．式(6-4)は，ある一定の U と V をもつ系では，エントロピー S は増加するか一定であるかのいずれかであることを表している．S が一定であるなら，可逆反応において，その系は平衡に達している．その系の状態が変わる場所では，系のエントロピー S は増

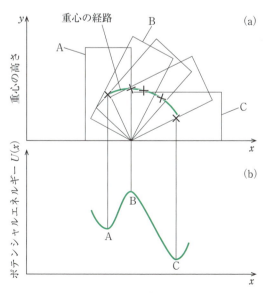

図6-1 力学的な平衡の概念図

加しなければならない．

6.2.3 動的平衡

平衡（equilibrium）は，巨視的な意味で，その系が時とともに変化しないことを条件としている．すなわち，時間 t と $t+\Delta t$ の間で，巨視的な性質の変化は何一つ起きないことを意味している．しかし，微視的なレベルでは，系は静止しているわけではない．気体や液体の中では分子は激しく運動し続けており，固体の中の分子は，平衡位置の周りを振動し続けている．典型的な相平衡の例として，沸点での蒸気と平衡にある液体を考えてみる．閉じた容器の中では，分子は蒸気から液体の表面に入っていくのと同じ速さで，液体表面からも出てくる．

化学平衡（可逆反応）の場合でも，分子（原子）同士が結合の相手を取り替える速さは非常に速く，かつ一定である．例えば $H_2+I_2 \rightleftharpoons 2HI$ という平衡反応を考えてみよう．平衡点では，H_2+I_2 分子は依然として速い速度で HI 分子に変わっており，HI 分子も速い速度で H_2+I_2 に戻っている．正反応と逆反応の速度は同じなので，その系の組成は変化せず，式(6-4)に従って $\Delta S=0$ となる．このように，物理化学的平衡は常に動的状態にあって，決して静的状態ではない．グルベルとウォーゲは 1863 年に，動的化学平衡をはじめて数学的に展開した．HI の反応では，正反応の反応速度を

$$v_f = k_f[H_2][I_2] \tag{6-5}$$

と表した．彼らは，H_2 と I_2 の濃度を**活性質量**（active mass）とよんだ．k_f は定数であり，活性質量は濃度に比例する．逆反応の反応速度は，

$$v_r = k_r[HI]^2 \tag{6-6}$$

と書いた．平衡点では正反応と逆反応の速度が等しいので $v_f = v_r$ すなわち，

$$k_f[H_2]_{eq}[I_2]_{eq} = k_r[HI]_{eq}^2 \tag{6-7}$$

である．したがって，

$$\frac{[HI]_{eq}^2}{[H_2][I_2]} = \frac{k_f}{k_r} = K \tag{6-8}$$

となる．このように，正逆両反応の速度定数の比は，平衡定数 K に等しいのである．なお，当然のことながら，正反応と逆反応の速度の差（$v_f - v_r$）が，この反応の反応速度となる．

6.2 節のまとめ

- 平衡：巨視的には，対象とする系が時間とともに変化せず，微視的には，系を構成する物質の組成が時間とともに変化しない状態．
- 動的平衡：相平衡や化学平衡など，ある状態間において互いに逆向きの過程が同速度で行われているため，系としては組成に変化がなく，平衡が保たれている状態．

6.3 反応速度

6.3.1 化学反応速度論の概要

化学反応における基礎的な問題は，化学反応がどの方向に進行するかということと，どれくらいの速度で進行するかということの二つである．前者は化学平衡の問題で 6.2 節で述べたが，後者は平衡に到達する速度，すなわち**化学反応速度**（rate of chemical reaction）の問題で，本節で触れる．

a. 化学反応速度

化学反応速度についての最初の明確な定量的研究は，1850 年，ウィルヘルミーによってなされた．彼は酸触媒下におけるショ糖の加水分解反応において，次のような結果を得た．すなわち，時間 t とともにショ糖濃度 C の減少する速度が，まだ変化しないで残っている濃度に比例した．すなわち，

$$-\frac{dC}{dt} = k_1 C \tag{6-9}$$

であった．定数 k_1 は**反応の速度定数**（rate constant）または**比速度**（specific rate）とよばれるものである．彼はこの微分方程式を積分して，

$$\ln C = -k_1 t + 一定 \tag{6-10}$$

を得た．$t=0$ では $C=C_0$（初濃度）であるから，一定 $= \ln C_0$ で，

$$\ln C = -k_1 t + \ln C_0 \tag{6-11}$$

となった．すなわち，

$$C = C_0 \exp(-k_1 t) \tag{6-12}$$

と求められた．実際，ショ糖の濃度は時間の増加に伴

い指数関数的に減少したのである.

b. 反応次数

反応速度は一般的には次のように表せる.

$$-\frac{dC}{dt} = kC_1^{n_1} \cdot C_2^{n_2} \cdot C_3^{n_3} \cdots \quad (6\text{-}13)$$

このように，反応速度は，反応物の濃度の減少速度で表す．また，濃度のべき指数の和 n を **反応次数（order of reaction）** とよぶ．

$$n = n_1 + n_2 + n_3 + \cdots \quad (6\text{-}14)$$

反応次数は，1次反応（式(6-15)），2次反応（式(6-17)）のような整数次反応ばかりでなく，反応（式(6-19)）のような3/2次反応など，分数のものもある．

$$2N_2O_5 \xrightarrow[\text{分解}]{} 4NO_2 + O_2 \quad (6\text{-}15)$$

$$-\frac{d[N_2O_5]}{dt} = k_1[N_2O_5] \quad \text{1次反応} \quad (6\text{-}16)$$

$$2NO_2 \xrightarrow[\text{分解}]{} 2NO + O_2 \quad (6\text{-}17)$$

$$-\frac{d[NO_2]}{dt} = k[NO_2]^2 \quad \text{2次反応} \quad (6\text{-}18)$$

$$CH_3CHO \xrightarrow[\text{分解}]{} CO + CH_4 \quad (6\text{-}19)$$

$$-\frac{d[CH_3CHO]}{dt} = k[CH_3CHO]^{\frac{3}{2}} \quad \frac{3}{2}\text{次反応} \quad (6\text{-}20)$$

c. 活性錯合体

HI が H_2 と I_2 に分解する反応の場合，

$$2HI \longrightarrow \begin{matrix} H \cdots I \\ \vdots \quad \vdots \\ H \cdots I \end{matrix} \longrightarrow H_2 + I_2 \quad (6\text{-}21)$$

(a)

反応途中で上記の(a)のような **活性錯合体（activated complex）** を経由すると考えられている．

したがって，この HI の分解反応については HI $\longrightarrow 1/2H_2 + 1/2I_2$ のようには書かず，$2HI \longrightarrow H_2 + I_2$ のように書く．すなわち，**二分子反応（bimolecular reaction）** とよばれるものである．なお，この反応の反応物，活性錯合体，生成物のエネルギーレベルを模式的に示すと，図 6-2 のようになる．E_a' は正反応の活性化エネルギー，E_a'' は逆反応の活性化エネルギーであり，反応熱 ΔH_{eq} は，

$$\Delta H_{eq} = E_a' - E_a''$$

となる．

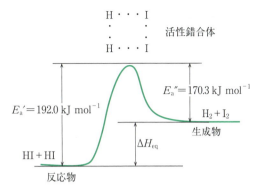

図 6-2 活性錯合体と活性化エネルギー

d. 反応機構

反応 $A \longrightarrow Z$ があるとき，この反応が $A \longrightarrow B$, $B \longrightarrow C, \cdots, Y \longrightarrow Z$ という素反応に分けられたとすると，全反応，素反応，律速反応は次のようになる．

全反応	素反応	律速反応
$A \longrightarrow Z$	$A \longrightarrow B$	
	$B \longrightarrow C$	一番遅い反応
	$\vdots$	
	$Y \longrightarrow Z$	

ここで，B, C, $\cdots$, Y はいわゆる活性錯合体に類するもので，$A \longrightarrow B$, $B \longrightarrow C$, $\cdots$, $Y \longrightarrow Z$ が逐次反応として起こる．したがって，素反応のうち一番遅い反応が律速反応となる．

$2O_3 \longrightarrow 3O_2$ の反応では，速度式が，

$$-\frac{d[O_3]}{dt} = k_a \frac{[O_3]^2}{[O_2]} \quad (6\text{-}22)$$

と実験的に求められている．これを理論的に導くことで，全反応，素反応，律速反応などについて，より理解を深めてみたい．

全反応 $\quad 2O_3 \longrightarrow 3O_2 \quad (6\text{-}23)$

素反応 $\quad O_3 \underset{k_{-1}}{\overset{k_1}{\rightleftarrows}} O_2 + O \quad (6\text{-}24)$

$$O + O_3 \xrightarrow{k_2} 2O_2 \quad (6\text{-}25)$$

反応式(6-24)と式(6-25)を考える場合，反応式(6-24)は平衡反応で，一般的に，平衡反応では反応速度は速いとされている．したがって，反応式(6-25)が律速反応となる．上記のように，律速反応が全反応の速度を律するので，反応式(6-25)より，全反応の反応速度 $d[O_3]/dt$ は，

$$-\frac{d[O_3]}{dt} = k_2[O][O_3] \quad (6\text{-}26)$$

となるはずである．

ところで，平衡反応式(6-24)において，
$$\text{右向き反応速度} = k_1[\text{O}_3] \quad (6\text{-}27)$$
$$\text{左向き反応速度} = k_{-1}[\text{O}_2][\text{O}] \quad (6\text{-}28)$$
であり，平衡時は，上の両反応速度は等しいので，
$$k_1[\text{O}_3] = k_{-1}[\text{O}_2][\text{O}] \quad (6\text{-}29)$$
となる．ゆえに，
$$[\text{O}] = \frac{k_1[\text{O}_3]}{k_{-1}[\text{O}_2]} \quad (6\text{-}30)$$
と求まる．式(6-30)を真の反応速度式(6-26)に代入すれば，
$$-\frac{d[\text{O}_3]}{dt} = \frac{k_a[\text{O}_3]^2}{[\text{O}_2]} \quad (6\text{-}31)$$
$$\left(k_a = \frac{k_1 k_2}{k_{-1}}\right)$$
となる．求まった式(6-31)は，実験式(6-22)そのものである．すなわち，全反応式(6-23)は，平衡反応式(6-24)と律速反応式(6-25)の二つの素反応からなっていることが証明されたことになる．このように，理論式を導く場合，まずモデルを立て（上の場合二つの素反応），そこから理論式を導き，それを実験値（式）と合わせることによって，理論およびモデルの正しさを証明するのが一般的である．

e. 反応速度定数

先にも述べたように，N_2O_5 の分解反応は1次反応である．
$$2N_2O_5 \longrightarrow 4NO_2 + O_2 \quad (6\text{-}15)$$
この反応速度は，N_2O_5 の減少速度で表す式(6-16)が一般的であるが，NO_2 あるいは O_2 の生成速度としても表せる（式(6-32)，式(6-33)）．
$$-\frac{d[N_2O_5]}{dt} = k_1[N_2O_5] \quad (6\text{-}16)$$
$$\frac{d[NO_2]}{dt} = k'[N_2O_5] \quad (6\text{-}32)$$
$$\frac{d[O_2]}{dt} = k''[N_2O_5] \quad (6\text{-}33)$$
式(6-15)をみれば，2 mol の N_2O_5 が消失して，4 mol の NO_2 と 1 mol の O_2 が生成するのであるから，式(6-16)，式(6-32)，式(6-33)の各**反応速度定数（rate constant of reaction**，単に速度定数とよぶことが多い）の間には，
$$k_1 = \frac{1}{2}k' = 2k'' \quad (6\text{-}34)$$
という関係が成り立つ．なお，1，2，n 次反応の速度式は，

$$-\frac{dC}{dt} = k_1 C \quad 1\text{次反応} \quad (6\text{-}35)$$
$$-\frac{dC}{dt} = k_2 C^2 \quad 2\text{次反応} \quad (6\text{-}36)$$
$$-\frac{dC}{dt} = k_n C^n \quad n\text{次反応} \quad (6\text{-}37)$$

などのように表されるが，例えば式(6-35)の単位を考えてみると，
$$\frac{\left[\dfrac{\text{mol}}{\text{L}}\right]}{[\text{s}]} = k_1 \left[\frac{\text{mol}}{\text{L}}\right]$$
となるので，k_1 の単位は s^{-1} となる．

6.3.2 活性化エネルギー

これまで，活性化エネルギーという言葉を，当たり前に使ってきたが，本項ではより詳細に触れることにする．比速度（速度定数の比）に及ぼす温度の影響を測定してみると，ジブロモ酢酸の分解反応（表6-1）の場合も，N_2O_5 蒸気の分解反応（表6-2）の場合も，温度約40℃の差で，速度は約100倍異なる．

反応において，分子同士が衝突することによって反応が進行することはよく知られている．では，衝突した分子は，すべて反応するのであろうか．これを考えてみる．分子同士が衝突する衝突数 Z_{11} は衝突理論より求められており，
$$Z_{11} = 2N^2 r^2 \left(\frac{\pi k_B T}{m}\right)^{\frac{1}{2}} \quad (6\text{-}38)$$
であるから，
$$Z_{11} = Z'\sqrt{T} \quad (Z': \text{定数}) \quad (6\text{-}39)$$
となる．ここで m は分子の質量，k_B はボルツマン定

表6-1 水溶液中でのジブロモ酢酸の分解反応

温度 [℃]	比速度
15	9.67×10^{-6}
60	6.54×10^{-4}
101	3.18×10^{-2}

表6-2 N_2O_5 蒸気の分解反応

温度 [℃]	比速度
25	3.46×10^{-5}
45	4.19×10^{-4}
65	4.87×10^{-3}

数，r は衝突半径，N は $1\,\mathrm{cm}^3$ 中の活性分子数である．衝突した分子すべてが反応したとすると，反応速度 v は当然衝突数に比例することになる．ゆえに，

$$v = Z''Z_{11} = Z'Z''\sqrt{T} \qquad (6\text{-}40)$$

となり，例えば 15℃ と 60℃ との反応速度の違いは，

$$\frac{v_{333}}{v_{288}} = \frac{\sqrt{333}}{\sqrt{288}} = 1.08$$

となり，わずか 1.08 倍にしかならず，約 100 倍もの差を説明することはできない．

アレニウスは 1889 年，速度定数 k の温度変化を示す式を，

$$\frac{\mathrm{d}\ln k}{\mathrm{d}T} = \frac{E_\mathrm{a}}{RT^2} \qquad (6\text{-}41)$$

と提唱した．E_a が温度に無関係なら，式(6-41)を積分して，

$$\ln k = -\frac{E_\mathrm{a}}{RT} + \ln A \quad (\ln A:積分定数) \qquad (6\text{-}42)$$

となる．したがって，

$$k = A\exp\left(-\frac{E_\mathrm{a}}{RT}\right) \qquad (6\text{-}43)$$

となる（A は頻度因子とよばれる）．この式が速度定数に関する有名なアレニウスの式である．ここに含まれる E_a は，どのようなものであろうか．温度 T_1 のとき k_1，T_2 のとき k_2 とすると，式(6-42)より，

$$\log\frac{k_2}{k_1} = \left(\frac{E_\mathrm{a}}{2.30R}\right)\left(\frac{T_2 - T_1}{T_1 T_2}\right)$$

となる．左辺の次元はないため，右辺の次元を考えると，E_a の単位は $\mathrm{J\,mol}^{-1}$ となる．すなわち，E_a はエネルギーを示すものであり，いわゆる活性化エネルギーとよばれるものである．式(6-42)を使って，反応における $\log k \sim 1/T$ の関係をプロットしたものをアレニウスプロットとよび，得られるグラフの傾きから，活性化エネルギーを求めることができる．

スヴァンテ・アレニウス

スウェーデンの化学者，物理学者．電解質溶液の電気伝導を研究し，電離説を提唱した．研究はほかにも反応速度，地学，生化学など多岐にわたる．ファント・ホッフ，オストワルトとともに物理化学の分野を拓いた．1903 年，ノーベル化学賞を受賞．(1859-1927)

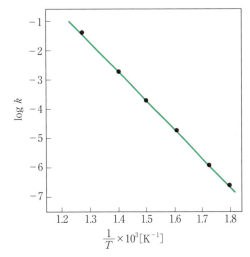

図 6-3　HI の分解反応のアレニウスプロット

HI の分解反応のアレニウスプロットは，図 6-3 のようにある．この傾きを求めてみると，$-9.70 \times 10^3\,\mathrm{K} = -E_\mathrm{a}/2.30R$ となり，$R = 8.31\,\mathrm{J\,K^{-1}\,mol^{-1}}$ であるから，$E_\mathrm{a} = 185\,\mathrm{kJ\,mol^{-1}}$ と求められる．そこで，前出の問題に立ち返り，15℃ と 60℃ の反応速度の差をみてみよう．反応速度は，当然速度定数に比例するから，

$$\frac{v_{333}}{v_{288}} = \frac{k_{333}}{k_{288}} = \left(\frac{E_\mathrm{a}}{R}\right)\left(\frac{T_2 - T_1}{T_1 T_2}\right) \approx 112$$

と約 100 倍になっており，衝突した分子がすべて反応するとして求めた 1.08 倍に比べ，はるかによい一致を示している．すなわち，反応するには活性化エネルギーなるものが必要なのである．

6.3.3　活性化衝突

前項のように，衝突した分子すべてが反応したとすると，温度変化に対する反応速度（速度定数）の変化が説明できなかった．そこで，活性化エネルギー E_a 以上のエネルギーをもった分子が衝突（これを活性化衝突とよぶ）してはじめて反応するとしてみよう．分子のもつエネルギーには，飛行（translation），回転（rotation），振動（vibration），位置（potential）エネルギーなどがあるが，飛行（並進ともいう）エネルギーは，ほかよりも 2 桁以上大きく，分子のもつエネルギーとしては，これのみを考えれば十分であるから，エネルギー E は，

$$E = \frac{1}{2}mc^2 \qquad (6\text{-}44)$$

とおける．ここで m は分子の質量，c は分子の速度である．相対速度 c をもつ確率 $\mathrm{d}N/N_0$ は，

$$\frac{dN}{N_0} = \frac{m}{k_B T} \exp\left(-\frac{mc^2}{2k_B T}\right) c\, dc \quad (6\text{-}45)$$

と与えられている．1 mol あたりのエネルギーを考えると，

$$E = \frac{1}{2} N_A m c^2 \quad (N_A : \text{アボガドロ定数}) \quad (6\text{-}46)$$

これを微分すれば，

$$dE = N_A m c\, dc \quad (6\text{-}47)$$

となる．また，

$$R = N_A k_B \quad (6\text{-}48)$$

であるから，式(6-47)，式(6-48)を式(6-45)に代入すれば，

$$\frac{dN}{N_0} = \frac{1}{RT} \exp\left(-\frac{E}{RT}\right) dE \quad (6\text{-}49)$$

となる．したがって，E より大きいエネルギーをもつ確率，すなわち c 以上の速度をもつ確率を求めるには，式(6-49)を積分すればよい．すなわち，

$$\int_E^\infty \frac{1}{RT} \exp\left(-\frac{E}{RT}\right) dE = \left[-\exp\left(\frac{-E}{RT}\right)\right]_E^\infty$$

$$= \exp\left(\frac{-E}{RT}\right) \quad (6\text{-}50)$$

である．上述のように，活性化エネルギー以上のエネルギーをもった分子が衝突してはじめて反応するのであるから，単位時間あたり反応する分子の数は，全衝突数 Z_{11} に，分子が E_a より大きいエネルギーをもつ確率を掛ければよいことになる．ゆえに，

$$\frac{dN}{dt} = Z_{11} \exp\left(\frac{-E_a}{RT}\right) = 2N^2 r^2 \left(\frac{\pi k_B T}{m}\right)^{\frac{1}{2}} \exp\left(\frac{-E_a}{RT}\right) \quad (6\text{-}51)$$

一方，速度式について，二分子反応による 2 次反応を考えると，

$$\frac{dC}{dt} = k_2 C^2 \quad (6\text{-}52)$$

である．ここで，k_2 は速度定数，C は濃度である．また，

$$C = \frac{10^3 N}{N_A} \quad (6\text{-}53)$$

と表せる．これを式(6-52)に代入すると，

$$\frac{dC}{dt} = \frac{k_2 10^6 N^2}{N_A^2} \quad (6\text{-}54)$$

となる．式(6-53)を t で微分すると，

$$\frac{dC}{dt} = \left(\frac{10^3}{N_A}\right) \frac{dN}{dt} \quad (6\text{-}55)$$

であり，式(6-54)より，

$$k_2 = \left(\frac{N_A}{10^3 N^2}\right) \frac{dN}{dt} \quad (6\text{-}56)$$

となる．式(6-56)に式(6-55)と式(6-51)を代入すると，

$$k_2 = \left(\frac{2N_A r^2}{10^3}\right) \left(\frac{\pi k_B T}{m}\right)^{\frac{1}{2}} \exp\left(\frac{-E_a}{RT}\right) \quad (6\text{-}57)$$

と求められる．これが，活性化衝突したときにはじめて反応するとして，理論的に導いた反応速度式（正確には反応速度定数）である．したがって，アレニウスプロットをとって，E_a を求め，分子の半径 r を粘性率などから求めて k_2 を計算し，実測の k_2 と比較して両者が合っていれば理論が正しいことになる．実際に HI の分解について，式(6-57)を使って求めてみると，$k_2 = 1.0 \times 10^{-3}$ L mol^{-1} s^{-1} と求められ，実測値は 2.3×10^{-3} L mol^{-1} s^{-1} であるから，両者はよく合っている．したがって，理論は正しかったことになる．すなわち，二分子反応がどのように進行するかについて，大体正しい物理的像が得られたわけで，E_a 以上のエネルギー（運動エネルギー）をもった分子が衝突してはじめて反応が進行するものと考えられる．

なお，式(6-42)に基づいてアレニウスプロットをとり，直線の傾きから活性化エネルギー E_a を求めるのが一般的であるが，式(6-43)，式(6-57)を比べてみれば明らかなように，頻度因子 A は $\sqrt{T}$ の関数になっており，温度に無関係ではないので，この求め方は万全とはいえない．広い温度範囲においてアレニウスプロットを適用する際は注意が必要である．

6.3 節のまとめ

- 化学反応速度： $-\dfrac{dC}{dt} = kC_1{}^{n_1} \cdot kC_2{}^{n_2} \cdot kC_3{}^{n_3} \cdots$
- 反応次数：濃度のべき指数の和： $n = n_1 + n_2 + n_3 + \cdots$
- アレニウスの式： $k = A\exp\left(-\dfrac{E_\mathrm{a}}{RT}\right)$ （A：頻度因子）
- アレニウスプロット： $\ln k = -\dfrac{E_\mathrm{a}}{RT} + \ln A$ （$\ln A$：積分定数）を使って，反応における $\log k \sim 1/T$ の関係をプロットしたもの．得られる傾きから活性化エネルギー E_a を求めることができる．
- 活性化衝突：分子に，活性化エネルギー E_a 以上のエネルギーをもった分子が衝突すること．これによってはじめて分子の反応が進行する．
- 反応速度式（反応速度定数）： $k_2 = \left(\dfrac{2N_\mathrm{A}r^2}{10^3}\right)\left(\dfrac{\pi k_\mathrm{B}T}{m}\right)^{\frac{1}{2}}\exp\left(\dfrac{-E_\mathrm{a}}{RT}\right)$

6.4 触 媒

6.4.1 触媒とは

触媒反応とは，見かけ上，反応と関係ない物質を存在させたとき，反応速度に影響が生じる反応で，その反応速度に影響を与える物質を**触媒（catalyst）**という．特に，反応速度が増加する場合の触媒を正触媒および減少する場合の触媒を負触媒と区別する．また，触媒の特性としては，1）反応前後で化学的・量的に変化しないこと，2）極少量添加により反応速度に影響を与えること，3）化学反応平衡の位置を変えないこと，4）反応の活性化エネルギーを低下させることなどである．

6.4.2 触媒の分類と種類

触媒および触媒反応の分類としては，反応系と触媒の状態により分類する場合が多く，特に，均一系触媒（反応）および不均一系触媒（反応）に分類される．

a. 均一系触媒反応

反応系も触媒もすべて均一相にある場合の反応であり，気相均一系触媒反応，液相均一系触媒反応（特に，酸塩基触媒反応は重要）などがある．気相均一系触媒反応の例としては，ヨウ素（I_2）蒸気添加による蒸気状態の有機化合物の熱分解があり，I_2 添加によってこの反応は促進される．例えば，ジエチルエーテルの熱分解の場合では，I_2 添加により反応速度は無添加の場合の数百倍となり，活性化エネルギーも無添加の場合の 64% 程度となる．

液相均一系触媒反応である酸塩基触媒反応の例としては，有名なプロトン（H^+）を触媒とするショ糖（$C_{12}H_{22}O_{11}$）の転化反応がある．また，酸塩基触媒反応の場合，触媒作用が H^+ やヒドロキシ基（OH^-）の存在する場合，存在しない場合などの場合分けがあるので，一般的に，反応速度定数 k は，

$$k = k_0 + k_{H^+}[H^+] + k_{OH^-}[OH^-] \tag{6-58}$$

と示される（k_0：触媒がない場合の速度定数，k_{H^+}：H^+ の触媒定数（または触媒係数），k_{OH^-}：OH^- の触媒定数（または触媒係数））．ここで，水溶液では，溶解度積（$[H^+][OH^-] = K_\mathrm{w}$）の関係があるので，式 (6-58) は，

$$k = k_0 + k_{H^+}[H^+] + \dfrac{k_{OH^-} \cdot K_\mathrm{w}}{[H^+]} \tag{6-59}$$

と書き換えられ，解析が容易となる．さらに，酸塩基触媒反応において，(a) H^+ だけの触媒反応による場合では，式 (6-58) は，

$$\log k = \log k_{H^+} + \log[H^+] = \log k_{H^+} - \mathrm{pH} \tag{6-60}$$

のようになり，この場合，「$\log k \sim \mathrm{pH}$」プロットは傾き -1 の直線で表すことができる．同様に，(b) OH^- だけの触媒反応による場合では「$\log k \sim \mathrm{pH}$」プロットは傾き $+1$ の直線で，および，(c) 触媒のない反応の場合では「$\log k \sim \mathrm{pH}$」プロットは pH に無関係な直線で表すことができる．これにより，各反応での有効な触媒の選定が容易となる．

b. 不均一系触媒反応

反応系と触媒が違う相である場合の反応であり，特

に，触媒が固体の不均一系触媒反応を接触触媒反応という．一般に，この不均一系触媒反応の素段階は，(a) 反応物質の触媒表面への拡散，(b) 反応物質の触媒表面への吸着，(c) 触媒表面での化学反応，(d) 生成物質の触媒表面からの離脱，などに分かれ，律速段階が (c) である場合が一般的である．さらに，不均一系触媒反応は，① 1種類の物質の反応で生成物質の反応を抑制しない場合，② 1種類の物質の反応で生成物質が反応を抑制する場合，③ 2種類の物質の反応の場合，に分けて反応速度を考える必要がある．例えば，最も一般的な①において，反応物質の触媒表面への吸着割合 (θ) は，ラングミュアの吸着等温式 (Langmuir's adsorption isotherm)

$$\theta = \frac{bp}{1+bp} \tag{6-61}$$

として表すことができる（p：反応物質の圧力，b：吸着係数）．

a) 反応物質の吸着が弱い場合には，式(6-61)において $1 \gg bp$ より，

$$\theta = bp \tag{6-62}$$

のように書き換えられるので，これより，反応速度は触媒表面上の反応物質濃度（すなわち，この場合，θ に対応する）に比例するので，(微分形の) 反応速度式は，

$$-\frac{dp}{dt} = k'\theta = k'bp = kp \tag{6-63}$$

と表すことができる（k' および k：比例定数（= 反応速度定数），$k = k'b$）．次に，b) 反応物質の吸着が中程度の場合には，式(6-61)，a) での条件などを参考にして (微分形の) 反応速度式は，

$$-\frac{dp}{dt} = \frac{kp}{1+bp} \quad \text{または} \quad -\frac{dp}{dt} = kp^n \tag{6-64}$$

と表すことができる．

最後に，c) 反応物質の吸着が非常に強い場合には，$\theta = 1$ となるので (微分形の) 反応速度式は，

$$-\frac{dp}{dt} = k \tag{6-65}$$

〈0次反応で圧力に無関係である〉

と表すことができる．他の②および③についても同様に解析できる．以上，触媒およびその反応について述べたが，このように条件に応じた触媒の選定と解析が重要となる．

アーヴィング・ラングミュア

米国の化学者，物理学者．コロンビア大学卒業後，ゲッティンゲン大学でネルンストに師事．帰国後 GE 社の研究所でガス入り電球，真空計を発明した．単分子層による吸着の概念を提唱，ラングミュアの吸着等温式を導出した．界面化学分野の開祖．1932年ノーベル化学賞受賞．(1881-1957)

6.4 節のまとめ

- 触媒反応
  - 均一系触媒反応：反応系も触媒も同じ相として存在する場合
  - 不均一系触媒反応：反応系と触媒がそれぞれ異なる相の場合
- 不均一系触媒反応の中で，触媒が固相，反応系が液相である場合，反応を解析するには，反応する原子・分子の触媒への吸着機構を理解することが重要である．

章末問題

問題 6-1

N_2O_5 の分解反応($2N_2O_5 \longrightarrow 4NO_2+O_2$)の反応速度は次の 1 次反応の速度式で表される.

$$\frac{d[N_2O_5]}{dt} = k[N_2O_5]$$

以下の反応機構より 1 次反応式になることを説明しなさい.

$$N_2O_5 \underset{k_{-1}}{\overset{k_1}{\rightleftharpoons}} NO_2+NO_3 \overset{k_2}{\longrightarrow} NO_2+O_2+NO$$

$$NO+N_2O_5 \overset{k_3}{\longrightarrow} 3NO_2$$

問題 6-2

NO の酸化反応($2NO+O_2 \longrightarrow 2NO_2$)の反応速度は次の 3 次反応速度式で表される.

$$\frac{d[NO_2]}{dt} = k[NO]^2[O_2]$$

この反応が 1 段階で進行するためには,3 個の分子が一度に衝突する必要がある.しかし,確率的にはそのようなことは考えにくく,以下のような反応機構が考えられている.

$$NO+NO \overset{K}{\rightleftharpoons} N_2O_2$$

$$N_2O_2+O_2 \overset{k_2}{\longrightarrow} 2NO_2$$

この反応機構より 3 次反応の式になることを説明しなさい.また,反応速度は一般には温度上昇とともに大きくなるが,この反応では逆に小さくなることが知られている.この現象についても説明しなさい.

問題 6-3

反応温度が 10℃ 上昇したら反応速度はどのようになるかを説明しなさい.ただし,頻度因子は温度に依存しないものとする.また,反応温度が室温程度(25℃)から 10℃ 上昇すると反応速度が 2 倍および 3 倍になる反応の活性化エネルギーを求めなさい.

7. 酸と塩基

7.1 酸・塩基の概念

7.1.1 アレニウスによる定義

アレニウスは，**酸 (acid)** および**塩基 (base)** を次のように定義した（1884）．
- 酸：水溶液中で**プロトン**（H^+）を放出し，**オキソニウムイオン**（H_3O^+）を生じる物質
- 塩基：水溶液中で**水酸化物イオン**（OH^-）を生じる物質

例えば，塩化水素（HCl）は水溶液中で，

$$HCl + H_2O \rightleftarrows Cl^- + H_3O^+ \quad (7\text{-}1)$$

のように H_3O^+ を生じるので酸であり，また，水酸化ナトリウム（NaOH）やアンモニア（NH_3）は，

$$NaOH \rightleftarrows Na^+ + OH^- \quad (7\text{-}2)$$

$$NH_3 + H_2O \rightleftarrows NH_4^+ + OH^- \quad (7\text{-}3)$$

のように OH^- を放出するので塩基と定義される．

7.1.2 ブレンステッドとローリーによる定義

アレニウスによる酸・塩基の定義は水溶液中に限定されていることもあり，適用できる範囲に制限があった．そこで，ブレンステッドとローリーは酸・塩基の概念を次のように拡張した（1923）．
- 酸：H^+ を供与できる物質
- 塩基：H^+ を受容できる物質

この定義をもとに再び式(7-1)の反応をみてみよう．HCl は H_2O にプロトンを供与して塩化物イオン（Cl^-）となるので，アレニウスの定義と同様に酸と定義できる．一方 H_2O は HCl 分子から H^+ を受容して H_3O^+ となるので，ブレンステッド・ローリーの定義によれば塩基と定義されることになる．同様に式(7-3)の反応をみてみると，NH_3 は H_2O から H^+ を受容してアンモニウムイオン（NH_4^+）となるので，アレニウスの定義と同様，塩基と定義できる．しかし，H_2O は NH_3 分子にプロトンを供与して OH^- となるので，ブレンステッド・ローリーの定義によれば酸と定義されることになる．

これらの議論からわかるように，ブレンステッド・ローリーの定義によれば，H_2O は式(7-1)の反応では塩基として，式(7-3)の反応では酸として働く．すなわち，この定義では酸・塩基とは反応相手との相対的な関係において決まるものだといえる．水は H_3O^+，OH^- と正負両方のイオンの形を取りうることからわかるように，最も重要な両性イオン種である．

さて，式(7-1)の平衡反応を右から左へと視点を変えてみてみよう．

$$Cl^- + H_3O^+ \rightleftarrows HCl + H_2O \quad (7\text{-}1')$$

この場合ブレンステッド・ローリーの定義によれば Cl^- は塩基，H_3O^+ は酸として働いていることになる．このような酸-塩基平衡反応において，Cl^- は酸 HCl の**共役塩基 (conjugate base)**，また H_3O^+ は塩基 H_2O の**共役酸 (conjugate acid)** とよばれる（もちろん HCl を塩基 Cl^- の共役酸，H_2O を酸 H_3O^+ の共

ヨハンス・ブレンステッド

デンマークの化学者．コペンハーゲン大学に学び，のちに同大の化学教授となる．1923年にプロトンの授受による酸と塩基の定義を提唱．同時期にローリーが同様の定義を提案していたため，2人の名を冠してブレンステッド・ローリーの定義とよばれることとなった．（1879-1947）

トマス・マーティン・ローリー

英国の化学者．化合物の光学活性に関する研究に取り組み，ニトロ-d-カンファーの旋光性の経時的変化現象を変旋光と名付けた．1923年，ブレンステッドとは独立してブレンステッド・ローリーの定義を発表した．ケンブリッジ大学の物理化学教授を務めた．（1874-1936）

役塩基とよぶことも可能である）．さらに，ブレンステッド・ローリーの定義によれば，酸・塩基の概念を非水溶媒にまで拡張することができる．例えば，液体アンモニア中に水素化ナトリウム（NaH）を加えたときの反応は，

$$\mathrm{NH_3 + H^- \rightleftharpoons H_2 + NH_2^-} \quad (7\text{-}4)$$

のように表せる．この反応では $\mathrm{NH_3}$ が酸，$\mathrm{H^-}$ が塩基として働いていることになる．

7.1.3 ルイスによる定義

ルイスは，酸・塩基の概念をさらに拡張して次のように定義した（1923）．
・酸：電子対を受容できる物質
・塩基：電子対を供与できる物質

例えば，アンモニアや水は以下に示すように非共有電子対をもっており，他の物質にそれを供与できるので，**ルイス塩基（Lewis base）**と定義される．一方，プロトン（$\mathrm{H^+}$）は電子対を受容できる物質であるので，ルイスの定義によれば酸と定義される．また，ルイスによる定義は，酸・塩基の概念をプロトンの授受を伴わない反応にまで拡張することを可能にした．例えば，

$$\mathrm{Zn^{2+} + 4H_2O \longrightarrow Zn(H_2O)_4^{2+}} \quad (7\text{-}5)$$
$$\mathrm{F_3B + NH_3 \longrightarrow F_3B-NH_3} \quad (7\text{-}6)$$

などの反応においては，電子対を受容する $\mathrm{Zn^{2+}}$ および $\mathrm{BF_3}$ は酸，電子対を供与する $\mathrm{H_2O}$ および $\mathrm{NH_3}$ は塩基と定義される．

7.1 節のまとめ

- アレニウスの定義：水溶液中でプロトン（$\mathrm{H^+}$）を放出し，オキソニウムイオン（$\mathrm{H_3O^+}$）を生じる物質を酸，水酸化物イオン（$\mathrm{OH^-}$）を生じる物質を塩基とする．
- ブレンステッド・ローリーの定義：$\mathrm{H^+}$ を供与できる物質を酸，受容できる物質を塩基とする．
- ルイスの定義：電子対を受容できる物質を酸，供与できる物質を塩基とする．

7.2 酸性または塩基性水溶液中に存在するイオン種

7.2.1 水和した水素イオン（オキソニウムイオン）

水素イオン（プロトン，$\mathrm{H^+}$）は，ほかの多くの陽イオンと同様に水和を受け，$\mathrm{H_3O^+}$ の構造をもつオキソニウムイオンを生じる．$\mathrm{H_3O^+}$ は $\mathrm{H^+}$ が $\mathrm{H_2O}$ 分子の非共有電子対を受容して結合した構造をとっている．酸性水溶液の性質や反応について議論するとき，しばしばオキソニウムイオンを水和されていない状態で単に $\mathrm{H^+}$ と記述するが，その場合でも常に水和水の存在を認識しておく必要がある．

7.2.2 $\mathrm{H^+}$ と $\mathrm{OH^-}$ の間の平衡

水溶液中では，どんなイオン種，分子が存在していようとも，水分子，プロトン，水酸化物イオンの間に常に次式のような平衡が存在する．

$$\mathrm{H_2O \rightleftharpoons H^+ + OH^-} \quad (7\text{-}7)$$

したがって，この反応の**平衡定数（equilibrium constant）**を K とすれば，

$$K = \frac{[\mathrm{H^+}][\mathrm{OH^-}]}{[\mathrm{H_2O}]} \quad (7\text{-}8)$$

と表すことができる．通常 $[\mathrm{H_2O}]$ は $[\mathrm{H^+}]$ および $[\mathrm{OH^-}]$ と比べて著しく大きいので，$[\mathrm{H^+}]$ や $[\mathrm{OH^-}]$ が変化しても一定とみなして差し支えない．そこで，新たに K_W を，$K_\mathrm{W} = K \cdot [\mathrm{H_2O}] = K \times 55.6~\mathrm{mol\,L^{-1}}$ と定義すれば，

$$K_\mathrm{W} = [\mathrm{H^+}][\mathrm{OH^-}] \quad (7\text{-}9)$$

と書くことができる．すなわち，温度一定の条件下では，$\mathrm{H^+}$ と $\mathrm{OH^-}$ の濃度の積（K_W：**水のイオン積（ion product of water）**）は常に一定となる．いくつ

> **ギルバート・ニュートン・ルイス**
>
>
>
> 米国の物理化学者．重水の単離，共有結合，電子対に着目した酸と塩基の定義など数多くの業績を残した．光子の命名，熱力学における活量の提唱でも有名．長くカリフォルニア大学バークレー校で教授および化学部長を務め，ユーリーやシーボーグなど多くの研究者を指導した．（1875-1946）

かの実験手法により 25℃ (298 K) における水のイオン積は

$$K_W(298\ \text{K}) = 1.0 \times 10^{-14} (\text{mol L}^{-1})^2 \quad (7\text{-}10)$$

と求められている.

純粋な水（実験で通常用いる水は大気中の二酸化炭素が溶け込んでいるので純粋とはいえない）においては，$[H^+] = [OH^-]$，すなわち $[H^+] = [OH^-] = 1.0 \times 10^{-7}\ \text{mol L}^{-1}$ であり，中性であるとよばれる．また，$[H^+] > [OH^-]$ のとき，すなわち，$[H^+] > 1.0 \times 10^{-7}\ \text{mol L}^{-1}$ のとき，水溶液は**酸性**，$[H^+] < [OH^-]$，

表 7-1　K_W の温度に対する依存性

T [K]	273	297	313	373
K_W	0.05×10^{-14}	1.0×10^{-14}	3.8×10^{-14}	4.8×10^{-14}

すなわち $[H^+] < 1.0 \times 10^{-7}\ \text{mol L}^{-1}$ のとき，水溶液は**塩基性**であると定義される．

K_W は通常の平衡定数と同様温度に依存し，温度が高くなるほどその値は大きくなる．表 7-1 にいくつかの温度に対する K_W の値を示す．

7.2 節のまとめ

- 水素イオン（プロトン，H^+）が水分子（H_2O）と結合し，オキソニウムイオン（H_3O^+）が生じる．
- 水溶液中では常に $H_2O \rightleftharpoons H^+ + OH^-$ という平衡が存在する．
- 水のイオン積 K_W：H^+ と OH^- の濃度の積で，温度一定の条件下では常に一定になる．
- 25℃ (298 K) における水のイオン積：　$K_W(298\ \text{K}) = 1.0 \times 10^{-14} (\text{mol L}^{-1})^2$
- 純粋な水における水溶液の定義：
  - 中性　　$[H^+] = [OH^-] = 1.0 \times 10^{-7}\ \text{mol L}^{-1}$
  - 酸性　　$[H^+] > [OH^-]$
  - 塩基性　$[H^+] < [OH^-]$

7.3　水素イオン指数

本書では pH，pOH，pK_a などの記号がしばしば登場するが，この場合の p はいずれも，$pX = -\log X$ という意味を表す．例えば，

$$\text{pH} = -\log[H^+] \quad (7\text{-}11)$$
$$\text{pOH} = -\log[OH^-] \quad (7\text{-}12)$$
$$pK_a = -\log K_a \quad (7\text{-}13)$$

である．中でも pH（水素イオン指数）はプロトン濃度の指標として最も頻繁に用いられる．例えば，$[H^+] = 2 \times 10^{-5}\ \text{mol L}^{-1}$ の場合 pH = $-\log(2 \times 10^{-5})$ = $-\log 2 - (-5) = -0.3 + 5 = 4.7$ である．ここで，式(7-9)を pH および pOH を用いて表すことを考える．

$$\log K_W = \log[H^+] + \log[OH^-]$$
$$= -(\text{pH} + \text{pOH}) = \log(1.0 \times 10^{-14})$$
$$= -14.0$$
$$\text{pH} + \text{pOH} = 14.0 \quad (7\text{-}14)$$

これは水のイオン積の pH，pOH を用いた表現である．また，純粋な水では 25℃ において pH = pOH = 7 となることから，pH を用いた 25℃ における酸性，中性，塩基性の定義は以下のようになる．

- 酸性　　pH < 7
- 中性　　pH = 7
- 塩基性　pH > 7

このような pH の定義をもとに考えると，$10^{-7}\ \text{mol L}^{-1}$ 以下の濃度の酸は pH が 7 より大きくなって塩基性になってしまうように思えるが，低濃度の酸-塩基溶液では，溶媒の水自身の解離による H^+ または OH^- の寄与が無視できなくなるため，pH が 7 を超えて変化することはありえない．

> **7.3 節のまとめ**
> - 水素イオン指数 pH：プロトン濃度の指標　$pH = -\log[H^+]$
> - 純粋な水における pH を用いた水溶液の定義：$\begin{cases} 酸性 & pH < 7 \\ 中性 & pH = 7 \\ 塩基性 & pH > 7 \end{cases}$
> - 低濃度の酸-塩基溶液では，溶媒の水自身の解離による H^+ または OH^- の寄与が無視できなくなるため，pH が 7 を超えて変化することはない．

7.4　酸・塩基の強さと解離定数

7.4.1　酸解離定数

塩化水素（HCl）および酢酸（CH_3COOH）の水との反応はそれぞれ以下のように記述することができる．

$$HCl + H_2O \rightleftharpoons Cl^- + H_3O^+ \quad (7\text{-}1)$$
$$CH_3COOH + H_2O \rightleftharpoons CH_3COO^- + H_3O^+ \quad (7\text{-}15)$$

HCl の場合，ほぼ 100% の分子が水に H^+ を供与して解離することができる．言い換えれば，式(7-1)の平衡は著しく右に偏っている．このような酸を **強酸（strong acid）** という．強酸の数は比較的限られていて，三つのハロゲン化水素（HCl, HBr, HI）および三つのオキソ酸（$HClO_4$, HNO_3, H_2SO_4）が代表例である．一方，CH_3COOH の場合，水に H^+ を供与して CH_3COO^- となる分子の数は限られている．このような酸を **弱酸（weak acid）** という．ここで，式(7-15)の平衡定数を K とすると，

$$K[H_2O] = \frac{[H_3O^+][CH_3COO^-]}{[CH_3COOH]}$$

と表せる．溶媒である水の濃度は前節での議論と同様一定とみなせるため，$K_a = K[H_2O]$ とおくことにより，

$$K_a = \frac{[H_3O^+][CH_3COO^-]}{[CH_3COOH]} \quad (7\text{-}16)$$

表 7-2　代表的な弱酸の 298 K (25℃) における解離定数 K_a

酸	K_a	pK_a	酸	K_a	pK_a
HF（フッ化水素）	1×10^{-3}	3.00	HCOOH（ギ酸）	1.77×10^{-4}	3.75
HCN（シアン化水素）	4.9×10^{-10}	9.31	$ClCH_2COOH$（クロロ酢酸）	1.36×10^{-3}	2.87
HNO_2（亜硝酸）	4×10^{-4}	3.40	C_6H_5OH（フェノール）	1.30×10^{-10}	9.89
H_2CO_3（炭酸）	4.2×10^{-7} (K_{a1}) 4.8×10^{-11} (K_{a2})	6.4 (pK_{a1}) 10.3 (pK_{a2})	HOOCCOOH（シュウ酸）	6.5×10^{-2} (K_{a1}) 6.1×10^{-5} (K_{a2})	1.19 (pK_{a1}) 4.21 (pK_{a2})
H_3BO_3（ホウ酸）	7.3×10^{-10} (K_{a1}) 1.8×10^{-13} (K_{a2}) 1.6×10^{-14} (K_{a3})	9.1 (pK_{a1}) 12.7 (pK_{a2}) 13.8 (pK_{a3})	$(CH_2COOH)_2$（コハク酸）	6.4×10^{-5} (K_{a1}) 2.7×10^{-6} (K_{a2})	4.19 (pK_{a1}) 5.57 (pK_{a2})
H_3PO_4（リン酸）	7.5×10^{-3} (K_{a1}) 6.2×10^{-8} (K_{a2}) 4.8×10^{-13} (K_{a3})	2.1 (pK_{a1}) 7.2 (pK_{a2}) 12.3 (pK_{a3})	$C_6H_8O_6$（アスコルビン酸）	8.0×10^{-5} (K_{a1}) 1.6×10^{-12} (K_{a2})	4.1 (pK_{a1}) 11.79 (pK_{a2})
			$CH_3CH(OH)COOH$（酪酸）	1.39×10^{-4}	3.86
CH_3COOH（酢酸）	1.75×10^{-5}	4.76	$HOOCCH_2C(OH)$ $COOHCH_2COOH$（クエン酸）	8.7×10^{-4} (K_{a1}) 1.8×10^{-5} (K_{a2}) 4.0×10^{-6} (K_{a3})	3.06 (K_{a1}) 4.74 (pK_{a2}) 5.40 (pK_{a3})
C_6H_5COOH（安息香酸）	6.30×10^{-5}	4.20			

(I. Segel, *Biochemical Calculations*, John Wiley & Sons, Inc., New York, (1968) より引用)

と書くことができる．この K_a を，（弱酸の）**酸解離定数（acid dissociation constant）** とよび，pH と同様しばしば pK_a（$= -\log K_a$：**酸解離指数（acid dissociation exponent）**）という形で用いられる．K_a（pK_a）は一定温度では濃度にかかわらず一定の値となり，弱酸の強弱の尺度となる．pK_a が小さいほど強い酸であることを示す．表 7-2 に主な弱酸の K_a および pK_a を示す．

7.4.2 塩基解離定数

塩基の場合も酸と同様，強塩基と弱塩基に分類することができる．NaOH は水中でほぼ完全に Na^+ と OH^- に解離する．言い換えれば式(7-2)は著しく右に偏っている．このような塩基のことを**強塩基（strong base）** とよぶ．アルカリ金属やほとんどのアルカリ土類金属の水酸化物は強塩基に分類される．一方，アンモニア水溶液では，存在するアンモニア分子のうち NH_4^+ と OH^- とに解離する割合は限定されている．このような塩基は**弱塩基（weak base）** とよばれる．メチルアミンなど，多くの有機アミン類は弱塩基に分類される．弱塩基の場合にも，**塩基解離定数（base dissociation constant）** K_b を以下のように定義することができる．塩基 B が水溶液中で式(7-17)のような平衡にある場合を考える．

$$B + H_2O \rightleftharpoons HB^+ + OH^- \quad (7\text{-}17)$$

式(7-13)の平衡定数を K' とすれば，

$$K' \cdot [H_2O] = \frac{[HB^+][OH^-]}{[B]}$$

弱酸の場合と同様に $K_b = K' \cdot [H_2O]$ とおくことにより，

$$K_b = \frac{[HB^+][OH^-]}{[B]} \quad (7\text{-}18)$$

また，塩基解離指数 pK_b も同様に p$K_b = -\log K_b$ と定義され，塩基性の強さの指標とされる．いくつかの塩基の K_b，および pK_b の値を表 7-3 に示す．

ところで，式(7-18)の右辺の分母，分子に $[H^+]$ を

表 7-3 代表的な弱塩基の 298 K における解離定数 K_b

塩基	K_b	pK_b	pK_a
アンモニア	1.8×10^{-5}	4.75	9.25
アニリン	3.8×10^{-10}	9.42	4.58
カフェイン	4.1×10^{-4}	3.39	10.61
コカイン	2.57×10^{-6}	5.59	8.41
クレアチン	1.92×10^{-11}	10.72	3.28
エチルアミン	5.6×10^{-4}	3.25	10.75
メチルアミン	4.38×10^{-4}	3.36	10.64
ニコチン	7×10^{-7}	6.2	7.8
ピリジン	1.71×10^{-9}	8.77	5.23
キノン	$1.1 \times 10^{-6} (K_{b1})$	$5.96 (pK_{b1})$	$8.04 (pK_{a1})$
	$1.35 \times 10^{-10} (K_{b2})$	$9.87 (pK_{b2})$	$4.13 (pK_{a2})$
尿素	1.5×10^{-14}	13.82	0.18

pK_a：各塩基の共役酸の酸解離定数（pK_a + pK_b = 14）

掛けると

$$K_{b(B)} = \frac{[HB^+][OH^-][H^+]}{[B][H^+]}$$

$$= K_W \cdot \frac{[HB^+]}{[B][H^+]}$$

$$= \frac{K_W}{K_{a(HB^+)}} \quad (7\text{-}19)$$

となる．なお，HB^+ は塩基 B の共役酸，$K_{a(HB^+)}$ はその酸解離定数である．式(7-19)より $K_{a(HB^+)}$ と $K_{b(B)}$ の間には

$$K_{a(HB^+)} \cdot K_{b(B)} = K_W \quad (7\text{-}20)$$

あるいは

$$pK_{a(HB^+)} + pK_{b(B)} = 14.00 \quad (7\text{-}20')$$

の関係があることがわかる．したがって，ある酸（塩基）の解離定数がわかれば，その共役塩基（共役酸）の解離定数も容易に求めることができる．例えば，アンモニア（NH_3）の pK_b は 4.75 であるので，その共役酸であるアンモニウムイオン（NH_4^+）の pK_a は，$14.00 - 4.75 = 9.25$ と求められる．

7.4 節のまとめ

- 水との反応において，ほぼ 100% の分子が水に H^+ を供与して解離することができる酸を強酸，H^+ を供与できる分子の数が限られている酸を弱酸という．
- （弱酸の）解離定数 K_a は，酸解離指数 $pK_a(=-\log K_a)$ という形で用いられ，温度一定の条件下では濃度にかかわらず一定の値を示し，弱酸の強さの尺度となる．
- 水との反応において，ほぼ 100% の分子が水に OH^- を供与して解離することができる塩基を強塩基，OH^- を供与できる分子の数が限られている塩基を弱塩基という．
- 塩基解離指数 $pK_b(=-\log K_b)$ は，塩基性の強さの尺度となる．
- $K_a \cdot K_b = K_w (pK_a + pK_b = 14.00)$ の関係があることから，ある酸（塩基）の解離定数がわかれば，その共役塩基（共役酸）の解離定数を求めることができる．

7.5　弱酸，弱塩基水溶液の pH と pK_a の相関

塩化水素（HCl），硫酸（H_2SO_4）などの強酸の希薄水溶液では，全分子数に対する解離している分子の割合である**解離度（degree of dissociation）**は 1 と近似できるため，酸の濃度からただちに pH を算出することができる．しかし，解離度が 1 より小さい弱酸の場合は，pH の算出に $K_a(pK_a)$ の値を考慮することが必要となる．弱酸であるシアン化水素（HCN）の 1.0×10^{-2} mol L^{-1} 水溶液の pH について考えてみよう．$[H^+]=x$ とおくと，酸塩基平衡にある各化学種の濃度 [mol L^{-1}] は以下のように表される．

$$HCN \rightleftharpoons H^+ + CN^-$$
$$(0.010-x) \quad\quad x \quad\quad x$$

シアン化水素の pK_a(298 K) は 4.9×10^{-10} （表 7-2 参照）であるので，

$$4.9\times10^{-10} = \frac{x^2}{0.010-x} \quad (7\text{-}21)$$

$$x^2 + 4.9\times10^{-10}\,x - 4.9\times10^{-12} = 0$$

この 2 次方程式を解いて，

$$x = [H^+] = 2.2\times10^{-6} \text{ mol L}^{-1}$$

$$pH = 5.7$$

と計算される．また，解離度 α は

$$\alpha = \frac{2.2\times10^{-6}}{0.010} = 2.2\times10^{-4}$$

と求められる．

弱酸の解離度は 1 より十分小さいので，式 (7-21) において，$0.01 \gg x$ という近似を行っても通常は差し支えない．この近似を用いて同様に x を計算すると，

$$4.9\times10^{-10} \approx \frac{x^2}{0.010}$$

$x = [H^+] = 2.2\times10^{-6}$ mol L^{-1} となり，有効数字 2 桁までは誤差を生じないことがわかる．ただし，濃度が希薄になるにつれて解離度は大きくなるので，非常に薄い溶液を取り扱うときは，誤差を生じないような正確な計算が必要である．同様の考え方により，弱酸 HA の解離定数 K_a は，一般に添加濃度を c として，

$$K_a = \frac{[H^+]^2}{c-[H^+]}$$

と表すことができる．特に $c \gg [H^+]$ と近似できるときには，

$$[H^+] = (K_a c)^{1/2} \quad (7\text{-}22)$$

の関係が成り立つ．

7.5 節のまとめ

- 解離度が 1 より小さい弱酸の pH の算出： $K_a = \dfrac{[H^+]^2}{c-[H^+]}$ （K_a：解離定数，c：添加濃度）
- 特に $c \gg [H^+]$ と近似できるとき： $[H^+] = (K_a c)^{1/2}$ （K_a：解離定数，c：添加濃度）

7.6 塩の加水分解

塩化ナトリウム（NaCl）や硫酸カリウム（K_2SO_4）など，強酸と強塩基の反応で生成する塩は水中で完全に解離し，中性を示す．一方，酢酸ナトリウム（CH_3COONa）や塩化アンモニウム（NH_4Cl）など，弱酸と強塩基，あるいは強酸と弱塩基とからなる塩は水溶液中でそれぞれ弱塩基性，弱酸性を示す．これは，これらの塩水溶液中で生じる**加水分解反応（hydrolysis reaction）** とよばれる平衡反応に起因している．

まず，酢酸ナトリウム（CH_3COONa）水溶液中での各イオンの挙動について検討してみよう．CH_3COONa は水溶液中で以下のようにほぼ完全に解離する．

$$CH_3COONa \longrightarrow CH_3COO^- + Na^+ \quad (7\text{-}23)$$

しかし，解離した CH_3COO^- は，新たに溶媒である水と以下のような平衡を形成する．

$$CH_3COO^- + H_2O \rightleftharpoons CH_3COOH + OH^- \quad (7\text{-}24)$$

酢酸は弱酸であるため，この平衡は右寄りに偏っている．したがって，水溶液中には OH^- が形成されることになり，CH_3COONa 水溶液は弱塩基性を示すことになる．次に，$0.10\ \mathrm{mol\ L^{-1}}$ の CH_3COONa 水溶液の pH を求めてみよう．CH_3COONa はほぼ完全に解離しているので，式 (7-24) において，$[CH_3COO^-] + [CH_3COOH] = 0.10\ \mathrm{mol\ L^{-1}}$ である．そこで，$[CH_3COOH] = x[\mathrm{mol\ L^{-1}}]$ とおくと

$$CH_3COO^- + H_2O \rightleftharpoons CH_3COOH + OH^-$$
$$\quad 0.10-x \qquad\qquad\qquad x \qquad\quad x$$

となる．したがって，CH_3COO^- の塩基解離定数 K_b は

$$K_b = \frac{x^2}{0.10-x} \approx \frac{x^2}{0.10}$$

ところで，式 (7-20) より，

$$K_b = \frac{K_W}{K_a} \quad \text{（K_a は CH_3COO^- の共役酸である CH_3COOH の酸解離定数）}$$

であり，表 7-2 のデータをもとに K_b を計算すると，

$$K_b = \frac{1 \times 10^{-14}}{1.75 \times 10^{-5}} = 5.7 \times 10^{-10}$$

以上より，

$$[OH^-] = x = 7.6 \times 10^{-6}\ \mathrm{mol\ L^{-1}}$$
$$\mathrm{pH} = 14 - \mathrm{pOH} = 14 - 5.1 = 8.9$$

なお，本節の議論においては，溶媒である水の解離平衡の寄与を考慮していない．通常の計算ではその寄与は小さいので問題にならないが，非常に希薄な溶液の pH を求める際には，水の解離の寄与を考慮する必要が生じてくるので注意を要する．

7.6 節のまとめ
- 加水分解反応：弱酸（強酸）と強塩基（弱塩基）からなる塩が，水と反応することにより弱塩基性（弱酸性）を示すようになる反応．

7.7 塩効果と共通イオン効果

7.7.1 塩効果

弱酸の解離の程度は，水溶液中に共存する他の電解質の影響を受ける．例えば酢酸水溶液の酸解離定数 K_a は $1.8 \times 10^{-5}\ \mathrm{mol\ L^{-1}}$ であるのに対して，$0.1\ \mathrm{mol\ L^{-1}}$ の塩化ナトリウムの存在下では，$2.2 \times 10^{-5}\ \mathrm{mol\ L^{-1}}$ へと多少増大する．このような現象は**塩効果（salt effect）** とよばれており，強電解質の添加に伴って生じるイオン間の相互作用により弱酸（弱塩基）の解離が促進されるために生じる．

7.7.2 共通イオン効果

7.6 節において，弱酸-強塩基の塩である CH_3COONa の水溶液では，CH_3COO^- と水との平衡反応により酢酸と水酸化物イオンを生じ，その結果溶液は塩基性を示すことを述べた．次に，水中にあらかじめ CH_3COOH と CH_3COONa の両方を加えた際のイオン間の平衡について考えてみよう．この場合，酢酸の水中での解離平衡

$$CH_3COOH \rightleftharpoons CH_3COO^- + H^+$$

は，共存する CH_3COONa 由来の CH_3COO^- の存在により左側に移動する．その結果 $[H^+]$ は減少し，溶液の pH は塩基側に変化することになる．CH_3COO^- は酢酸と酢酸ナトリウムの共通の陰イオン種であることから，弱酸（あるいは弱塩基）水溶液の pH に及ぼすこのような塩の添加効果は**共通イオン効果（common ion effect）** とよばれる．

7.7 節のまとめ
- 塩効果：強電解質の添加に伴って生じるイオン間の相互作用により弱酸（弱塩基）の解離が促進され，水溶液中の平衡や反応速度が変化すること．
- 共通イオン効果：ある水溶液中に塩を添加したときに，共通イオンの存在により水溶液中の反応速度が変化し，平衡が変化すること．

7.8 緩衝液

緩衝液（buffer）とは，少量の酸や塩基を加えてもpHが一定に保たれるような性質をもつ溶液のことをいう．緩衝液は化学的にも，生物学的にも非常に重要な役割を果たしている．緩衝液は，溶液のpHを一定に保って行いたい化学実験においてしばしば用いられるほか，pH校正用に用いられる標準液は厳密に調製された緩衝液である．また，生体中のさまざまな溶液は優れた緩衝作用を有している．血液のpHは約7.4，一方，胃酸のpHは0.9と体内液のpHはさまざまであるが，いずれの溶液も緩衝作用によりpHが一定に保たれており，酵素活性や浸透圧を精密に制御するのに寄与している．

7.8.1 酢酸-酢酸ナトリウム緩衝液

緩衝液の組成は，通常弱酸とその塩，あるいは弱塩基とその塩の組合せから成り立っている．以下に，最もシンプルな組成の緩衝液の一つである酢酸-酢酸ナトリウム緩衝液の緩衝作用について述べる．

酢酸の酸解離定数 K_a は，

$$K_a = \frac{[H^+][CH_3COO^-]}{[CH_3COOH]} (= 1.75 \times 10^{-5} \text{ mol L}^{-1})$$

と表される．この式の対数をとって整理すると，

$$-\log[H^+] = -\log K_a + \log\frac{[CH_3COO^-]}{[CH_3COOH]}$$

$$pH = pK_a + \log\frac{[CH_3COO^-]}{[CH_3COOH]} \quad (7\text{-}25)$$

となる．ほかの弱酸水溶液においても一般に，

$$pH = pK_a + \log\frac{[共役塩基]}{[酸]} \quad (7\text{-}25')$$

の形で表すことができる．式(7-25)は**ヘンダーソン・ハッセルバルヒの式（Henderson–Hasselbalch equation）**とよばれ，緩衝液や酸塩基滴定におけるイオン間の平衡を理解するうえで非常に有用な式である．

ここで，1.0 mol L^{-1} 酢酸/1.0 mol L^{-1} 酢酸ナトリウムからなる緩衝液に，酸や塩基を加えたときの緩衝作用について定量的に考えてみる．緩衝液中では

$$CH_3COONa \rightleftharpoons CH_3COO^- + Na^+ \quad (7\text{-}23)$$
$$CH_3COOH \longrightarrow CH_3COO^- + H^+ \quad (7\text{-}26)$$

の関係が成り立っており，CH_3COONa は完全解離，また弱酸である酢酸の解離は小さいことから，$[CH_3COOH] = [CH_3COO^-] \fallingdotseq 1.0 \text{ mol L}^{-1}$ と考えて差し支えない．したがって，ヘンダーソン・ハッセルバルヒの式(7-25)よりこの緩衝液のpHは

$$pH = 4.76 + \log\frac{1.0}{1.0} = 4.76$$

となる．このことから，弱酸水溶液において酸と共役塩基の濃度が等しいときには溶液のpHは pK_a に等しくなることがわかる．

次にこの緩衝液1Lに0.1 molの塩酸（HCl）を加えたときのpHの変化を考える．添加された H^+ は，緩衝液中の CH_3COO^- と以下のように反応する．

$$CH_3COO^- + H^+ \rightleftharpoons CH_3COOH$$
$$\text{0.1 mol} \quad \text{0.1 mol} \quad \text{0.1 mol}$$

したがって，HCl添加後の CH_3COOH，CH_3COO^- の濃度は，

$$[CH_3COOH] = 1.1 \text{ mol L}^{-1}$$
$$[CH_3COO^-] = 0.9 \text{ mol L}^{-1}$$

となる．したがって，HCl添加後のpHは

$$pH = 4.76 + \log\frac{0.9}{1.1} = 4.67$$

となり，pHの変化は0.09と小さく抑えられていることがわかる．緩衝液が存在しなければ，0.1 mol L^{-1} HCl水溶液のpHは1.0となることからも，緩衝作用は明らかである．

次に，同じ溶液に0.1 molの水酸化ナトリウム（NaOH）を添加した場合のpH変化について考えよう．OH^- は CH_3COOH からの解離により生成する H^+ と反応する．CH_3COOH の解離度は小さいため，NaOH添加前に存在する H^+ の量は少量であるが，中和反応が進むとともに式(7-23)の平衡が右側に移動していくので，結局はすべての OH^- が H^+ と反応することができる．HClを添加したときと同様の考え方に

より，塩基添加後の溶液の CH_3COOH，CH_3COO^- の濃度は，

$$[CH_3COOH] = 0.9 \text{ mol L}^{-1}$$
$$[CH_3COO^-] = 1.1 \text{ mol L}^{-1}$$

となる．したがって，溶液の pH は，

$$pH = 4.76 + \log\frac{1.1}{0.9} = 4.85$$

となり，塩基の添加に対しても優れた緩衝能力を有していることがわかる．

7.8.2 緩衝能

次に，緩衝液が有効に働く pH，および緩衝作用の大きさについて考えてみよう．緩衝作用を表す指標としては，**緩衝能（buffer index）**が知られている．緩衝能は，pH(pOH)を単位量変化させるのに要する酸または塩基の濃度変化，すなわち，

$$\beta = \frac{-d[H^+]}{dpH} = \frac{d[OH^-]}{dpH} \quad (7\text{-}27)$$

と定義される．ここでは詳しい式の導出は行わないが，緩衝能は，

$$\beta = \frac{2.303(C_a+C_s)K_a[H^+]}{([H^+]+K_a)^2} \quad (7\text{-}28)$$

と表すことができる．なお，C_a，C_s はそれぞれ緩衝液を構成する弱酸（弱塩基）および塩の濃度である．この式からわかるように，緩衝液を構成する酸（塩基），あるいは塩の濃度が大きいほど緩衝能は大きくなる．また，この式をもとに計算した酢酸-酢酸ナトリウム緩衝液の緩衝能の pH 依存性を図 7-1 に示す．図 7-1 からもわかるように，緩衝能は pH が pK_a と等しいとき，いい換えれば酸濃度と共役塩基濃度が等しいときに最大となる．逆に，十分な緩衝作用を示すのは，酸と塩の濃度比が 1：10 から 10：1 の間，すなわち，

$$pH = pK_a \pm 1$$

の間に限定される．酢酸の pK_a は 4.76 であるから，その緩衝作用が十分発揮されるのは pH が 3.76 から 5.76 の間であり，他の pH 領域については別の緩衝液を用いる必要がある．代表的な緩衝液とその適用 pH 範囲について表 7-4 に示す．

7.8.3 リン酸緩衝液

生化学研究において特に重要な中性領域の緩衝液と

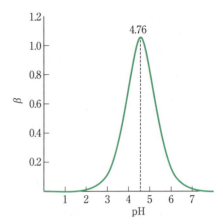

図 7-1　1 mol L^{-1} CH$_3$COOH/1 mol L^{-1} CH$_3$COONa 緩衝液の緩衝能（ピークを与える pH は 4.76 であり，これが pK_a に相当する）

表 7-4　代表的な pH 緩衝液

緩衝液	pH 範囲[*1]
フタル酸水素カリウム/フタル酸	2.1〜4.1
CH$_3$COONa/CH$_3$COOH	3.8〜5.8
フタル酸ナトリウムカリウム/フタル酸水素カリウム	4.4〜6.4
Na$_2$HPO$_4$/KH$_2$PO$_4$	6.2〜8.2
Tris/HCl[*2]	7.1〜9.1
ホウ酸ナトリウム/ホウ酸	8.1〜10.1
Na$_2$CO$_3$/NaHCO$_3$	9.3〜11.3
Na$_3$PO$_4$/Na$_2$HPO$_4$	11.3〜13.3

[*1] pH=pK_a±1，[*2] Tris は tris (hydroxymethyl) aminomethane の略称．

しては，**リン酸緩衝液（phosphate buffer）**がよく知られている．リン酸緩衝液は，リン酸二水素カリウム（KH$_2$PO$_4$）とリン酸水素二ナトリウム（Na$_2$HPO$_4$）の混合溶液である．この緩衝液においては，H$_2$PO$_4^-$ が弱酸（pK_a = 7.20），および HPO$_4^{2-}$ がその塩に対応する．この緩衝液の酸（HA），および塩基（B）との反応は以下のとおりである．

$$HA + HPO_4^{2-} \rightleftharpoons A^- + H_2PO_4^-$$
$$B + H_2PO_4^- \rightleftharpoons BH^+ + HPO_4^{2-}$$

> **7.8節のまとめ**
> - 緩衝液：少量の酸や塩基を加えてもpHが一定に保たれるような性質をもつ溶液．
> - ヘンダーソン・ハッセルバルヒの式：
> $$\begin{cases} -\log[\mathrm{H}^+] = -\log K_\mathrm{a} + \log\dfrac{[\mathrm{CH_3COO^-}]}{[\mathrm{CH_3COOH}]} \\ \mathrm{pH} = pK_\mathrm{a} + \log\dfrac{[\mathrm{CH_3COO^-}]}{[\mathrm{CH_3COOH}]} \end{cases}$$
> - 緩衝能：$\beta = \dfrac{2.303(C_\mathrm{a}+C_\mathrm{s})K_\mathrm{a}[\mathrm{H}^+]}{([\mathrm{H}^+]+K_\mathrm{a})^2}$
> - リン酸緩衝液：生化学研究において特に重要な中性領域の緩衝液．リン酸二水素カリウム（KH_2PO_4）とリン酸水素二ナトリウム（Na_2HPO_4）の混合溶液．

7.9 酸・塩基滴定

7.9.1 強酸-強塩基滴定曲線

塩酸などの強酸を水酸化ナトリウムなどの強塩基などで滴定する場合の滴定曲線（titration curve）を図7-2に示す．同濃度の酸と塩基を用いた場合には，滴定曲線は水酸化ナトリウムを塩酸と等量加えた点を中心として対称な形となり，当量点（equivalent point）ではpHは7.0となる．滴定途中の溶液のpHは，中和されずに残っている酸または塩基の濃度を，滴定の結果増加する容積を考慮に入れて計算すれば容易に求まる．強酸-強塩基の滴定の場合，当量点近傍のpHの変化は急峻かつ大きく，数pHにも及ぶ．

7.9.2 弱酸-強塩基滴定曲線

酢酸などの弱酸を水酸化ナトリウムなどの強塩基などで滴定する場合の滴定曲線は，7.9.1項の場合とは大きく異なる．滴定曲線は全体として塩基側にシフトし，また，当量点近傍でのpH変化も強酸-強塩基の場合と比べて緩やかかつ小さくなる．したがって，滴定の際に用いる指示薬はpK_aが7より大きなもの（フェノールフタレインなど）を用いる必要がある．pK_aの異なるいくつかの弱酸を同濃度の水酸化ナトリウムで滴定した場合の曲線を図7-3に示す．

ここで，酢酸を同濃度の水酸化ナトリウムで滴定していく場合のpHの変化について考えてみよう．

a. 滴定開始時

CH_3COOHは弱酸であり，滴定開始時のpHは強酸のときと比べて図7-3からもわかるように塩基性側にシフトする．このときのpHは式(7-22)により，

$$\mathrm{pH} = \tfrac{1}{2}pK_\mathrm{a} - \tfrac{1}{2}\log C$$

と求められる．

b. 滴定途中

次に，CH_3COOH水溶液にNaOH水溶液を加えていく過程では，酢酸と酢酸ナトリウムが共存する状態，すなわち，弱酸とその塩からなる緩衝液が形成している．そこで7.8.1項で議論したヘンダーソン・ハッセルバルヒの式を再び適用できる．

$$\mathrm{pH} = pK_\mathrm{a} + \log\dfrac{[\mathrm{CH_3COO^-}]}{[\mathrm{CH_3COOH}]}$$

なお，$[\mathrm{CH_3COO^-}] = [\mathrm{CH_3COOH}]$のとき，すなわちあらかじめ存在する$CH_3COOH$を半量滴定したときのpHは$pK_\mathrm{a}$と等しくなることがわかる．したがって，このことを逆に利用することにより，滴定曲線から弱酸のpK_aを実験的に求めることができる．

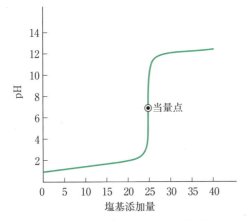

図7-2 強酸（$0.1\ \mathrm{mol\ L^{-1}}$ HCl）を強塩基（$0.1\ \mathrm{mol\ L^{-1}}$ NaOH）で滴定したときの滴定曲線

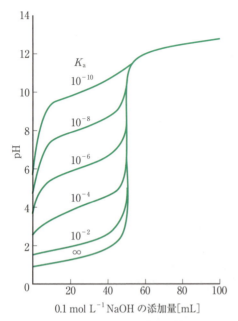

図 7-3 種々の K_a 値を有する酸の滴定曲線. $0.1\ \mathrm{mol\ L^{-1}}$, $50.0\ \mathrm{mL}$ の酸を $0.1\ \mathrm{mol\ L^{-1}}$ の NaOH で滴定.

表 7-5 代表的な多塩基酸の pK_a 値

	pK_1	pK_2	pK_3	$pK_2-pK_1=\Delta pK_a$
H_2SO_4	（強酸）	1.92		—
$(COOH)_2$	1.25	4.29		3.04
H_2SO_3	6.35	10.33		3.98
H_3PO_4	2.15	7.20	12.36	5.05

c. 当量点

中和反応により生成するのは CH₃COONa（弱酸塩）であるので，当量点における pH は 7.0 にはならず，弱塩基性を示す．当量点付近における pH の変化は強酸-強塩基の滴定曲線に比べて小さい．

7.9.3 強酸-弱塩基の滴定曲線

弱塩基を強酸で滴定する場合の挙動は，強酸を強塩基で滴定する場合の逆である．滴定曲線は，強酸-強塩基の場合と比べて酸性側にシフトする．したがって，この際用いる指示薬としては，pK_a が酸性側に位置するメチルオレンジなどが適当である．

また前項と同様に，あらかじめ存在する弱塩基を滴定するのに必要な強酸の半量を求めることにより，弱塩基の pK_a（または pK_b）を実験的に求めることも可能である．

7.9.4 多塩基酸の中和反応

硫酸，炭酸，シュウ酸などは，H⁺ として解離できる水素原子を 1 分子中に 2 個以上もつ**多塩基酸（polybasic acid）**である．H_2A の形で表される 2 塩基酸は通常

$$H_2A \rightleftharpoons H^+ + HA^- \quad K_1 = \frac{[H^+][HA^-]}{[H_2A]} \quad (7\text{-}29)$$

$$HA^- \rightleftharpoons H^+ + A^{2-} \quad K_2 = \frac{[H^+][A^{2-}]}{[HA^-]} \quad (7\text{-}30)$$

のように 2 段階に解離する．硫酸の場合は強酸であり，いずれの平衡も著しく右側に偏っており，完全解離と見なしてよい．中和滴定曲線も，塩酸などの一塩基酸の挙動と同じと考えてよい．いくつかの多塩基酸の pK_1 と pK_2 の値を表 7-5 に示す．

7.9 節のまとめ

- 強酸-強塩基の滴定曲線：当量点（pH 7.0）を中心に対象な形となる．当量点近傍の pH の変化は急峻で大きい．
- 弱酸-強塩基の滴定曲線：強酸-強塩基の場合に比べ，全体に塩基側にシフトし，当量点近傍での pH の変化も緩やかで小さい．
- 強酸-弱塩基の滴定曲線：強酸-強塩基の場合に比べ，全体に酸性側にシフトする．
- 多塩基酸の中和反応：多塩基酸は 1 分子中に H⁺ として解離できる水素原子を 2 個以上もつ．滴定曲線の挙動は一塩基酸の挙動と同じと考えてよい．

7.10 pH 指示薬

酸・塩基滴定を行うとき，種々の **pH 指示薬（pH indicator）**が用いられる．フェノールフタレインやメチルオレンジなどに代表される pH 指示薬は通常それ自体も弱酸または弱塩基であり，その特徴は，酸（塩

基）と共役塩基（酸）で色（可視光に対する吸収）が異なる点にある．ここで，酸解離定数が K_{In} である pH 指示薬 HIn の解離平衡について考えてみよう．なお酸 HIn はその共役塩基 In^- と異なる色を示すものとする．

$$HIn \rightleftharpoons H^+ + In^-$$

であるから，

$$K_{In} = \frac{[H^+][In^-]}{[HIn]}$$

$$\frac{[HIn]}{[In^-]} = \frac{[H^+]}{K_{In}} \quad (7\text{-}31)$$

と書ける．指示薬の色は $[HIn]$ と $[In^-]$ の比，すなわち式(7-31)の左辺で決まる．式(7-31)の右辺に注目すると K_{In} は定数であるので，溶液の色は $[H^+]$，すなわち pH に依存することになる．

$$\frac{[HIn]}{[In^-]} > 10$$

のときに酸 $[HIn]$ 型の色が，

$$\frac{[HIn]}{[In^-]} < \frac{1}{10}$$

のときに塩基 $[In^-]$ 型の色が発現すると仮定すれば，色の変化領域は

$$pH = pK_{In} \pm 1$$

となる．このように，pH 指示薬の色の変化領域は指示薬の pK_a 付近であるから，中和反応の等量点の pH に応じて，適当な pH 指示薬を選択することが必要である．表 7-6 に代表的な pH 指示薬とその pK_{In} を示す．

pH 指示薬が酸型と塩基型で色が変化するのは，これらの分子中における電子の分布が，プロトンの授受により大きく変化することに起因する．例えば，メチルオレンジは分子中に二つのフェニル基を有するが，プロトンの付加により酸型になると，キノイドとよばれる構造をとり，二重結合の性質が大きく変化する．これが色の大きな変化をもたらす要因となっている．

表 7-6 代表的な酸-塩基指示薬

指示薬	色		pK_{In}	pH 範囲
	酸型	塩基型		
チモールブルー	赤	黄	1.5	1.2-2.8
ブロモフェノールブルー	黄	青	4.0	3.0-4.6
クロロフェノールブルー	黄	赤	6.0	4.8-6.4
ブロモチモールブルー	黄	青	7.0	6.0-7.6
クレゾールレッド	黄	赤	8.3	7.2-8.8
メチルオレンジ	橙	黄	3.7	3.1-4.4
メチルレッド	赤	黄	5.1	4.2-6.3
フェノールフタレイン	無色	赤	9.4	8.3-10.0

7.10 節のまとめ

- pH 指示薬：通常それ自体も弱酸（弱塩基）で，酸（塩基）と共役塩基（共役酸）で色（可視光に対する吸収）が異なる．
- pH 指示薬の色は酸と共役塩基の濃度比による．

7.11 水以外の溶媒中での酸・塩基反応

HCl，HBr，HI はいずれも強酸であり，水溶液中ではいずれもほぼ完全に解離するので，その酸としての強弱を議論するのは困難である．しかし，これらのハロゲンイオンとプロトンの結合強度は異なっており，HCl > HBr > HI の順に強い．いい換えれば，酸としての強さは HCl < HBr < HI の順となる．これらの違いは溶媒を，1) 誘電率の小さいもの，2) 塩基性の弱いものに変えることにより明確に現れるようになる．

7.11.1 溶媒の誘電率の寄与

溶媒中に存在する荷電粒子間に働くクーロン力は

$$f = \frac{q_2 \times q_1}{4\pi\varepsilon r^2} \quad (7\text{-}32)$$

（q_1, q_2：荷電体の電荷量，r：距離，ε：溶媒の誘電率）

と表せる．したがって，溶媒の**誘電率**（dielectric constant）が小さいほどイオン間のクーロン力は大きい，すなわちイオン対は解離しにくいということになる．したがって，水よりも誘電率の小さな溶媒では水中では強酸として働く物質も解離が抑制されるようになる．例えば，エタノール（誘電率：24.3）中では，

ハロゲン化水素の解離度は，HCl < HBr < HI の序列となる．

7.11.2 溶媒の塩基性の寄与

HCl が水中で解離するということは，別のいい方をすれば，溶媒である水が強酸の共役塩基である Cl⁻ よりも強い塩基だということである．したがって，塩基性の弱い溶媒，例えば氷酢酸などを用いれば，HCl の解離度は顕著に抑制される．また，水中では弱酸で解離度の小さなカルボン酸でも，液体アンモニアなどの塩基性の強い溶媒中では完全に解離し，強酸としてふるまうようになる．

> **7.11 節のまとめ**
> - 水中で強酸として働く物質の酸としての強弱を測定するには，溶媒を誘電率の小さいもの，または塩基性の弱いものに変えることで，解離を抑制し，性質を明確にすることができる．

章末問題

問題 7-1

1.0×10^{-4} mol L^{-1} および 1.0×10^{-8} mol L^{-1} の HCl 溶液の pH を求めなさい．

問題 7-2

(1) 0.10 mol L^{-1} のトリクロロ酢酸水溶液の pH を求めなさい．（$K_a = 2.0 \times 10^{-1}$ mol L^{-1}）

(2) 0.10 mol L^{-1} の酢酸水溶液の pH を求めなさい．（$K_a = 1.75 \times 10^{-5}$ mol L^{-1}）

(3) 0.10 mol L^{-1} のトリフルオロエタノール水溶液の pH を求めなさい．（$K_a = 4.0 \times 10^{-13}$ mol L^{-1}）

問題 7-3

1.0 L 中に酢酸 0.08 mol，酢酸ナトリウム 0.10 mol を含む緩衝液がある．

(1) この溶液の pH を求めなさい．

(2) この溶液 1.0 L に 0.01 mol の塩酸を加えたときの pH 変化を求めなさい．ただし，体積と温度の変化は無視できるものとする．

(3) この溶液 1.0 L に 0.01 mol の酢酸を加えたときの pH 変化を求めなさい．ただし，体積と温度の変化は無視できるものとする．

8. 酸化還元反応

　酸化還元反応とは，電子移動を伴う反応であり，日常生活でよく目にする．例えば，電池から電流を取り出す反応，鉄などが腐食する反応などはこの酸化還元型の反応によるものである．

■ 8.1　酸　化　数

8.1.1　酸化数とは

　酸化数（oxidation number）は，酸化還元反応により起こる変化を表すためのもので，単原子では原子番号から軌道電子の数を引いた数であり，その原子のもつ正味の電荷数である．これを酸化状態（oxidation state）とよぶこともある．少し難しく表現すると，「各々の結合の両方の電子がより電気陰性度の大きな元素に割り当てられたときに原子がもつ電荷数」ということができる．例えば，Cl^-，I^-，Al^{3+}，Bi^{5+} の酸化数は，それぞれ -1，-1，$+3$，$+5$ である．一方，多原子分子やイオンの場合，真の電荷を表すならば構成原子の電荷の分布を知る必要があるが，これは実際に得ることができない．そこで，酸化数を任意に決める必要があり，これを見かけの酸化数とよぶこともある．したがって，この場合は実際の電荷の分布とはほとんど無関係である．その方法については，次項で述べる．

8.1.2　酸化数の決定法

　多原子分子やイオンに対する酸化数の割り当て方の規則を以下に示す．
① 単体中の原子の酸化数は，いずれの同素体でも常に 0 である．
② 水素の酸化数は，金属の水素化物では -1 であり，他の化合物はすべて $+1$ である．
③ 酸素の酸化数は，H_2O_2 などの過酸化物では -1 であり，それ以外はほとんどの化合物で -2 である．
④ 上記以外の酸化数は，各酸化数の和が，イオンや分子のもつ正味の電荷に等しくなるようにする．なお，アルカリ金属は $+1$，アルカリ土類金属は $+2$，ハロゲンは酸素以外と化合するときは -1 などのように，ほとんどいつも同じ酸化状態をとるので覚えておくとよい．

8.1.3　酸化数の表示

　遷移元素は，化合物中で種々の酸化状態をとる．例えば，鉄の酸化物には，FeO，Fe_2O_3 などがあるが，IUPAC 命名法では，酸化鉄（Ⅱ），酸化鉄（Ⅲ）と表す．すなわち，酸化状態を表したい金属元素名のすぐ後に，酸化数をローマ数字の大文字で表しそれに括弧をつけて表示する．
　一方，このような表示は非金属同士の化合物では用いない．炭素，窒素などの酸化物は，CO_2 を二酸化炭素，N_2O_4 を四酸化二窒素というように，成分比で表示する．また，同じ金属の酸化状態が 2 種類あるときは，日本語では，酸化数の低い方を第一〜，高い方を第二〜と区別している．英語では，それぞれ -ous，-ic を語尾につけて区別してきた．例えば，鉄（Ⅱ）を第一鉄（ferrous），鉄（Ⅲ）を第二鉄（ferric）ともよぶ．

8.1.4　酸化剤，還元剤

　過去に，化学者は物質の酸素との化合を酸化と定義した．しかし，現在は酸素を含まない反応にも酸化という言葉が用いられている．
　我々が手にする電池内部で起こっている化学変化や鉄の腐食などでは，ある原子から他の原子への電子の移動が起こっている．ここで，電子を失う反応を酸化（oxidation），電子を得る反応を還元（reduction）と定義している．言い換えると，酸化は物質自体の酸化数の増加，還元は酸化数の減少を表しているともいえる．例えば，Li が F と反応し LiF が形成されるとき，Li は F が還元するのに必要な電子を供給している．すなわち，他のものの還元を起こさせる試薬であり，このようなものは還元剤（reducing agent）とよばれる．逆に，F は Li から電子を受けとることにより，Li を酸化させるので，酸化剤（oxidizing agent）とよばれる．同様に考えると，H と Cl が反応して HCl が

生成するときは，H は還元剤，Cl は酸化剤とみなされる．一般に，還元剤は自らは電子を失い酸化され，酸化剤は自らは電子を得て還元される．このように，化学反応では酸化と還元は必ず同時に進行するものであり，酸化はいつも還元を伴っているともいえる．よって酸化と還元が起きる反応は**酸化還元反応（oxidation-reduction reaction）**という表現をよく用い，酸化還元（oxidation-reduction）を略して"redox"という言葉がしばしば用いられる．その他の反応は非酸化還元反応（nonredox reaction）である．

8.1 節のまとめ
- 酸化数は酸化還元反応により起こる変化を表す．
- 単原子ではその原子のもつ正味の電荷数である．
- 多原子分子やイオンに対する酸化数の割り当て方の規則がある．
- 電子を失う反応を酸化，電子を得る反応を還元と定義している．
- 化学反応では酸化と還元は必ず同時に進行する．

8.2 酸化還元反応の化学量論

8.2.1 酸化数による酸化還元反応のつり合わせ

酸化還元反応は重要な化学反応であり，無機化合物，有機化合物の多くの反応，生体中のエネルギー伝達機構などにおいて酸化還元過程を伴っている．

酸化還元反応の化学量論は，電子移動を伴わない反応よりもわかりにくくなりがちで，酸化還元反応の化学反応式は複雑化し，それをつり合わせることが難しくなる．ところが，酸化還元反応において，酸化過程で失われた電子の総数は還元過程で得られた電子の総数に等しくなければいけないので，これを反応式のつり合わせに用いることができる．

例として酸性溶液中での過マンガン酸カリウムと鉄（Ⅱ）塩の反応

$$FeSO_4 + KMnO_4 + H_2SO_4 \longrightarrow Fe_2(SO_4)_3 + K_2SO_4 + MnSO_4 + H_2O \quad (8\text{-}1)$$

について考えてみる．

まず，酸化数の変化しているものを式(8-1)から探すと，

Fe(Ⅱ) ⟶ Fe(Ⅲ)　酸化数の変化 +1
Mn(Ⅶ) ⟶ Mn(Ⅱ)　酸化数の変化 −5

ここで，酸化数の変化が全体として，0になるには，Fe(Ⅱ)と Mn(Ⅶ)の比は 5:1 となる．よって，式(8-1)の左辺の $FeSO_4$ と $KMnO_4$ の比は 5:1 となる．このあとはこれに合わせて反応式をつり合わせればよい．すなわち，Fe と K を含む左辺第1項，第2項，右辺第1項，第2項の係数が $FeSO_4$ と $KMnO_4$ の比から決まる．次に，Mn の量を合わせることにより，右辺第3項の係数が決まる．次に，S の量を合わせることにより，左辺第3項の係数が決まる．次に，H の量を合わせることにより，右辺第4項の係数が決まる．最後に O の量でこれらの係数比が正しいか確認できる．よって

$$10FeSO_4 + 2KMnO_4 + 8H_2SO_4 \longrightarrow 5Fe_2(SO_4)_3 + K_2SO_4 + 2MnSO_4 + 8H_2O \quad (8\text{-}2)$$

となる．

8.2.2 イオン電子法による酸化還元反応のつり合わせ

電池や日常出合う多くの酸化還元反応は，イオンが関与している．酸化還元反応において実効イオン反応式をつり合わせるのに適した方法は**イオン電子法（ion-electron method）**とよばれる．これは，反応式を**半反応（half-reaction）**とよばれるものに分けて，別々につり合わせた後，再度結合し，最後につり合った実効イオン反応式を作る方法である．例えば，式(8-1)は次の二つの半反応式に分けられる．

$$Fe^{2+} \longrightarrow Fe^{3+} + e^- \quad (8\text{-}3)$$
$$MnO_4^- + 8H^+ + 5e^- \longrightarrow Mn^{2+} + 4H_2O \quad (8\text{-}4)$$

ここで，電子が過不足なく反応するには，Fe^{2+} と MnO_4^- の比は 5:1 となる．したがって，この係数比を式(8-1)に対して，8.2.1項と同様につり合わせると，式(8-2)が得られる．

8.2 節のまとめ

- 酸化還元反応において，酸化過程で失われた電子の総数は還元過程で得られた電子の総数に等しくなければいけない．
- 酸化還元反応において実効イオン反応式をつり合わせるのに適した方法はイオン電子法とよばれる．

8.3 酸化還元と電気化学

8.3.1 イオン化傾向と電池反応

電池（cell, battery）とは化学エネルギーを電気エネルギーに変換するデバイスで，狭義にはこのような電池を化学電池という．例えば，硫酸銅（$CuSO_4$）溶液中に亜鉛板を入れると，次の反応が起こり，Zn がイオンになって溶解するとともに，銅が亜鉛表面に析出する．

$$Zn + Cu^{2+} \longrightarrow Zn^{2+} + Cu \quad (8\text{-}5)$$

ここで，Cu^{2+} は 2 電子（$2e^-$）を得て Cu になり，還元されている．したがって，Cu^{2+} は酸化剤であり，Zn を Zn^{2+} に酸化する．逆に Zn は還元剤である．この過程では，化学変化に伴い化学エネルギーが熱エネルギーに変わり溶液の温度が若干上がるだけで，電気エネルギーを直接取り出せない．そこで，亜鉛と銅の板を電極として，それぞれを硫酸亜鉛溶液，硫酸銅溶液に浸し，両溶液が混合しないように隔膜を介して接触させると，両金属間に電位差を生じる．よって，溶液外部で両金属を接触（導通）させ回路を作ると，電気エネルギーを取り出せる．すなわち，電池になる．またこの系は，最初の実用電池としても使われ，ダニエル電池（Daniell cell）とよばれている．この電池の概念図を図 8-1 に示した．

これらの反応は，2 電子の授受を伴い，下記のように二つに分けることができる．

$$\text{亜鉛電極} \quad Zn \longrightarrow Zn^{2+} + 2e^- \quad (8\text{-}6)$$

$$\text{銅電極} \quad Cu^{2+} + 2e^- \longrightarrow Cu \quad (8\text{-}7)$$

それぞれを半反応（単極反応とよぶこともある），一般的には半電池反応（half-cell reaction）とよぶ．これに対して，式 (8-5) を全反応といい，電池反応（cell reaction）とよばれる．この場合，導線の中を電子は亜鉛から銅に向かって流れ，電流はその逆向きに流れる．したがって，電池の正極（positive electrode）は電流が流れ出す銅，負極（negative electrode）は電流が流れ込む亜鉛である．また，電子の流れに注目すると，酸化反応が起こる亜鉛を陽極，アノード（anode），還元反応が起こる銅を陰極，カソード（cathode）とよぶ．この電池の構成は次のような電池図で表される．

$$Zn|Zn^{2+}|Cu^{2+}|Cu \quad (8\text{-}8)$$

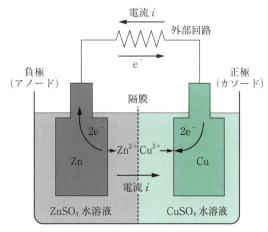

図 8-1　ダニエル電池の概念図

ジョン・フレデリック・ダニエル

英国の化学者，物理学者．1831 年に開設されたキングス・カレッジ・ロンドンにおいて初代化学教授を務めた．世界初の実用電池であるダニエル電池を考案したことで特に知られる．露点湿度計の発明者でもある．(1790-1845)

アレッサンドロ・ボルタ

イタリアの物理学者．2 種の金属の電位差により電気が発生することを発見し，世界初の電池であるボルタの電堆を発明した．電圧・電位差・起電力の単位ボルト（V）は彼の名に由来する．メタンの発見者でもある．(1745-1827)

電池図の左側（負極）と右側（正極）は，それぞれ電池の半分を構成しているので，これらを**半電池 (half cell)** という．

別の酸化還元反応の例として，
$$2Ag^+ + Cu \longrightarrow Cu^{2+} + 2Ag \tag{8-9}$$
も銀塩を含む水溶液中に銅板を入れたときに起こる．この場合，Ag^+ は酸化剤であり，Cu は Cu^{2+} に酸化される．

これを半電池反応で表すと，
$$Cu \longrightarrow Cu^{2+} + 2e^- \tag{8-10}$$
$$2Ag^+ + 2e^- \longrightarrow 2Ag \tag{8-11}$$
のようになり，Cu は還元剤，Ag^+ は酸化剤である．

式(8-6)〜(8-11)より，Zn は Cu^{2+} も Ag^+ も還元することができる．Cu は Ag^+ を還元することができる．したがって，Zn はこれらの中で還元力が最も大きい．還元剤としての強さで並べると，
$$Zn \longrightarrow Zn^{2+} + 2e^-$$
$$Cu \longrightarrow Cu^{2+} + 2e^-$$
$$Ag \longrightarrow Ag^+ + e^-$$
となり，上記の反応は Zn が最も起こりやすく，Ag が最も起こりにくい．還元剤の強さは，相手物質に電子を与えやすい傾向と一致しており，言い換えると，Zn が Cu，Ag よりも電子を出して陽イオンになる傾向が大きいといえる．このように，金属が水溶液中で金属イオンを生じる傾向を**イオン化傾向 (ionization tendency)** とよぶ．イオン化傾向の大きさの順に金属を並べたものをイオン化列といい，以下のとおりである．
（大）Li, K, Ca, Na, Mg, Al, Zn, Cr, Fe, Ni, Sn, Pb, (H), Cu, Hg, Ag, Pt, Au（小）

一般に，2種類の金属を組み合わせて水溶液中に浸漬させると，イオン化傾向の大きい金属がイオンとなって溶出し，同時にイオン化傾向の低い金属が析出する．しかし，これに当てはまらないこともある．例えば，濃硝酸中に Fe と Cu を浸漬させると Cu が溶解する．これは，Fe が不動態化するためである．

8.3.2 標準電極電位

前項で述べたイオン化傾向は定性的な概念である．一方，金属のイオンになる傾向は，金属を浸漬させる溶液の種類，溶質の濃度で異なる．よって，電極が示すポテンシャルを定量的に決めるには，金属に接する溶質の量を決める必要がある．金属と接する溶液中に含まれる金属イオンを $1\,mol\,kg^{-1}$（正確には活量1）としたときの，金属電極が示す電位を用いる．これを**標準電極電位 (standard electrode potential)** といい，$E°$ で表す．この $E°$ により，定量的な相互比較を行う．溶液の場合，標準状態（standard state）を溶質濃度 $1\,mol\,kg^{-1}$（正確には活量1）とする．また，気体の場合は気体の分圧が $1\,atm$（正確にはフガシティ，fugacity 1）とする．水溶液系のこれらの値を表 8-1 に示した．ここで，電位は単独では測定できないので，電位がわかっている別の系と組み合わせて電池を組んで，起電力を測定することにより，**電極電位 (electrode potential)** を求める．現在，この基準となっているのが，**標準水素電極 (normal hydrogen electrode)** であり，その電位はすべての温度において 0 V であると約束されている．言い換えると，$1\,atm$ 下の水素ガス電極が $1\,mol\,kg^{-1}$ の水素イオンを含む液と平衡にあるとき，この電極電位を温度によらず常に 0 V と定めた．このような規約に基づく電極電位は水素基準（hydrogen scale）によっているという．

先に述べたイオン化列は，$E°$ の値が負に大きいものから並べたものともいえる．

電池においては，各電極の標準電極電位の差が，標準状態にある電池の**起電力 (electromotive force)** $E°$（電池に電流が流れていない状態）である．

ここで，ある電池反応が化学量論的に完結するのに z 個の電子の移動が必要である場合，$1\,mol$ あたりの電気量は zF であるから，系が外界になす仕事は，$zFE°$（z は反応電子数）であり，これはなしうる最大仕事量である．ここで，電気的な仕事は一般には容積変化に伴う機械的な仕事は含まないから，$zFE°$ は電池反応の標準自由エネルギー変化と考えてよい．

したがって，系が外界になす仕事による標準自由エネルギーの変化量 $\Delta G°$ は，次式で表される．

$$-\Delta G° = zFE° = RT\ln K \tag{8-12}$$

ここで，K は電池反応の平衡定数である．

8.3.3 電池の起電力

電池の起電力（electromotive force）の符号は，次に示すストックホルム規約（Stockholm convention）

ジョサイア・ウィラード・ギブズ

米国の数学者，物理学者，化学者．イェール大学卒業後ヨーロッパに留学し，キルヒホッフ，ヘルムホルツに学んだ．相律の発見，自由エネルギー・化学ポテンシャルの概念の導入など，化学熱力学分野の基礎を築いた．また，ベクトル解析，数学，統計力学分野にも寄与した．（1839-1903）

表 8-1 水溶液系の標準電極電位 (25℃)

s：固体, c：結晶, e：液体, aq：水溶液, g：気体, hyd：水和物, (Hg)：アマルガム, (Pt)：白金上に析出させた状態, (a), (b), (red), (white), (black) などは結晶の状態を示す．特に示していない場合は水溶液を表す．

	$E°$ [V]		$E°$ [V]
$Ac^{3+}+3e^- = Ac(s)$	-2.6	$BrO_3^-+3H_2O+6e^- = Br^-+6OH^-$	0.61
$Ag_2S(\alpha)+2e^- = 2Ag(s)+S^{2-}$	-0.691	$BrO^-+H_2O+2e^- = Br^-+2OH^-$	0.761
$[Ag(CN)_2]^-+e^- = Ag(s)+2CN^-$	-0.31	$Br_3^-(aq)+2e^- = 3Br^-$	1.0503
$AgI(s)+e^- = Ag(s)+I^-$	-0.1524	$Br_2(l)+2e^- = 2Br^-$	1.0652
$AgCN(s)+e^- = Ag(s)+CN^-$	-0.017	$Br_2(aq)+2e^- = 2Br^-$	1.0874
$[Ag(S_2O_3)_2]^{3-}+e^- = Ag(s)+2S_2O_3^{2-}$	-0.017	$BrO_3^-+6H^++5e^- = 1/2Br_2(l)+3H_2O$	1.52
$AgBr(s)+e^- = Ag(s)+Br^-$	0.0711	$HBrO(aq)+H^++e^- = 1/2Br_2(l)+H_2O$	1.595
$Ag_4Fe(CN)_6(s)+4e^- = 4Ag(s)+Fe(CN)_6^{4-}$	0.1478	$BrO_4^-+2H^++2e^- = BrO_3^-+H_2O$	1.763
$AgCl(s)+e^- = Ag(s)+Cl^-$	0.2224	$CO_2(g)+2H^++2e^- = H_2C_2O_4(aq)$	-0.49
$Ag_3PO_4(s)+3e^- = 3Ag(s)+PO_4^{3-}$	0.3402	$CO_2(g)+2H^++2e^- = HCOOH(aq)$	-0.114
$Ag_2O(s)+H_2O+2e^- = 2Ag(s)+2OH^-$	0.342	$CO_2(g)+2H^++2e^- = CO(g)+H_2O$	-0.103
$AgIO_3(s)+e^- = Ag(s)+IO_3^-$	0.54	$H_2CO_3(aq)+6H^++6e^- = CH_3OH(aq)+2H_2O$	0.044
$Ag_2SeO_3(s)+2e^- = 2Ag(s)+SeO_3^{2-}$	0.3626	$HCOOH(aq)+2H^++2e^- = HCHO(aq)+H_2O$	0.056
$Ag(NH_3)_2^++e^- = Ag(s)+2NH_3(aq)$	0.373	$Graphite+4H^++4e^- = CH_4(g)$	0.132
$Ag_2CrO_4(s)+2e^- = 2Ag(s)+CrO_4^{2-}$	0.464	$CO_2(g)+4H^++4e^- = C(s)+2H_2O$	0.207
$Ag_2C_2O_4(s)+2e^- = 2Ag(s)+C_2O_4^{2-}$	0.4647	$CO(g)+6H^++6e^- = CH_4(g)+H_2O$	0.260
$AgBrO_3+e^- = Ag(s)+BrO_3^-$	0.548	$1/2(CN)_2(g)+H^++e^- = HCN(aq)$	0.373
$2AgO(s)+H_2O+2e^- = Ag_2O(s)+2OH^-$	0.607	$C_2H_4(g)+2H^++2e^- = C_2H_6(g)$	0.52
$Ag_2SO_4(s)+2e^- = 2Ag(s)+SO_4^{2-}$	0.654	$CH_3OH(aq)+2H^++2e^- = CH_4(g)+H_2O$	0.588
$AgClO_4(s)+e^- = 2Ag(s)+ClO_4^-$	0.787	$C_6H_4O_2(s)+2H^++2e^- = C_6H_4(OH)_2(s)$	0.699
$Ag^++e^- = Ag(s)$	0.7991	$Ca^{2+}+2e^- = Ca(s)$	-2.87
$Ag^{2+}+e^- = Ag^+$	1.980	$CdS(s)+2e^- = Cd(s)+S^{2-}$	-1.175
$Al(OH)_3+3e^- = Al(s)+3OH^-$	-2.30	$[Cd(CN)_4]^{2-}+2e^- = Cd(s)+4CN^-$	-1.028
$AlF_6^{3-}+3e^- = Al(s)+6F^-$	-2.069	$Cd(OH)_2(s)+2e^- = Cd(s)+2OH^-$	-0.825
$Al^{3+}+3e^- = Al(s)$	-1.68	$[Cd(NH_3)_4]^{2+}+2e^- = Cd(s)+4NH_3(aq)$	-0.621
$Am(OH)_3(s)+3e^- = Am(s)+3OH^-$	-2.71	$Cd^{2+}+2e^- = Cd(s)$	-0.4029
$Am^{3+}+3e^- = Am(s)$	-2.06	$Cd^{2+}+2e^-+Hg = Cd(Hg)$	-0.3516
$AmO_2^++4H^++2e^- = Am^{3+}+2H_2O$	1.83	$Ce^{3+}+3e^- = Ce(s)$	-2.322
$AsO_2^-+2H_2O+3e^- = As(\alpha)+4OH^-$	-0.68	$Ce^{4+}+e^- = Ce^{3+}$	1.74
$AsO_4^{3-}+2H_2O+2e^- = AsO_2^-+4OH^-$	-0.67	$ClO_3^-+H_2O+2e^- = ClO_2^-+2OH^-$	0.27
$As(\alpha)+3H^++3e^- = AsH_3(g)$	-0.24	$ClO_4^-+H_2O+2e^- = ClO_3^-+2OH^-$	0.40
$As(g)+3H^++3e^- = AsH_3(g)$	-0.19	$ClO_2^-+H_2O+2e^- = ClO^-+2OH^-$	0.68
$As_2O_3(s)+6H^++6e^- = 2As(\alpha)+3H_2O$	0.234	$ClO^-+H_2O+2e^- = Cl^-+2OH^-$	0.89
$H_3AsO_4(aq)+2H^++2e^- = HAsO_2(aq)+2H_2O$	0.559	$ClO_2(g)+e^- = ClO_2^-$	1.07
$[Au(CN)_2]^-+e^- = Au(s)+2CN^-$	-0.611	$ClO_3^-+2H^++e^- = ClO_2(g)+H_2$	1.13
$AuI_2^-+e^- = Au(s)+2I^-$	0.578	$ClO_3^-+3H^++2e^- = HClO_2(aq)+H_2O$	1.16
$[Au(SCN)_2]^-+e^- = Au(s)+2SCN^-$	0.689	$ClO_2(g)+H^++e^- = HClO_2(aq)$	1.19
$[AuCl_2]^-+e^- = Au(s)+2CN^-$	1.154	$ClO_4^-+2H^++2e^- = ClO_3^-+H_2O$	1.23
$Au(OH)_3(s)+3H^++3e^- = Au(s)+3H_2O$	1.362	$Cl_2(g)+2e^- = 2Cl^-$	1.3683
$Au^{3+}+3e^- = Au(s)$	1.50	$Cl_2(aq)+2e^- = 2Cl^-$	1.3961
$Au^++e^- = Au(s)$	1.68	$Cl_3^-(aq)+2e^- = 3Cl^-$	1.4152
$Ba^{2+}+2e^- = Ba(s)$	-2.91	$ClO_3^-+6H^++6e^- = Cl^-+3H_2O$	1.44
$BeO(s)+H_2O+2e^- = Be(s)+2OH^-$	-2.61	$HClO(aq)+H^++2e^- = Cl^-+H_2O$	1.50
$Be^{2+}+2e^- = Be(s)$	-1.968	$HClO(aq)+H^++e^- = 1/2Cl_2(g)+H_2O$	1.63
$BeO_2^{2-}+4H^++2e^- = Be(s)+2H_2O$	-0.859	$HClO_2(aq)+2H^++2e^- = HClO(aq)+H_2O$	1.645
$BiO^++2H^++3e^- = Bi(s)+H_2O$	0.314	$CoS(a)+2e^- = Co(s)+S^{2-}$	-0.90

表 8-1 水溶液系の標準電極電位（25℃）（つづき）

	$E°$ [V]		$E°$ [V]
$Co(OH)_2(s)+2e^- = Co(s)+2OH^-$	−0.73	$Ge^{2+}+2e^- = Ge(s)$	0
$Co^{2+}+2e^- = Co(s)$	−0.287	$1/2H_2+e^- = H^-$	−2.25
$[Coedta]^-+e^- = [Coedta]^{2-}$	0.06	$H^++e^- = H(g)$	−2.107
$[Co(NH_3)_6]^{3+}+e^- = [Co(NH_3)_6]^{2+}$	0.06	$2H^++2e^- = H_2(g)$	0
$CoO(s)+2H^++2e^- = Co(s)+H_2O$	0.119	$Hf^{4+}+4e^- = Hf(s)$	−1.70
$[Co(dpy)_3]^{3+}+e^- = [Co(dpy)_3]^{2+}$	0.34	$HgS(black)+2e^- = Hg(l)+S^{2-}$	−0.69
$Co_3O_4S(s)+2H^++2e^- = 3CoO(s)+H_2O$	0.548	$Hg_2I_2(s)+2e^- = 2Hg(l)+2I^-$	−0.0405
$3Co_2O_3(s)+2H^++2e^- = 2Co_3O_4(s)+H_2O$	1.018	$HgI_4^{2-}+2e^- = Hg(l)+4I^-$	−0.028
$Co^{3+}+e^- = Co^{2+}$	1.95	$HgO(red)+H_2O+2e^- = Hg(l)+2OH^-$	0.098
$[Cr(CN)_6]^{3-}+e^- = [Cr(CN)_6]^{4-}$	−1.28	$Hg_2Br_2(s)+2e^- = 2Hg(l)+2Br^-$	0.1392
$Cr(OH)_3(hyd)+3e^- = Cr(s)+3OH^-$	−1.26	$HgBr_4^{2-}+2e^- = Hg(l)+4Br^-$	0.232
$Cr^{2+}+2e^- = Cr(s)$	−0.79	$Hg_2Cl_2(s)+2e^- = 2Hg(l)+2Cl^-$	0.268
$Cr^{3+}+e^- = Cr^{2+}$	−0.424	$Hg_2C_2O_4(s)+2e^- = 2Hg(l)+C_2O_4^{2-}$	0.4166
$CrO_4^{2-}+4H_2O+3e^- = Cr(OH)_4^-+4OH^-$	−0.17	$Hg_2SO_4(s)+2e^- = 2Hg(l)+SO_4^{2-}$	0.6125
$Cr(VI)+e^- = Cr(V)$	0.55	$Hg^{2+}+2e^- = 2Hg(l)$	0.796
$Cr_2O_7^{2-}+14H^++6e^- = 2Cr^{3+}+7H_2O$	1.29	$2Hg^{2+}+2e^- = Hg_2^{2+}$	0.911
$Cr(V)+e^- = Cr(IV)$	1.34	$IO_3^-+3H_2O+6e^- = I^-+6OH^-$	−0.269
$Cr(IV)+e^- = Cr(III)$	2.10	$IO^-+H_2O+2e^- = I^-+2OH^-$	0.468
$Cs^++e^- = Cs(s)$	−3.027	$I_2(s)+2e^- = 2I^-$	0.5346
$Cu_2S(s)+2e^- = 2Cu+S^{2-}$	−0.89	$I_3^-+2e^- = 3I^-$	0.5356
$[Cu(CN)_2]^-+e^- = Cu(s)+2CN^-$	−0.43	$HIO(aq)+H^++2e^- = I^-+H_2O$	0.987
$CuI(s)+e^- = Cu(s)+I^-$	−0.1852	$IO_3^-+6H^++5e^- = 1/2I_2(s)+3H_2O$	1.210
$[Cu(NH_3)_2]^++e^- = Cu(s)+2NH_3(aq)$	−0.12	$2HIO(aq)+2H^++2e^- = I_2(s)+2H_2O$	1.431
$CuBr(s)+e^- = Cu(s)+Br^-$	0.033	$IO_4^-+2H^+ = IO_3+2H_2O$	1.589
$CuCl(s)+e^- = Cu(s)+Cl^-$	0.137	$In^{3+}+3e^- = In(s)$	−0.3382
$Cu^{2+}+e^- = Cu^+$	0.153	$In_2O_3(s)+6H^++6e^- = 2In(s)+3H_2O$	0.206
$Cu^{2+}+2e^- = Cu(s)$	0.337	$Ir_2O_3(s)+3H_2O+6e^- = 2Ir(s)+6OH^-$	0.098
$Cu_2O(s)+2H^++2e^- = 2Cu(s)+H_2O$	0.471	$IrCl_6^{3-}+3e^- = Ir(s)+6Cl^-$	0.86
$Cu^++e^- = Cu(s)$	0.521	$Ir^{3+}+3e^- = Ir(s)$	1.16
$CuO(s)+2H^++2e^- = Cu(s)+H_2O$	0.558	$K^++e^- = K(s)$	−2.936
$Cu^{2+}+Cl^-+e^- = CuCl(s)$	0.562	$Li^++e^- = Li(s)$	−3.040
$Eu^{3+}+3e^- = Eu(s)$	−2.2	$Mg(OH)_2(s)+2e^- = Mg(s)+2OH^-$	−2.689
$Eu^{3+}+e^- = Eu^{2+}$	−0.35	$Mg^{2+}+e^- = Mg^+$	−2.659
$F_2O(g)+4H^++4e^- = 2HF(aq)+H_2O$	2.246	$Mg^{2+}+2e^- = Mg(s)$	−2.37
$F_2(g)+2e^- = 2F^-$	2.89	$Mn(OH)_2(s)+2e^- = Mn(s)+2OH^-$	−1.56
$F_2(g)+2H^++2e^- = 2HF(aq)$	3.076	$Mn^{2+}+2e^- = Mn(s)$	−1.18
$FeS(a)+2e^- = Fe(s)+S^{2-}$	−0.965	$Mn_2O_3(s)+3H_2O+2e^- = 2Mn(OH)_2(s)+2OH^-$	−0.25
$Fe(OH)_2(s)+2e^- = Fe(s)+2OH^-$	−0.892	$MnO_4^-(aq)+e^- = MnO_4^{2-}(aq)$	0.558
$Fe_2S_3(s)+2e^- = 2FeS(\alpha)+S^{2-}$	−0.715	$MnO_4^-+2H_2O+3e^- = MnO_2(s)+4OH^-$	0.596
$Fe(OH)_3(s)+e^- = Fe(OH)_2(s)+OH^-$	−0.56	$2MnO_2(s)+2H^++2e^- = Mn_2O_3(s)+H_2O$	0.98
$Fe^{2+}+2e^- = Fe(s)$	−0.440	$MnO_2(s)+4H^++2e^- = Mn^{2+}+2H_2O$	1.23
$[Fe(CN)_6]^{3-}+e^- = [Fe(CN)_6]^{4-}$	0.36	$Mn^{3+}+e^- = Mn^{2+}$	1.51
$Fe^{3+}+e^- = Fe^{2+}$	0.771	$MnO_4^-+4H^++3e^- = MnO_2(s)+2H_2O$	1.695
$H_2GaO_3^-+H_2O+3e^- = Ga(s)+4OH^-$	−1.22	$MO^{3+}+3e^- = MO(s)$	−0.200
$Ga^{3+}+3e^- = Ga(s)$	−0.53	$MoO_2(s)+4H^++e^- = Mo^{3+}+2H_2O$	0.311
$Ga^{2+}+2e^- = Ga(s)$	−0.45	$MoO_3(s)+2H^++2e^- = MoO_2(s)+H_2O$	0.320
$HGeO_3^-+2H_2O+4e^- = Ge(s)+5OH^-$	−1.084	$MoO_4^{2-}+4H^++2e^- = MoO_2(s)+2H_2O$	0.606
$GeO_2+4H^++4e^- = Ge(s)+2H_2O$	−0.235	$[Mo(CN)_8]^{3-}+e^- = [Mo(CN)_8]^{4-}$	0.725

表 8-1 水溶液系の標準電極電位（25℃）（つづき）

反応	$E°$ [V]	反応	$E°$ [V]
$MoO_4(s)+4H^++4e^- = MoO_2(s)+2H_2O$	0.861	$O_2^-(aq)+H_2O+e^- = HO_2^-(aq)+OH^-$	0.413
$MoO_4(s)+2H^++2e^- = MoO_3(s)+H_2O$	1.402	$O_2^-(g)+2H^++2e^- = H_2O_2(aq)$	0.682
$NO_3^-+H_2O+2e^- = NO_2^-+2OH^-$	0.01	$O_2^-(aq)+2H_2O+3e^- = 4OH^-$	0.7
$N_2(g)+6H^++6e^- = 2NH_3(aq)$	0.092	$H_2O_2(aq)+H^++e^- = OH(aq)+H_2O$	0.71
$N_2H_4(aq)+4H_2O+2e^- = 2NH_4OH(aq)+2OH^-$	0.1	$HO_2^-(aq)+H_2O+2e^- = 3OH^-$	0.878
$NH_2OH(aq)+H_2O+2e^- = NH_3(aq)+2OH^-$	0.1	$O_2(g)+4H^++4e^- = 2H_2O(l)$	1.229
$2NH_2OH(aq)+2e^- = N_2H_4(aq)+2OH^-$	0.73	$O_3(g)+H_2O+2e^- = O_2(g)+2OH^-$	1.24
$2NO_3^-+4H^++2e^- = N_2O_4(g)+2H_2O$	0.824	$HO_2(aq)+H^++e^- = H_2O_2(aq)$	1.495
$NO_3^-+2H^++2e^- = NO_2^-+H_2O$	0.832	$O(g)+H_2O+2e^- = 2OH^-$	1.59
$NO_3^-+3H^++2e^- = HNO_2(aq)+H_2O$	0.928	$HO_2(aq)+3H^++3e^- = 2H_2O$	1.7
$NO_3^-+4H^++3e^- = NO(g)+2H_2O$	0.964	$H_2O_2(aq)+2H^++2e^- = 2H_2O$	1.776
$N_2O_4(g)+4H^++4e^- = 2NO(g)+2H_2O$	1.03	$O_3(g)+2H^++2e^- = O_2(g)+H_2O$	2.07
$N_2O_4(g)+2H^++2e^- = 2HNO_2(aq)$	1.03	$O(g)+2H^++2e^- = H_2O$	2.422
$HNO_2(aq)+H^++e^- = NO(g)+H_2O$	1.04	$OH(aq)+H^++e^- = H_2O$	2.81
$N_2O_4(g)+8H^++8e^- = N_2(g)+4H_2O$	1.357	$OsCl_6^{2-}+e^- = OsCl_6^{3-}$	0.45
$2NO_2(g)+8H^++8e^- = N_2(g)+4H_2O$	1.363	$OsO_4(s)+4H^++4e^- = OsO_2 \cdot 2H_2O(s)$	0.96
$2NO(g)+4H^++4e^- = N_2(g)+2H_2O$	1.495	$PO_4^{3-}+2H_2O+2e^- = HPO_3^{2-}+3OH^-$	-1.119
$N_2O(g)+2H^++2e^- = N_2(g)+H_2O$	1.77	$H_3PO_4(aq)+2H^++2e^- = H_3PO_3(aq)+H_2O$	-0.276
$HN_3(aq)+3H^++2e^- = NH_4^++N_2(g)$	1.96	$PbS(s)+2e^- = Pb(s)+S^{2-}$	-0.956
$Na^++e^- = Na(s)$	-2.7141	$PbO(red)+H_2O+2e^- = Pb(s)+2OH^-$	-0.579
$Nb^{3+}+3e^- = Nb(s)$	-1.10	$PbI_2(s)+2e^- = Pb(s)+2I^-$	-0.365
$Nb^{5+}+2e^- = Nb^{3+}$	-0.75	$PbSO_4(s)+2e^- = Pb(s)+SO_4^{2-}$	-0.3553
$NbO(s)+2H^++2e^- = Nb(s)+H_2O$	-0.733	$PbBr_2(s)+2e^- = Pb(s)+2Br^-$	-0.280
$NbO_2(s)+2H^++2e^- = Nb(s)+H_2O$	-0.646	$PbCl_2(s)+2e^- = Pb(s)+2Cl^-$	-0.268
$Nb_2O_5(s)+2H^++2e^- = 2NbO_2(s)+H_2O$	-0.248	$PbO_2(\alpha)+H_2O+2e^- = PbO(red)+2OH^-$	-0.253
$Nb^{3+}+3e^- = Nb(s)$	-2.32	$Pb^{2+}+2e^- = Pb(s)$	-0.1263
$NiS(g)+2e^- = Ni(s)+S^{2-}$	-1.04	$PbO_2(\alpha)+4H^++2e^- = Pb^{2+}+2H_2O$	1.455
$NiS(a)+2e^- = Ni(s)+S^{2-}$	-0.83	$PbO_2(\alpha)+SO_4^{2-}+4H^++2e^- = PbSO_4(s)+2H_2O$	1.6852
$[Ni(CN)_4]^{2-}+e^- = [Ni(CN)_4]^{3-}$	-0.82	$2Pd(s)+H^++e^- = Pd_2H(s)$	0.05
$Ni(OH)_2(s)+2e^- = Ni(s)+2OH^-$	-0.72	$PdCl_4^{2-}+2e^- = Pd(s)+4Cl^-$	0.59
$Ni_3O_4(s)+4H_2O+8e^- = 3Ni(s)+8OH^-$	-0.505	$Pd(OH)_2(s)+2H^++2e^- = Pd(s)+2H_2O$	0.896
$[Ni(NH_3)_6]^{2+}+2e^- = Ni(s)+6NH_3(aq)$	-0.49	$Pd^{2+}+2e^- = Pd(s)$	0.915
$3NiOOH(s)+H^++e^- = Ni_3O_2(OH)_4(s)$	-0.478	$PdO(s)+2H^++2e^- = Pd(s)+H_2O$	0.916
$Ni_2O_3(s)+3H_2O+6e^- = 2Ni(s)+6OH^-$	-0.450	$Pd(OH)_4(s)+4H^++4e^- = Pd^{2+}+4H_2O$	1.128
$Ni^{2+}+2e^- = Ni(s)$	-0.236	$PdCl_6^{2-}+2e^- = PdCl_4^{2-}+2Cl^-$	1.29
$NiO(s)+2H^++2e^- = Ni(s)+H_2O$	0.132	$PdO_2(s)+4H^++4e^- = Pd(s)+2H_2O$	1.47
$NiO_2(s)+2H_2O+2e^- = Ni(OH)_2(s)+2OH^-$	0.49	$Pm^{3+}+3e^- = Pm(s)$	-2.42
$Ni(OH)_3(s)+H^++2e^- = 2NiO(s)+2H_2O$	1.032	$Po^{2+}+2e^- = Po(s)$	0.651
$NiO_2(s)+4H^++2e^- = Ni^{2+}+2H_2O$	1.593	$PoO_3^{2-}+6H^++4e^- = Po(s)+3H_2O$	0.748
$Ni_3O_4(s)+8H^++2e^- = 3Ni^{2+}+4H_2O$	1.977	$PoO_3(s)+2e^- = PoO_3^{2-}$	1.474
$Np(OH)_3(s)+3e^- = Np(s)+3OH^-$	-2.25	$[PtCl_4]^{2-}+2e^- = Pt(s)+4Cl^-$	0.847
$H_2O+e^- = H(g)+OH^-$	-2.9351	$PtO(s)+2H^++2e^- = Pt(s)+H_2O$	0.98
$2H_2O+2e^- = 2OH^-+H_2(g)$	-0.8285	$[PtCl_6]^{2-}+2e^- = [PtCl_4]^{2-}+2Cl^-$	1.011
$O_2(g)+e^- = O_2^-(aq)$	-0.563	$PtO_2(s)+2H^++2e^- = PtO(s)+H_2O$	1.05
$HO_2^-(aq)+H_2O+e^- = OH(aq)+2OH^-$	-0.251	$Pt^{2+}+2e^- = Pt(s)$	1.320
$O_2(g)+H^++e^- = HO_2(aq)$	-0.13	$PuO_2^{2+}(s)+3e^- = Pu(s)+3OH^-$	-2.39
$O_2(g)+H_2O+2e^- = HO_2^-+OH^-$	-0.076	$Pu^{3+}+3e^- = Pu(s)$	-1.96
$O_2(g)+2H_2O+4e^- = 4OH^-$	0.401	$Pu^{4+}+e^- = Pu^{3+}$	0.97

表 8-1 水溶液系の標準電極電位 (25℃) (つづき)

	$E°$ [V]		$E°$ [V]
$PuO_2^{2+} + 4H^+ + 2e^- = Pu^{4+} + 2H_2O$	1.024	$Sn^{4+} + 2e^- = Sn^{2+}$	0.154
$Ra^{2+} + 2e^- = Ra(s)$	−2.92	$SnO_3^{2-} + 6H^+ + 2e^- = Sn^{2+} + 3H_2O$	0.844
$Rb^+ + e^- = Rb(s)$	−2.943	$Sr^{2+} + 2e^- = Sr(s)$	−2.90
$ReO_2(s) + 4H^+ + 4e^- = Re(s) + 2H_2O$	0.260	$Ta^{5+} + 5e^- = Ta(s)$	−1.12
$Re^{3+} + 3e^- = Re(s)$	0.300	$TeO_2(s) + 4H^+ + 4e^- = Te(s) + 2H_2O$	0.272
$ReO_4^- + 4H^+ + 3e^- = ReO_2(s) + 2H_2O$	0.510	$Te^{2+} + 2e^- = Te(s)$	0.400
$ReO_4^- + 2H^+ + e^- = ReO_3(s) + H_2O$	0.768	$Te_2^{2-} + 2e^- = 2Te^{2-}$	−1.445
$Rh^{3+} + 3e^- = Rh(s)$	0.758	$2Te(s) + 2e^- = Te_2^{2-}$	−0.840
$[Ru(NH_3)_6]^{3+} + e^- = [Ru(NH_3)_6]^{2+}$	0.24	$Te(s) + 2H^+ + 2e^- = H_2Te(g)$	−0.717
$Ru^{3+} + 3e^- = Ru^{2+}$	0.249	$TeO_4^{2-} + H_2O + 2e^- = TeO_3^{2-} + 2OH^-$	0.065
$Ru^{2+} + 2e^- = Ru(s)$	0.46	$TeO_2(S) + 4H^+ + 4e^- = Te(S) + 2H_2O$	0.529
$RuO_4^- + e^- = RuO_4^{2-}$	0.603	$Th(OH)_4(s) + 4e^- = Th(s) + 4OH^-$	−2.48
$RuCl_3(s) + 3e^- = Ru(s) + 3Cl^-$	0.68	$Th^{4+} + 4e^- = Th(s)$	−1.83
$[Ru(CN)_6]^{3-} + e^- = [Ru(CN)_6]^{4-}$	0.89	$Ti^{2+} + 2e^- = Ti(s)$	−1.63
$RuO_4(s) + e^- = RuO_4^-$	0.99	$TiO(s) + 2H^+ + 2e^- = Ti(s) + H_2O$	−1.336
$2SO_3^{2-} + 2H_2O + 2e^- = S_2O_4^{2-} + 4OH^-$	−1.12	$TiO_2(s) + 4H^+ + e^- = Ti^{3+} + 2H_2O$	−0.666
$SO_4^{2-} + H_2O + 2e^- = SO_3^{2-} + 2OH^-$	−0.93	$Ti^{3+} + e^- = Ti^{2+}$	−0.368
$2SO_3^{2-} + 3H_2O + 4e^- = S_2O_3^{2-} + 6OH^-$	−0.57	$Tl_2S(s) + 2e^- = 2Tl(s) + S^{2-}$	−0.930
$S(s) + 2e^- = S^{2-}$	−0.445	$TlI(s) + e^- = Tl(s) + I^-$	−0.765
$2H_2SO_3(aq) + H^+ + 2e^- = HS_2O_4^- + 2H_2O$	−0.08	$TlBr(s) + e^- = Tl(s) + Br^-$	−0.658
$SO_4^{2-} + 4H^+ + 2e^- = H_2SO_3(aq) + H_2O$	0.158	$TlCl(s) + e^- = Tl(s) + Cl^-$	−0.557
$S(s) + 2H^+ + 2e^- = H_2S(g)$	0.174	$TlOH(s) + e^- = Tl(s) + OH^-$	−0.400
$H_2SO_3(aq) + 4H^+ + 4e^- = S(s) + 3H_2O$	0.45	$Tl^+ + e^- = Tl(s)$	−0.3363
$S_2O_3^{2-} + 6H^+ + 4e^- = 2S(s) + 3H_2O$	0.490	$Tl(OH)_3(s) + 2e^- = TlOH(s) + 2OH^-$	−0.05
$S_2O_6^{2-} + 2e^- = 2SO_4^{2-}$	1.94	$Tl^{3+} + 2e^- = Tl^+$	1.28
$S_2O_6^{2-} + 2H^+ + 2e^- = 2HSO_4^-$	2.06	$U(OH)_4(s) + e^- = U(OH)_3(s) + OH^-$	−2.20
$SbO_2^- + 2H_2O + 3e^- = Sb(s) + 4OH^-$	−0.641	$U(OH)_3(s) + 3e^- = U(s) + 3OH^-$	−2.17
$Sb(s) + 3H^+ + 3e^- = SbH_3(g)$	−0.510	$U^{3+} + 3e^- = U(s)$	−1.642
$Sb_2O_3(s) + 6H^+ + 6e^- = 2Sb(s) + 3H_2O$	0.150	$U^{4+} + e^- = U^{3+}$	−0.577
$SbO^+ + 2H^+ + 3e^- = Sb(s) + H_2O$	0.206	$UO_2^{2+} + e^- = UO_2^+$	−0.095
$Sb_2O_4(s) + 2H^+ + 2e^- = Sb_2O_3(s) + H_2O$	0.863	$UO_2^{2+} + 4H^+ + 2e^- = U^{4+} + 2H_2O$	0.296
$Se^{3+} + 3e^- = Se(s)$	−2.03	$V^{2+} + 2e^- = V(s)$	−1.13
$Se(s) + 2e^- = Se^{2-}$	−0.67	$V^{3+} + e^- = V^{2+}$	−0.255
$Se(s) + 2H^+ + 2e^- = H_2Se(g)$	−0.4	$VO^{2+} + 2H^+ + e^- = V^{3+} + H_2O$	0.337
$SeO_3^{2-} + 3H_2O + 4e^- = Se(s) + 6OH^-$	0.357	$HV_2O_5^- + 5H^+ + 2e^- = 2VO^+ + 3H_2O$	0.551
$SeO_4^{2-} + H_2O + 2e^- = SeO_3^{2-} + 2OH^-$	−0.03	$2H_2VO_4^- + 3H^+ + 2e^- = HV_2O_5^- + 3H_2O$	0.719
$H_2SeO_3(aq) + 4H^+ + 4e^- = Se(gray) + 3H_2O$	0.740	$VO^{2+} + 2H^+ + e^- = V^{3+} + H_2O$	1.004
$SeO_4^{2-} + 4H^+ + 2e^- = H_2SeO_3(aq) + H_2O$	1.15	$W_2O_5(s) + 2H^+ + 2e^- = 2WO_2(s) + H_2O$	−0.031
$SiO_3^{2-} + 3H_2O + 4e^- = Si(s) + 6OH^-$	−1.695	$2WO_3(s) + 2H^+ + 2e^- = W_2O_5(s) + H_2O$	−0.029
$Si(s) + 4H^+ + 4e^- = SiH(g)$	−0.147	$Y^{3+} + 3e^- = Y(s)$	−2.40
$SiF_6^{2-} + 4e^- = Si(s) + 6F^-$	−1.37	$Yb^{3+} + 3e^- = Yb(s)$	−2.1
$SiO_2(quartz) + 4H^+ + 4e^- = Si(s) + 2H_2O$	−0.991	$Yb^{3+} + e^- = Yb^{2+}$	−1.15
$Sm^{3+} + e^- = Sm^{2+}$	1.55	$ZnS(wurtz) + 2e^- = Zn(s) + S^{2-}$	−1.420
$SnS(s) + 2e^- = Sn(s) + S^{2-}$	−0.954	$Zn^{2+} + 2e^- = Zn(s)$	−0.7627
$Sn^{2+} + 2e^- = Sn(s)$	−0.141	$Zr^{4+} + 4e^- = Zr(s)$	−1.529
$SnO_2(white) + 4H^+ + 2e^- = Sn^{2+} + 2H_2O$	−0.094	$ZrO_2(s) + 4H^+ + 4e^- = Zr(s) + 2H_2O$	−1.473

に従って決められている.

1. 電池の起電力（emf）E は，ギブズの自由エネルギーと常に $-\Delta G = zFE$ の関係にある.
2. 電池はその起電力 E が，電池図の左側の電極（E_1）を基準（0）として測られた右側の電極（E_2）の電位 E と一致するように表現する．すなわち，$E = E_2 - E_1$ となる．
3. ある電極の電位 E は，その電極（E_2）を右側に置き，左側に標準水素電極を置いて組み立てられた電池の起電力に等しい．すなわち，$E = E_2 - 0\text{ V}$ となる．

これらは，自然に起こる電池反応はすべて $\Delta G < 0$ であるから電池の起電力は正であり，電池図では正極を右側に置いて書くことを示している．すなわち，起電力が負になる反応は自然には進行しないことを示している．

例えば，式(8-8)についてみると，
$$Zn|Zn^{2+}|Cu^{2+}|Cu$$
の半反応の $E°$ は，表8-1 より

$$Zn^{2+} + 2e^- \longrightarrow Zn \quad -0.763\text{ V}$$
$$Cu^{2+} + 2e^- \longrightarrow Cu \quad +0.337\text{ V}$$

であるので，上記の規則にあてはめると，
$$0.337\text{ V} - (-0.763\text{ V}) = 1.100\text{ V}$$
であり，式(8-5)の
$$Zn + Cu^{2+} \longrightarrow Zn^{2+} + Cu$$
は自然に起こることを表している．また，これより標準状態におけるダニエル電池の起電力は 1.1 V である．

ここで，標準状態にないダニエル電池の起電力 E は，

$$E = E° - \frac{RT}{2F} \ln \frac{a_{Zn^{2+}}}{a_{Cu^{2+}}} \quad (8\text{-}13)$$

である．ここで，$E°$ は標準状態での起電力，$a_{Cu^{2+}}$, $a_{Zn^{2+}}$ は，各々 Cu^{2+}, Zn^{2+} の活量，R は気体定数，F はファラデー定数，T は絶対温度（K）である．この式をダニエル電池における**ネルンストの式（Nernst equation）**という．

8.3.4 腐食反応

金属の腐食機構は，湿食（wet corrosion），乾食（dry corrosion）を問わず，すべて電気化学反応で起こる．前者は，大気中，淡水，海水など溶液に接して起こる腐食であり，後者は高温ガス（空気，H_2S, HCl など）によって起こる腐食である．腐食は金属が溶出し，酸化物，水酸化物，塩化物，硫化物，炭酸塩，有機酸塩などに徐々に変わっていく現象で，それが進行するとその材料が使用に耐えられなくなる．

腐食（corrosion） の種類としては，全面腐食，局部腐食（孔食），応力腐食割れ，粒界腐食，接触腐食，隙間腐食，バクテリア腐食などがある．

二つの異種金属を接して，または導線でショートさせて，水中に入れると，水に含まれる電解質によって，短絡電池（short circuited cell）ができる．したがって，イオン化傾向の大きい金属はアノードとなり液中に溶解し，通常水素イオンがカソード部分で放電し水素ガスを発生する．ところが，単一金属でもその表面は均一でなく，転位，欠陥などで，溶解が起こりやすいところと，起こりにくいところがある．ここで，金属の溶解と水素発生は，別々の場所で起こるので，これらを各々局部アノード，局部カソードといい，これらの組合せでできる電池を**局部電池（local cell）**という．このような考え方を局部電池機構（local cell mechanism）という．

また，酸性溶液中の鉄の腐食もこの考え方で説明できる．

例えば，鉄を硫酸水溶液中に入れると，鉄は水素発生を待って溶解し，腐食が進行する．鉄の電極反応の標準電極電位（25℃）は，表8-1 より -0.440 V であり，水素電極反応のそれ（0 V）より卑である．

よって，
$$Fe \longrightarrow Fe^{2+} + 2e^- \quad （アノード反応） \quad (8\text{-}14)$$
$$2H^+ + 2e^- \longrightarrow H_2 \quad （カソード反応） \quad (8\text{-}15)$$
が同時に進行する．鉄の表面は一様でなく，最も腐食

マイケル・ファラデー

英国の化学者，物理学者．鍛冶工の子に生まれ，製本所で働きながら独学で学ぶ．デービーに見出されて王立研究所助手となり，のちにフラー教授職に就任．化学や電磁気学に多くの業績を残した．静電容量の SI 単位ファラド（F）は彼の名に由来する．（1791-1867）

ヴァルター・ヘルマン・ネルンスト

ドイツの物理化学者．熱力学の第三法則（ネルンストの熱定理）を発見したことで名高い．ネルンストの式，エッティングスハウゼン-ネルンスト効果を発表するなど，電気化学分野でも多大な貢献を果たした．1920 年にノーベル化学賞を受賞．（1864-1941）

しやすいところから溶け，その他の部分から水素が発生する．このような局部電池においてもアノードとカソードの電子の収支はバランスがとれていなければならず，全反応は，

$$Fe + 2H^+ \longrightarrow Fe^{2+} + H_2 \quad (8\text{-}16)$$

となる．

8.3節のまとめ

- 電池とは化学エネルギーを電気エネルギーに変換するデバイスである．
- 酸化反応が起こる亜鉛を陽極，アノード，還元反応が起こる銅を陰極，カソードとよぶ．
- 金属が水溶液中で金属イオンを生じる傾向をイオン化傾向とよぶ．
- 金属と接する溶液中に含まれる金属イオンを $1\,\mathrm{mol\,kg^{-1}}$（正確には活量1）としたときの，金属電極が示す電位を標準電極電位という．
- 電池においては，各電極の標準電極電位の差が，標準状態にある電池の起電力である．
- 系が外界になす仕事による標準自由エネルギーの変化量 $\Delta G°$ は，$-\Delta G° = zFE° = RT\ln K$ である．
- 電池の起電力は，ギブズの自由エネルギーと常に $-\Delta G = zFE$ の関係にある．
- 電池はその起電力 E が，電池図の左側の電極（E_1）を基準（0）として測られた右側の電極 E_2 の電位 E と一致するように表現する．
- 電池の起電力は正であり，電池図では正極を右側において書く．

章末問題

問題 8-1
塩化ナトリウム水溶液を電気分解しても金属のナトリウムを得ることはできない．その理由を説明しなさい．

問題 8-2
過マンガン酸カリウム水溶液を酸性にするのに，希硫酸を用い，塩酸や硝酸を用いない理由を説明しなさい．

問題 8-3
一般に，ボルタ電池は起電力が $1.1\,\mathrm{V}$ の電池と説明され，その半電池反応式は次のように表される．

$$Zn \longrightarrow Zn^{2+} + 2e^-$$
$$2H^+ + 2e^- \longrightarrow H_2$$

しかし，この半電池反応式では起電力は $1.1\,\mathrm{V}$ にならない．ボルタ電池は起電力が $1.1\,\mathrm{V}$ となる理由を考察しなさい．

9. 無機化合物の反応と性質

無機化合物とは，有機化合物を除いたすべての化合物のことを指し，その数は膨大である．ここでは，非金属元素の化合物を中心に，これら膨大な無機化合物の概観を述べる．

9.1 水素とその化合物

9.1.1 水素

水素（H）は，地球上で水として多量に存在する．水素の単体は，共有結合からなる二原子分子 H_2 で，常温常圧で無色無臭の気体である．水素はすべての気体の中で最も軽い．実験室で水素を発生させるには，亜鉛などの金属に薄い酸を加える．

$$Zn + H_2SO_4 \longrightarrow ZnSO_4 + H_2 \qquad (9\text{-}1)$$

発生した水素は水に溶けにくいので，水上置換で捕集する．工業的には，水の電気分解や，石油から得られた炭化水素の水蒸気改質（式(9-2)，(9-3)）により製造される．

$$C_nH_m + nH_2O \longrightarrow nCO + \left(\frac{m}{2} + n\right)H_2 \qquad (9\text{-}2)$$

$$CO + H_2O \longrightarrow CO_2 + H_2 \qquad (9\text{-}3)$$

水素は常温において化学的に安定であり，フッ素とのみ直接反応できる．塩素とは光（可視，紫外）の作用下で反応し，これは式(9-4)，(9-5)で示すように，ひとたび反応が開始すれば，連鎖的に進行する．

$$Cl\bullet + H_2 \longrightarrow HCl + H\bullet \qquad (9\text{-}4)$$
$$H\bullet + Cl_2 \longrightarrow HCl + Cl\bullet \qquad (9\text{-}5)$$

高温になると，水素は多くの金属元素および非金属元素と直接反応する．例えば，水素と酸素の混合気体は，常温では白金のような触媒がなければ反応しないが，可燃範囲（酸素中：4.65〜93.9%（vol/vol），空気中：4.00〜75.0%（vol/vol））の混合気体を発火点以上の温度まで加熱すると自発的に反応して水蒸気となる．

$$2H_2 + O_2 = 2H_2O + 571.5 \text{ kJ} \qquad (9\text{-}6)$$

なお，H_2 と O_2 のモル比が2：1の混合気体（発火点約570℃）は爆鳴気とよばれ，式(9-6)の発熱反応が進行すると，約2700〜2800℃の酸水素炎が得られる．この酸水素炎を用いて白金（融点1774℃）や酸化アルミニウム（融点2050℃），石英（融点1710℃）などの高融点物質を溶かすことができる．

また，水素は加熱下で一部の金属酸化物を還元することができる．

$$CuO + H_2 \longrightarrow Cu + H_2O \qquad (9\text{-}7)$$

一般に活性水素とよばれる，式(9-8)により生成する水素原子（水素ラジカル）であれば，常温でも酸化銅（CuO）や酸化鉛（PbO），酸化水銀（HgO），酸化ビスマス（Bi_2O_3）などの金属酸化物を還元して単体の金属を遊離させることができる．

$$H_2 = 2H\bullet - 436 \text{ kJ mol}^{-1} \qquad (9\text{-}8)$$

水素ガスを通じた強力なアークの近傍に金属をおくと，アーク中で生じた水素原子が金属の表面で発熱を伴って再結合するため，金属が高い温度に熱せられる．この現象は金属の溶接に利用することができる．

$$2H\bullet = H_2 + 436 \text{ kJ mol}^{-1} \qquad (9\text{-}9)$$

9.1.2 水素化物

水素の化合物のうち，水素と水素より電気陰性度の低い元素からなる二元系化合物のことを一般に水素化物とよぶ．

水素はすべての1族，2族元素との間に水素化物（LiH，NaH，KH，RbH，CsH，BeH_2，MgH_2，CaH_2，SrH_2，BaH_2，RaH_2）を形成する．

$$Li + \frac{1}{2}H_2 \longrightarrow LiH \qquad (9\text{-}10)$$

$$BeCl_2 + 2LiH \longrightarrow BeH_2 + 2LiCl \qquad (9\text{-}11)$$

$$Mg(C_2H_5)_2 \longrightarrow MgH_2 + 2C_2H_4 \qquad (9\text{-}12)$$

水酸化リチウム（LiH）を680℃で融解して電気分解すると，陰極にリチウム，陽極に水素が生成する．すなわち，LiHにおいて，水素は水素化物イオン H^- としてリチウムイオン Li^+ とイオン結合をなしていることになる．ほかの1族，2族元素の水素化物についても多くはイオン結合性の化合物であるが，イオン結合の度合いは，水素とこれらの元素の電気陰性度の差が小さくなるほど低下する．例えば，ベリリウム

（Be）の水素化物は**共有結合性**に強く支配され，マグネシウム（Mg）の水素化物はイオン結合性と共有結合性の両者の性質を含んでいる．2族元素の水素化物の安定性は，BeからCaまでは原子量の増加にしたがって増大するが，SrからRaにかけては逆に，原子量が大きくなるほど減少する．

3族から10族までの元素の水素化物としてはScH_2，YH_2，YH_3，TiH_2，ZrH_2，HfH_2，VH，VH_2，NbH，NbH_2，TaH，CrH，NiH，PdHなどが知られており，これらはすべて**金属結合性**の化合物である．また希土類（ランタノイド，アクチノイド）の多くが金属結合性の水素化物を形成する．

11族から17族までの元素については，11族の銀と金および17族のアスタチンを除いて，共有結合性の強い，または完全に共有結合性の水素化物を形成する．これらは気体になりやすいものが多い．

9.1.3 水酸化物

陽イオンと水酸化物イオン（OH^-）からなる，一般式$M_x(OH)_y$で示される塩基性または両性化合物を**水酸化物**とよぶ．

1族および2族元素の単体は，Beを除いてすべて水（Mgの場合は熱水）と直接反応し，水酸化物を生じる．

$$2M + 2H_2O \longrightarrow 2MOH + H_2 \quad (9\text{-}13)$$
$$M + 2H_2O \longrightarrow M(OH)_2 + H_2 \quad (9\text{-}14)$$

1族元素の水酸化物はすべて**潮解性**（空気中で水蒸気を吸収し，自発的に水溶液となる性質）のある白色の**塩基性化合物**である．水酸化リチウム（LiOH）は水に可溶，ほかは水に易溶であり，水溶液は強いアルカリ性を示す．

2族元素の水酸化物は，水酸化ベリリウム（$Be(OH)_2$）が酸にもアルカリにも溶解する（式(9-15)）**両性化合物**であるほかは，すべて塩基性化合物である．

$$Be(OH)_2 + 2OH^- \longrightarrow [Be(OH)_4]^{2-} \quad (9\text{-}15)$$

2族元素の水酸化物の**溶解度**は原子量の増加に従って増大する傾向を示すものの，同周期の1族元素の水酸化物と比較するとはるかに小さい．

水酸化ベリリウムと同様に，水酸化アルミニウム（$Al(OH)_3$）や水酸化亜鉛（$Zn(OH)_2$）などの両性水酸化物は，強アルカリ性水溶液中でヒドロキシ錯体を形成して溶解する．

$$Al(OH)_3 + OH^- \longrightarrow [Al(OH)_4]^- \quad (9\text{-}16)$$
$$Zn(OH)_2 + 2OH^- \longrightarrow [Zn(OH)_4]^{2-} \quad (9\text{-}17)$$

また，$Zn(OH)_2$や水酸化銅（$Cu(OH)_2$）など一部の水酸化物は，過剰なアンモニア水を加えることでアンミン錯体を形成して溶解する．

$$Zn(OH)_2 + 4NH_3(aq) \longrightarrow [Zn(NH_3)_4]^{2+} + 2OH^- \quad (9\text{-}18)$$
$$Cu(OH)_2 + 4NH_3(aq) \longrightarrow [Cu(NH_3)_4]^{2+} + 2OH^- \quad (9\text{-}19)$$

以下，産業上重要な水酸化ナトリウムおよび水酸化カルシウムについて具体的に説明する．

水酸化ナトリウム（NaOH）

水酸化ナトリウムは多くの有機化合物や無機化合物の製造工程において反応剤として利用されるほか，製紙工業や食品工業においても利用用途は広く，産業上欠くことのできない重要な物質である．工業的には，塩化ナトリウム水溶液の電気分解によって製造される．水酸化ナトリウムを空気中で保持すると二酸化炭素を吸収して炭酸ナトリウムを生成する．

$$2NaOH + CO_2 \longrightarrow Na_2CO_3 + H_2O \quad (9\text{-}20)$$

水酸化カルシウム（Ca(OH)₂）

水酸化カルシウムは消石灰ともよばれ，水にわずかに溶解する白色の塩基性化合物であり，水溶液は強いアルカリ性を示す．水酸化カルシウムの飽和水溶液（石灰水）に二酸化炭素を吹き込むと炭酸カルシウムが沈殿することから，二酸化炭素の検出剤として利用されるほか，海藻や藁などを混ぜて壁材である漆喰として利用される．

$$Ca(OH)_2 + CO_2 \longrightarrow CaCO_3 + H_2O \quad (9\text{-}21)$$

なお，石灰水に過剰に二酸化炭素を吹き込むと，炭酸カルシウムが炭酸水素カルシウムとなって溶解し，この溶液を加熱すると，再び炭酸カルシウムが沈殿する．

$$CaCO_3 + CO_2 + H_2O \rightleftharpoons Ca(HCO_3)_2 \quad (9\text{-}22)$$

鍾乳洞は，二酸化炭素を含んだ水が石灰岩を溶かしてできたものであり，鍾乳石や石筍などは，炭酸水素カルシウムを溶かした水から炭酸カルシウムが**析出**したものである．

9.1 節のまとめ
- 水素：元素記号 H，原子番号 1，原子量 1.008．
- 単体は共有結合からなる二原子分子（H_2）．常温常圧で気体．全気体中で最も軽い．
- 実験室的製法：亜鉛などの金属に薄い酸を加え，水上置換によって捕集する．
  工業的製法：水の電気分解や，石油から得られた炭化水素の水蒸気改質により製造される．
- 常温において化学的に安定であり，フッ素とのみ直接反応できる．塩素とは光（可視，紫外）の作用下で連鎖的に反応する．高温になると多くの金属元素および非金属元素と直接反応する．
- 水素化物：水素と水素より電気陰性度の低い元素からなる二元系化合物．
- 水酸化物：陽イオンと水酸化物イオンからなる塩基性または両性化合物．一般式 $M_x(OH)_y$．水酸化ナトリウム（NaOH），水酸化カルシウム（$Ca(OH)_2$）など．

9.2 ホウ素とその化合物

9.2.1 ホウ素

ホウ素（B）は 13 族に属する非金属元素であり，その性質は他の 13 族元素（いずれも金属）よりもむしろ 14 族の炭素やケイ素に近い．地球上における含有量は少ないものの，後述のホウケイ酸ガラス（9.4.4 項 g 参照）やほうろう，陶器の釉薬，染料や化粧品の原料として産業上重要な元素である．ホウ素の特徴に，三つの価電子による $(2s)^2(2p)^1$ で示される電子配置に由来した電子不足型の共有結合性化合物を形成しやすいことが挙げられる．この場合，例えば三つの原子が橋掛け構造をなすことで一組の電子対を共有する，三中心二電子結合に代表される特異な結合形態，立体構造をとることが多い．

ホウ素は純粋な単体を得ることが最も難しい元素の一つであり，ホウ砂（$Na_2B_4O_7 \cdot 10H_2O$）を酸化ホウ素（B_2O_3）とした後に Mg や Na で還元することで得られる無定形ホウ素には，通常 5%ほどの不純物が含まれている．無定形ホウ素は空気中で燃焼して酸化物および窒化物を生成する．一方，塩化ホウ素の水素還元などにより得られる純粋な結晶性ホウ素は，ダイヤモンドに準じる硬度を有する黒色の固体であり，熱的にきわめて安定（融点 2180℃，沸点 3650℃）で耐食性にも優れており，フッ化水素酸にも侵されない．

9.2.2 ホウ化物

ホウ素の化合物のうち，ホウ素とホウ素より電気陰性度の低い元素からなる二元系化合物を一般にホウ化物とよぶ．Zn，Pb，Ag，Hg，Tl などを除くほとんどの金属との間で，単独のホウ素原子のみならず，クラスター状，鎖状，層状などさまざまな形態のホウ素原子団を含む多様な組成のホウ化物を形成する．熱的，化学的に安定なものが多い．

9.2.3 ホウ素の酸化物とオキソ酸

a. ホウ素の酸化物

ホウ素の代表的な酸化物は無水ホウ酸ともよばれる三酸化二ホウ素 B_2O_3 である．結晶化が難しく，通常は，ホウ素を中心原子とした BO_3 正三角形が頂点共有によって 3 次元網目状に連結した無定形（ガラス状）の白色固体となっている．後述のオルトホウ酸 H_3BO_3（本項 b 参照）を約 300℃で加熱することによって得られる酸性酸化物であり，金属酸化物と加熱するとメタホウ酸塩（9.2.4 項 c 参照）を生じる．

b. ホウ素のオキソ酸（ホウ酸）

三酸化二ホウ素に水が作用して生じるオキソ酸はホウ酸と総称される．オルトホウ酸，メタホウ酸，四ホウ酸をはじめ，多くの鎖状，環状ポリホウ酸（イオン）が知られており，これらは主にホウ素を中心原子とした BO_3 正三角形や BO_4 四面体が連結することで骨格形成されている．以下，オルトホウ酸およびメタホウ酸について具体的に説明する．

オルトホウ酸（H_3BO_3）

オルトホウ酸は水に可溶な無色の固体であり，水溶液は弱酸性を示す．

$$B(OH)_3 + H_2O \longrightarrow B(OH)_4 + H^+ \qquad (9\text{-}23)$$

また，分子内に水酸基を含む有機溶媒，特に多価アルコールによく溶ける．

天然には火山ガスや噴気，鉱泉水などに含まれているが，工業的には，ホウ酸塩鉱物と硫酸の反応によって製造される．

$$Na_2B_4O_7 + H_2SO_4 + 5H_2O \longrightarrow Na_2SO_4 + 4H_3BO_3 \tag{9-24}$$

オルトホウ酸を加熱すると順次脱水し，約100℃でメタホウ酸 HBO_2，約140℃（40時間保持）でガラス状の四ホウ酸 $H_2B_4O_7$ となり，さらに約300℃で酸化ホウ素 B_2O_3 となる．

オルトホウ酸はホウケイ酸ガラスやその他の窯業材料，医薬品，殺菌剤や殺虫剤，難燃剤のほか，原子力発電所においてウランの核分裂反応の制御材としても利用される．

メタホウ酸（HBO$_2$）

メタホウ酸は水に易溶な無色の固体であり，オルトホウ酸を約100℃で加熱すると得られる．通常，メタホウ酸分子三つが会合した三量体構造をとっている．

9.2.4 ホウ酸塩

ホウ酸塩とは，一般式 $xM_aO_b \cdot yB_2O_3 \cdot zH_2O$ で表される塩の総称であり，オルトホウ酸塩に加え，多核ホウ酸イオンの多様性に由来して，二ホウ酸塩，メタホウ酸塩，四ホウ酸塩，五ホウ酸塩，八ホウ酸塩など，さまざまなホウ酸塩が存在する．ホウ酸塩は，酸化ホウ素（B_2O_3）と金属酸化物または金属炭酸塩とを融解するか，ホウ酸またはその塩の水溶液から複分解によって作られる．水溶液から沈殿させることで得た塩は，メタホウ酸塩や四ホウ酸塩である場合が多い．ホウ酸のアルカリ金属塩は無色で，多くの結晶水を有しており水に可溶である．水溶液は**加水分解**のためアルカリ性を呈する．その他の塩は一般に難溶である．

a. オルトホウ酸塩

オルトホウ酸塩とは，ホウ素を中心原子とした正三角形の BO_3^{3-}（図9-1(a)）と陽イオンにより構成される塩であり，例えば，$InBO_3$（$3/2In_{2/3}O_3 \cdot 1/2B_2O_3$），$ScBO_3$（$3/2Sc_{2/3}O_3 \cdot 1/2B_2O_3$），$YBO_3$（$3/2Y_{2/3}O_3 \cdot 1/2B_2O_3$），$LaBO_3$（$3/2La_{2/3}O_3 \cdot 1/2B_2O_3$），$Mg_3(BO_3)_2$（$3MgO \cdot B_2O_3$），$Co_3(BO_3)_2$（$3CoO \cdot B_2O_3$）などが知られている．

b. 二ホウ酸塩

二ホウ酸塩はピロホウ酸塩ともよばれ，二つの BO_3^{3-} が頂点共有によって（一つのOを共有して）連結した二核縮合酸イオンである $B_2O_5^{4-}$ と陽イオン

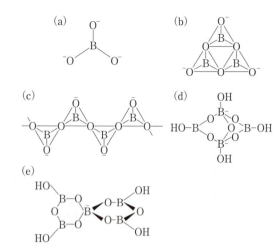

図9-1　ホウ酸イオンの構造

から構成される塩である．例えば，$Mg_2B_2O_5$（$2MgO \cdot B_2O_3$），$Co_2B_2O_5$（$2CoO \cdot B_2O_3$）などが知られている．

c. メタホウ酸塩

メタホウ酸塩とは正三角形をなす三つの BO_3 が頂点共有することで環状になった $B_3O_6^{3-}$（図9-1(b)）や，ホウ素を中心原子とした正三角形の原子団である BO_3 が頂点共有によって一次元の無限鎖となった $[BO_2]_n^-$（図9-1(c)）と陽イオンからなる塩である．前者としては，$NaBO_2$（$1/2NaO \cdot 1/2B_2O_3$）や KBO_2（$1/2KO \cdot 1/2B_2O_3$）など，後者としては，$LiBO_2$（$1/2LiO \cdot 1/2B_2O_3$）や $Ca(BO_2)_2$（$CaO \cdot B_2O_3$）などが知られている．

d. 四ホウ酸塩

四ホウ酸塩の例として，$Na_2B_4O_7 \cdot 10H_2O$ または $Na_2[B_4O_5(OH)_4] \cdot 8H_2O$（$Na_2O \cdot 2B_2O_3 \cdot 10H_2O$）で示される四ホウ酸ナトリウム（ホウ砂）がある．これは，ホウ素を中心原子とした正三角形の原子団である $BO_2(OH)$ と，正四面体形の原子団である $BO_3(OH)$ がそれぞれ二つずつ頂点共有によって連結した，図9-1(d)で示す構造を有する $[B_4O_5(OH)_4]^{2-}$ と Na^+ との塩である．ホウ砂は産業上最も重要なホウ酸塩の一つであり，後述のホウケイ酸ガラスや金属酸化物の融剤，眼の消毒薬（薬局でホウ砂の粉末を購入できる），洗剤や防腐剤，害虫駆除剤などに利用されている．また，スライムの原料として，初歩的な化学実験の教材としても活用されている．

e. 五ホウ酸塩

五ホウ酸塩には、例えば $KB_5O_8 \cdot 4H_2O$ または $K[B_5O_{10}H_4] \cdot 2H_2O$（$1/2K_2O \cdot 5/2B_2O_3 \cdot 4H_2O$）で示されるカリウム塩が知られており、これは、ホウ素を中心原子とした正四面体形の $BO_3(OH)$ を中心に、正三角形の $BO_2(OH)$ が四つ頂点共有によって連結した、図 9-1（e）で示す構造を有する $[B_5O_{10}H_4]^-$ を含む塩である．

9.2 節のまとめ

- ホウ素：元素記号 B、原子番号 5、原子量 10.81．
- 13 族において唯一の非金属元素．金属結合を作りやすい電子配置でありながらも、電気陰性度が比較的大きいために電子不足型の共有結合性化合物を形成しやすく、これらはきわめて複雑で多様性のある立体構造を示す．
- ホウ化物：ホウ素とホウ素より電気陰性度の低い元素からなる二元系化合物．
- ホウ酸：ホウ素の代表的酸化物である三酸化二ホウ素（B_2O_3，無水ホウ素）に水が作用して生じるオキソ酸の総称．オルトホウ酸（H_3BO_3），メタホウ酸（HBO_2）など．
- ホウ酸塩：一般式 $xM_aO_b \cdot yB_2O_3 \cdot zH_2O$ で表される塩の総称．酸化ホウ素（B_2O_3）と金属酸化物または金属炭酸塩とを融解するか、ホウ酸またはその塩の水溶液から複分解によって作られる．

9.3 炭素とその化合物

9.3.1 炭素

炭素（C）は 14 族に属する非金属元素である．炭素の特徴の一つは、炭素原子間の**単結合**における**結合エネルギー**が大きく、カテネーション（同種原子が鎖状に連結する現象）が起こりやすいことである．そのため炭素は多様な有機化合物を形成する．

炭素の単体には、ダイヤモンド（sp^3 混成軌道に由来する三次元結晶）やグラファイト（sp^2 混成軌道に由来する層状結晶）をはじめ、カルビン（sp 混成軌道に由来する鎖状巨大分子．非常に不安定）や無定形のカーボンブラック、フラーレンやカーボンナノチューブのような炭素クラスターなどが知られている．これらは、いずれも共有結合性物質である．ダイヤモンドは、あらゆる物質の中で最も硬く、宝石のほか、削岩機の刃先や工具の刃などに用いられる．また、層間電子に由来して**電子伝導性**を示すグラファイトやカーボンブラックは電極材料や導電フィラーとして重要である．

9.3.2 炭化物

炭素の化合物のうち、炭素と炭素より電気陰性度の低い元素からなる二元系化合物のことを一般に**炭化物**とよぶ．炭化物は化学結合の性質によって次の 3 種に分類することができる．

a. 塩類似炭化物（イオン結合性炭化物）

炭素によって構成される陰イオンと陽イオンからなるイオン結合性の炭化物を**塩類似炭化物**とよぶ．形式的に C^{4-} を含み、後述の半金属類似炭化物（本項 b 参照）との中間的な性質を示すメチド（Be_2C，Al_4C_3 など）や、C_2^{2-} と陽イオンからなる通称アセチリドとよばれる二炭化物（Li_2C_2，Na_2C_2，Cu_2C_2，Ag_2C_2，Au_2C_2，MgC_2，CaC_2 など）、グラファイトの層間にアルカリ金属イオンが侵入したグラファイト層間化合物（KC_8，KC_{16} など）などがこれに属する．

b. 半金属類似炭化物（共有結合性炭化物）

炭素ともう一方の元素との間で共有結合をなす炭化物は**半金属類似炭化物**とよばれ、結晶は一般に高い硬度を示す．SiC や B_4C がこの例である．

c. 金属類似炭化物（侵入型炭化物）

主に d ブロックの金属原子からなる**結晶格子**の中に炭素原子が組み込まれた化合物を金属類似炭化物とよぶ．組成が MC で示される金属類似炭化物は、金属原子によって構成される**面心立方（face centered cubic：fcc）格子**や**六方最密充填（hexagonal close-packed：hcp）格子**におけるすべての八面体間隙に炭素原子が組み込まれており、基本格子が fcc である場

合には岩塩型構造の炭化物となる．また，組成がM_2Cで示される金属類似炭化物は，金属の八面体間隙の半分に炭素原子が組み込まれている．いずれも金属と炭素の間には強い結合が形成されており，高い硬度を有していることが多い．切削機やダイヤモンドの加工などに用いられるタングステンカーバイドWCや鋼鉄，鋳鉄の主成分であるセメンタイト（Fe_3C）がこの例である．

9.3.3 炭素の酸化物とオキソ酸

a. 炭素の酸化物

炭素の酸化物には，二酸化炭素（CO_2）および一酸化炭素（CO）のほか，亜酸化炭素（C_3O_2）や二酸化五炭素（C_5O_2），無水メリト酸（$C_{12}O_9$）などが知られている．

二酸化炭素（CO_2）

二酸化炭素は常温常圧で無色無臭の水に可溶な気体である．酸性酸化物であり，水溶液中では炭酸（H_2CO_3）が生じてごくわずかに電離することで弱酸性を示す．また，塩基と反応して塩をつくる．

$$H_2CO_3 \longrightarrow HCO_3^- + H^+ \qquad (9\text{-}25)$$
$$2NaOH + CO_2 \longrightarrow NaCO_3 + H_2O \qquad (9\text{-}26)$$

固体の二酸化炭素はドライアイスとよばれ，大気圧下（101.3 kPa）では，$-79℃$で凝華して熱を奪うので，冷却剤として用いられる．

実験室において，二酸化炭素は石灰石（$CaCO_3$）に塩酸を作用させることで得られる．

$$CaCO_3 + 2HCl \longrightarrow CaCl_2 + CO_2 + H_2O \qquad (9\text{-}27)$$

一酸化炭素（CO）

一酸化炭素は無色無臭の水に難溶な気体である．人体にとってきわめて有毒であり，これは，一酸化炭素がヘモグロビンに含まれる鉄原子に強く配位することで，血液の酸素運搬を担う鉄原子と酸素との結合形成を阻害するためである．一酸化炭素は，炭素の不完全燃焼などにより発生する．工業的には，赤熱したコークス（C）に水蒸気を導入することで製造される．

$$C + H_2O \longrightarrow H_2 + CO \qquad (9\text{-}28)$$

なお，式(9-28)の反応で生成する水素と一酸化炭素の混合ガスは水性ガスとよばれ，メタノールの原料となる．一酸化炭素は酸化されて二酸化炭素になりやすく，還元作用を示す．

b. 炭素のオキソ酸

炭素の主なオキソ酸として，二酸化炭素が水に溶解した際にわずかに生じる炭酸（H_2CO_3）が知られているが，これは単離することができない．ほかに，過炭酸（ペルオキソ一炭酸（H_2CO_4）およびペルオキソ二炭酸（$H_2C_2O_6$））もあるが，炭酸と同様，酸として単離することはできない．

9.3.4 炭素のオキソ酸塩

炭酸塩および過炭酸塩（ペルオキソ一炭酸塩$M_a(CO_4)_b$，ペルオキソ二炭酸塩$M_a(C_2O_6)_b$）が知られており，炭酸塩はさらに，正塩$M_a(CO_3)_b$，酸性塩（炭酸水素塩）$M_a(HCO_3)_b$および塩基性塩$M_a(CO_3)_b \cdot xM_c(OH)_d$に分類される．

炭酸塩の正塩は，リチウム以外のアルカリ金属の塩を除いて一般に難溶または不溶である．正塩の固体を熱すると，多くの場合，二酸化炭素を発生して酸化物になるが，アルカリ金属塩のような陽性の強い元素の塩では分解せずに融解する．

$$M_a(CO_3)_b \longrightarrow M_aO_b + CO_2 \qquad (9\text{-}29)$$

炭酸塩は一般に，酸を作用させると二酸化炭素を発生しながら分解する．

$$M_a(CO_3)_b + 2bHX \longrightarrow 2M_aX_{2b} + bCO_2 + bH_2O \qquad (9\text{-}30)$$

以下，代表的な炭酸塩について具体的に説明する．

炭酸ナトリウム（Na_2CO_3）

炭酸ナトリウムは水に可溶な白色の固体であり，水溶液中では加水分解により塩基性を示す．水溶液から再結晶化させると，十水和物$Na_2CO_3 \cdot 10H_2O$が結晶として析出する．この結晶を空気中に放置すると，水和水を失って白色粉末状の一水和物$Na_2CO_3 \cdot H_2O$となる．このような現象を風解という．炭酸ナトリウムは産業上，洗剤やガラスの原料，入浴剤などとして利用されており，工業的には，アンモニアソーダ法（ソルベー法）で製造される．アンモニアソーダ法とは，石灰石を熱分解して発生させた二酸化炭素とアンモニアとをそれぞれ塩化ナトリウムの飽和水溶液に吹き込

エルネスト・ソルベー

ベルギーの工業化学者．無水炭酸ナトリウムの製造法であるアンモニアソーダ法（ソルベー法）を開発し，工業化した．科学研究の振興にも尽力し，物理，化学，社会学の研究所を設立したほか，1911年にネルンストとともに物理学者の国際会議を創設した．（1838-1922）

むことで溶解度の小さい炭酸水素ナトリウム $NaHCO_3$ を沈殿させ，さらにこれを焼成することで Na_2CO_3 とする方法である．

$$CaCO_3 \longrightarrow CaO + CO_2 \quad (9\text{-}31)$$
$$NaCl + NH_3 + H_2O + CO_2 \longrightarrow NaHCO_3 + NH_4Cl \quad (9\text{-}32)$$
$$2NaHCO_3 \longrightarrow Na_2CO_3 + H_2O + CO_2 \quad (9\text{-}33)$$

この際，式(9-31)で生じた CaO と式(9-32)で生じた NH_4Cl を用いて再生させたアンモニアと，式(9-33)で生じた二酸化炭素は，再び原料として利用する．

$$CaO + H_2O \longrightarrow Ca(OH)_2 \quad (9\text{-}34)$$
$$Ca(OH)_2 + 2NH_4Cl \longrightarrow CaCl_2 + 2H_2O + 2NH_3 \quad (9\text{-}35)$$

炭酸水素ナトリウム（$NaHCO_3$）

炭酸水素ナトリウムは，水に溶けて弱塩基性を示す．熱すると分解して二酸化炭素を発生するので，発泡性の入浴剤やふくらし粉（ベーキングパウダー）に用いられている．

炭酸カルシウム（$CaCO_3$）

石灰岩や大理石の主成分は炭酸カルシウムである．炭酸カルシウムは塩素と反応して二酸化炭素を発生する．

$$CaCO_3 + 2HCl \longrightarrow CaCl_2 + H_2O + CO_2 \quad (9\text{-}36)$$

炭酸カルシウムを強熱すると，分解して二酸化炭素を生じ，酸化カルシウム CaO（生石灰）になる．

$$CaCO_3 \longrightarrow CaO + CO_2 \quad (9\text{-}37)$$

酸化カルシウムは水と反応し，多量の熱を発生しながら水酸化カルシウム $Ca(OH)_2$（消石灰）になる．この**反応熱**は携帯食料などの加熱に利用されている．また，酸化カルシウムは乾燥剤として食品に添付されているが，これらが捨てられて水に触れたとき，多量の熱が発生するためこれが原因で火事となることもある．

$$CaO + H_2O \longrightarrow Ca(OH)_2 \quad (9\text{-}38)$$

9.3 節のまとめ

- 炭素：元素記号 C，原子番号 6，原子量 12.01．
- 14 族に属する非金属元素．炭素-炭素原子間の安定な結合に由来して膨大な種類の有機化合物を形成する．また，金属元素や他の非金属元素とも多様な化合物を形成する．
- 炭化物：炭素と炭素より電気陰性度の低い元素からなる二元系化合物．化学結合の性質によって，塩類似炭化物（イオン結合性炭化物），半金属類似炭化物（共有結合性炭化物），金属類似炭化物（侵入型炭化物）の 3 種に分類できる．
- 炭素の酸化物：二酸化炭素（CO_2）と一酸化炭素（CO）．
- 炭素のオキソ酸：炭酸（H_2CO_3），過炭酸（H_2CO_4，$H_2C_2O_6$）など．いずれも酸として単離できない．
- 炭酸塩：正塩（$M_a(CO_3)_b$），酸性塩（$M_a(HCO_3)_b$，炭酸水素塩），塩基性塩（$M_a(CO_3)_b \cdot xM_c(OH)_d$）に分類される．炭酸ナトリウム（$Na_2CO_3$），炭酸水素ナトリウム（$NaHCO_3$），炭酸カルシウム（$CaCO_3$）など．

9.4 ケイ素とその化合物

9.4.1 ケイ素

ケイ素（Si）は 14 族に属する半金属元素であり，地殻中で酸素の次に多く存在している．ケイ素の単体には，ダイヤモンド型構造をとる共有結合性の**半導体結晶**と，β-スズ型構造をとる**金属結晶**（高圧相）が知られている．ただし，これらは自然界には存在せず，単体を得るためには，例えばケイ砂（ほぼ純粋な二酸化ケイ素 SiO_2）を電気炉中で融解し，コークスを用いて還元する．

$$SiO_2 + 2C \longrightarrow Si + 2CO \quad (9\text{-}39)$$

9.4.2 ケイ化物

ケイ素の化合物のうち，ケイ素とケイ素より電気陰性度の低い元素からなる二元素化合物のことを一般に**ケイ化物**とよぶ．成分元素間の直接反応や，二酸化ケイ素と過剰な金属との反応などによって得られる．組成は，例えば，

M_2Si (M=Mg, Ca, Ti, V, Cr, Mn, Fe, Co, Ni, Pd, Pt)

MSi (M=K, Rb, Cs, Ca, Ce, Cr, Mn, Fe, Co, Ni, Rn, Pd)

MSi_2 (M=Ca, Sr, Ba, Ce, Ti, Zr, Th, V, Nb, Ta, Cr, Mo, W, U, Pu, Mn, Re, Fe, Co, Ni)

のように M_2Si, MSi, MSi_2 である場合が多いが，ほかにも M_3Si (M=Li, Cu, Cr, Ni) や M_3Si_2 (M=Ca, Fe, Co, Ni), M_2Si_3 (M=Cr, Mo, W, Ni), MSi_3 (M=Co) なども知られている．これらのケイ化物は一般に金属光沢のある銀白色ないし灰色の結晶で，**酸化**されにくく，化学薬品に対する抵抗力が強いが，一般に希酸中では加水分解される．なお，水とはリチウムと2族元素のケイ化物だけが作用する．

9.4.3 ケイ素の酸化物とオキソ酸

a. ケイ素の酸化物

ケイ素の酸化物には，二酸化ケイ素 SiO_2 のほか，一酸化ケイ素 SiO や亜酸化ケイ素 Si_3O_2 が知られている．このうち最も安定なのは**シリカ**ともよばれる二酸化ケイ素であり，水晶，石英，ケイ砂などの鉱物として天然に産出する．二酸化ケイ素におけるケイ素と酸素の間の結合は単結合である．すなわち，二酸化ケイ素は，Si を中心原子として四つの O が配位した SiO_4 四面体の O が他の SiO_4 四面体によって共有されることで三次元網目状に連結した $[SiO_2]_n$ 骨格を有する化合物である．**多形**として α,β-水晶，α,β-トリジマイト，α,β-クリストバライトが知られているほか，融液の冷却過程を制御することでガラス相が得られる．二酸化ケイ素は融点が高く水に難溶であり，酸など多くの試薬に侵されにくいが，フッ化水素酸とは反応してヘキサフルオロケイ酸 (H_2SiF_6) を生じる．

$$SiO_2 + 6HF \longrightarrow H_2SiF_6 + 2H_2O \quad (9\text{-}40)$$

また，水酸化ナトリウムや炭酸ナトリウムとともに加熱するとケイ酸ナトリウム Na_2SiO_3 を生じる．

$$SiO_2 + Na_2CO_3 \longrightarrow Na_2SiO_3 + CO_2 \quad (9\text{-}41)$$

なお，ケイ酸ナトリウムに水を加えて加熱すると，**水ガラス**とよばれる粘性の大きな液体が得られる．水ガラスの水溶液に塩酸を加えると，メタケイ酸 H_2SiO_3 ($SiO_2 \cdot H_2O$) の**コロイド**がゼリー状に生成する．このゼリー状のコロイド溶液を加熱して脱水すると，シリカゲルになる．

$$Na_2SiO_3 + 2HCl \longrightarrow 2NaCl + H_2SiO_3 \quad (9\text{-}42)$$

b. ケイ素のオキソ酸

ケイ素には，一般式 $nSiO_2 \cdot (n+1)H_2O$ で示されるオルトケイ酸 (H_4SiO_4 など) や一般式 $nSiO_2 \cdot nH_2O$ で示されるメタケイ酸 (H_2SiO_3 など) をはじめ，一般式 $nSiO_2 \cdot (n-1)H_2O$ で示されるメソケイ酸 (メソ二ケイ酸 $H_2Si_2O_5$，メソ三ケイ酸 $H_4Si_3O_8$ など)，一般式 $nSiO_2 \cdot (n-2)H_2O$ で示されるパラケイ酸 (パラ三ケイ酸 $H_2Si_3O_7$，パラ四ケイ酸 $H_4Si_4O_{10}$ など) など，$n \geq 2$ のポリケイ酸を含めると多数のオキソ酸が知られているが，単離できないものが多い．

9.4.4 ケイ酸塩

ケイ酸塩とは一般式 $xM_aO_b \cdot ySiO_2$ で表される化合物である．含水塩，複塩のほか，別の陰性原子団を含む形式のもの (例えば Al_2O_3 を含むアルミノケイ酸塩，B_2O_3 を含むホウケイ酸塩) などもある．地殻の主成分であり，特に，Na, K, Mg, Ca, Al, Fe などの塩として天然に広く多量に存在する．ケイ酸塩は二酸化ケイ素と同様，一般に融点が高く，融解して冷却するとガラス相になりやすい．また，アルカリ塩以外は水に難溶であり，酸など多くの試薬に侵されにくいが，フッ化水素酸とは反応して揮発性の四フッ化ケイ素となる．ケイ酸塩の**結晶構造**は種類によって異なるが，基本的には正四面体型の SiO_4^{4-} が規則的に配列しており，その隙間に金属イオンが入っている．SiO_4 四面体が連なる方式によって次のように分類できる．

a. オルトケイ酸塩

オルトケイ酸塩は鉱物学的にはネソケイ酸塩ともよばれ，正四面体型の SiO_4^{4-} (図 9-2 (a)) と陽イオンにより構成される塩である．カンラン石 ($(Mg, Fe)_2SiO_4$) やジルコン ($ZrSiO_4$)，ざくろ石 $(Mg, Fe)_3Al_2(SiO_4)_3$)，フェナス石 (Be_2SiO_4)，トパーズ ($(AlF)_2SiO_4$) などがこれに属する．

b. ピロケイ酸塩

二つの SiO_4 四面体が頂点共有によって (一つの O を共有して) 連結したピロケイ酸 (二ケイ酸またはソロケイ酸ともよばれる) イオン $Si_2O_7^{6-}$ (図 9-2 (b)) と陽イオンからなる塩をピロケイ酸塩とよぶ．トルトバイタイト ($(Sc, Y)_2Si_2O_7$) や異極鉱 ($Zn_4(Si_2O_7)(OH)_2 \cdot H_2O$) などが知られている．

c. *cyclo*-ケイ酸塩

SiO_4 四面体が頂点共有によって環状に連結した *cyclo*-ケイ酸イオンと陽イオンからなる塩を *cyclo*-ケイ酸塩とよぶ．三員環の $Si_3O_9^{6-}$ (図 9-2 (c)) を含むベニトアイト ($BaTiSi_3O_9$) や四員環の $Si_4O_{12}^{8-}$ を

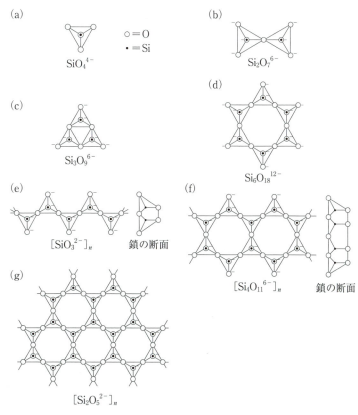

図 9-2 ケイ酸イオンの構造

含むネプチュナイト $((Na, K)_2(Fe_2Mn)Ti(Si_4O_{12})_2)$，六員環の $Si_6O_{18}^{12-}$（図 9-2 (d)）を含む緑柱石 $(Be_3Al_2Si_6O_{18})$ などがある．

d. 鎖状ケイ酸塩

SiO_4 四面体が頂点共有によって（二つの O 原子を共有して）連結し，一次元無限鎖状をなした $[SiO_3^{2-}]_n$（図 9-2 (e)）や，この 2 本の無限鎖がさらに頂点共有によって連結された帯状の $[Si_4O_{11}^{6-}]_n$（図 9-2 (f)）と陽イオンからなる塩を鎖状ケイ酸塩とよぶ．前者としては，頑火輝石 $(MgSiO_3)$ や透輝石 $(CaMg(SiO_3)_2)$，珪灰石 $(CaSiO_3)$，ばら輝石 $((Mn, Ca)SiO_3)$ など，後者としては透閃石 $(Ca_2Mg_5(OH)_2(Si_4O_{11})_2)$ などが知られている．

e. 層状（板状）ケイ酸塩

SiO_4 四面体が面共有によって（三つの O 原子を共有して）連結し，二次元に無限に広がった層状構造をなした $[Si_2O_5^{2-}]_n$（図 9-2 (g)）と陽イオンからなる塩を層状ケイ酸塩とよび，個々の層は静電的な力によって結び付けられているため，この種の塩は板状にへき開しやすい．魚眼石 $(KCa_4F(Si_2O_5)_4·8H_2O)$ や，粘土鉱物として有名なカオリン $(Al_2(Si_2O_5)(OH)_4)$，タルク（滑石，$Mg_3(Si_2O_5)_2(OH)_2$）などがこの例である．

f. 三次元（網状）ケイ酸塩（テクトケイ酸塩）

純粋な二酸化ケイ素 $[SiO_2]_n$ は中性の化合物であるため，陽イオンと塩をなすことはないが，Si^{4+} の一部が B^{3+} や Al^{3+} などによって置換されると，電荷補償のために三次元網目構造をなす $[SiO_2]_n$ 骨格中に金属イオンが導入されて塩となる．このような塩を三次元ケイ酸（テクトケイ酸塩）とよぶ．

g. ホウケイ酸塩

SiO_4 四面体の Si^{4+} の一部が B^{3+} に置き換わった化合物はホウケイ酸塩とよばれ，天然鉱物としては，1 族や 2 族の金属イオン，鉄などを含むホウケイ酸塩であるトルマリンが有名である．産業的にはホウケイ酸塩ガラスが特に重要であり（米国のコーニング社の商標であるパイレックスとよばれることも多い），純粋な SiO_2 と比してガラス化が容易で加工しやすい．ま

た，軟化剤として SiO_2 にアルカリ金属の酸化物を多く添加した一般のアルカリガラスと比して熱膨張率が小さく（熱衝撃に強く），耐熱性や硬度，耐薬品性にも優れていることから，キッチン器具や理化学器具，医療器具，薬品容器などに広く利用されている．

h. アルミノケイ酸塩

SiO_4 四面体の Si^{4+} の一部が Al^{3+} に置き換わった化合物はアルミノケイ酸塩とよばれ，ガラスやセメント，陶器や耐火物などの原料として産業上非常に重要な化合物である．層状ケイ酸塩の置換体からなる雲母類や，三次元ケイ酸塩である長石類，沸石類などの鉱物として天然に多量に存在する．層状ケイ酸塩鉱物の例としては，白雲母（$KAl_2(Si_3AlO_{10})(OH)_2$）や金雲母（$KMg_3(Si_3AlO_{10})(OH)_2$）などが知られており，三次元ケイ酸塩の例としては正長石（$K(AlSi_3O_8)$）や灰長石（$Ca(AlSi_3O_8)$），ソーダ沸石（$Na2(Al_2Si_3O_{10})\cdot 2H_2O$），輝沸石（$Ca(Al_2Si_7O_{18})\cdot 6H_2O$）などが知られている．

9.4 節のまとめ

- ケイ素：元素記号 Si，原子番号 14，原子量 28.06．
- 14 族に属する半金属元素．金属と非金属の中間的な性質を示し，他の多くの元素と多様なケイ化物を形成する．酸素に対する親和性が高く，SiO_4 四面体を構成単位とするケイ酸塩化合物の種類は広範にわたる．
- ケイ化物：ケイ素とケイ素より電気陰性度の低い元素からなる二元系化合物．
- ケイ素の酸化物：二酸化ケイ素（SiO_2，シリカ），一酸化ケイ素（SiO），亜酸化ケイ素（Si_3O_2）など．このうち最も安定なのは二酸化ケイ素で，水晶，石英，ケイ砂などの鉱物として天然に産出する．
- ケイ素のオキソ酸：オルトケイ酸，メタケイ酸，メソケイ酸，パラケイ酸など．単離できないものが多い．
- ケイ酸塩：一般式 $xM_aO_b\cdot ySiO_2$ で表される化合物．含水塩，複塩のほか，別の陰性原子団を含む形式のものなどもある．

9.5　窒素とその化合物

9.5.1　窒素

窒素（N）は 15 族に属する非金属元素であり，フッ素，酸素および塩素に次いで大きな電気陰性度を有している．大気の約78%の体積を占めており，地殻中には硝酸塩やアンモニウム塩として存在する．また，動物の中にもアミノ酸やタンパク質，核酸塩基などの化合物として存在しており，生命活動に欠かせない元素の一つである．窒素の単体は N_2 であり，常温常圧で無色無臭の不活性な気体である．産業上，アンモニアの原料や，貴ガスより安価な**不活性ガス**として食品やタイヤ，消火器などの封入ガスなどとして利用されるほか，−196℃で液化させた液体窒素は比較的安価で安全な冷却剤として利用されている．工業的には液体空気の分留で製造され，実験室では，亜硝酸アンモニウム NH_4NO_2 の水溶液を加熱分解してつくられる．

$$NH_4NO_2 \longrightarrow N_2 + 2H_2O \tag{9-43}$$

9.5.2　窒化物

窒素の化合物のうち，窒素と窒素より電気陰性度の低い元素からなる二元系化合物のことを一般に窒化物とよぶ．炭化物と同様，窒化物は化学結合の性質によって次の3種に分類することができる．

a. 塩類似窒化物（イオン結合性窒化物）

窒化物イオン N^{3-} と陽イオンからなるイオン結合性の窒化物である．Li_3N や 2 族元素の窒化物（M_3N_2）がこれに属する．

b. 半金属類似窒化物（共有結合性窒化物）

窒素ともう一方の元素との間で共有結合をなす窒化物であり，元素の組合せに依存して，その性質は多様である．例として，アンモニア（NH_3）やヒドラジン（N_2H_4）をはじめ，BN，$(CN)_2$，P_3N_5，S_4N_4，S_2N_2 などが挙げられる．

c. 金属類似窒化物（侵入型窒化物）

主にdブロックの金属原子からなる結晶格子の中に窒素原子が組み込まれた化合物であり，多くの窒化物がこのタイプに分類できる．組成がMNで示される金属類似窒化物は，金属原子によって構成される面心立方（fcc）格子や六方最密充塡（hcp）格子におけるすべての八面体間隙に窒素原子が組み込まれており，基本格子がfccである場合には岩塩型構造の窒化物となる．Sc, Ti, V, Cr, Zr, Nb, Hf, Ta, 希土類などの多くの金属はMN型の窒化物を作る．また，金属の八面体間隙の半分または一部に窒化原子が組み込まれた，Mo_2N, W_2N, Fe_2N, Mn_3N_2, Co_3N_2, Ni_3N_2 などの窒化物も知られている．金属類似窒化物は，一般に硬く不活性で，金属光沢と導電性を有しており，るつぼや高温反応容器など，耐火物材料として広く利用されている．

以下，産業上重要な窒化物であるアンモニアおよび窒化ホウ素についてさらに具体的に説明する．

アンモニア（NH_3）

アンモニアは特有の刺激臭をもち，無色で，空気より軽い気体である．水に溶けやすく，水溶液は弱い塩基性を示す．産業上，硝酸やプラスチック，肥料，爆薬などの原料として利用される．工業的には，高温高圧下（400〜600℃，20〜100 MPa），鉄触媒上で窒素と水素を直接結合させる**ボッシュ・ハーバー法**によって製造される．

$$N_2 + 3H_2 \longrightarrow 2NH_3 \qquad (9\text{-}44)$$

実験室では，塩化アンモニウム（NH_4Cl）と水酸化カルシウム（$Ca(OH)_2$）の混合物を加熱することで作られる．

$$2NH_4Cl + Ca(OH)_2 \longrightarrow 2NH_3 + CaCl_2 + 2H_2O \qquad (9\text{-}45)$$

窒化ホウ素（BN）

窒化ホウ素は，常圧でグラファイトに類似した**六方晶系**の層状構造を有する白色の絶縁性化合物である（ホワイトグラファイトともよばれる）．**凝華**温度は約3000℃であり，空気，水素，酸素，二硫化炭素，硫化水素に対して不活性であるが，水蒸気や酸とともに加熱すると分解してアンモニアを生ずる．**絶縁体**の中では最高の**熱伝導率**を示し，熱膨張率が低く，熱衝撃に対する耐性が高いことから，金属やガラス，化合物半導体用のるつぼや，トランジスタなどの放熱材として利用される．また，グラファイトと同様，層間をつなげるのは弱い**ファンデルワールス力**であり，層間がはく離しやすいため，潤滑剤やはく離剤として利用されるほか，やわらかく，光沢があり，毒性がないことから，化粧品に添加されている（口紅やファンデーションなどに微粉末を添加すると真珠様の光沢が得られる）．六方晶BNの製造法としては，リン酸カルシウムを触媒として無水ホウ酸（B_2O_3）と窒素あるいはアンモニアを反応させる方法や，ホウ酸ナトリウム（Na_3BO_3）と塩化アンモニウムをアンモニア雰囲気下で反応させる方法などが知られている．なお，六方晶BNを高温高圧下（1700〜3300℃，18 GPa）で処理すると，ダイヤモンドと同じ構造をもち，ダイヤモンドに準じる硬度を有する無色透明な立方晶BNが得られる．

9.5.3 窒素の酸化物とオキソ酸

窒素には，酸化数の異なるさまざまな**酸化物**，オキソアニオンおよびオキソ酸が存在する．**表9-1**に，代表的な窒素酸化物とオキソアニオンの種類，およびその性質をまとめた．以下，産業上重要な窒素のオキソ酸である硝酸についてより具体的に説明する．

硝酸（HNO_3）

硝酸は揮発性の強酸であり，さまざまな金属と反応して塩を形成する．酸化力があるため，塩酸や希硫酸には溶けない銅，水銀，銀なども硝酸には溶ける．市

カール・ボッシュ

ドイツの工業化学者．ライプツィヒ大学で学位を得，BASF社に入社．ハーバーとともにアンモニア合成の工業的手法（ボッシュ・ハーバー法）を開発した．高圧化学的方法の発明・開発により，1931年にベルギウスとともにノーベル化学賞を受賞した．（1874-1940）

フリッツ・ハーバー

ドイツの物理化学者．窒素と水素を用いたアンモニア合成法を発明し特許を取得．ボッシュとの共同研究によりボッシュ・ハーバー法を確立し，1918年にノーベル化学賞を受賞した．第一次世界大戦下，ドイツ軍の毒ガス開発を主導した．（1868-1934）

表 9-1 窒素の酸化物とオキソニウムイオン (P. Atkins ら, Shriver and Atkins Inorganic Chemistry, 5th ed., Oxford University Press. pp 388-389)

酸化数	化学式	名称（俗称）	構造（気相）	性質
+1	N_2O	一酸化二窒素	119 pm	無色の気体，あまり反応性ではない
+2	NO	一酸化窒素	115 pm	無色で反応性の常磁性気体
+3	N_2O_3	三酸化二窒素	平面形	青い固体（融点−101℃），気相中で NO と NO_2 に解離する
+4	NO_2	二酸化窒素	119 pm, 134°	茶色で反応性の常磁性気体
+4	N_2O_4	四酸化二窒素	118 pm, 平面形	無色の液体（融点−11℃），気相中でNO_2と平衡を保つ
+5	N_2O_5	五酸化二窒素	平面形	無色のイオン結晶（昇華点 32℃）$[NO_2]^+$ $[NO_3]^-$，不安定
+1	$N_2O_2^{2-}$	ジオキソ二硝酸 (N—N) (2−) イオン	2−	通常，還元剤として作用
+3	NO_2^-	ジオキソ硝酸 (1−) イオン	124 pm, 115°	弱塩基，酸化剤および還元剤として作用
+3	NO^+	オキソ窒素 (1+) イオン	+	酸化剤でルイス酸，π 受容体配位子
+5	NO_3^-	トリオキソ硝酸 (1−) イオン	122 pm, −	きわめて弱い塩基，酸化剤
+5	NO_2^+	ジオキソ窒素 (1+) イオン	115 pm, +	酸化剤，ニトロ化剤，ルイス酸

販の濃硝酸は 60%以上の硝酸を含む水溶液である．硝酸そのものは無色であるが，古くなった硝酸は淡黄色を帯びていることが多い．これは，光や熱によって促進される以下の分解反応によって生じた二酸化窒素（NO_2）が溶解しているためである．したがって硝酸は通常，褐色瓶中で保管する．

$$4HNO_3 \longrightarrow 4NO_2 + O_2 + 2H_2O \qquad (9\text{-}46)$$

なお，濃硝酸に過剰の NO_2 を溶解させたものは発煙硝酸とよばれ，強酸化剤として用いられる．また，濃硝酸と濃塩酸をモル比 1:3 で混合することにより得られるオレンジ色で発煙性の**王水**は，金や白金のような貴金属を溶かすことができる．硝酸は産業上，窒素含有化学薬品や肥料，爆薬の原料として広く用いられており，工業的には，**オストワルト法**とよばれる手法により製造される．オストワルト法では，まずアンモニアを過剰の空気と混合し，白金を触媒として約 800℃で反応させることで一酸化窒素まで酸化させる．これを空気中で酸化して二酸化窒素としたのち（NO と空気の混合気体を 140℃以下に冷却すると自動的に NO_2 が生成する），これを約 50℃の水に吸収させることで硝酸が得られる．

フリードリヒ・ヴィルヘルム・オストワルト

ドイツの化学者．ファント・ホッフ，アレニウスと並ぶ物理化学分野の開祖の一人．リガ工科大学，ライプツィヒ大学で教授職に就いた．オストワルトの希釈律，触媒作用などを発見した．1909 年ノーベル化学賞受賞．息子のヴォルフガングはコロイド化学者として知られる．(1853-1932)

$$4NH_3 + 5O_2 \longrightarrow 4NO + 6H_2O \quad (9\text{-}47)$$
$$2NO + O_2 \longrightarrow 2NO_2 \quad (9\text{-}48)$$
$$3NO_2 + H_2O \longrightarrow 2HNO_3 + NO \quad (9\text{-}49)$$

この際,式 (9-49) の反応によって生成した NO は式 (9-48) の反応に再循環させる.

9.5.4 窒素のオキソ酸塩

窒素には,種々のオキソ酸に対応して多様な種類のオキソ酸塩があるが,ここでは特に硝酸塩 ($M_a(NO_3)_b$) について触れておく.

硝酸塩は金属の単体や金属酸化物,炭酸塩を硝酸に溶解することで得られ,数種の複雑な有機塩基との付加化合物の塩を除けばすべて水に溶け,一般に吸湿性(K, Ba, Ag, Pb の塩を除く)がある.多くは加熱により分解して亜硝酸塩となるが,重金属塩の場合にはさらに分解が進行して金属酸化物と二酸化窒素となる.

$$2KNO_3 \longrightarrow 2KNO_2 + O_2 \quad (9\text{-}50)$$
$$2Pb(NO_3)_2 \longrightarrow 2PbO + 2NO_2 + 3O_2 \quad (9\text{-}51)$$

9.5 節のまとめ

- 窒素:元素記号 N,原子番号 7,原子量 14.01.
- 15 族に属する非金属元素であり,フッ素,酸素および塩素に次いで大きな電気陰性度を有している.ほかの 15 族元素と同様,とりうる酸価数は多様であり,多くの種類の酸化物やオキソ酸を形成する.
- 窒化物:窒素と窒素より電気陰性度の低い元素からなる二元系化合物.化学結合の性質によって,塩類似窒化物(イオン結合性窒化物),半金属類似窒化物(共有結合性窒化物),金属類似窒化物(侵入型窒化物)の 3 種に分類できる.
- 硝酸 (HNO_3):窒素のオキソ酸の一種.揮発性の強酸で,さまざまな金属と反応して塩を形成する.強い酸化力があり,銅,水銀,銀なども溶かす.市販の濃硝酸は 60% 以上の硝酸を含む水溶液である.産業上,窒素含有化学薬品や肥料,爆薬の原料として広く用いられており,工業的には,アンモニアを酸化するオストワルト法とよばれる手法により製造される.

9.6 リンとその化合物

9.6.1 リン

リン (P) は 15 族に属する非金属元素であり,リン灰石やリン酸塩などの鉱物として天然に存在する.動植物の体内にも化合物として含まれており,窒素と同様,生命活動には欠かせない元素の一つである.リンの単体にはいくつかの**同素体**がある.黄リン(白リン)は毒性のある淡黄色の固体で,活性に富む.空気中では自然発火するので水中に保存される.赤リンは赤褐色の粉末で,黄リンに比べて反応性に乏しく,毒性はない.

9.6.2 リン化物

リンの化合物のうち,リンとリンより電気陰性度の低い元素からなる二元系化合物のことを一般に**リン化物**とよぶ.多くは,不活性雰囲気中で赤リンと元素の単体とを加熱することで得られる.さまざまな種類のリン化物が存在しており,その組成についても,以下に例示したように,M_4P から MP_{15} まで多様である.

リン化カリウム (K_3P, K_4P_3, K_5P_4, KP, K_4P_6, K_3P_7, K_3P_{11}, KP_{15})

リン化スズ (Sn_5P_2, Sn_2P, Sn_3P, SnP, SnP_2, Sn_4P_3, SnP_3)

リン化ニッケル (Ni_3P, Ni_5P_2, $Ni_{12}P_5$, NiP, Ni_5P_4, NiP, NiP_2, NiP_3)

リン化銅 (Cu_3P, Cu_5P_2, Cu_2P, Cu_3P_2, CuP, CuP_2)

リン化銀 (AgP, Ag_2P_3, AgP_2, Ag_2P_5)

リン化白金 (Pt_2P, PtP, Pt_3P_5, PtP_2)

ほかに,TiP, VP, VP_2, Cr_3P, CrP, Mn_2P, MnP, MnP_2, Fe_3P, Fe_2P, FeP, FeP_2 などがある.

リン化物の分類は難しいが,M と P の比率により,大きく次の四つに分けられる.

a. ホスフィン置換型(一部の M_3P 型化合物)

ホスフィン (PH_3) の水素が等量の金属で置換され

た形のリン化物はホスフィン置換型とよばれ，K_3P，Ca_3P など，1族，2族元素の一部やアルミニウムなどのリン化物で M_3P 型の組成を有するものがこれに相当する．一般に，褐色の硬くてもろい結晶であり，水や酸によって容易に分解してホスフィンを生じる．

b. 金属過剰リン化物（M>P）

金属のモル比率がリンよりも多いリン化物のうちホスフィン置換型以外のものを金属過剰リン化物とよぶ．一般に，リンの周りに三角柱様の配列で金属原子が配位した構造を有している．多くは融解しにくくきわめて不活性であり，硬く脆い，耐火性の化合物である．また通常，元の金属と同様に高い電気伝導率と熱伝導率を有している．酸素とは高温で作用し，炭素と電気炉中で熱すれば炭化物となる．なお，重金属リン化物は他の金属または合金とよく混ざり，その物理的性質に影響を与える．好影響としてはリン青銅にみられるように銅の硬さを増し，悪影響としては鉄を脆くする．

c. 一リン化物（M=P）

金属とリンのモル比率が同じであるようなリン化物を一リン化物とよぶ．一リン化物の構造は金属原子の相対的な大きさに応じてさまざまであり，例えばAlP はセン亜鉛型構造，SnP は岩塩型構造，VP はヒ化ニッケル型構造を有する．

d. リン過剰リン化物（M>P）

リンのモル比率が金属よりも多いリン化物をリン過剰リン化物とよぶ．一般に融点が低く，金属過剰リン化物や一リン化物よりも不安定である．リン原子から構成される陰イオンは，P_7^{3-} や P_{11}^{3-} のような環状構造やかご型構造，$[P_8^{2-}]_n$ のような鎖状構造をはじめ，層状構造，立体構造などさまざまな構造をとりうる．

9.6.3 リンの酸化物とオキソ酸

a. リンの酸化物

リンを完全燃焼させると十酸化四リン（五酸化二リンともよばれる）P_4O_{10} となり，酸素が不十分な環境で燃焼させると六酸化四リン P_4O_6 が得られる．

十酸化四リンは，P を中心原子とした正四面体型の原子団である PO_4 が四つ相互に頂点共有することで連結したかご型構造（図 9-3（a））を有している．無色の凝華性化合物で，吸湿性が強いため乾燥剤に用いられるほか，医薬品や農薬の原料，試薬としても利用

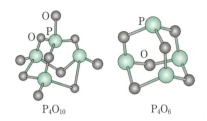

図 9-3 十酸化四リンと六酸化四リンの構造

される．また，PO_4 に水を加えて加熱するとオルトリン酸（H_3PO_4）（本項 b 参照）が生成する．

六酸化四リンは，P を頂点の一つとする三角錐型の原子団である PO_3 が十酸化四リンと同様に他の頂点をなす O を介して四つ相互に連結したかご型構造（図 9-3（b））をとる化合物である．リンの酸化物としてはこれらのほかに P_4O_8 や P_4O_9 のような中間組成のものも単離することができるが，いずれも，十酸化四リンのかご型構造における PO_4 四面体の一部が六酸化四リンのような PO_3 三角錐に置き換わった構造となっている．

b. リンのオキソ酸

窒素と同様，以下に例示するように，リンにも酸化数の異なるさまざまなオキソアニオンおよびオキソ酸が存在する．

〈1 個の P 原子を含むオキソアニオン〉
ホスフィン酸イオン　$H_2PO_2^-$（酸化数 +1）
ホスホン酸イオン　HPO_3^{2-}（酸化数 +3）
オルトリン酸（リン酸）イオン　PO_4^{3-}（酸化数 +5）
リン酸水素イオン　HPO_4^{2-}（酸化数 +5）
リン酸二水素イオン　$H_2PO_4^-$（酸化数 +5）
〈2 個以上の P 原子を含むオキソアニオン〉
次リン酸イオン　$P_2O_6^{4-}$（酸化数 +4）
ピロリン酸（二リン酸）イオン　$P_2O_7^{4-}$（酸化数 +5）
トリポリリン酸（三リン酸）イオン　$P_3O_{10}^{5-}$（酸化数 +5）鎖状構造
cyclo-三リン酸イオン　$P_3O_9^{3-}$（酸化数 +5）環状構造
cyclo-四リン酸イオン　$P_4O_{12}^{4-}$（酸化数 +5）環状構造
ポリリン酸イオン　$[P_nO_{3n+1}]^{(n+2)-}$（酸化数 +5）鎖状構造
メタリン酸イオン　$[HPO_3^-]_n$（酸化数 +5）鎖状構造

これらのうち，オルトリン酸（H_3PO_4）を 200℃ 以上で脱水縮合させることで，正四面体型の原子団である PO_4 が頂点共有によって複数連結したオキソアニ

オン（酸化数5）は縮合リン酸と総称される．縮合リン酸におけるPO_4単位の結合数は，加熱温度と加熱時間によって変化し，二つのPO_4単位が連結したピロリン酸（$H_4P_2O_7$）から，数千個のPO_4単位が連結した鎖状ポリリン酸（$H_{n+2}[P_nO_{3n+1}]$）まで広範である．一つのオルトリン酸から水分子が一つだけ脱離して縮合したメタリン酸（$H_n[HPO_3]_n$）も縮合リン酸に分類される．以下，産業上重要なリンのオキソ酸であるオルトリン酸についてより具体的に説明する．

オルトリン酸（H_3PO_4）

オルトリン酸は単にリン酸ともよばれる不揮発性の酸であり，水に易溶な，潮解性のある無色の固体（融点42℃）である．通常，リン酸を約85%含む濃厚水溶液として市販されている．リン酸は以下のように3段階に電離し，水溶液は弱酸性を示す．

$H_3PO_4 \rightleftharpoons H^+ + H_2PO_4^-$　電離定数 $10^{-2.2}$ mol L^{-1}
(9-52)

$H_2PO_4^- \rightleftharpoons H^+ + HPO_4^{2-}$　電離定数 $10^{-7.2}$ mol L^{-1}
(9-53)

$HPO_4^{2-} \rightleftharpoons H^+ + PO_4^{3-}$　電離定数 $10^{-12.2}$ mol L^{-1}
(9-54)

リン酸は産業上，主に肥料の原料として用いられているほか，リン酸塩やリン酸水素塩系の食品添加物の原料としても利用されている．工業的には，鉱山から採掘された単体のリンを燃焼させて十酸化四リンとしたのちにこれを希薄なリン酸水溶液に溶解させる熱合成法や，リン鉱石（リン酸カルシウム）に硫酸を作用させる湿式合成法によって製造される．

9.6.4 リンのオキソ酸塩

リンには種々のオキソ酸に対応して多様な種類のオキソ酸塩があるが，ここでは主にオルトリン酸塩（$M_a(PO_4)_b$），リン酸水素塩（$M_a(HPO_4)_b$）およびリン酸二水素塩（$M_a(H_2PO_4)_b$）について説明する．

オルトリン酸塩，リン酸水素塩およびリン酸二水素塩のうち，オルトリン酸塩とリン酸水素塩は1族の金属塩だけが水に可溶（一般にオルトリン酸塩はリン酸水素塩よりも溶解度が低い）であるが，リン酸二水素塩はすべて水に可溶である．また，オルトリン酸塩は加熱しても縮合リン酸塩に変化することはないが，リン酸水素塩とリン酸二水素塩は加熱により脱水縮合し，それぞれ二リン酸塩とメタリン酸塩を生じる．これらの中で産業上重要なものとしては，水溶性で中性かつ即効性のある無機肥料として知られる重過リン酸石灰の主成分である$Ca(H_2PO_4)_2$をはじめ，栄養補助剤やチーズ製造のための乳化剤，生クリームの抗凝固剤，砂糖の流動調整剤など食品添加物用途において広く用いられるNa_2HPO_4，K_2HPO_4，NaH_2PO_4，KH_2PO_4，$Ca_3(PO_4)_2$，$Ca(H_2PO_4)_2$など，練り歯磨きに含まれる研磨剤として利用される$CaHPO_4$などが挙げられる．また，ポリリン酸塩の一つである三リン酸ナトリウム（$Na_5P_3O_{10}$）は，食品の保存料や家庭用洗剤の添加剤（セッケンの洗浄効果を低下させる水中の金属イオンを錯体化する金属イオン封鎖作用や，衣類への土や埃の再付着を防ぐ緩衝剤としての作用がある）として重要である．

9.6 節のまとめ
- リン：元素記号P，原子番号15，原子量30.97．
- 15族に属する非金属元素．とりうる酸価数は多様で，特にオキソ酸およびその塩の種類は多い．単体には黄リン（白リン），赤リンなどいくつかの同素体がある．
- リン化物：リンとリンより電気陰性度の低い元素からなる二元系化合物．MとPの比率により，ホスフィン置換型，金属過剰リン化物，一リン化物，リン過剰リン化物に大きく分類できる．
- リンの酸化物：十酸化四リン（P_4O_{10}），六酸化四リン（P_4O_6）など．

9.7 酸素とその化合物

9.7.1 酸素

酸素（O）は16族に属する非金属元素であり，二酸化ケイ素（SiO_2）やケイ酸塩として地殻中に最も多く存在している．また，大気の体積の約21%はO_2によって占められている．酸素の単体としては，二原子分子である酸素分子O_2（以降，単に酸素と称する）やオゾンO_3が知られている（特殊な環境下では，O_4や

O_8 クラスター，固体酸素なども存在することがわかっている）．酸素は常温常圧で無色透明な無臭の気体であり，活性に富み，ほとんどの元素と酸化物を作る．自然界においては光合成によって生産されており，工業的には，液体空気の分留によって製造される．実験室では，過酸化水素水 H_2O_2 に触媒として少量の酸化マンガン MnO_2 を作用させる方法が有名である．

$$2H_2O_2 \longrightarrow 2H_2O + O_2 \qquad (9\text{-}55)$$

オゾンは，淡青色で特異臭のある有害な気体である．酸素と比べて不安定であり，容易に酸素分子に分解するが，この際，同時に生じる原子状酸素によって強い酸化作用が発揮される．したがって，低濃度のオゾンは，飲料水の殺菌や大気の脱臭，繊維の漂白などに用いられている．自然界において，オゾンは大気中で太陽からの紫外線によって作られており，成層圏内，地球から高度20～40 kmに比較的高濃度に保持されてオゾン層を形成し，太陽からの紫外線を吸収することで地上の生物を紫外線の有害な作用から保護している．人工的には，酸素中での放電，あるいは酸素への紫外線照射によって得られる．

9.7.2 酸化物

酸素の化合物のうち，酸素と酸素より電気陰性度の低い元素からなる二元系化合物のことを一般に酸化物とよぶ．なお，貴ガスを除いて，酸素より電気陰性度の大きい元素はフッ素（F）のみである．酸素は，キセノン（Xe）以外の貴ガスを除くほとんどすべての元素と酸化物を形成する．酸化物は一般に，結合相手の元素の電気陰性度が小さいほど強い塩基性を示し，大きいほど強い酸性を示す．すなわち，金属元素の酸化物の多くはイオン結合性の塩基性酸化物であり，酸と直接反応して塩と水を生じる（式(9-56)），あるいは水溶液がアルカリ性を呈するといった性質を示すのに対し，非金属元素の酸化物の多くは共有結合性の酸性酸化物であり，塩基と直接反応して塩と水を生じる（式(9-57)），あるいは水と結合して酸を生成するといった性質を示す．なお，ベリリウムやアルミニウム，亜鉛，スズ，鉛など，電気陰性度が比較的大きい一部の金属元素は，酸素との間で，酸とも塩基とも反応する（式(9-58)，(9-59)）両性酸化物を形成する．

$$MgO + 2HCl \longrightarrow MgCl_2 + H_2O \qquad (9\text{-}56)$$
$$SiO_2 + 2NaOH \longrightarrow Na_2SiO_3 + H_2O \qquad (9\text{-}57)$$
$$ZnO + 2H^+ \longrightarrow Zn^{2+} + H_2O \qquad (9\text{-}58)$$
$$ZnO + 2OH^- + H_2O \longrightarrow [Zn(OH)_4]^{2-} \qquad (9\text{-}59)$$

以下，いくつかの酸化物について具体的に説明する．

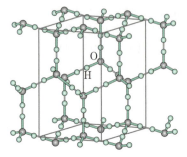

図 9-4　氷の結晶構造（田中勝久，平尾一之，北川進訳）

水（H_2O）

水素の酸化物である水は，生命にとって最も重要な化合物の一つであり，地球表面の約3/4を占め，また大気中にも水蒸気として存在している．無色無臭で毒性がなく，高い比誘電率を有しており，生活基準において広い温度範囲で液相を維持することから，地球上で最もよく使われる溶媒である．常圧において気相の水は単分子として存在しているが，液相では，水素と酸素間の大きな電気陰性度の差に由来して水分子同士が水素結合をなしており，クラスターとなっていることが知られている．このことは，ほかの16族元素と水素との化合物の沸点（例えば H_2S の場合 −60.3℃）と比較して，水の沸点（100℃）が突出して高いことによく反映されている．固相の氷には，高圧相まで含めると少なくとも9種類の構造が知られており，0℃の大気圧下では，図9-4に示したような水素結合に由来する六方晶構造をとる．大気圧において，液相の水の密度は0℃の氷よりも大きく，4℃で極大をとるが，これは，水素結合によって支持された氷の結晶構造が水のクラスター構造よりも疎であることに由来する．

酸化アルミニウム（Al_2O_3）

酸化アルミニウムはアルミナともよばれ，天然にはコランダムやエメリー（金剛砂），ルビーやサファイアとして産出する．これらはいずれもコランダム型構造の酸化アルミニウム結晶（α型）からなる鉱物であるが，エメリーには磁鉄鉱，赤鉄鉱，スピネルなどの不純物が多く含まれており，ルビーにはクロム，サファイアには鉄やチタンを主体とする微量の遷移金属元素が固溶している．酸化アルミニウムにはα型のほかにもγ型，δ型，θ型などの多形が存在する．このうち最も安定なのはα型であり，2000℃を超える融点を有し，耐熱性，耐食性，絶縁性，熱伝導性，透光性に優れ，高い硬度を有することから，るつぼや研磨剤，切削工具やIC基板，人造宝石の材料などに広く用いられている．また，格子欠陥のあるスピネル類似

構造をとるγ型の酸化アルミニウムについても，多孔質で高比表面積であるという特徴から，触媒や触媒担体，吸着剤として用いられている．

酸化ジルコニウム（ZrO$_2$）

酸化ジルコニウムはジルコニアともよばれ，天然には，ジルコンサイド（ZrSiO$_4$）やバデライト鉱石として産出する．純粋なZrO$_2$は室温から1170℃で単斜晶，1170℃から2370℃で正方晶，2370℃以上で立方晶構造をとる．したがって，高温での処理を伴うジルコニア加工品の製造や利用においては，冷却過程で正方晶から単斜晶へと相転移する際の体積変化に起因して破壊に至ってしまうという問題があるが，これは，ジルコニアにCaO，MgO，Y$_2$O$_3$などの二価または三価の金属酸化物（安定化剤）を固溶させることで，正方晶や立方晶を室温で安定化することにより回避できる．一般に，安定化剤によって結晶相を完全に安定したものを安定化ジルコニア，部分的に安定化したものを部分安定化ジルコニアとよぶ．特に部分安定化ジルコニアは，あらゆるセラミックスの中で最も優れた機械的特性をもつ材料の一つであり，外部応力が加わった際，正方晶から単斜晶への転移が誘起されることで応力が消費され，破壊の原因となるクラックの伝播が抑制されるために，高い強度と靭性を示す．この性質により，部分安定化ジルコニアはハサミ，ナイフ，包丁などの刃物や切削工具などに利用されている．また，立方晶安定化ジルコニア（通称キュービックジルコニア）は模造ダイヤとして宝飾品に利用される．なお，二価または三価の金属酸化物を固溶させたジルコニアには固溶量に応じて酸素空孔が形成されており，この空孔を媒介とする酸素イオンの拡散が容易に行われるため，酸化物イオンの伝導体，すなわち固体電解質として，酸素センサーや固体酸化物形燃料電池（SOFC：solid oxide fuel cell）に利用されている．

9.7節のまとめ

- 酸素：元素記号O，原子番号8，原子量16.00．
- 16族に属する非金属元素．二酸化ケイ素（SiO$_2$）やケイ酸塩として地殻中に最も多く存在している．フッ素に次いで電気陰性度が高く，反応性に富み，さまざまな元素との間に酸化物を形成する．
- 酸素分子（O$_2$）：常温常圧で無色無臭の気体．活性に富み，ほとんどの元素と酸化物を作る．工業的には液体空気の分留，実験室的には過酸化水素水に触媒として少量の酸化マンガンを作用させる方法によって得られる．
- オゾン（O$_3$）：淡青色で特異臭のある有害な気体．強い酸化作用があり，殺菌・漂白などに利用される．自然界では大気中で太陽光からの紫外線により産生され，人工的には，酸素中での放電あるいは酸素への紫外線照射によって得られる．
- 酸化物
  - 金属元素：多くはイオン結合性の塩基性酸化物であり，酸と直接反応して塩と水を生じる，あるいは水溶液がアルカリ性を呈するといった性質を示す．
  - 非金属元素：多くは共有結合性の酸性酸化物であり，塩基と直接反応して塩と水を生じる，あるいは水と結合して酸を生成するといった性質を示す．
  - 電気陰性度が比較的大きい一部の金属元素（Be，Al，Zn，Sn，Pbなど）：酸素との間で，酸とも塩基とも反応する両性酸化物を形成する．

9.8 硫黄とその化合物

9.8.1 硫黄

硫黄（S）は，方鉛石（PbS），重晶石（BaSO$_4$），エプソム塩（MgSO$_4$）などの硫化物や硫酸塩鉱物として産出するほか，硫化水素や二酸化硫黄を含む火山性ガスの噴気孔付近，地下の鉱床などから単体としても産出する．硫黄同士の単結合における結合エネルギーは炭素に次いで高く，カテネーションを起こしやすい．

硫黄の単体には，n個のS原子が環状に連結したS$_n$環（$n=3$, 6, 7, 8, 10, 12, 18, 20など）やS$_n$鎖からなる多数の多形が存在するが，この中で最も安

定なものは，S_8環からなる斜方晶系の$\alpha\text{-}S_8$（通称斜方硫黄）である．$\alpha\text{-}S_8$を93℃まで加熱するとS_8環の充填方式の異なる単斜晶系の$\beta\text{-}S_8$となり，$\alpha\text{-}S_8$を150℃で融解して除冷すると，S_8環の充填方式がさらに変化した単斜晶系の$\gamma\text{-}S_8$が得られる．これらはともに，斜方硫黄とよばれている．また，斜方硫黄を160℃以上で加熱すると硫黄原子の重合が進み，これを急冷することで直鎖状のS_n鎖からなるゴム状物質（通称ゴム状硫黄）が得られる．これは室温で徐々に$\alpha\text{-}S_8$に分解される．硫黄は，硫酸の原料として重要であるほか，医薬品や農薬の製造や天然ゴムの加硫，高温作動型の大規模電力貯蔵用二次電池であるNaS電池の正極などに利用されている．

9.8.2 硫化物

硫黄の化合物のうち，硫黄と硫黄より電気陰性度の低い元素からなる二元系化合物のことを一般に硫化物とよぶ．硫黄は多くの元素と硫化物を形成し，その生成法も，成分元素間の直接反応や硫酸塩の還元，単体や相手元素のイオンを含む溶液と硫化水素との反応など多様である．

$$Mg+S \longrightarrow MgS \tag{9-60}$$
$$MgSO_4+4C \longrightarrow MgS+4CO \tag{9-61}$$
$$Mg+H_2S \longrightarrow MgS+H_2 \tag{9-62}$$
$$Mg^{2+}(aq)+H_2S \longrightarrow MgS+2H^+ \tag{9-63}$$

硫化物の水への溶解性は相手元素の種類によって大きく異なり，また硫化水素が水に可溶な弱酸性の気体であることにも起因して，水の温度や液性によっても大きく変化する．この性質は，硫化物の色（多くは黒）とともに，金属の選択的な分離に利用される．主な硫化物の常温における溶解性を色とともに表9-2に示した．

1族，2族および一部のfブロック元素と硫化物イオン（S^{2-}）との硫化物はイオン結合性の塩であり，逆蛍石型（1族）または岩塩型（2族および一部のfブロック元素）構造を有する化合物である．dブロック元素についても，原子番号が小さく電気陰性度の小さい元素であれば，S^{2-}との間にイオン結合性のヒ化ニッケル型構造を有する硫化物となるが，原子番号が大きくなるほど共有結合性が増大し，孤立した二硫化物イオン（S_2^{2-}）を含む層状のセン亜鉛型構造を有する硫化物となる．dブロック元素の硫化物は半導体の性質をもつことが多い．また，典型元素，遷移金属元素を問わず，S_n鎖を含む多硫化物（ポリ硫化物）とよばれる硫化物も多く存在している．硫化物の産業的な利用例としては，顔料（白色：ZnS，黄色：CdS

表9-2 主な硫化物の溶解性と色

液性によらず可溶	1族，2族元素の硫化物（白）など
酸性溶液にのみ可溶	ZnS（白），NiS（黒），MnS（淡赤），FeS（黒）など
液性によらず不溶	Ag_2S（黒），PbS（黒），HgS（黒），CuS（黒），CdS（黄），SnS（褐色）など

など）をはじめ，半導体素子（ZnS，CdS），農薬（CaS_n）などがある．以下に硫化水素について具体的に説明する．

硫化水素（H_2S）

水に可溶な無色で特異臭を有するきわめて有毒な気体である．硫化水素は以下のように2段階で電離し，水溶液は弱酸性を示す．

$$H_2S \rightleftharpoons H^++HS^- \quad 電離定数 9\times10^{-8}\,\text{mol L}^{-1} \tag{9-64}$$

$$H_2PO_4^- \rightleftharpoons H^++HPO_4^{2-}$$
$$電離定数 4\times10^{-13}\,\text{mol L}^{-1} \tag{9-65}$$

したがって，硫化水素の塩としての硫化物に強酸を加えると，弱酸である硫化水素が遊離する．

$$FeS+H_2SO_4 \longrightarrow FeSO_4+H_2S \tag{9-66}$$

また，強塩基と硫化水素の塩であるような硫化物の水溶液はアルカリ性を示す．

硫化水素は酸化により単体の硫黄に変化しやすく，このため還元作用を示す（硫化水素水を空気中で保持すると硫黄の析出により白濁する）．なお，硫化水素は硫黄の化合物の中で最低の酸化数を有するため，通常は還元剤として作用するSO_2を以下のように還元することができる．

$$SO_2+2H_2S \longrightarrow 3S+2H_2O \tag{9-67}$$

9.8.3 硫黄の酸化物とオキソ酸

a. 硫黄の酸化物

硫黄には二酸化硫黄（SO_2）と三酸化硫黄（SO_3）の2種類の酸化物がある（宇宙空間など，特殊な環境中においては一酸化硫黄（SO）も存在しうるが，空気中では単離することができない）．これらの硫黄酸化物の混合物は通称SO_x（ソックス）とよばれ，石炭や石油の精製，燃焼過程で大量に排出されており，酸性雨の原因となっている．

二酸化硫黄は亜硫酸ガスともよばれ，水に可溶で刺激臭があり，還元性のある有害な無色の気体である．

二酸化硫黄の水溶液は一般に亜硫酸（H_2SO_3 水溶液）とよばれるが，H_2SO_3 で示されるような酸は遊離状態，水溶液中を問わず存在しない．水溶液中の実際の溶存種は水和した二酸化硫黄のほか，二亜硫酸イオン（$S_2O_5^{2-}$）や亜硫酸水素イオン（HSO_3^-）などである．なお，亜硫酸イオン（SO_3^{2-}）の塩は多く存在している．二酸化硫黄の産業上最も重要な用途は硫酸の製造であるが，ほかにも漂白剤や消毒剤，食品の防腐剤などに利用されている．二酸化硫黄は，工業的に，硫黄や硫化水素，硫化物系鉱物の燃焼によって製造される．

$$4FeS + 7O_2 \longrightarrow 4SO_2 + 2Fe_2O_3 \quad (9\text{-}68)$$

また，実験室的手法として，亜硫酸ナトリウム Na_2SO_3 と硫酸の反応により発生させることもできる．

$$Na_2SO_3 + H_2SO_4 \longrightarrow Na_2SO_4 + H_2O + SO_2 \quad (9\text{-}69)$$

一方，三酸化硫黄は無水硫酸ともよばれ，水に易溶で強い腐食性のある無色の固体（沸点 44.8℃）である．常温常圧において，S を中心原子とした正四面体型の原子団である SO_4 が三つ相互に頂点共有することで連結した，かご型の $(SO_3)_3$ からなる構造をとっている．三酸化硫黄を水に溶解させると即座に激しく反応し，大きな発熱を伴いながら硫酸（H_2SO_4）を生じる．また，有機物を脱水して炭素様の残渣に変える．工業的には，後述の **接触法**（式(9-71)〜(9-73)参照）による硫酸製造時の中間体として大量に製造されている（ただし，硫酸製造過程において三酸化硫黄はただちに硫酸に変換される）．

b. 硫黄のオキソ酸

窒素やリンと同様，硫黄にも酸化数の異なるさまざまなオキソアニオンおよびオキソ酸が存在する．
〈1個の S 原子を含むオキソアニオン〉
亜硫酸イオン　SO_3^{2-}（酸化数 +4）
硫酸イオン　SO_4^{2-}（酸化数 +6）
〈2個の S 原子を含むオキソアニオン〉
チオ硫酸イオン　$S_2O_3^{2-}$（酸化数 +2）
亜ジチオン酸イオン　$S_2O_4^{2-}$（酸化数 +3）
二亜硫酸イオン　$S_2O_5^{2-}$（酸化数 +4）
ジチオン酸（二チオン酸）イオン　$S_2O_6^{2-}$（酸化数 +5）
ポリ硫酸オキソアニオン　$S_nO_6^{2-}$（酸化数 +5）

以下，産業上重要な硫黄のオキソ酸である硫酸についてより具体的に説明する．

硫酸（H_2SO_4）

硫酸は不揮発性の強酸であり，水に易溶で粘稠な無色の液体である．通常，硫酸を 96〜98% 含む濃厚水溶液（濃硫酸）として市販されている．濃硫酸は吸湿性が強く，乾燥剤に用いられる．また，強い酸化作用があり，例えば加熱した濃硫酸は，銅や銀，炭素や硫黄などを酸化し，溶解させることができる．

$$2Ag + 2H_2SO_4 \longrightarrow Ag_2SO_4 + 2H_2O + SO_2 \quad (9\text{-}70)$$

濃硫酸は任意の割合で水と混合して希硫酸（硫酸の含有量が 90% 以下の水溶液）となるが，この際，大きな発熱を伴う．したがって，希硫酸を作る場合には，水に対して少しずつ濃硫酸を加えていくようにしなければならない（濃硫酸に対して水を加えると，濃硫酸に浮いた水が溶解熱によって突沸して飛散するため危険である）．

硫酸は産業上最も重要な化合物のうちの一つであり，硫酸アンモニウム（硫安），過リン酸石灰などの肥料や合成洗剤（**界面活性剤**），金属の電解精錬用の電解液や鉛蓄電池の電解質，洗浄媒，繊維や医薬品，他の化合物を合成する際の原料や触媒，脱水剤として大量に利用されている．工業的には，接触法とよばれる以下の反応系列によって製造される．

まず，硫黄や硫黄を含む鉱物を燃焼させて二酸化硫黄とする．

$$S + O_2 \longrightarrow SO_2 \quad (9\text{-}71)$$

次に五酸化バナジウムを触媒として二酸化硫黄を 400〜600℃ で空気酸化し，三酸化硫黄とする（**平衡反応**の観点においては低温，高圧が有利であるが，生産コストとの関係から適当な温度と圧力が選択される）．

$$2SO_2 + O_2 \longleftrightarrow SO_3 \quad (9\text{-}72)$$

さらに三酸化硫黄を硫酸に吸収させて発煙硫酸（$H_2S_2O_7$）とし，これを硫酸で希釈することで，所定濃度の硫酸とする（SO_3 と水との大きな反応熱による生産系への影響を抑えるため，SO_3 を直接水に作用させるのではなく，硫酸中の水を利用する）．

$$SO_3 + H_2O \longrightarrow H_2SO_4 \quad (9\text{-}73)$$

9.8.4　硫黄のオキソ酸塩

種々のオキソ酸に対応して多様な種類の塩があるが，ここでは主に硫酸塩（$M_a(SO_4)_b$）について説明する．硫酸イオンは S を中心原子とした正四面体形をなしており，多くの金属イオンと安定な塩を形成する．2 族の Ca，Sr，Ba，Ra および Ag，Hg，Pb の硫酸塩は水に不溶または難溶（いずれも 20℃ における溶解度は 1 g/100 g-H_2O 未満）であるが，他は水に溶けやすいものが多い．天然鉱物としては，重晶石

（$BaSO_4$）や天青石（$SrSO_4$），硬石膏（$CaSO_4$）などが知られている．硫酸塩は多くの場合，水和物結晶を生成する．一般的に二価の金属塩は水和分子数が6または7個であるような水和物が安定であり，三価の金属塩はさらに水和分子数の多い水和物となる．硫酸塩の製法としては，金属の酸化物，水酸化物，炭酸塩に硫酸を作用させる方法や，塩化物，硝酸塩などの揮発酸の金属塩を過剰の硫酸と加熱する方法などが挙げられる．産業上重要な硫酸塩の例は以下のとおりである．

硫酸カルシウム水和物（$CaSO_4 \cdot 2H_2O$, $CaSO_4 \cdot 1/2H_2O$）

硫酸カルシウム水和物は，二水和物が石膏，1/2水和物が焼き石膏とよばれ，いずれも水に不溶の白色の固体である．石膏を焼くと焼き石膏となり，また，焼き石膏は水と混合して練ると，やや体積を増しながら硬化して石膏となる．この性質を利用して，焼き石膏は石膏細工や陶磁器の型材，ギブスの基材などに利用される．また，石膏は耐熱建材（石膏ボード）などに利用される．この場合，石膏が焼き石膏となる際に熱を吸収することや水を生成することが耐熱機能における重要な要素となっている．

$$2CaSO_4 \cdot 2H_2O = 2CaSO_4 \cdot \frac{1}{2}H_2O + 3H_2O - 234 \text{ kJ}$$

(9-74)

硫酸バリウム（$Ba(OH)_2$）

硫酸バリウムは水に不溶な白色の固体である．人体に対して無害（胃液や腸液に溶解せず，消化管から吸収されない）であり，X線をよくしゃへいする性質を利用して医薬用（X線造影剤）に用いられるほか，塗料としても利用されている．

硫酸カリウムアルミニウム十二水和物（$AlK(SO_4)_2 \cdot 12H_2O$）

硫酸カリウムアルミニウム十二水和物は硫酸塩の複塩の一つで，カリミョウバンまたは単にミョウバンとよばれる無色で無害な固体である．硫酸アルミニウム（$Al_2(SO_4)_3$）と硫酸カリウム（K_2SO_4）との混合水溶液を濃縮することで得られる（ミョウバンとは本来，$MM'(SO_4)_2 \cdot 12H_2O$ で示される一価の陽イオン M^+ と三価の金属イオン M'^{3+} の硫酸塩の複塩の総称である）．カリミョウバンは染色剤やなめし剤，止血剤として利用される．また，カリミョウバンを200℃以上で焼くことで得られる無水物は焼きミョウバンとよばれ，食品添加物として市販されている．

9.8 節のまとめ

- 硫黄：元素記号 S，原子番号 16，原子量 32.07.
- 16 族に属する非金属元素．
- 硫黄同士の単結合における結合エネルギーは炭素に次いで高く，カテネーションを起こしやすい．酸化数の異なるさまざまなオキソ酸やオキソ酸塩を形成する．
- 硫化物：硫黄と硫黄より電気陰性度の低い元素からなる二元系化合物．硫黄は多くの元素と硫化物を形成し，生成法も多様．水への溶解性は相手元素の種類によって大きく異なる．産業的な利用例として，顔料，半導体素子，農薬などがある．
- 硫黄の酸化物：二酸化硫黄（SO_2）と三酸化硫黄（SO_3）がある．これらの硫黄酸化物の混合物は通称 SO_x とよばれる．
- 硫酸（H_2SO_4）：硫黄のオキソ酸の一種．水に易溶で粘稠な無色の液体．強い酸化作用があり，加熱により銅，銀，炭素，硫黄などを酸化・溶解する．水に溶解するときに大きな発熱を伴う．肥料，鉛蓄電池の電解質，繊維や医薬品，ほかの化合物を合成する際の原料や触媒として大量に利用される．工業的製法として，接触法がある．
- 硫酸塩（$M_a(SO_4)_b$）：硫酸イオンは S を中心原子とした正四面体形をなし，多くの金属イオンと安定な塩を形成する．多くの硝酸塩は水に易溶だが，不溶または難溶性を示すものもある（Ca, Sr, Ba, Ra, Ag, Hg, Pb など）．製法としては，金属の酸化物，水酸化物，炭酸塩に硫酸を作用させる方法や，塩化物，硝酸塩などの揮発酸の金属塩を過剰の硫酸と加熱する方法などがある．

9.9 ハロゲンとその化合物

9.9.1 ハロゲン

17族の非金属元素を**ハロゲン**とよび，フッ素（F），塩素（Cl），臭素（Br），ヨウ素（I）に加え，最も長命な同位体であっても8時間程度でほかの元素に変化してしまうアスタチン（At）および2009年に合成されて2010年に発表された新しい元素である原子番号117のウンウンセプチウム（Uus，系統名）がこれに属する．本節では，よく似た性質を示すフッ素からヨウ素までを代表的にハロゲンと称する．

ハロゲンの電気陰性度は周期表の同周期の元素の中で最も大きい．また，ハロゲンの中ではフッ素の電気陰性度が最も大きく，その値は原子番号の増加とともに系統的に減少していく．ハロゲンは反応性に富んでおり，多くの元素と直接反応して化合物となる．この際，フッ素以外の元素の化合物では，酸化数 −1 のほかにも +1，+3，+5 および +7 が許容されるが，フッ素の化合物については HF_3 などごく一部の例外を除いて酸化数は −1 である．ハロゲンは単体として天然に見出されることはなく，地殻中には主として**ハロゲン化物**の形で存在している．地殻中のハロゲンの存在量は，原子番号が大きくなるほど少なくなるが，塩化物や臭化物，ヨウ化物の多くは水に可溶であるため，これらのイオンは海水や地下水中にも存在している．ちなみにヨウ素は海藻類に多く含まれている．これは海藻類に海水中のヨウ素を濃縮する働きがあるためである．

ハロゲンの単体は二原子分子であり，その融点と沸点は原子番号の増加とともに上昇する．すなわち，常温常圧において，フッ素（F_2）は刺激臭のある猛毒な淡黄褐色の気体，塩素（Cl_2）は刺激臭のある猛毒な黄緑色の気体，臭素（Br_2）は刺激臭のある猛毒な赤褐色の液体，ヨウ素（I_2）は凝華性で毒性のある紫黒色の固体（蒸気は刺激臭あり）である．ハロゲンの単体は酸化剤として働き，その酸化力はフッ素が突出して高く，続いて塩素からヨウ素まで系統的に減少してゆく．この傾向は，例えば表9-3 に示すとおり，水素や水とハロゲンとの反応などによく反映されている．

ハロゲンの単体の工業的な製造法は以下のとおりである（臭素とヨウ素の製造には，これらの元素と塩素との酸化力の差が利用されている）．

表 9-3　常温常圧におけるハロゲンと水素および水との反応性

単体	水素との反応	水との反応
フッ素（F_2）	暗所で爆発的に反応してフッ化水素（HF）を生じる	激しく反応して（水を酸化して）フッ化水素（HF）と酸素を生じる
塩素（Cl_2）	光の照射下で爆発的に反応して塩化水素（HCl）を生じる（9.1.1 項参照）	水に可溶[*1]．一部が加水分解して塩化水素（HCl）と次亜塩素酸（HClO）を生じる
臭素（Br_2）	反応しない	水に可溶[*2]．一部が加水分解して臭化水素（HBr）と次亜臭素酸（HBrO）を生じる（加水分解の程度は塩素より低い）
ヨウ素（I_2）	反応しない	難溶[*3]であり，反応しない（ヨウ化カリウム水溶液には易溶[*4]）

[*1] 塩素の溶解度：20℃，101.3 kPa で約 2.3 mL（0℃，101.3 kPa 換算）/1 mL H_2O
[*2] 臭素の溶解度：20℃ で約 3.5 g/100 g H_2O
[*3] ヨウ素の溶解度：20℃ で約 0.35 g/100 g H_2O
[*4] $KI(aq) + I_2 \rightarrow KI_3(aq)$

a. フッ素の製造法

液体フッ化水素やフッ化水素カリウム（KHF_2）の融液を電気分解する．

b. 塩素の製造法

塩化ナトリウムの融液を電気分解する．なお，実験室的手法としては，さらし粉に希塩酸を加える方法（式(9-75)）や二酸化マンガンに濃塩酸を加えて加熱する方法（式(9-76)）などがある．

$$CaCl(ClO) \cdot H_2O + 2HCl \longrightarrow CaCl_2 + 2H_2O + Cl_2 \quad (9\text{-}75)$$

$$MnO_2 + 4HCl \longrightarrow MnCl_2 + 2H_2O + Cl_2 \quad (9\text{-}76)$$

c. 臭素の製造法

海水や，海水から精製したにがり（塩化マグネシウムを主成分とする食品添加物）に含まれる臭化物イオンを塩素で還元する．

$$2Br^- + Cl_2 \longrightarrow 2Cl^- + Br_2 \quad (9\text{-}77)$$

d. ヨウ素の製造法

地下水などに含まれるヨウ化物イオンを塩素で還元する（このほか，天然ガスや石油の副産物としても生

産される．過去にはヨウ素を含有する海藻類から抽出する手法も用いられていた）．

$$2I^- + Cl_2 \longrightarrow 2Cl^- + I_2 \quad (9\text{-}78)$$

9.9.2 ハロゲン化物

ハロゲンの化合物のうち，ハロゲンとハロゲンより電気陰性度の低い元素からなる化合物のことを一般にハロゲン化物とよぶ．通常は，単独のハロゲン化物イオンや，複数の同種ハロゲンから構成される多ハロゲン化物（ポリハロゲン化物）イオンを含む二元系化合物，および二元系のハロゲン間化合物（本項 e 参照）などのことを指すが，IF_8^- のような異種のハロゲンから構成される多ハロゲン化物イオンや，SiF_6^{2-} のようなハロゲンを含む錯イオンの化合物，ハロゲンと有機基との化合物を総称してハロゲン化物とよぶこともある．

a. フッ化物

非金属元素の**フッ化物**の多くは常温で孤立分子からなる揮発性の高い液体である．一方，金属元素のフッ化物の多くはイオン結合性の固体である．特に，リチウムや 2 族元素および希土類元素のフッ素物はイオン結合性が強く（**格子エンタルピー**が大きく），水に難溶または不溶である（リチウム以外の 1 族元素のフッ化物は水に可溶である）．イオン結合性のフッ化物に濃硫酸を加えて熱するとフッ化水素を生じる．

$$CaF_2 + H_2SO_4 \longrightarrow 2HF + CaSO_4 \quad (9\text{-}79)$$

b. 塩化物

非金属元素および高い酸化数を有する遷移金属元素の**塩化物**の多くは，常温で孤立分子からなる気体または揮発性の高い液体である．これらは一般に，加水分解によって塩酸とオキソ酸を生じる．一方，典型金属元素および酸化数の小さい遷移金属元素の塩化物の多くはイオン結合性の固体であり，濃硫酸によって分解されて**塩化水素**を生じる．一価の Ag，Cu，Au，Tl および二価の Pb と Pt の塩化物は水に不溶であるが，その他のイオン結合性塩化物はすべて水に可溶である．

c. 臭化物

非金属元素および高い酸化数を有する遷移金属元素の**臭化物**の多くは，常温で孤立分子からなる化合物である．一方，典型金属元素および酸化数の小さい遷移金属元素の臭化物の多くはイオン結合性の固体であり，一価の Ag と Tl および二価の Pb の臭化物以外はすべて水に可溶である．イオン結合性の臭化物にリン酸のような不揮発で非酸化性の酸を加えて熱すると**臭化水素**を生じる．

d. ヨウ化物

非金属元素および高い酸化数を有する遷移金属元素の**ヨウ化物**の多くは，常温で孤立分子からなる．臭化物や塩化物より熱的に不安定な化合物である．一方，典型金属元素および酸化数の小さい遷移金属元素のヨウ化物の多くはイオン結合性の固体であり，ヨウ化物イオン（I^-）と陽イオンの塩のほかに，I_3^-, I_5^-, I_7^-, I_9^- などのポリヨウ化物イオンと陽イオンの塩も存在する．

e. ハロゲン間化合物

ハロゲン間化合物はハロゲン化物の一種であり，異なる複数のハロゲンから構成される化合物の総称である．二元系化合物であれば，一般式 XY，XY_3，XY_5 および XY_7 で示される四つの型に分類でき，いずれも，Y よりも重くて電気陰性度の小さい元素 X を中心元素とした構造を有する分子状の化合物である．すなわちハロゲン間化合物において，ハロゲン元素の酸化数には，−1 のほかに +1，+3，+5，+7 が許容される．さまざまな XY の組合せがあり，すべて酸化剤として機能するが，その多くは不安定である．比較的安定な二元系ハロゲン間化合物の例としては，ClF を筆頭に，ICl，IBr，ClF_3，BrF_3，I_2Cl_6，ClF_5，BrF_5，IF_5，IF_7 などが挙げられる（高次のハロゲン間化合物のほとんどはフッ化物である）．

f. ハロゲン化水素

ハロゲン化水素はハロゲン化物の一種であり，ハロゲンと水素からなる，一般式 HX で示される化合物の総称である．いずれも無色で強い刺激臭がある．常温（15〜25℃）において，フッ化水素は液体または気体（沸点 19.5℃）であり，その他はすべて気体である．ハロゲン化水素の中でフッ化水素は突出して高い沸点を示す（塩化水素の沸点は −85.1℃，臭化水素は −67.1℃，**ヨウ化水素**は −35.1℃）が，これは水素とフッ素の大きな電気陰性度の差に起因して，フッ化水素および分子間で水素結合が形成されているためである．ハロゲン化水素はいずれもきわめて水に溶解しやすく，水溶液はハロゲン化水素酸とよばれ，酸性を示す．ハロゲン化水素酸の酸性度は，フッ化水素酸（別名フッ酸）からヨウ化水素酸まで，ハロゲン元素の原子番号の増大に伴って増大するが，フッ化水素酸の酸

性度は特に小さく弱酸性であるのに対し，塩化水素酸（別名塩酸），臭化水素酸およびヨウ化水素酸は強酸性を示す．

以下，産業上重要なフッ化水素および塩化水素についてさらに具体的に説明する．

フッ化水素（HF）

フッ化水素は産業上，フッ化物やフッ素樹脂，金属や鋳造物のエッチング剤，洗浄媒として重要であるほか，ガラスやケイ砂の主成分である二酸化ケイ素 SiO_2 に作用して水に易溶なヘキサフルオロケイ酸（常温で無色の液体）に変化させる性質（式(9-40)参照）を利用して，ガラスの彫刻やつや消しなどの用途に用いられている．

フッ化水素は，工業的ならびに実験室的に，蛍石（CaF_2 を主成分とする鉱石）に濃硫酸を加えて加熱する手法（式(9-79)参照）で得ることができる．

塩化水素（HCl）

塩化水素の産業上の用途は，医薬品，農薬，調味料の合成などきわめて多岐にわたる．なお，市販の濃塩酸は，塩化水素を約 35%含む水溶液である．塩化水素は工業的に水素と塩素の直接反応によって製造されるほか，塩化ビニルや塩化ビニリデンなどの製造の副生成物としても生産される．また，実験室的には，塩化ナトリウムに濃硫酸を加えて加熱する手法で得ることができる．

$$NaCl + H_2SO_4 \longrightarrow NaHSO_4 + HCl \quad (9\text{-}80)$$

$$2NaCl + H_2SO_4 \longrightarrow Na_2SO_4 + 2HCl \quad (500℃ 以上) \quad (9\text{-}81)$$

9.9.3　ハロゲンの酸化物とオキソ酸

a. ハロゲンの酸化物

ハロゲンには，酸化数が -1 であるようなフッ素の酸化物（正確には酸素のフッ化物）をはじめ，酸化数が $+1$，$+3$，$+4$，$+5$，$+7$ であるような塩素，臭素，ヨウ素の酸化物が存在する．ただし，不安定なものも多く，衝撃や，場合によっては光によって爆発する．

〈酸素のフッ化物〉
二フッ化酸素　OF_2（酸化数 -1）
二フッ化二酸素　O_2F_2（酸化数 -1）
二フッ化三酸素　O_3F_2（酸化数 -1）
〈塩素の酸化物〉
一酸化二塩素（亜酸化塩素）　Cl_2O（酸化数 $+1$）
三酸化二塩素　Cl_2O_3（酸化数 $+3$）
二酸化塩素　ClO_2（酸化数 $+4$）
四酸化二塩素　Cl_2O_4（酸化数 $+1$ と $+7$）
六酸化二塩素　Cl_2O_6（酸化数 $+5$ と $+7$）
七酸化二塩素　Cl_2O_7（酸化数 $+7$）
〈臭素の酸化物〉
一酸化二臭素（亜酸化臭素）　Br_2O（酸化数 $+1$）
三酸化二臭素　Br_2O_3（酸化数 $+3$）
二酸化臭素　BrO_2（酸化数 $+4$）
〈ヨウ素の酸化物〉
一酸化二ヨウ素　I_2O（酸化数 $+1$）＊単離できない
三酸化二臭素　I_2O_3（酸化数 $+3$）＊単離できない
四酸化二臭素　I_2O_4（酸化数 $+1$ と $+7$）
五酸化二臭素　I_2O_5（酸化数 $+5$）
九酸化四ヨウ素　I_4O_9（酸化数不明）

これらのうち，産業上大量に製造されているハロゲン化酸化物は二酸化塩素（ClO_2）のみであり，塩素酸イオンを含む水溶液を塩化水素または二酸化硫黄で還元することで得られる．

$$2ClO_3^- + SO_2 \longrightarrow 2ClO_2 + SO_4^{2-} \quad (9\text{-}82)$$

二酸化塩素の主な用途はパルプの漂白や，飲料水，汚水の消毒である．

b. ハロゲンのオキソ酸

ハロゲンには，酸化数が -1 のフッ素のオキソアニオンやオキソ酸をはじめ，酸化数が $+1$，$+3$，$+5$，$+7$ であるような塩素，臭素およびヨウ素のオキソアニオンおよびオキソ酸が多数存在する．ハロゲンのオキソ酸は一般に，ハロゲンの酸化数が小さいほど，また原子番号が大きいほど（中心原子の電気陰性度が大きいほど）酸化剤としての作用が増大し，また，酸性度が減少する傾向を示す．例えば，以下に塩素のオキソアニオンを例示したが，

次亜塩素酸イオン　ClO^-（酸化数 $+1$）
亜塩素酸イオン　ClO_2^-（酸化数 $+3$）
塩素酸イオン　ClO_3^-（酸化数 $+5$）
過塩素酸イオン　ClO_4^-（酸化数 $+7$）
これらの酸化剤として強度は，
$$ClO^- > ClO_2^- > ClO_3^- > ClO_4^-$$
であり，酸として強度は，
$$HClO < HClO_2 < HClO_3 < HClO_4$$
である．

9.9.4　ハロゲンのオキソ酸塩

種々のオキソ酸に対応して多様な種類の塩があるが，産業上重要なハロゲンのオキソ酸塩の例は以下のとおりである．

次亜塩素酸カルシウム（Ca(ClO)$_2$）

次亜塩素酸カルシウムは高度さらし粉の主成分（単なる「さらし粉」の主成分はCaCl(ClO)・H$_2$O）であり，カルキまたは塩化石灰ともよばれる．水に易溶な常温常圧で無色の固体である．次亜塩素酸塩の中では最も安定であるが，150℃以上で酸素を放出しながら爆発的に分解する．また，可燃性物質や還元性物質と激しく反応して発火や爆発に至る危険性があるため，取り扱いには十分な注意が必要である．強い酸化力があるため，漂白剤や水道水の殺菌などに用いられる．

亜塩素酸ナトリウム（NaClO$_2$）

亜塩素酸ナトリウムは水に易溶な常温常圧で無色の固体であり，酸を加えると分解してClO$_2$を生じる．高度さらし粉に勝る強い酸化力があり，可燃性物質や還元性物質と激しく反応して発火や爆発に至る危険性があるため，取り扱いには十分な注意が必要である．漂白剤や水道水の殺菌などに用いられる．

塩素酸カリウム（KClO$_3$）

塩素酸カリウムは水に可溶な常温常圧で無色の固体である．約400℃で不均化してKClとKClO$_4$になり（式(9-83)），さらに加熱するとKClとO$_2$に分解する（式(9-84)）．なお，二酸化マンガンを触媒として加熱すると，100℃以下でも式(9-84)の反応が生じる．

$$4KClO_3 \longrightarrow KCl + 3KClO_4 \quad (9\text{-}83)$$
$$2KClO_3 \longrightarrow 2KCl + 3O_2 \quad (9\text{-}84)$$

可燃性物質との混合などにより爆発に至る危険性があるため，取り扱いには十分な注意が必要である．花火や爆薬，マッチ，染料などに利用されている．

過塩素酸リチウム（LiClO$_4$）

過塩素酸リチウムは，水，エタノール，アセトン，エーテル，酢酸エチルなどに可溶な常温常圧で無色の固体である．約400℃から分解が始まり，430℃で塩化リチウムと酸素を生じる．熱，衝撃，摩擦や金属粉の混合，可燃性物質の混合などにより爆発に至る危険性があるため，取り扱いには十分な注意が必要である．リチウムイオン二次電池の支持電解質としての用途がある．

過塩素酸アンモニウム（NH$_4$ClO$_4$）

過塩素酸アンモニウムは，水，エタノール，アセトンなどに可溶な常温常圧で無色の固体である．空気中で約150℃より分解がはじまり，約400℃で発火する．

$$2NH_4ClO_4 \longrightarrow Cl_2 + N_2 + 2O_2 + 4H_2O \quad (9\text{-}85)$$

熱，衝撃，摩擦や金属粉の混合，可燃性物質の混合などにより大規模な爆発に至る危険性があるため，取り扱いには十分な注意が必要である．爆薬，花火，ジェットエンジンの推進剤などに利用されている．

9.9節のまとめ

- **ハロゲン**：17族に属する非金属元素．代表的には，フッ素，塩素，臭素，ヨウ素までをいう．
- **フッ素**：元素記号F，原子番号9，原子量19.00．
- **塩素**：元素記号Cl，原子番号17，原子量35.45．
- **臭素**：元素記号Br，原子番号35，原子量79.90．
- **ヨウ素**：元素記号I，原子番号53，原子量126.90．
- 周期表における同周期の元素の中で最も電気陰性度が高く，いずれも反応性に富む．
- 単体は二原子分子．原子番号の増加とともに融点と沸点は上昇し，酸化力は減少する．
- **ハロゲン化物**：ハロゲンとハロゲンより電気陰性度の低い元素からなる化合物．
  - **ハロゲン間化合物**：異なる複数のハロゲンから構成される化合物の総称．
  - **ハロゲン化水素**：ハロゲンと水素からなる化合物の総称．
- **ハロゲンのオキソ酸**：一般に，ハロゲンの酸化数が小さいほど，また原子番号が大きいほど酸化剤としての作用が増大し，酸性度が減少する傾向を示す．
- **代表的なハロゲンのオキソ酸塩**：次亜塩素酸カルシウム（Ca(ClO)$_2$），亜塩素酸ナトリウム（NaClO$_2$），塩素酸カリウム（KClO$_3$），過塩素酸リチウム（LiClO$_4$），過塩素酸アンモニウム（NH$_4$ClO$_4$）など．

9.10 貴ガス元素とその化合物

18族の非金属元素を貴ガス元素とよび，ヘリウム（He），ネオン（Ne），アルゴン（Ar），クリプトン（Kr），キセノン（Xe），ラドン（Rn）がこれに属する．原子が安定な閉殻電子構造をとっているため，貴ガス元素の単体は単原子分子であり，大気中にわずかに含まれる不活性な気体である．貴ガスの単体の沸点は原子量の増加とともに上昇するが，いずれもきわめて低い．特にヘリウムの沸点はあらゆる物質の中で最も低く，$-268.9\,℃$である．ヘリウムは不燃性で軽いことから産業上，飛行船などの浮揚ガスとして用いられる．また，液体ヘリウムは超伝導磁石などの冷却剤として用いられる．アルゴンは，白熱電球や蛍光灯などの封入ガスとして利用され，ネオンは，放電により赤色に光る性質から，ネオンサインに利用されている．

貴ガス原子の電子構造は安定であるため，化合物は少なく，水和物やクラスレート型の化合物（ただし，これらは水素結合の網目構造の中に貴ガス原子が封入されているだけである）やフッ化物系の化合物（$HArF$，XeF_4，XeF_2，XeF_6，$XePtF_6$，KrF_2など）などに限定される．

9.10 節のまとめ
- 貴ガス：18族に属する非金属元素．ヘリウム（He），ネオン（Ne），アルゴン（Ar），クリプトン（Kr），キセノン（Xe），ラドン（Rn）．
- 原子が安定な閉殻電子構造を有するため，その単体はあらゆる環境において不活性．

章末問題

問題 9-1
(1) 次の炭化物を，(a) 塩類似炭化物（イオン結合性炭化物），(b) 半金属類似炭化物（共有結合性炭化物），(c) 金属類似炭化物（侵入型炭化物）に分類しなさい．
B_4C，Be_2C，SiC，CaC_2，WC，KC_8，Fe_3C

(2) 次の窒化物を，塩類似窒化物（イオン結合性窒化物），(b) 半金属類似窒化物（共有結合性窒化物），(c) 金属類似窒化物（侵入型窒化物）に分類しなさい．
Mn_3N_2，Li_3N，N_2H_4，P_3N_5，Mg_3N_2，VN，BN

問題 9-2
二酸化ケイ素の酸化物の構造的特徴を説明しなさい．

問題 9-3
(1) 酸化数が，(a) +3，(b) +4，(c) +5であるようなリンのオキソ酸アニオンをそれぞれ一つずつ挙げなさい．

(2) 縮合リン酸について説明しなさい．

10. 多原子分子の分子構造と化学結合

10.1 分子の構造とその表記法

原子価結合法（valence bond theoory）によると，結合は**原子軌道**（molecular orbital）の重なりにより生成する．一つの電子を占有するs軌道，p軌道および sp, sp^2, sp^3 混成軌道のローブ（lobe）が，他の原子の同じ符号を有するローブと重なって化学結合を生成する．これら二つのローブが頭-頭（head to head）で重なるとσ結合が，また二つのp軌道が側面-側面（side by side）で重なるとπ結合が生成する．図 10-1 にローブの重なりによりσ，π結合が生成する様子を示す．同じ色で示すローブは同じ符号を有することを表す．

これらの結合では，重なりあった軌道の間を電子が自由に動き回ることができる．軌道の大きさは電子の存在確率を表すので，実際のσ，π結合では図 10-2 のように電子が存在する．σ結合では結合軸の周りを**電子雲**（electron cloud）が円筒状に取り囲んでいる．その一方で，π結合では二つの平行なp軌道が重なった平面状の軌道をとり，σ結合の外側に電子雲がある．アセチレンのようにπ結合が二つある化合物では，二つのπ結合平面が互いに直交する．このような模式図が実際の化合物の電子雲に近いと考えられている．

分子構造を表記するには，図 10-2 のように実際の分子構造に即してそれぞれの電子雲の形状を表記するのがよいが，これは煩雑であり，複雑な構造の分子では全体像がつかみにくい．そこで，σ結合とπ結合をもとの原子軌道に分解して，それぞれの原子軌道の結合の様子を表記する方法がとられる．図 10-3 にエチレンの例を示す．

エチレンの炭素原子は sp^2 混成軌道をとり，水素原子はs軌道をもつので，炭素原子には三つの sp^2 混成軌道が 120° の角度で正三角形状に配置する．そのうちの一つはもう一つの炭素原子の sp^2 混成軌道とσ結合を生成し，ほかの二つは二つの水素原子のs軌道とσ結合を生成する．炭素原子に残るp軌道は sp^2 混成軌道と垂直にあり，もう一つの炭素原子のp軌道と重なり，π結合を生成する．したがって，このπ結合は sp^2 混成軌道の作る平面と直交している．この表記法では，それぞれの原子軌道の立体的な配置を明確に記述する必要があり，σ結合を生成する原子軌道の先端を重ねあわせるとともに，π結合を生成するp軌道同士を点線で結ぶ．また，それぞれの原子軌道にスピン方向を表す矢印を用いて電子を対にして配置する．この電子対を構成する電子は**パウリの排他律**（Pauli exclusion principle）により，スピン方向が異なる．

この分子構造の表記法も，電子雲を表記する方法と同様に複雑な分子構造の表記には向かないので，さら

頭-頭（head to head）

側面-側面（side by side）

図 10-1　ローブの重なりによるσ，π結合の生成

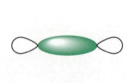
σ結合

π結合

図 10-2　σ，π結合の電子雲の様子

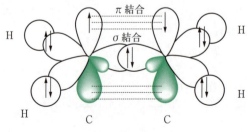

図 10-3　エチレンの分子構造の表記（炭素の1s軌道は省略）

10.1 分子の構造とその表記法　149

正しい原子配置　　　正しくない原子配置

図 10–4　エチレン分子骨格の表記

表 10–1　エチレンおよび関連する分子やイオンの価電子数

分子またはイオン	価電子の総数 [個]
エチレン（C_2H_4）	$2×4+4×1 = 12$
エチルカチオン（$C_2H_5^+$）	$2×4+6×1-1 = 11$
エタン（C_2H_6）	$2×4+6×1 = 14$
エチルアニオン（$C_2H_5^-$）	$2×4+6×1+1 = 15$

図 10–5　エチレンとアセチレンのルイス構造式

に簡便に分子構造を表記する方法について述べる．原子軌道を表記せず，電子を点で表す方法で，**ルイス構造式（Lewis structure，電子点式構造式）**とよばれる．ルイス構造式は以下の規則に従って表す．以下に，エチレンを例として説明する．

① 分子骨格を書く．
　エチレンでは炭素原子が二つの水素原子および一つの炭素原子と結合しており，図 10–4 のような分子骨格をもつ．

② 価電子の数を数える．
　構成原子各々がもつ価電子をすべて足し合わせる．分子が電荷をもつ構造（陰イオンや陽イオン）では電荷に対応した電子を加減する必要がある．

③ **オクテット則（octet rule）**に従い，水素原子を除く他の原子のできるだけ多くがそれぞれの周りに 8 個の電子を配置するように書く．

④ 一つの結合は二つの共有電子で形成するように書き，非共有電子対も書く．
　エチレンでは二つの炭素原子の間に電子対を二つ並べて表記するが，これらは一つの σ 結合と一つの π 結合を表す．このとき σ 結合と π 結合に表記上の区別はない．
　アセチレンのように三重結合を有する化合物では，三つの電子対を並べて記述する．それぞれの原子の周りにある電子の数を数えるときは，隣の原子との間にあるすべての電子の数を数える．エチレンの炭素原子の周りには，図 10–5 のように三つの σ 結合と一つの π 結合があるので，8 電子が存在する．

⑤ 分子の中にある各原子の**形式電荷（formal charge）**を決定する．

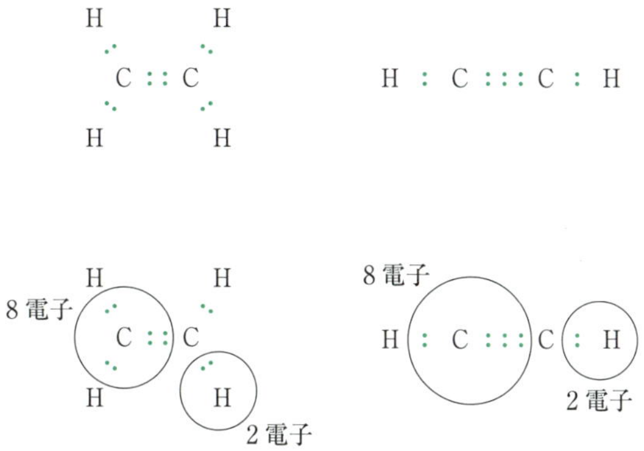

分子中の各原子の価電子の総数が結合を作る前の遊離の原子の**外殻電子数（peripheral electron number）**と異なっている場合には，その原子は分子を生成するときに電荷を得たことになる．形式電荷は式(10-1)により求められる．

$$形式電荷 = \begin{pmatrix}遊離で中性である\\原子の外殻電子数\end{pmatrix}$$
$$-2×\begin{pmatrix}分子中における\\その原子の\\孤立電子対の数\end{pmatrix}$$
$$-\frac{1}{2}×\begin{pmatrix}分子中において\\その原子の周りに\\存在する結合電子の数\end{pmatrix}$$
$$= (価電子数)-\begin{pmatrix}非結合\\電子数\end{pmatrix}-\frac{1}{2}×\begin{pmatrix}結合\\電子数\end{pmatrix}$$
(10-1)

エチレンの炭素原子は，

$$形式電荷 = 4-2×0-\frac{1}{2}×8 = 0$$

となり，エチレンの水素原子は，

$$形式電荷 = 1-2×0-\frac{1}{2}×2 = 0$$

となる．
　オキソニウムイオン（H_3O^+）の酸素原子は，

$$電荷 = 6-2×1-\frac{1}{2}×6 = 1$$

となり，+1 価となる．
　以上の規則により分子のルイス構造式が記述できる．図 10–6 に例を示す．
　ルイス構造式をオクテット則に則り記述すると，全体としては中性である分子中の原子が電荷をもつことがよくある．このようなルイス構造式は電荷が分離した形であり，分子中の原子は形式電荷をもつ．図 10–7 に示す例では，炭素–酸素結合（一酸化炭素）や窒

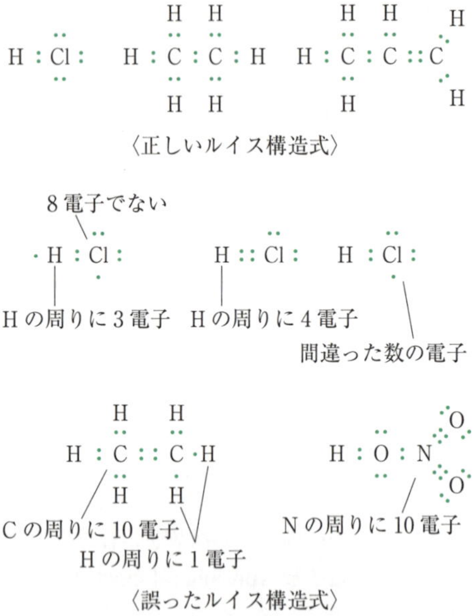

〈正しいルイス構造式〉

一酸化炭素　　　　　　硝酸

図 10-7　電荷が分離した形のルイス構造式

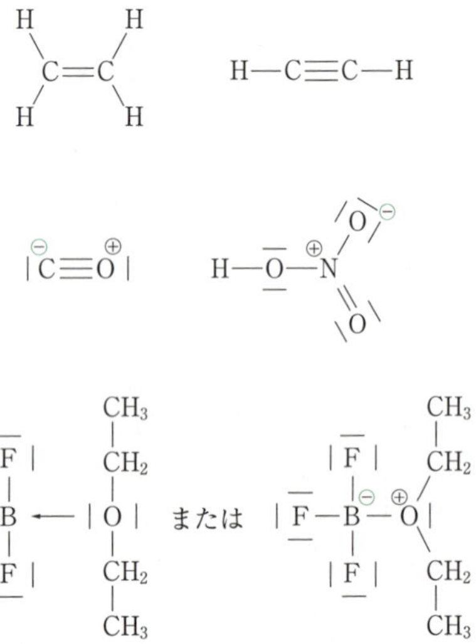

8電子でない
Hの周りに3電子　Hの周りに4電子
　　　　　　　　　間違った数の電子

Cの周りに10電子　　Nの周りに10電子
Hの周りに1電子

〈誤ったルイス構造式〉

図 10-6　ルイス構造式の例

図 10-8　共有結合の価標による表記法

素-酸素結合（硝酸など）の電荷が分離し，それぞれの原子に形式電荷がある．

　ルイス構造式では電子対は2個の点（：）で表されるが，大きな分子になるとこれも煩雑になるので，電子対を直線（価標）で表すと簡明に表記される．すなわち，単結合を1本の直線，二重結合を2本線，三重結合は3本線で表現し，**非共有電子対**は直線（—）か2個の点（：）で表す．また，**配位結合**は電子を供与する原子から受容する原子に向けて矢印（→）で表すか，それぞれの原子に形式電荷を添えた直線（—）との組合せで表す（図 10-8）．

10.1 節のまとめ
- 共有結合からなる分子構造を記述するには，それぞれの電子雲の形状を表記する方法や，σ 結合と π 結合をもとの原子軌道に分解し，それぞれの原子軌道の結合の様子を表記する方法がとられる．どちらも実際の分子構造に即した記述法ではあるが，複雑な構造の分子を表すのには向かない．
- 簡便に分子構造を表記する方法として，電子や電子対を小さな点や短い線で表すルイス構造式がある．水素の周りには2電子，炭素や窒素などの周りには8電子が配置されるように構造式を表す．

10.2　共鳴構造式

　芳香族化合物のように，単結合と二重結合が交互につながった化合物を**共役化合物**（conjugated compound）という．ベンゼンやトルエン，ナフタレン，1,3-ブタジエンなどがその例に挙げられる．これに対し，1,4-ペンタジエンのように多重結合が共役していない化合物を**非共役化合物**（unconjugated compound）という（図 10-9）．

　1,3-ブタジエン（$H_2C=CH-CH=CH_2$）の四つの炭素原子は sp^2 混成軌道で，同一平面上にある．各炭素原子の残り1個の 2p 軌道は分子面に垂直で，互いに平行である．いま 1,3-ブタジエンの炭素原子を順に C^1, C^2, C^3, C^4 と表すと，C^1, C^2 炭素原子の二つ

(a)
H₂C=CH−CH=CH₂   H₂C=CH−CH=CH−C≡CH

[benzene]   [pyridine]   [naphthalene]

(b)
H₂C=CH−CH₂−CH=CH₂

[1,3-cyclohexadiene]   [1,3-dihydropyridine]

図 10-9 共役化合物（a）と非共役化合物（b）

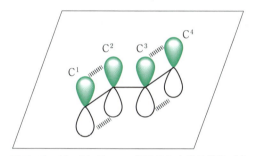

図 10-10 1,3-ブタジエンの簡略化した分子構造 (1)

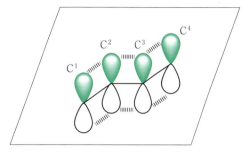

図 10-11 1,3-ブタジエンの簡略化した分子構造 (2)

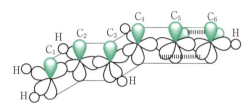

H₂C=CH−CH=CH−C≡CH

図 10-12 三重結合を有する共役化合物の例（sp^2 および sp 混成軌道の反結合性軌道を示す小さいローブは省略してある）

の 2p 軌道，あるいは C^3，C^4 炭素原子の 2p 軌道が side by side で重なることにより二つの π 結合ができる．この様子を簡略化して図 10-10 に示す．

1,3-ブタジエンは図 10-10 に示す構造をしており，C^1−C^2，C^3−C^4 原子核間の π 電子がそれぞれの π 結合内だけに束縛されているとすれば，1,3-ブタジエンの性質は「エチレン分子が 2 個集まったもの」と考えられる．確かに，1,4-ペンタジエン（H₂C=CH−CH−CH=CH₂）の場合はそのとおりであるが，1,3-ブタジエンの物理的，化学的性質は，それが単に二重結合が 2 個集まったものとする考え方では説明できない．例えば，1,3-ブタジエンの C^2−C^3 結合の原子間距離は 1.48 Å（0.148 nm）であり，エタンの C−C 結合の原子間距離 1.54 Å（0.154 nm）よりも短く，エチレンの C=C 結合の原子間距離 1.34 Å（0.134 nm）よりも長い．したがって，C^2−C^3 結合は普通の単結合ではなく，やや二重結合性を帯びていることがわかる．

これは，C^2 上の 2p 軌道は C^1 上の 2p 軌道と重なりあうと同時に，C^3 上の 2p 軌道とも重なりあうこと

ができるためである．また，C^3 上の 2p 軌道は C^2 および C^4 上の 2p 軌道と重なりあうことができる．すなわち，1,3-ブタジエンの二つの π 結合は図 10-10 のように独立して不連続ではなく，図 10-11 のように連続していると考える方がよい．

これを換言すれば，共役化合物では二重結合に挟まれた単結合は二重結合性を帯び，一つの二重結合を形成する π 電子は共役している他の二重結合にも移動することができる．つまり，π 電子は特定の隣接炭素原子核間に閉じ込められていないことになる．すなわち，共役二重結合の π 電子は**非局在化（delocalization）**している．

なお，共役している三重結合では，図 10-12 に示すように，一方の π 結合が共役するが，他方の π 結合平面はこれと直交する方向にあり，局在化した π 電子のふるまいをする．

共役化合物では，共役により広がった p 軌道内を π 電子が自由に移動できるので，その電子の移動を予測できればその物理的，化学的性質を説明することができる．この π 電子が分子内を移動する様子を表すために**共鳴（resonance）**の概念が用いられる．

例えば，ベンゼンの三つの二重結合は共役しており，図 10-13 (a) と (b) で表される化合物は同一で，分離することはできない．これは，ベンゼンの真の構造は (a) と (b) を重ねあわせて平均したものであり，(a) でも (b) でもないためである．

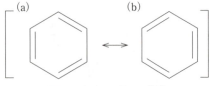

図 10-13　ベンゼンの共鳴

$$\left[CH_2=CH-\overset{\ominus}{C}H_2 \leftrightarrow \overset{\ominus}{C}H_2-CH=CH_2 \leftrightarrow \overset{\ominus}{C}H_2-\overset{\oplus}{C}H-\overset{\ominus}{C}H_2 \right]$$
(a)　　　　　　(b)　　　　　　(c)

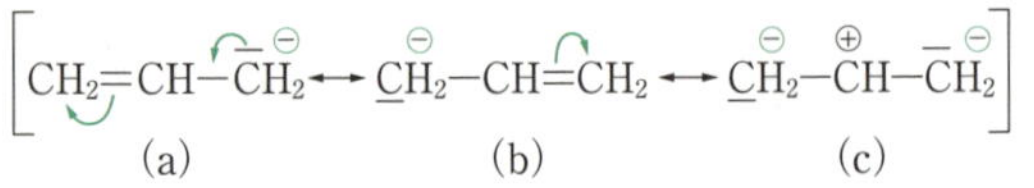

図 10-14　陰イオンの共鳴構造式

図 10-13 に示す二つのベンゼンの構造式のように，「仮想的な極限状態を表している式」のことを**共鳴構造式（resonance structure）**もしくは**極限構造式（canonical structure）**という．共鳴構造式は分子の構造そのものを表してはいないが，分子の真の構造に寄与している式である．分子の真の構造はいくつもの共鳴構造式を混ぜ合わせて平均した**共鳴混成体（resonance hybrid）**とみなされる．

ある分子の真の構造に対する共鳴構造式の寄与はすべてが同じではない．分子の物理的，化学的性質を表現するのに適した共鳴構造式は，ほかの共鳴構造式よりも寄与が大きく，共鳴混成体に対する寄与も大きい．ある分子の真の構造（共鳴混成体）を考える場合の条件を以下に示す．

(1) すべての共鳴構造において，原子配列は同じでなければならない．
(2) すべての共鳴構造において電子の数が同じでなければならない（厳密には電子スピンの多重度（2s+1）も同じでなければならない）．
(3) ある特定の化合物の場合，大まかにいって描きうる共鳴構造式の数が多いほど電子の非局在化は大きく，その化合物は安定である．
(4) あまりに高いエネルギー状態にある構造の共鳴混成体への寄与は無視される．具体的には下記の要領により共鳴構造式を記述する．アリルアニオンを例にして示す．

① 分子に含まれる原子をすべて平面上に並べる．
② 単結合，二重結合，三重結合を表記する．
③ 各原子の形式電荷を計算する．
④ 非共有電子対を記入する．
⑤ 多重結合の π 結合や非共有電子対を移動させて共鳴構造式を描き，各原子の形式電荷を記入する．必要ならば矢印の曲線で非共有電子対の移動を表す．
⑥ 共鳴構造式同士を両末端に矢印をつけた直線（↔）で結ぶ．平衡を表す記号（⇄）を用いてはならない．

共鳴混成体（resonance hybrid）に対する**共鳴構造式の寄与（contribution to resonance hybrid）**はおよそ下記の基準で判断することができる．

1. 結合の数が多い共鳴構造式の寄与が大きい．
2. 電荷の偏りが小さい共鳴構造式の寄与が大きい．
3. 電気陰性度の大きい原子に電子が集まる共鳴構造式の寄与が大きい．

例えば，アリルアニオンでは図 10-14 に示す三つの共鳴構造式が考えられるが，(c) の共鳴構造式は (a) や (b) よりも結合の数が一つ少なく，電荷の数が多いので，(a) や (b) よりも寄与が小さい．また，(a) と (b) の共鳴構造式は等価であり，寄与の大きさは等しい．

10.2 節のまとめ

- 単結合と二重結合が交互につながった化合物を共役化合物（conjugated compound），多重結合が共役していない化合物を非共役化合物（unconjugated compound）という．
- 共役化合物では，二重結合に挟まれた単結合は二重結合性を帯びる．共役二重結合の π 電子は共役しているほかの二重接合にも自由に移動することができる．これを非局在化（delocalization）という．
- 分子の仮想的な極限状態を表している式のことを共鳴構造式（resonance structure，もしくは極限構造式（canonical structure））といい，いくつもの共鳴構造式を混ぜあわせて平均したものを共鳴混成体（resonance hybrid）という．
- 分子のもつ本来の構造や性質を正しく表すためには一つの構造式では足りないことがある．いくつかの共鳴構造式を比較し，寄与の大きいものから反映させた共鳴混成体を見極めなければならない．

10.3 有機化合物の共鳴構造式

10.3.1 ベンゼン

ベンゼン分子（C_6H_6）の 6 個の炭素原子は sp^2 混成軌道をとり，各炭素原子の残りの 2p 軌道は sp^2 混成軌道に垂直にある．また，三つの二重結合は共役しているので，分子面の上下を電子雲が覆い，π 電子は自由に動き回ることができる．各 C＝C 結合の距離は等しく 1.39 Å（0.139 nm）である（12.1.1 項 d 参照）．

ベンゼン分子では図 10-13（a）および（b）に示す共鳴構造式の寄与が最も大きく，ベンゼン分子の真の構造はほとんどこれらの共鳴構造式を重ねあわせて平均した構造と考えてよい．これらの共鳴構造式は**ケクレ構造（Kekulé structure）**といわれる．（(a) を 60°回転すると（b）の共鳴構造式になるが，共鳴では原子配列を固定しなくてはならないので，(a) と (b) は異なる共鳴構造式として区別される．）

ベンゼン分子には図 10-15 に示す**デュワー構造（Dewer structure）**といわれる三つの共鳴構造式も書けるが，これらはケクレ構造よりはるかに高いエネルギー状態にある．それは，(c)～(e) において分子を二分する線上の結合は 2 Å（0.2 nm）よりも長いことが幾何学的に要求されるが，このような炭素-炭素結合は明らかに不安定だからである．

したがって，ベンゼンの真の構造に主として寄与する構造は二つのケクレ構造であり，その他に三つのデュワー構造の寄与が少々付け加わっているといえる．

ここで，ベンゼンのデュワー構造（図 10-15（c）～(e)）はビシクロヘキサジエン（図 10-16）と一見類似しているが，ビシクロヘキサジエンはついたて型の分子であり，平面型のデュワー構造とは原子の空間列が異なるので，ベンゼンの共鳴構造式ではありえない．

10.3.2 ニトロベンゼン

ニトロベンゼン（$C_6H_5NO_2$）は，ベンゼン環にニトロ基が置換した化合物である．ニトロ基はベンゼン環と共役し，ニトロ基の π 電子はベンゼン環上を動くことができる．また，ニトロ基は窒素原子のオクテット則を満足するために一つの窒素-酸素結合が分極しており，窒素原子と酸素原子上にそれぞれ＋と－の形式電荷がある．

ニトロベンゼンで最も寄与が大きい共鳴構造式は，図 10-17（a）と（b）であり，次いで（c）～(e) の共鳴構造式の寄与が大きい．(c)～(e) ではベンゼン環

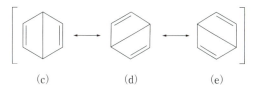

図 10-15　ベンゼンの共鳴構造式（デュワー構造）

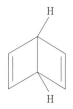

図 10-16　ビシクロヘキサジエンの構造式

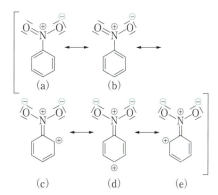

図 10-17　ニトロベンゼンの共鳴構造式

からニトロ基へ π 電子が移動し，ベンゼン環の電子密度が減少する．

10.3.3 クロロベンゼン

クロロベンゼン（C_6H_5Cl）はベンゼン環の水素原子の一つがクロロ基で置換された化合物であり，クロロ基の非共有電子対はベンゼン環と共役している．また，塩素原子は炭素原子より電気陰性度が大きいので，塩素-炭素結合はやや分極しており，ベンゼン環の電子密度はやや低下している．

クロロベンゼンで最も寄与が大きい共鳴構造式は，図 10-18（a）と（b）であり，次いで（c）～(e) の共鳴構造式の寄与が大きい．(c)～(e) ではクロロ基からベンゼン環へ非共有電子対が移動する．

10.3.4 フェノール

フェノール（C_6H_5OH）はベンゼン環の水素原子の一つがヒドロキシ基に置換された化合物であり，ヒド

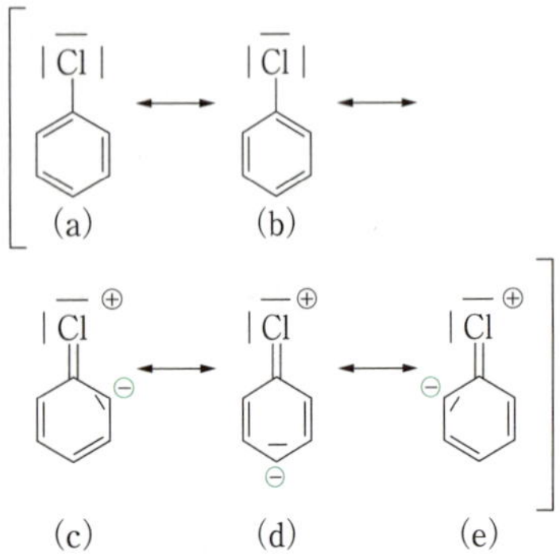

図 10-18 クロロベンゼンの共鳴構造式

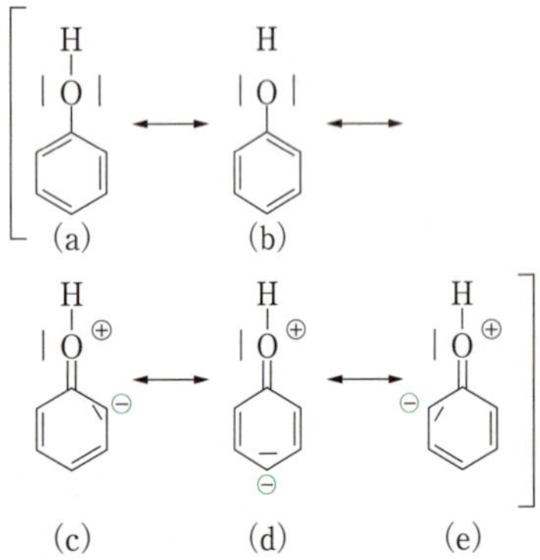

図 10-19 フェノールの共鳴構造式

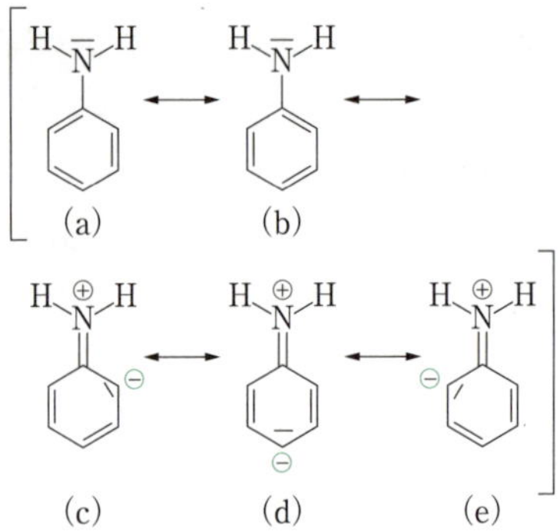

図 10-20 アニリンの共鳴構造式

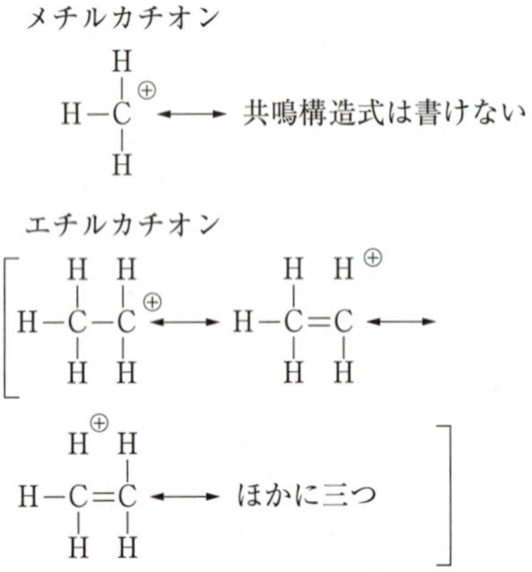

図 10-21 メチルカチオンとエチルカチオンの共鳴構造式

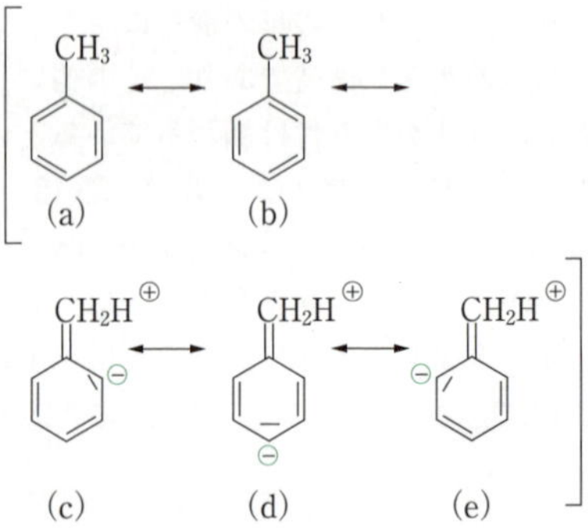

図 10-22 トルエンの共鳴構造式

ロキシ基の非共有電子対はベンゼン環と共役している．フェノールで最も寄与が大きい共鳴構造式は，図 10-19 (a) と (b) であり，次いで (c)〜(e) の共鳴構造式の寄与が大きい．(c)〜(e) ではヒドロキシ基の酸素原子にカチオンがある．

10.3.5 アニリン

アニリン ($C_6H_5NH_2$) はベンゼン環の水素原子の一つがアミノ基に置換された化合物であり，アミノ基の非共有電子対はベンゼン環と共役している．アニリンで最も寄与が大きい共鳴構造式は，図 10-20 (a) と (b) であり，次いで (c)〜(e) の共鳴構造式の寄与が大きい．(c)〜(e) ではアミノ基からベンゼン環へ非共有電子対が移動し，ベンゼン環の電子密度が増加する．

10.3.6 トルエン

トルエン ($C_6H_5CH_3$) はベンゼン環の水素原子一つがメチル基に置換された化合物であり，メチル基はベンゼン環にσ結合により結合しており，通常の共役は期待できない．しかし，メチル基の**超共役** (hy-perconjugation) による共鳴構造式が描ける．これまではπ電子による共鳴を考えてきたが，アルキル基のC−H結合のσ電子は比較的容易に非局在化し，H^+ を生じるように電子移動する．これを超共役という．例えばエチルカチオンには，図 10-21 のような共鳴構造式が書けるが，メチルカチオンには共鳴構造式が書けない．

トルエンではメチル基のC−H結合のσ電子がベンゼン環のπ結合に流入して，図 10-22 に示すように

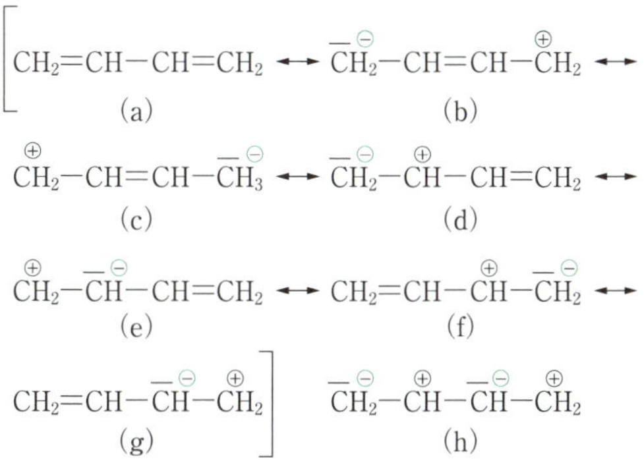

$$\begin{array}{c}
[\text{CH}_2=\text{CH}-\text{CH}=\text{CH}_2 \leftrightarrow \overset{\ominus}{\text{CH}_2}-\text{CH}=\text{CH}-\overset{\oplus}{\text{CH}_2} \leftrightarrow \\
\text{(a)} \qquad\qquad\qquad \text{(b)} \\
\overset{\oplus}{\text{CH}_2}-\text{CH}=\text{CH}-\overset{\ominus}{\text{CH}_3} \leftrightarrow \overset{\ominus}{\text{CH}_2}-\overset{\oplus}{\text{CH}}-\text{CH}=\text{CH}_2 \leftrightarrow \\
\text{(c)} \qquad\qquad\qquad \text{(d)} \\
\overset{\oplus}{\text{CH}_2}-\overset{\ominus}{\text{CH}}-\text{CH}=\text{CH}_2 \leftrightarrow \text{CH}_2=\text{CH}-\overset{\oplus}{\text{CH}}-\overset{\ominus}{\text{CH}_2} \leftrightarrow \\
\text{(e)} \qquad\qquad\qquad \text{(f)} \\
\text{CH}_2=\text{CH}-\overset{\ominus}{\text{CH}}-\overset{\oplus}{\text{CH}_2} \quad \overset{\ominus}{\text{CH}_2}-\overset{\oplus}{\text{CH}}-\overset{\ominus}{\text{CH}}-\overset{\oplus}{\text{CH}_2}] \\
\text{(g)} \qquad\qquad\qquad \text{(h)}
\end{array}$$

図 10-23　1,3-ブタジエンの共鳴構造式

$$\begin{array}{c}
[\text{CH}_2=\text{CH}-\text{CH}=\overset{\oplus}{\overline{\text{O}}}| \leftrightarrow \text{CH}_2=\text{CH}-\overset{\oplus}{\text{CH}}-\overline{\overline{\underline{\text{O}}}}| \leftrightarrow \\
\text{(a)} \qquad\qquad\qquad \text{(b)} \\
\overset{\oplus}{\text{CH}_2}-\text{CH}=\text{CH}-\overline{\overline{\underline{\text{O}}}}| \leftrightarrow \overset{\oplus}{\text{CH}_2}-\overset{\ominus}{\text{CH}}-\text{CH}=\text{O}] \\
\text{(c)} \qquad\qquad\qquad \text{(d)}
\end{array}$$

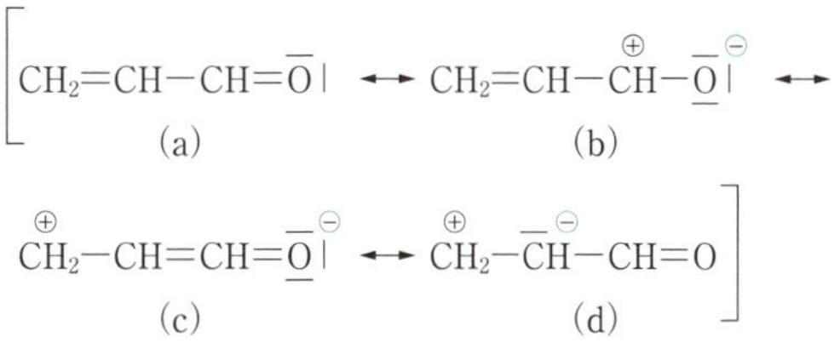

図 10-24　アクロレインの共鳴構造式

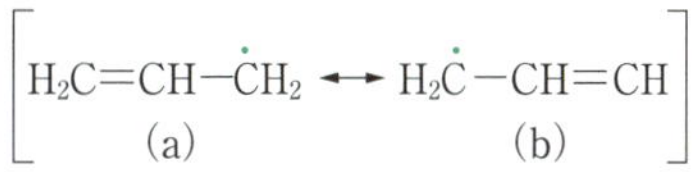

$$[\text{H}_2\text{C}=\text{CH}-\overset{\cdot}{\text{CH}_2} \leftrightarrow \text{H}_2\overset{\cdot}{\text{C}}-\text{CH}=\text{CH}]$$
(a)　　　　　　　(b)

図 10-25　アリルラジカルの共鳴構造式

共鳴する．トルエンで最も寄与が大きい共鳴構造式は，図 10-22 (a) と (b) であり，次いで (c)～(e) の共鳴構造式の寄与が大きい．メチル基には C−H 結合が三つあることから，(c)～(e) にはそれぞれに三つずつの等価な共鳴構造式がある．

10.3.7　1,3-ブタジエン

1,3-ブタジエン（$\text{CH}_2=\text{CH}-\text{CH}=\text{CH}_2$）はブタンの 1，3 位に二つの二重結合がある不飽和炭化水素であり，図 10-23 のように共鳴する．(a) が最も安定な共鳴構造式であり，(b)～(g) は電荷が分離した構造である．しかし，(h) は結合の数も少なく電荷分離の程度もきわめて大きいので，共鳴混成体への寄与はほとんど無視できる．

10.3.8　アクロレイン（2-プロペニルアルデヒド）

アクロレイン（$\text{CH}_2=\text{CH}-\text{CHO}$）はビニル基の二重結合とカルボニル基が共役しており，図 10-24 のような共鳴構造式が書ける．酸素原子の電気陰性度が炭素原子よりも大きいことから，(b) と (c) の共鳴構造式の寄与が大きいと考えられる．一方，酸素原子が中性である (d) の寄与はそれほど大きくはない．

10.3.9　アリルラジカル

アリルラジカル（$\text{CH}_2=\text{CH}-\text{CH}_2\cdot$）はプロペンのメチル基から水素ラジカルを一つ取り除いた構造をしている．共鳴の概念は中性の分子のみならず，イオン（陽イオンおよび陰イオン）やラジカルにも適用できる．アリルラジカルの共鳴構造式は，図 10-25 (a) と (b) のようになり，これらは等価である．

10.3 節のまとめ

- 有機化合物の共鳴構造式を正しく理解し，記述できるようにしておくことは，有機化合物の形状，性質，反応を理解するために重要である．
- 電子の非局在化は，分子やイオンの安定性の理解や，反応部位の特定に役立つ．
- ベンゼンの真の構造に主として寄与する構造は二つのケクレ構造で，ほかに三つのデュワー構造がわずかに寄与している．
- 超共役（hyperconjugation）：アルキル基の C−H 結合の σ 電子が非局在化し，H^+ を生じるように電子移動する現象．

10.4 無機化合物の共鳴構造式と化学的性質

10.4.1 一酸化炭素

一酸化炭素（CO）は，炭素原子と酸素原子が三重結合で結ばれ，炭素-酸素結合が電荷分離した構造（図 10-26 (a)）が最も安定である．(b) と (c) は電荷分離していないが，(a) よりも結合の数が少ない．また (d) は炭素原子と酸素原子の電気陰性度を考慮すると妥当な共鳴構造式であるが，(a)〜(d) の中で結合の数が最も少ない．

一酸化炭素で (a) の寄与が最も大きいことは，炭素-酸素結合の距離からも裏付けられる．すなわち，一酸化炭素の炭素-酸素結合の原子間距離は 1.13 Å（0.113 nm）であり，二酸化炭素の炭素-酸素結合の原子間距離（1.16 Å（0.116 nm））よりも短いことから，一酸化炭素の炭素-酸素結合は三重結合性を帯びた二重結合であり，よって (a) の共鳴構造式の寄与が最も大きいことがわかる．

10.4.2 二酸化炭素

二酸化炭素（CO$_2$）は一つの炭素原子と二つの酸素原子が炭素原子を中心にして結合した直線状の化合物であり，図 10-27 (a) および (b) の共鳴構造式の寄与が最も大きい．次に，(c) と (d) のように電荷が分離した共鳴構造式の寄与が大きい．(e) と (f) の共鳴構造式の寄与は小さいが，二酸化炭素が水に溶解して炭酸を生成する反応を理解するうえで重要な共鳴構造式である．さらに電荷が分離した (g) の寄与は無視できるほど小さい．

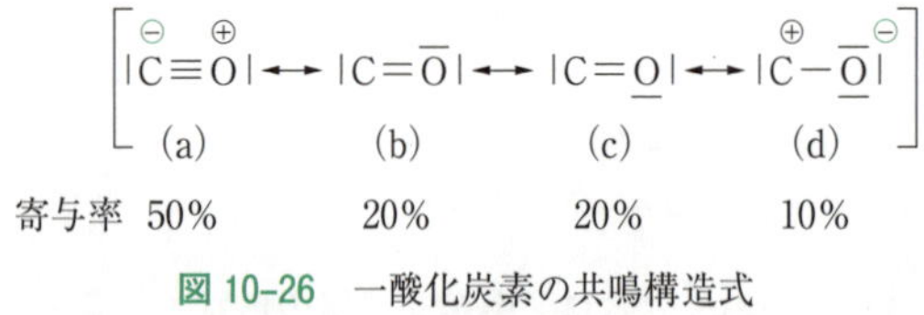

10.4.3 一酸化窒素

一酸化窒素（NO）では図 10-28 に示す窒素原子と酸素原子が三重結合で結ばれた構造 (a) が最も寄与が大きい共鳴構造式である．三重結合のうちの一つは**三電子結合**であり，中性の一酸化窒素はラジカル的な性質を示す．したがって，一酸化窒素は反応性が高く，ニトロシルイオン（NO$^+$）を容易に生成するほか，放置すると二量化して二酸化二窒素（O=N–N=O）を生成する．一方，(b)，(c) のようにラジカルが移動した共鳴構造式の寄与もある．(b) と (c) では**不対電子（unpaired electron）**を有し，反応性が高い．

10.4.4 二酸化窒素

二酸化窒素（NO$_2$）では図 10-29 に示す一つの窒素原子と二つの酸素原子が窒素原子を中心に二重結合で結ばれた構造が最も寄与が大きい共鳴構造式である．片方の二重結合のうちの一つは三電子結合である．二酸化窒素は窒素原子を中心にして 134° の角度で折れ曲がっており，類縁体である二酸化炭素とは分子の形が異なる．(a)〜(d) は等価である．(e)，(f) のようにラジカル性を示す共鳴構造式の寄与もある．

10.4.5 一酸化二窒素

一酸化二窒素（N$_2$O）は直線状の分子で，図 10-30 (a) と (b) に示す二つの窒素原子と一つの酸素原子が他の窒素原子を中心に二重結合で結ばれた構造が最

図 10-26 一酸化炭素の共鳴構造式

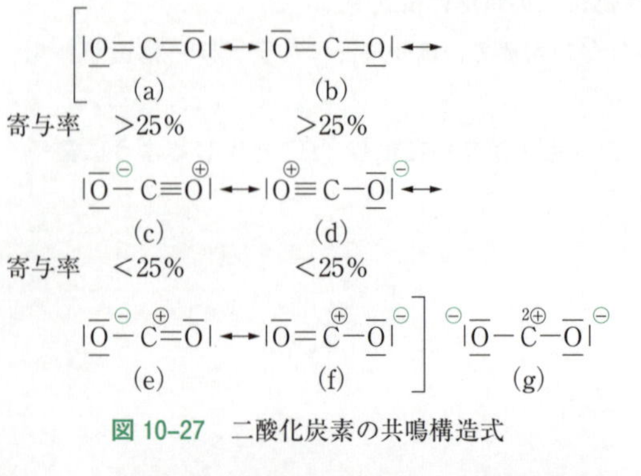

図 10-27 二酸化炭素の共鳴構造式

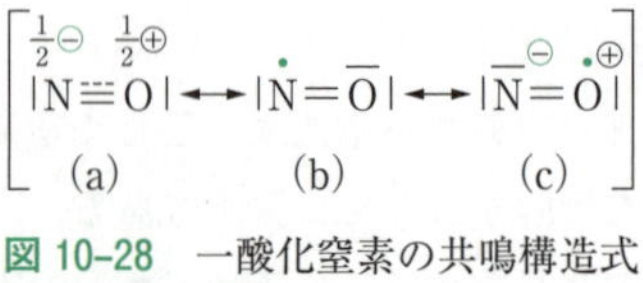

図 10-28 一酸化窒素の共鳴構造式

ハンフリー・デービー

英国の化学者．一酸化二窒素の麻酔効果，塩素やヨウ素の性質を明らかにしたほか，多くの元素を発見した．化学実験の講演者として人気を得るが，実験中の事故で障害を負ったため，ファラデーを助手に迎えた．デービー灯の発明の功績により爵位を得，王立協会会長に就いた．（1778-1829）

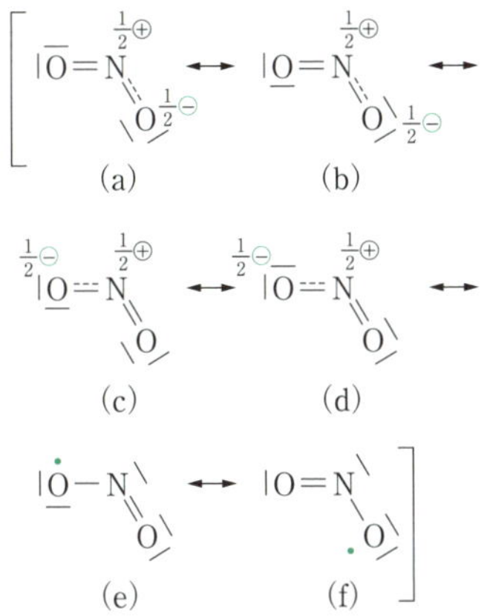

図 10-29 二酸化窒素の共鳴構造式

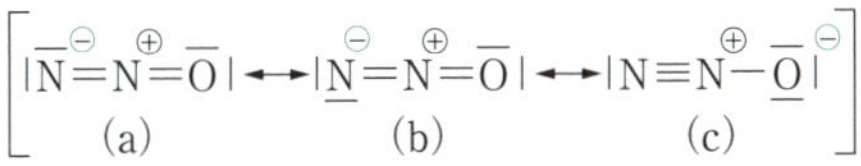

図 10-30 一酸化二窒素の共鳴構造式

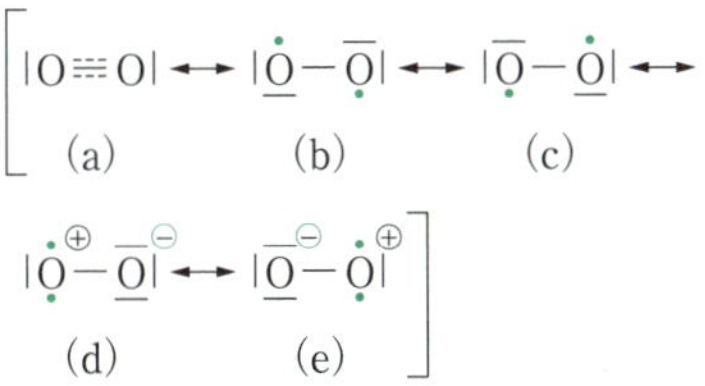

図 10-31 酸素の共鳴構造式

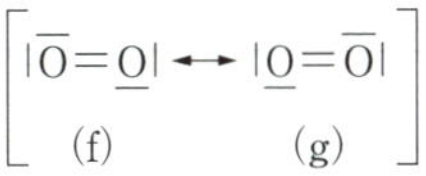

図 10-32 寄与が小さい酸素の共鳴構造式

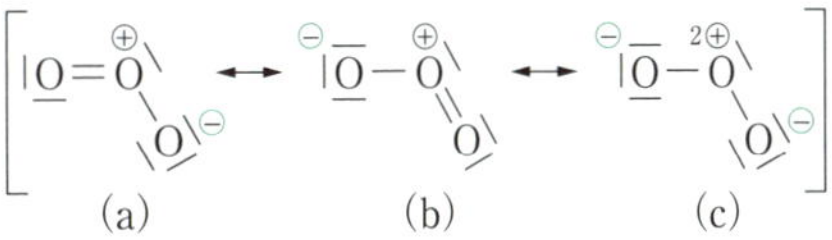

図 10-33 オゾンの共鳴構造式

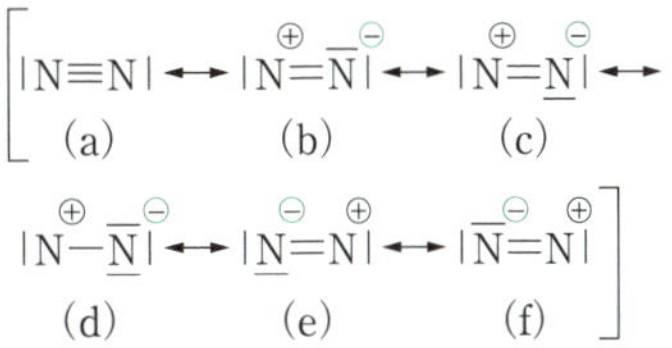

図 10-34 窒素の共鳴構造式

も寄与が大きい共鳴構造式である．(c) に示す窒素-窒素三重結合のうちの一つの結合は中心の窒素原子から他方の窒素原子への配位結合である．この構造式では電気陰性度の大きな酸素原子の電子密度が高くなっている．

10.4.6 酸素

酸素 (O_2) では図 10-31 に示す二つの酸素原子が三重結合で結ばれた構造 (a) が最も寄与が大きい共鳴構造式である．三重結合のうちの二つは三電子結合である．酸素は常磁性であり，一重項酸素と三重項酸素が知られている．これらの性質は酸素分子のラジカル的な性質に起因する．この性質を表すために，酸素の共鳴構造式は (a)～(c) のように描く．(b), (c) の構造は，それぞれの原子にラジカルが一つずつあるビラジカル (biradical) であり，それほど安定な構造ではない．したがって，(b), (c) のラジカルはそれぞれ三電子結合を形成して安定化するため，(a) の構造が最も安定であり，これが最も寄与の大きな共鳴構造式である．一方，(d), (e) のように電荷が分離した共鳴構造式の寄与もあるが，これらはやや不安定な構造である．なお，(b) または (c) における二つのラジカルはそれぞれ異なる p 軌道に入っているので，電子対を形成することはない．

酸素には図 10-32 のような共鳴構造式も考えられるが，これらは酸素のラジカル的な性質を説明できないので，共鳴混成体への寄与はきわめて小さい．

10.4.7 オゾン

オゾン (O_3) は三つの酸素原子が折れ曲がった構造をしており，図 10-33 (a) や (b) のように電荷が分離した共鳴構造式の寄与が大きい．さらに電荷が分離した (c) の共鳴構造の寄与は小さい．オゾンの最も安定な構造が (a) のように電荷が分離した構造なのは，オゾンは酸素分子の一つの酸素原子がもう一分子の酸素原子へ配位結合していることによる．

10.4.8 窒素

窒素 (N_2) では二つの窒素原子が三重結合で結ばれている．図 10-34 (a) の共鳴構造式の寄与が最も大きく，(b)～(f) のように電荷が分離した構造の寄与もある．(b)～(f) は等価な構造である．

10.4.9 硫酸

硫酸 (H_2SO_4) は硫黄原子に二つのヒドロキシ基と二つの酸素原子が結合した二価の酸である．共鳴構造

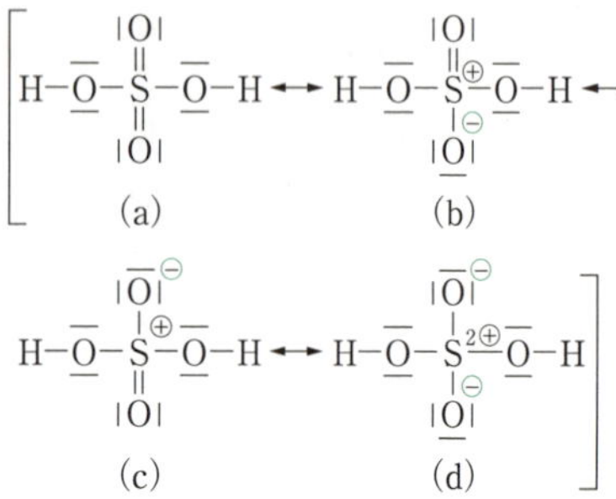

figure 10-35 硫酸の共鳴構造式

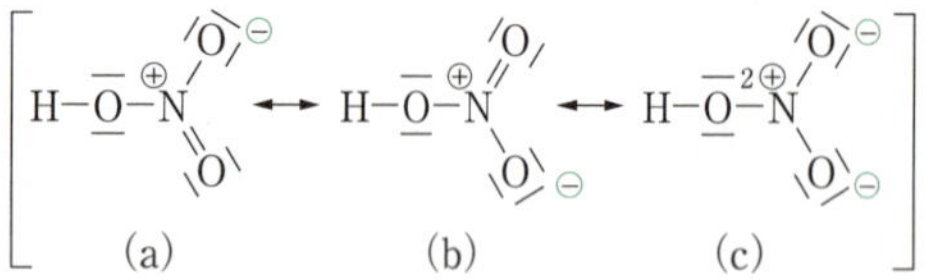

図 10-36 硝酸の共鳴構造式

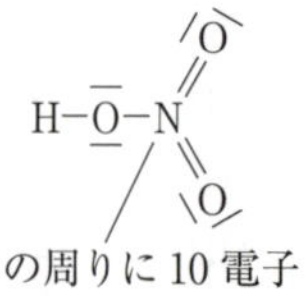

N の周りに 10 電子

図 10-37 誤った硝酸の共鳴構造式

式を図 10-35 に示す.

10.4.10 硝酸

硝酸（HNO_3）は窒素原子に一つのヒドロキシ基と二つの酸素原子が結合した一価の酸であり，窒素原子がオクテット則を満足し，かつ結合の数が最も多い図 10-36 (a)，(b) の共鳴構造式の寄与が最も大きく，(c) のように二つの窒素-酸素結合の電荷が分離した構造による寄与も考えることができる．

しかし，図 10-37 に示す共鳴構造式は，窒素原子が

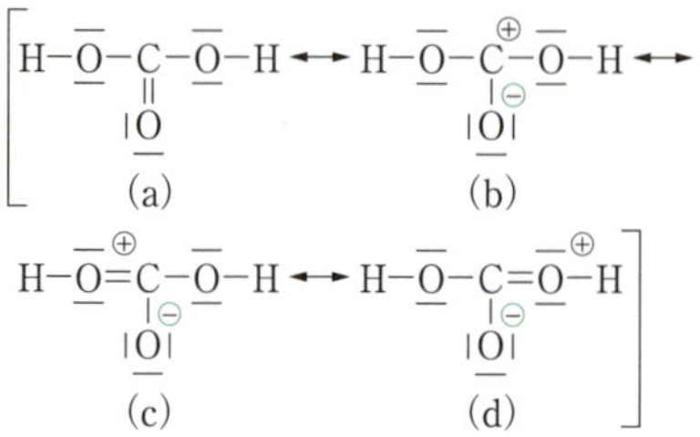

図 10-38 炭酸の共鳴構造式

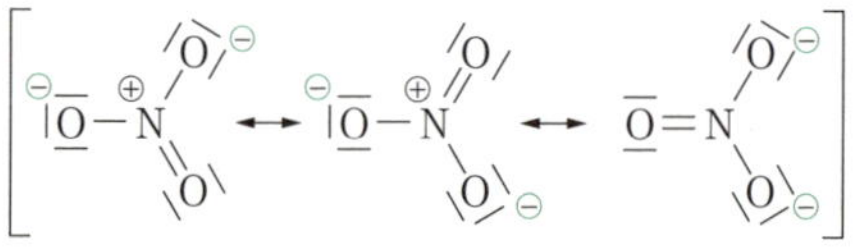

図 10-39 硝酸イオンの共鳴構造式

10 電子となりオクテット則を満足しないので明らかな誤りである．

10.4.11 炭酸

炭酸（H_2CO_3）は炭素原子に二つのヒドロキシ基と一つの酸素原子が結合した二価の酸であり，結合の数が最も多い図 10-38 (a) の共鳴構造式の寄与が最も大きい．(b) の共鳴構造式は電気陰性度の大きな酸素原子の電子密度が高く，共鳴混成体に対する寄与も大きい．また，(c) や (d) のようにヒドロキシ基の炭素原子に正電荷がある共鳴構造式は炭酸が酸として働き H^+ を放出しやすいことを証明するのに都合がよい．

10.4.12 硝酸イオン

分子だけでなく電荷をもつイオンも共鳴構造式を書くことができる．例えば硝酸イオン（NO_3^-）の共鳴構造式は図 10-39 のように表される．ここで，(a)〜(c) は等価な共鳴構造式であるため硝酸イオンの共鳴混成体は，三つの酸素に関して対象である．

10.4 節のまとめ

- 有機化合物だけではなく，簡単な無機化合物の共鳴構造式を正しく理解し，記述できるようにしておくことも重要である．

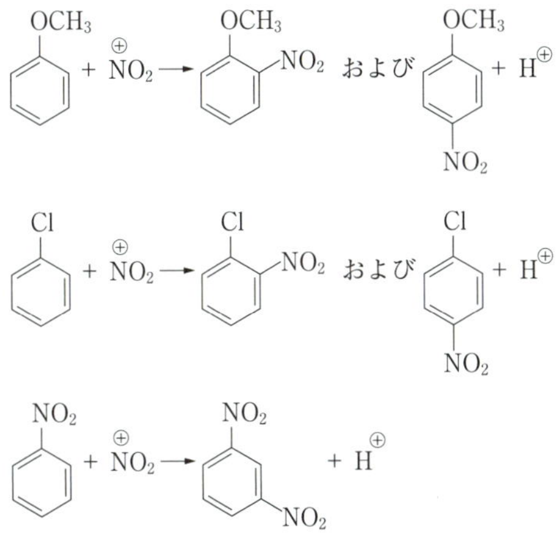

図 10-40　一置換ベンゼンのニトロ化反応

表 10-2　種々の置換基の共鳴効果

＋R 効果をもつ置換基	−R 効果をもつ置換基
メチル基（−CH$_3$）	ニトロ基（−NO$_2$）
ヒドロキシ基（−OH）	カルボニル基（＞C＝O）
メトキシ基（−OCH$_3$）	ホルミル基（−CHO）
アミノ基（−NH$_2$, −NHR, −NRR'）	カルボキシ基（−COOH）
	シアノ基（−CN）
アセトキシ基 $\left(-\overset{\|\|}{\underset{O}{O-C}}-CH_3\right)$	アルキルカルバモイル基 $\left(-\overset{\|\|}{\underset{O}{O-C}}-\overset{\|}{\underset{H}{N}}-R\right)$
ハロゲン（−F, −Cl, −Br, −I）	トリハロメチル基（−CF$_3$, −CCl$_3$ など）

表 10-3　種々のカルボン酸の pK_a

構造式（化合物名）	pK_a
HCOOH（ギ酸）	3.77
CH$_3$COOH（酢酸）	4.76
CH$_3$CH$_2$COOH（プロピオン酸）	4.88
CH$_3$(CH$_2$)$_2$COOH（ブタン酸）	4.82
CH$_3$(CH$_2$)$_3$COOH（ペンタン酸）	4.86
CH$_3$(CH$_2$)$_4$COOH（ヘキサン酸）	4.88
FCH$_2$COOH（フルオロ酢酸）	2.66
ClCH$_2$COOH（クロロ酢酸）	2.86
BrCH$_2$COOH（ブロモ酢酸）	2.86
ICH$_2$COOH（ヨード酢酸）	3.12
Cl$_2$CHCOOH（ジクロロ酢酸）	1.29
Cl$_3$CCOOH（トリクロロ酢酸）	0.65

10.5　有機化合物の共鳴構造式と化学的性質

10.5.1　共鳴効果（R 効果）

　ベンゼン誘導体への**求電子置換反応**（または親電子置換反応）**(electrophilic substitution)** では，置換基の種類により生成物が異なり，生成物の種類に一定の傾向がみられる．

　ベンゼン誘導体への求電子置換反応はベンゼン環の炭素原子への求電子体（E$^+$）の求電子攻撃により進行する（反応機構の詳細は 12.2.2 項 e で説明する）．この反応では，ベンゼン環の炭素原子の電子密度が高いほど求電子体の攻撃を受けやすいと考えられるので，ベンゼン誘導体の電子密度をみれば生成物の種類が予想できる．

　ベンゼン誘導体の共鳴構造式を眺めてみると，置換基によりベンゼン環内の電子分布が異なることがわかる．トルエン，フェノール，メトキシベンゼン（アニソール）などは置換基の電子密度が減少し，ベンゼン環の電子密度が増加する．一方，ニトロベンゼンはニトロ基の電子密度が増加し，ベンゼン環の電子密度が減少する（図 10-40）．

　このように，「共鳴により二重結合の電子密度を増減する効果」を**共鳴効果（resonance effect）**という．共鳴により二重結合の電子密度を増加させる効果がある置換基を**＋R 効果（＋R effect）**を有する置換基といい，その反対に共鳴により二重結合の電子密度を減少させる効果がある置換基を**−R 効果（−R effect）**を有する置換基という．共鳴効果は共役系の長さに依存するので，共役系が長い分子ではより遠くまで効果を及ぼすことができる．表 10-2 に種々の置換基の共鳴効果をまとめて示す．＋R 効果の置換基はメチル基，ヒドロキシ基，メトキシ基，クロロ基などであり，−R 効果の置換基にはニトロ基がある．また，フェニル基やビニル基は＋R，−R の両方の効果を示す．

　＋R 効果の置換基は**オルト・パラ配向性（ortho-para orientation）**となる．すなわち，ベンゼン誘導体ではオルト位とパラ位の電子密度が増加するので，オルト位とパラ位に求電子体の攻撃が起こりやすく，オルトおよびパラ置換ベンゼンがメタ置換ベンゼンよりも多く生成する．一方，−R 効果の置換基は**メタ配向性（meta orientation）**となる．ベンゼン誘導体ではオルト位とパラ位の電子密度がメタ位よりも減少するので，メタ位への求電子置換反応がオルト位やパラ位よりも相対的に増加し，メタ置換ベンゼンが生成する．しかし，ベンゼン環全体の電子密度が減少するの

表 10-4　種々の原子や原子団の誘起効果

+I 効果をもつ原子団	−I 効果をもつ原子団	
アルキル基（−CH₃ など） カルボキシアニオン（−COO⁻）	ハロゲン（−F, −Cl, −Br, −I） ヒドロキシ基（−OH） アルコキシ基（−OR） カルボニル基（>C=O） ホルミル基（−CHO） カルボキシ基（−COOH）	アミノ基（−NH₂, −NHR, −NRR′） アンモニウム基（−⁺NH₃, −⁺NH₂R, −⁺NHRR′） ニトロ基（−NO₂） シアノ基（−CN） ビニル基（−CH=CH₂） フェニル基（−C₆H₅）

表 10-5　一置換ベンゼンの反応性

化合物	メトキシベンゼン	クロロベンゼン	ニトロベンゼン
共鳴効果	+R	+R	−R
誘起効果	+I	−I	−I
反応性	大	中	小

電子の偏り」は **誘起効果（inductive effect）** といわれる．誘起効果により自分自身の電子密度を増加する原子や原子団を−I 効果（−I effect）の原子や原子団といい，逆に自分自身の電子密度が減少する原子や原子団を+I 効果（+I effect）の原子や原子団という．誘起効果は電子の偏りに起因するものであり，誘起効果を有する原子や原子団からの距離が大きくなるほど減少する．表 10-4 に種々の原子や原子団の誘起効果をまとめて示す．

で，その反応性は+R 効果の基が置換したベンゼン誘導体よりも低い．

10.5.2　誘起効果（I 効果）

カルボン酸の強さはカルボキシ基に結合している官能基の種類により大きく変化することが知られており，表 10-3 に示すように酸解離定数 pK_a は大きく異なる．

カルボン酸の pK_a 値はギ酸，酢酸，プロピオン酸の順に大きくなり，それ以降はあまり変化しない．一方，ハロゲンが置換したカルボン酸の pK_a 値をみると，一置換ハロ酢酸では F, Cl, Br, I と電気陰性度の小さなハロゲンが置換されると pK_a 値は増加する．また，塩素で置換された酢酸群（クロロ酢酸，ジクロロ酢酸，トリクロロ酢酸）の中では，塩素の数が増加すると pK_a 値は減少する．これは，電気陰性度の大きな基が置換されるとカルボキシ基の酸素原子の電子密度が減少し，また，その程度は置換基の数が多いほど大きくなることを示している．

このような pK_a 値の変化を「置換基が電子を供与する程度」から評価すると，次のことがわかる．
(1) アルキル基はカルボキシ基へ電子を**供与（electron donating）**し，その程度は H，メチル基，エチル基の順に大きくなる．
(2) ハロゲンはカルボキシ基から電子を**求引（electron withdrawing）**し，ハロゲンの電気陰性度が大きいほど，電子を求引する程度も増加する．
(3) 置換基の数が増加すると，電子を供与または求引する程度も大きくなる．

このような，「原子や原子団により引き起こされる

10.5.3　一置換ベンゼンの反応性と I, R 効果

一置換ベンゼンの反応性と生成物の種類は共鳴効果と誘起効果により説明される．一置換ベンゼンの反応性を，図 10-40 に示すメトキシベンゼン，クロロベンゼンおよびニトロベンゼンのニトロ化反応を例にとり説明すると，前者二つではオルト，パラ体が，後者ではメタ体が生成し，その反応速度はメトキシベンゼン＞クロロベンゼン＞ニトロベンゼンの順に小さくなる．

メトキシベンゼンは+R，+I 効果のメチル基が置換しているので，ベンゼン環の電子密度は高くなり，特にオルト，パラ位の電子密度が増加する．したがって，トルエンはこの中で最も反応性が高く，オルト，パラ体を生成する．クロロベンゼンは+R，−I 効果のクロロ基が置換している．クロロ基の−I 効果によりベンゼン環の電子密度はやや低下するが，一方，塩素原子から+R 効果によりベンゼン環へ電子が流入する．結局，誘起効果が優るのでクロロベンゼンはベンゼンに比べ不活性化されるが，+R 効果のためオルト，パラ配向性となる．

ニトロベンゼンは，−R，−I 効果のニトロ基が置換しているので，ベンゼン環の電子密度は低下し，オルト，パラ位の電子密度は低下し，相対的にメタ位の電子密度が増加する．したがって，ニトロベンゼンではメタ体が生成する．ニトロベンゼンの反応性は，メトキシベンゼンやクロロベンゼンの反応性よりも格段に低い．

一置換ベンゼンの反応性は，表 10-5 に示すように，置換基の R, I 効果により，ベンゼン環の電子密度の大小およびその分布を予測することにより説明される．

> ### 10.5 節のまとめ
> - 芳香族化合物の構造や反応性の理解には共鳴構造式が強力なツールとなる．
> - ベンゼン誘導体への求電子置換反応（親電子置換反応, electrophilic substitution）：求電子体（E^+）によるベンゼン環の炭素原子への攻撃により進行する．
> - ベンゼン環の炭素原子の電子密度が高いほど求電子体の攻撃を受けやすいと考えられる．
> - 共鳴効果（resonance effect）：共鳴により二重結合の電子密度を増減する効果．R 効果．
> - 誘起効果（inductive effect）：原子や原子団により引き起こされる電子の偏り．I 効果．

章末問題

問題 10-1
次の化合物の構造をルイス構造式および電子対を直線で表す構造式でそれぞれ書きなさい．
(1) 水（H_2O）
(2) 過酸化水素（H_2O_2）
(3) 二酸化炭素（CO_2）
(4) メタン（CH_4）
(5) シアン化水素（HCN）

問題 10-2
次の化合物の共鳴構造式を書きなさい．
(1) ナフタレン
(2) アントラセン

問題 10-3
次の二つの陽イオンのうち安定なのはどちらか．共鳴構造式を用いて説明しなさい．
(1) $H_2C=CH-CH_2-\overset{\oplus}{C}H_2$
(2) $H_3C-CH=CH-\overset{\oplus}{C}H_2$

11. 有機化合物の構造と命名法

11.1 有機化合物の命名法

　有機化合物の命名法には，化合物の出所や特性に基づいて命名され長く使われてきた**慣用名（common name）**や**通俗名（trivial name）**と，世界共通の合理的な**体系的命名法（systematic nomenclature）**に基づく名称の2種類がある．慣用名には化学の領域に有機化学の分野が生まれる以前から存在するものもあり，メタン（methane）やエタン（ethane）などの名前も，元々は慣用名である．化合物の数が少ないときには慣用名で問題ないが，化合物の数が多くなると慣用名に基づく命名では構造的情報を伝えるのが難しくなった．そのため，1892年にスイスのジュネーブで開かれた化学の国際会議で有機化合物の命名をその構造に基づいて組織的に行う規則の制定が始められ，1979年に **IUPAC（International Union of Pure and Applied Chemistry；国際純正・応用化学連合）**の規則として命名法の体裁が整った．その後も IUPAC 規則は継続して審議され，随時追補・発表されている．この IUPAC 規則に基づき，日本化学会化合物命名法小委員会が日本語の命名法を定め，英語による名称の日本語への字訳または翻訳が行われている．

11.1.1 直鎖炭化水素

　直鎖炭化水素（鎖状アルカン，非環状炭化水素，linear hydrocarbon）は IUPAC 規則では表 11-1 のよ

表 11-1　直鎖飽和炭化水素の IUPAC 名

炭素数	名称	炭素数	名称	炭素数	名称
1	メタン methane	11	ウンデカン undecane	21	ヘンイコサン henicosane
2	エタン ethane	12	ドデカン dodecane	22	ドコサン docosane
3	プロパン propane	13	トリデカン tridecane	23	トリコサン tricosane
4	ブタン butane	14	テトラデカン tetradecane	24	テトラコサン tetracosane
5	ペンタン pentane	15	ペンタデカン pentadecane	30	トリアコンタン triacontane
6	ヘキサン hexane	16	ヘキサデカン hexadecane	31	ヘントリアコンタン hentriacontane
7	ヘプタン heptane	17	ヘプタデカン heptadecane	32	ドトリアコンタン dotriacontane
8	オクタン octane	18	オクタデカン octadecane	40	タトラコンタン tetracontane
9	ノナン nonane	19	ノナデカン nonadecane	50	オエタコンタン pentacontane
10	デカン decane	20	イコサン icosane	100	ヘクタン hectane

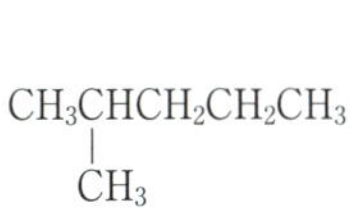

11.1 有機化合物の命名法

CH₃CHCH₂CH₂CH₃
　　|
　　CH₃
2-メチルペンタン
2-methylpentane

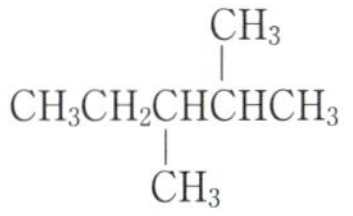

　　　　　　CH₃
　　　　　　|
CH₃CH₂CHCHCH₃
　　　　|
　　　　CH₃
2,3-ジメチルペンタン
2,3-dimethylpentane

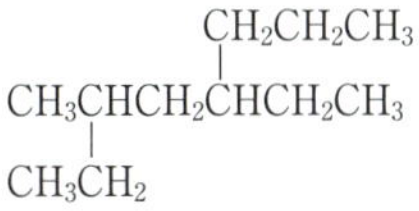

　　　　CH₂CH₂CH₃
　　　　|
CH₃CHCH₂CHCH₂CH₃
|
CH₃CH₂
5-エチル-3-メチルオクタン
5-ethyl-3-methyloctane
(2-エチル-4-プロピルヘキサン
2-ethyl-4-propylhexane
ではない)

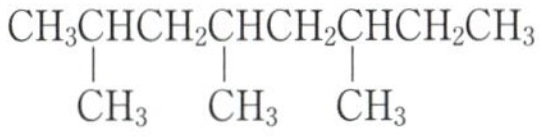

CH₃CHCH₂CHCH₂CHCH₂CH₃
|　　　|　　　|
CH₃　CH₃　CH₃
2,4,6-トリメチルオクタン
2,4,6-trimethyloctane
(3,5,7-トリメチルオクタン
3,5,7-trimethyloctane
ではない)

図 11-1　分枝炭化水素の命名

CH₂=CHCH₂CH₃　　CH₃C≡CCH₂CH₃　　CH₂=CHCH₂CH=CHCH₃
1-ブテン　　　　　　2-ペンチン　　　　　1,4-ヘキサジエン
1-butene　　　　　　2-pentyne　　　　　1,4-hexadiene

　　　　　　　　　　　CH₂=CH　　CH₂CH₃
　　　　　　　　　　　|　　　　　|
CH≡CCH=CHCH₃　　CH₃CH₂CH₂CHC≡CC=CH₂
3-ペンテン-1-イン　　2-エチル-5-プロピル-1,6-
3-penten-1-yne　　　ヘプタジエン-3-イン
　　　　　　　　　　2-ethyl-5-propyl-1,6-
　　　　　　　　　　heptadiene-3-yne

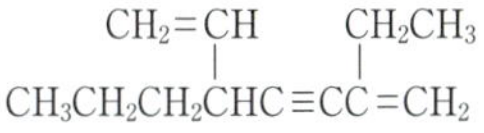

図 11-2　不飽和炭化水素の命名

	CH₂=CH₂	CH≡CH	CH₂=C=CH₂
IUPAC 名	エテン ethene	エチン ethyne	1,2-プロパジエン 1,2-propadiene
慣用名	エチレン ethylene	アセチレン acetylene	アレン allene

図 11-3　不飽和炭化水素の IUPAC 名と慣用名

CH₃-	CH₃CH₂-	CH₃CH₂CH₂-	CH₃CH₂CH₂CH₂-
メチル methyl	エチル ethyl	プロピル propyl	ブチル butyl

図 11-4　飽和炭化水素基の命名

うに命名される．CH₄, CH₃CH₃, CH₃CH₂CH₃, CH₃CH₂CH₂CH₃ の四つには，それぞれメタン (methane)，エタン (ethane)，プロパン (propane)，ブタン (butane) の慣用名がそのまま組織名と認められている．それより炭素数が多くなると，炭素数を示すギリシャ語の数詞などを用いた接頭語とアルカンを示す接尾語アン (-ane) で示す．また，IUPAC 規則では接頭語 n- を用いないので，CH₃CH₂CH₂CH₃ は n-ブタン (n-butane) ではなくブタン (butane) となる．

分枝炭化水素 (branched hydrocarbon) は直鎖鎖状炭化水素の置換誘導体として命名する．まず最長鎖を見つけ，それと同じ炭素数の IUPAC 名を直鎖炭化水素より見つけ母体の名称とする．次に，母体の炭素鎖についている側鎖置換基を特定する．すなわち，側鎖置換基の位置番号が最小となる方向から母体の炭素鎖に番号をつけ，その番号で側鎖置換基の位置番号を示す．側鎖の名称の配列はアルファベット順とする．2 個以上の側鎖があるときは最初の数が小さいようにする．同じ側鎖があるときは倍数接頭語ジ (di)，トリ (tri)，テトラ (tetra)，ペンタ (penta)，ヘキサ (hexa)，ヘプタ (hepta)，ノナ (nona)，デカ (deca) などをつける．図 11-1 に分枝炭化水素の構造と名称の例を示す．

アルケン (alkene) は二重結合を含む最長鎖の炭化水素の接尾語アン (-ane) をエン (-ene) に変えて命名する．二重結合の位置が最小の番号になるようにする．二重結合の数により接尾語アン (-ane) を変え，2 個のときはアジエン (-adiene)，3 個のときはアトリエン (-atriene) とする．

アルキン (alkyne) の場合，接尾語アン (-ane) をイン (-yne)，アジイン (-adiyne)，アトリイン (-atriiyne) とする．二重結合や三重結合を 2 個もつ場合，両方ができるだけ小さい番号になるようにする．二重結合と三重結合をもつ場合，イン (-yne) にエン (-ene) より小さい番号がついてもよいが，同じ番号のときはエン (-ene) の方を小さくする．

図 11-2 に二重結合，三重結合を有する不飽和炭化水素の構造と名称の例を示す．

なお，慣用名のエチレン (ethylene)，アセチレン (acetylene)，アレン (allene) は使用が認められている (図 11-3)．

11.1.2　炭化水素基

炭化水素基（アルキル基，alkyl group) は炭化水素の 1 個の水素置換基が欠けた構造単位で**飽和炭化水素基 (saturated alkyl group)** は接尾語アン (-ane) をイル (-yl) に変えて命名する (図 11-4)．不飽和炭

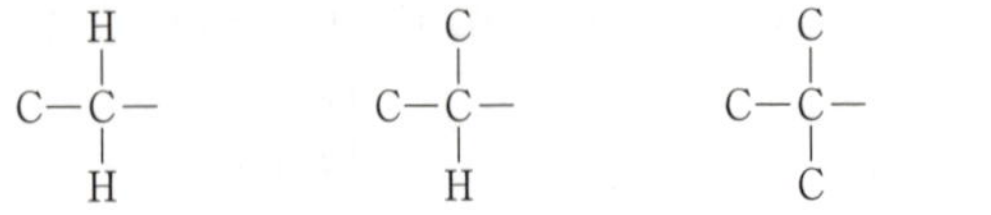

11. 有機化合物の構造と命名法

	第一級アルキル基 primary alkyl	第二級アルキル基 secondary alkyl	第三級アルキル基 tertiary alkyl

図 11-5　炭化水素基の級数

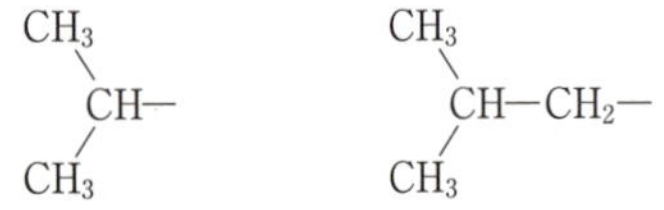

	IUPAC 名	慣用名
(CH₃)₂CH-	1-メチルエチル 1-methylethyl	イソプロピル isopropyl
(CH₃)₂CHCH₂-	2-メチルプロピル 2-methylpropyl	イソブチル isobutyl
CH₃CH₂CH(CH₃)-	1-メチルプロピル 1-methylpropyl	s-ブチル sec-butyl
(CH₃)₃C-	2-メチル-2-プロピル 2-methyl-2-propyl	t-ブチル tert-butyl

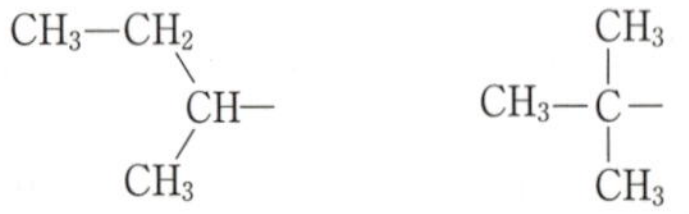

図 11-6　分枝飽和炭化水素基の命名

化水素基 (unsaturated alkyl group) は接尾語エン (-ene), イン (-yne), ジエン (-diene) をそれぞれエニル (-enyl), イニル (-ynyl), ジエニル (-dienyl) に変えて命名する. 結合部が炭素鎖の末端である直鎖飽和炭化水素基は表 11-1 の接尾語 (-ane) アンをイル (-yl) に変えて命名すればよい. 炭素鎖の末端のダッシュ (—) は他の原子や置換基への結合部を示している.

炭素原子は他の炭素による置換数により分類され, **第一級炭素 (primary carbon)** は1個の炭素と結合しており, **第二級炭素 (secondary carbon)** は2個の炭素と, **第三級炭素 (tertiary carbon)** は3個の炭素と結合している. 炭化水素基は炭素の置換数により, **第一級 (primary), 第二級 (secondary), 第三級 (tertiary)** と示される (図 11-5).

分枝飽和炭化水素基は, 結合している最長鎖を基本名として命名する. なお, 慣用名のイソプロピル (isopropyl), イソブチル (isobutyl), s-ブチル (sec-butyl), t-ブチル (tert-butyl) などの使用が認めら

CH₂=CH-	CH₂=CHCH₂-	CH₂=C(CH₃)-
ビニル vinyl	アリル allyl	イソプロペニル isopropenyl
CH≡C-	CH₃-CH=CH-	
エチニル ethynyl	1-プロペニル 1-propenyl	

図 11-7　不飽和炭化水素基の命名

-CH₂-	-CH₂CH₂-	-(CH₂)₃-
メチレン methylene	エチレン ethylene	トリメチレン trimethylene
CH₃CH=	(CH₃)₂CH=	CH₂=C=	-CH=CH-
エチリデン ethylidene	イソプロピリデン isopropylidene	ビニリデン vinylidene	ビニレン vinylene

図 11-8　二価炭化水素基の命名

れている (図 11-6).

不飽和炭化水素基はその接尾語エン (-ene), イン (-yne) などをエニル (-enyl), イニル (-ynyl) などに変えて命名する. 不飽和炭化水素基の慣用名のビニル (-vinyl), アリル (-allyl), イソプロペニル (-isopropenyl) も使用が認められている (図 11-7).

一価の遊離原子価をもつ炭素上から, さらに水素原子が失われて生じた基は, 対応する一価基の名称の語尾に, イデン (-idene) をつけて命名する. 直鎖炭化水素の両端に遊離原子価のある二価基は, 飽和炭化水素基ではエチレン (ethylene), トリメチレン (trimethylene) などと命名し, 不飽和炭化水素基では対応する炭化水素名の語尾エン (-ene), イン (-yne) をエニレン (-enylene), イニレン (-ynylene) などに変えて命名する (図 11-8).

11.1.3　環状炭化水素

脂肪族環状炭化水素 (シクロアルカン) (cycloalkane) の名称は同数の炭素をもつ直鎖飽和炭化水素名に接頭語シクロ (cyclo-) をつける. 不飽和結合を含むものには接尾語をエン (-ene), アジエン (-adiene), イン (-yne) に変え, それらの位置に最小番号をつける. 不飽和番号と側鎖番号があるときは, 前者に最小番号をつける. また, 置換基の方が環より炭素数が多いときは, この一価基として接尾語イル (-yl) などをつけて命名することができる (図

11.1 有機化合物の命名法　165

シクロプロパン　3-メチルシクロヘキセン　2,5-ジメチル-1,3-シクロヘキサジエン
cyclopropane　3-methylcyclohexene　2,5-dimethyl-1,3-cyclohexadiene

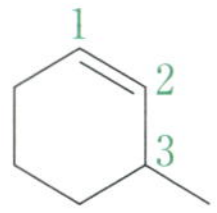

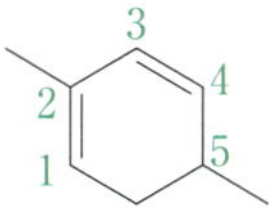

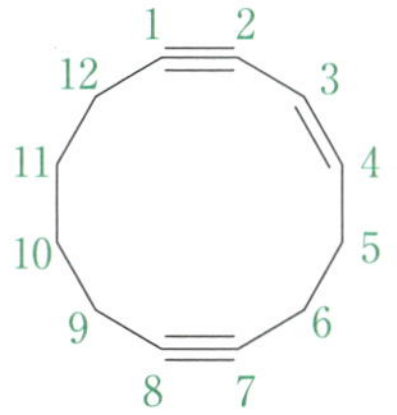

3-シクロデセン-1,7-ジイン　1-シクロペンチルヘキサン
3-cyclodecen-1,7-diyne　1-cyclopentylhexane

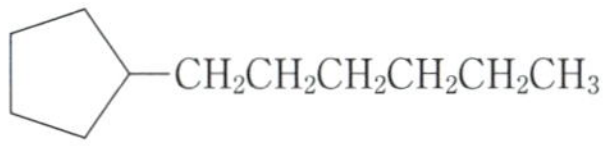

図 11-9　脂肪族環式炭化水素の命名

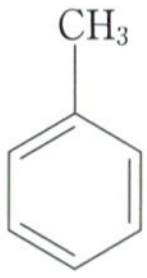

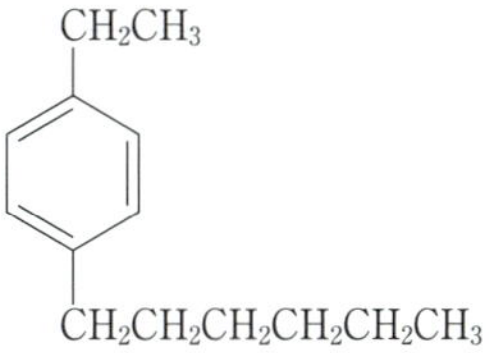

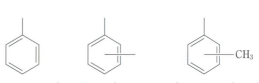

1-エチル-4-ペンチルベンゼン
1-ethyl-4-pentylbenzene
または
p-エチルペンチルベンゼン
p-ethylpentylbenzene

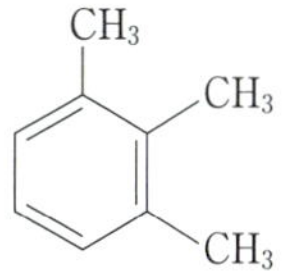

1,2,3-トリメチルベンゼン
1,2,3-trimethylbenzene

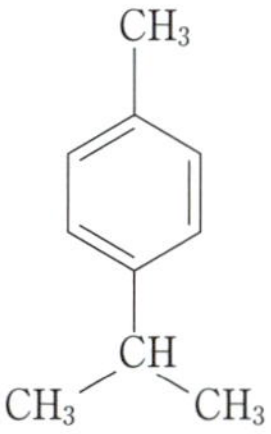

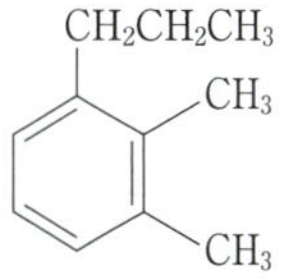

1,2-ジメチル-3-プロピルベンゼン
1,2-dimethyl-3-propylbenzene
または
3-プロピル-o-キシレン
3-propyl-o-xylene

図 11-11　芳香族炭化水素の命名

ベンゼン　トルエン　(1,2-, 1,3-, 1,4-)キシレン　スチレン
benzene　toluene　(1,2-, 1,3-, 1,4-)xylene　styrene

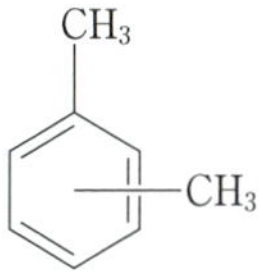

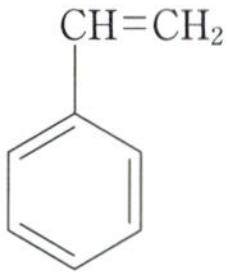

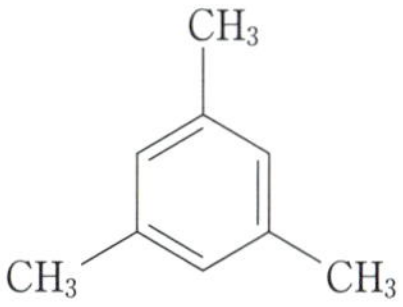

メシチレン　クメン　シメン
mesitylene　cumene　cymene

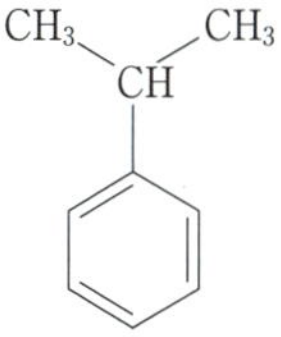

図 11-10　芳香族炭化水素の慣用名

11-9).不飽和結合や置換基が一つしかない場合は,位置番号を付ける必要はない.

11.1.4　芳香族炭化水素

図 11-10 に示すベンゼンと6種類のベンゼン誘導体はIUPAC規則で慣用名が認められている.また,ベンゼン類から誘導される一価の置換基はフェニル基の誘導基として命名する.

図 11-10 の6種類にさらに置換基が導入された化合物はこれらの誘導体として命名する.しかしその導入された置換基が6種類の元からあるものと同じときに

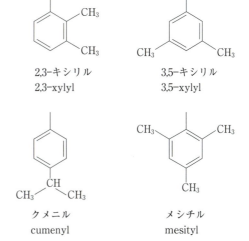

フェニル　(1,2-, 1,3-, 1,4-)フェニレン　(1,2-, 1,3-, 1,4-)トリル
phenyl　(1,2-, 1,3-, 1,4-)phenylene　(1,2-, 1,3-, 1,4-)tolyl

2,3-キシリル　3,5-キシリル
2,3-xylyl　3,5-xylyl

クメニル　メシチル
cumenyl　mesityl

図 11-12　芳香族炭化水素基の慣用名

は,ベンゼンの誘導体として命名する.二置換ベンゼンは位置番号 1,2-(o-), 1,3-(m-), 1,4-(p-) をつけて命名する.三置換ベンゼンは母体となる誘導体の置換基の位置を1位とし,位置番号が小さくなるようにつける(図 11-11).

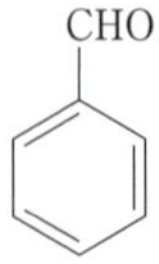

図 11-13 一置換ベンゼンの慣用名

ベンズアルデヒド benzaldehyde
安息香酸 benzoic acid 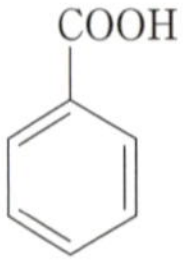
アセトフェノン acetophenone 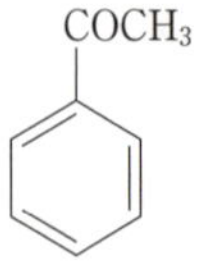
フェノール phenol 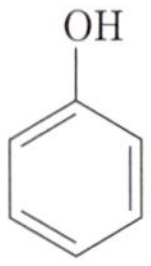
アニソール anisole 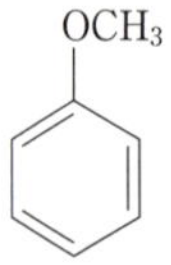
アニリン aniline 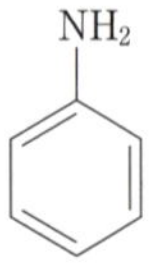

ナフタレン naphthalene
アントラセン anthracene
フェナントレン phenanthrene
ピレン pyrene
ベンゾ[a]ピレン benzo[a]pyrene
2H-インデン 2H-indene

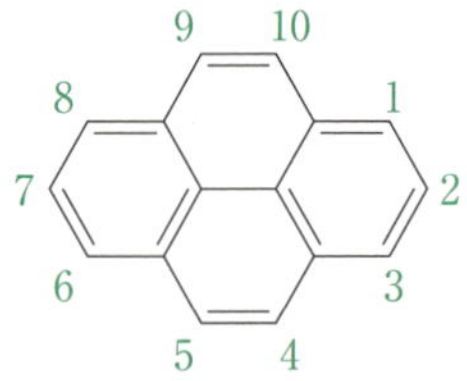

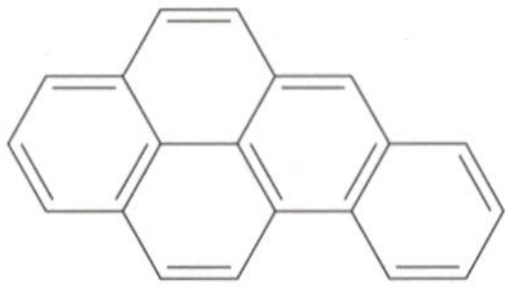

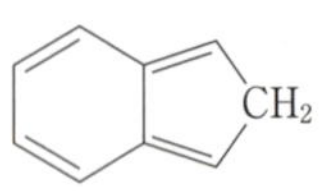

図 11-14 縮合多環式炭化水素の命名

ベンゼン誘導体から誘導される置換基のうち，図 11-12 に示す慣用名などは従来どおりに使用が認められている．

多くの簡単な一置換ベンゼンは IUPAC 規則でも長い間認められている慣用名をもっている．例えば，慣用名のベンズアルデヒド (benzaldehyde) や安息香酸 (benzoic acid) は相当する系統名ベンゼンカルバルデヒド (benzenecarbaldehyde) やベンゼンカルボン酸 (benzenecarboxylic acid) よりも多く用いられる．このような慣用名には図 11-13 のようなものがある．

縮合多環炭化水素 (fused polycyclic hydrocarbon) は構成環系を基本環系と付随環系に分け，それらを組み合わせて命名する．35 種の多環炭化水素の慣用名がそのまま組織名として用いられ，このどれかを基礎成分とし，これにほかの成分の名称を接頭語としてつけて命名する．基礎成分となる縮合多環芳香族化合物の簡単なものとしてはナフタレン (naphthalene)，アントラセン (anthracene)，フェナントレン (phenanthrene)，ピレン (pyrene) などがある．これらの置換誘導体の置換基の位置番号は図 11-14 のようになる．基礎成分がピレン (pyrene) で付随成分がベンゼン (benzene) のときはベンゾ (benzo-) を接頭語としてつけて命名する．

インデン (indene) のように，最高不飽和度をもつ縮合多環炭化水素に飽和炭素を含み異性体が存在するときは，飽和炭素を示す水素を炭素の位置番号と斜体の H で示す (図 11-14)．この水素を **指示水素 (indicated hydrogen)** という．

多置換ベンゼンは環の置換位置を位置番号で示して命名する．位置番号は基本となるベンゼン誘導体の置換基を 1 位とし，番号の方向は次の置換位置が最小になるようにつける．アニソール (anisole) 誘導体ではメトキシ基 (methoxy group) が 1 位，トルエン (toluene) 誘導体ではメチル基 (methyl group) が 1 位，アニリン (aniline) 誘導体ではアミノ基 (amino group) が 1 位となる．置換基を示す順序はアルファベット順に命名する．ベンゼン以外に簡単な基本名がない場合は最初に示される置換基が最小になるようにつける (図 11-15)．

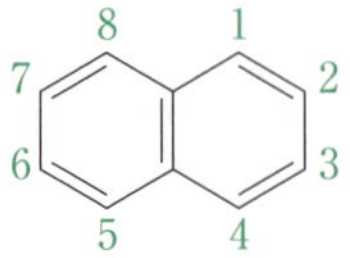

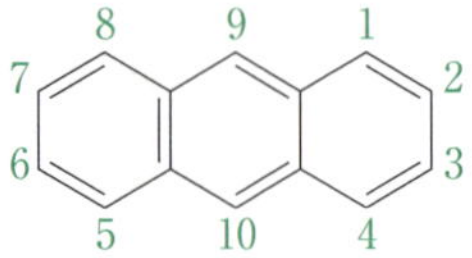

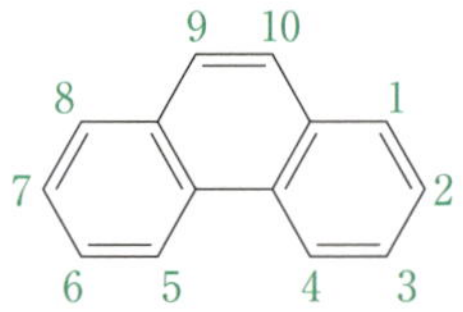

11.1.5 橋頭炭素およびスピロ炭素をもつ炭化水素

二環系炭化水素 (bicycloalkane) の場合，炭素数が同数の直鎖炭化水素名にビシクロ (bicyclo-) をつける．**橋頭炭素原子 (bridge-head carbon)** を結ぶ橋に含まれる炭素原子数を多い順に角括弧 [ ] に入れて示す．位置番号は橋頭原子から始め，最も長い橋から次の橋頭原子を経て残りの順につける．このとき炭素数を表す数字はコンマではなくピリオドで区切る (図 11-16)．

単環炭化水素が二つスピロ結合した化合物は，炭素数が同数の直鎖炭化水素名の前に **スピロ (spiro-)** をつける．小さい環の炭素原子数から順に角括弧 [ ] 内に示す．位置番号は **スピロ原子 (spiroatom)** に隣

図 11-15　多置換ベンゼンの命名

11.1.6　その他の化合物の命名法

炭化水素などを母体とし，これに特性基（炭素-炭素結合以外で組み入れられた置換基）を含む化合物の名称は，母体化合物と特性基名を組み合わせて作る．このような名称を作成するには6種類の命名法がある．**置換命名法**（substitutive nomenclature：S法）は対象化合物を炭化水素などの母体化合物の水素を特性基で置き換えて命名する体系的命名法で，最も基本的で広範囲に用いられている．**基官能命名法**（radicofunctional nomenclature：R法）は母体となる部分の基と化合物の官能基の名称を両方用いて命名する命名法で，一般的には置換命名法が好ましい．そのほかに，**付加命名法**（additive nomenclature），**減去命名法**（subtructive nomenclature），**接合命名法**（conjunctive nomenclature），**代置命名法**（replacement nomenclature）の4種類があり，化合物により命名の種類を決める．表11-2に各種化合物の置換命名とそれに対応する基官能命名を示す．

ハロゲン化炭化水素（ハロゲン化アルキル）の置換名は置換したハロゲン原子を接頭語として炭化水素名につけ，基官能名は炭化水素基と官能基が結合した化合物として命名する．一般に置換名を優先して用い，接頭語はFをフルオロ（fluoro-），Clをクロロ（chloro-），Brをブロモ（bromo-），Iをヨード（iodo-）という．

例）
　BrCH₂CH₂Br
　　置換名：1,2-ジブロモエタン
　　　　　　1,2-dibromoethane
　　基官能名：二臭化エチレン
　　　　　　ethylene dibromide

アルコールの一価アルコールの置換名は炭化水素の語尾（-e）をオール（-ol）に変え，基官能名では炭化水素の名称の後にアルコール（alcohol）をつける．二価，三価のアルコールの置換名では，オール（-ol）をジオール（-diol），トリオール（-triol）に変える．エチレングリコール（ethylene glycol），グリセリン（glycerol）のように慣用名の使用が認められているものもある．

また，アルコールの塩の命名として置換名の接尾語オール（-ol）をオラート（-olate）に変える方法，基官能名の接尾語イルアルコール（-ylalcohol）をイラート（-ylate）に変える方法，および基名オキシ

図 11-16　二環系炭化水素の命名

図 11-17　スピロ炭素を有する炭化水素の命名

表 11-2　さまざまな有機化合物の置換名と基官能名

化合物	置換名	基官能名
$CH_3CH_2CH_2CH_2Cl$	1-クロロブタン 1-chlorobutane	塩化 n-ブチル n-butyl chloride
CH_3CHCH_3 | OH	2-プロパノール 2-propanol	イソプロピルアルコール isopropyl alcohol
$HOCH_2CH_2OH$	1,2-エタンジオール 1,2-ethanediol	エチレングリコール（慣用名） ethylene glycol
$CH_3OCH_2CH_2CH_3$	1-メトキシプロパン 1-methoxypropane	メチル n-プロピルエーテル methyl n-propyl ether
CH_3CHO	エタナール ethanal	アセトアルデヒド（慣用名） acetaldehyde
$CH_2=CHCHO$	2-プロペナール 2-propenal	アクリルアルデヒド（慣用名） acrylaldehyde
$CH_3COCH_2CH_2CH_3$	2-ペンタノン 2-pentanone	メチルプロピルケトン methyl propyl ketone
CH_3COOH	エタン酸 ethanoic acid	酢酸（慣用名） acetic acid
CH_3COOCH_3	メチルエタノアート methyl ethanoate	酢酸メチル（慣用名） methyl acetate

(oxy) をオキシド (oxide) に変える方法がある．
例）
　C_2H_5ONa
　　ナトリウムエタノラート
　　sodium ethanolate
　　ナトリウムエチラート
　　sodium ethylate
　　ナトリウムエトキシド
　　sodium ethoxide
　エーテルは炭化水素を RO-基で置換したとして命名する置換名と 2 組の炭化水素基の語尾にエーテル (-ether) をつけて命名する基官能名がある．
例）
　$C_2H_5-O-CH=CH_2$
　　エトキシエチレン
　　ethoxy ethylene
　　エチルビニルエーテル
　　ethyl vinyl ether
　アルデヒドは，炭化水素の語尾 (-e) をアール (-al) に，ケトンはオン (-one) に変える．カルボン酸は炭化水素の語尾 (-e) を酸 (oic acid) に変えて命名する．アルデヒド，ケトン，脂肪酸には慣用名の使用が認められているものが多い．

例）
　HCHO
　　ホルムアルデヒド（慣用名）
　　formaldehyde
　CH_3COCH_3
　　アセトン（慣用名）
　　acetone
　HCOOH
　　ギ酸（慣用名）
　　formic acid
　エステルは先にアルコールの炭化水素基名を書き，次に，カルボン酸の陰イオン名（接尾語アート (-ate) をもつ）を書いて命名する．簡単なエステルでは先に酸を書き，次に，炭化水素名を書く慣用名を用いる．
例）
　$CH_3COOCH_2CH_3$
　　エチルエタノアート
　　ethyl ethanoate
　　酢酸エチル（慣用名）
　　ethyl acetate
　第一級アミン R-NH_2 は対応する炭化水素 R-H の名称に接尾語アミン (-amine) をつけて命名する．

アミノ基-NH₂を二つもつアミンはジアミン（-diamine）とする．ただし，対応する炭化水素が単純な構造のアミンでは炭化水素の名称の代わりに炭化水素基（アルキル基R-）の名称に接尾語アミンをつけて命名する．同じ炭化水素基を二つまたは三つもつ第二級および第三級アミンは，炭化水素基の名称にジまたはトリをつけて命名する．
例）
CH₃CH₂NH₂
エタンアミン
ethanamine
エチルアミン
ethylamine
(CH₃CH₂)₃N
トリエチルアミン
triethylamine

窒素原子に異なる炭化水素基が結合しているアミンの場合は，最も複雑な構造の炭化水素基を含む母体アミンを選び，その窒素原子に他の炭化水素基が結合しているとして命名する．このとき置換位置を示す位置番号ではなく*N-*を用いて炭化水素基の結合場所を示す．
例）
(CH₃)₂NCH₂CH₃
*N,N-*ジメチルエチルアミン
*N,N-*dimethylethylamine

例えば，メチルアミンという日本語名は，基官能名にみえるが，これは置換名の変形である．基官能命名法によるアルコールの英語名では methyl alcohol のように基名と官能基名の間に半角のスペースを入れるが，アミンに独特の命名法によるメチルアミンでは methylamine のようにスペースを入れず直結させる．

ニトリル（RCN）は，置換名は炭化水素（RH）の名称に接尾語ニトリル（-nitrile），基官能名はシアニド（-cyanide）をつけて命名する．慣用名をもつ酸から誘導されたと考えられるニトリルは酸名の語尾をオ

1,2,3,4-テトラヒドロ
ナフタレン（付加名）
1,2,3,4-tetrahydronaphthalene

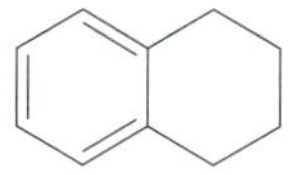

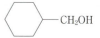
シクロヘキサン
メタノール（接合名）
cyclohexanemethanol

テトラヒドロフラン（付加名）
tetrahydrofuran
オキサシクロペンタン（代置名）
oxacyclopentane
オキソラン（慣用名）
oxolane

図 11-18 有機化合物の付加命名法，接合命名法，代置命名法の例

ニトリル（-onitrile）に変えて命名する．
例）
CH₃CH₂CH₂CH₂CH₂CN
ヘキサンニトリル（置換名）
hexanenitrile
CH₃CH₂CN
エチルシアニド（基官能名）
ethyl cyanide
プロピオニトリル
propionitrile

付加命名法はある化合物に他の原子が付加したことを表す命名法である．減去命名法はある化合物から特定の原子あるいは原子団が除かれたことを表す命名法で，不飽和化合物の語尾エン（-ene），イン（-yne）もこれに相当する．接合命名法は2種の分子の名称を接合して表す命名法で，代置命名法はヘテロ原子を含む鎖の命名が困難なときに使用される命名法である（図 11-18）．

11.1 節のまとめ

- 有機化合物の構造と命名は，有機化学の最も重要な基礎である．IUPAC規則を十分に習得すれば，複雑な構造の有機化合物も正しく命名することができる．
- 本節では，カルボン酸や複素環化合物の慣用名，IUPAC規則に基づく命名法における官能基の優先順位など，より広範な有機化合物を命名するためには積極的に自習してほしい．

11.2 有機化合物の構造と立体化学

分子の 3 次元構造に関係することを扱う領域を**立体化学（stereochemistry）**と称し，有機化合物は 3 次元構造の違いにより立体異性が可能となる．**立体異性体（stereoisomer）**は同じ原子が同じ配列順序で結合しているが，3 次元構造が異なり，それらが相互変換できない分子である．これらの理解に必要な分子の立体構造や立体配置の表示法について述べる．

11.2.1 分子の立体構造の表示法

分子の立体構造は分子模型を組み立てると理解しやすい．これとともに，一定の規則に従って立体構造をわかりやすく表示することもできる．**分子模型（molecular model）**にはおおまかに 2 種あり，一つは結合と核の骨格だけを示した**骨格模型（framework model）**であり，もう一つは各原子の全体積を示す**空間充填模型（space-filling model）**である．骨格模型は分子中の原子や結合の空間的関係をみるのに役立ち，空間充填模型は結合していない原子間の圧縮によるひずみをみるのに役立つが，これらは骨格を明確に示さない．**球棒模型（ball-and-stick model）**はこれら骨格模型と空間充填模型を組み合わせたものである．エタン分子について，これらの模型を次の図 11-19 に示す．

分子の 3 次元的な形に関する情報を紙面上に表現できるように工夫されたいくつかの投影式が有機立体化学の分野で用いられている．最も用いられているのは**くさび式（wedge formula）**（または**くさびモデル（wedge model）**）で，実線で書かれた結合は紙面内にあり，くさび形実線（または太い実線）で示した結合は紙面の手前側空間に突き出ており，くさび形破線で示した結合は紙面の裏側に突き出ていることを示している．**木挽き台式（sawhorse formula）**は分子のわずかに上側から透視したもので，すべての結合は直線で示される．**ニューマン投影式（Newman projection formula）**は対象となる結合（例えばある炭素-炭素結合）をその軸方向から透視し，その結合の断面を模式的に円で示し，手前側の中心原子の残りの結合は，その円の中心から放射する線で，向こう側の中心原子の残りの結合は，円の円周から放射する線で，それぞれ示す．**フィッシャー投影式（Fischer projection formula）**は糖やアミノ酸を表すのにしばしば用いられ，炭素鎖を縦に置き（より酸化された末端が上にくるように置く），鎖を構成するすべての炭素の配置が上下の結合が下向きで左右の結合が上向きとなるようにおいたうえで，炭素鎖のすべての結合を紙上に投影し，縦横に交叉実線で示す．これらの投影式を図 11-20 に示す．

11.2.2 立体配置と光学活性物質

光学活性有機化合物は，通常四つの異なった置換基が結合した炭素（**不斉炭素（asymmetric carbon），不斉中心（asymmetric center）**）を有し，対称面や対称中心をもたない．不斉炭素が 1 個のとき，この炭素の周りの置換基の**立体配置**（空間的な配列）により 2 種の異性体を生じる．これらは互いに鏡像の関係にあり，重ねあわせることができない．これらを**鏡像異性体（mirror-image form）**または**エナンチオマー**

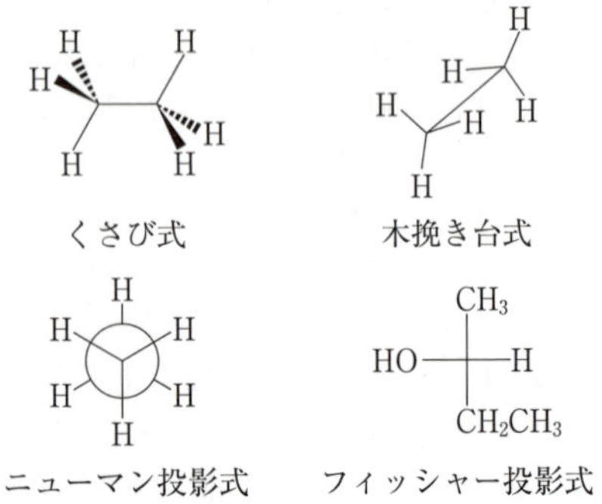

くさび式　　　　　　木挽き台式

ニューマン投影式　　フィッシャー投影式

図 11-20　有機化合物の 3 次元構造の表示

骨格模型
(framework model)

球棒模型
(ball-and-stick model)

空間充填模型
(space-filling model)

図 11-19　分子構造模型

(enantiomer) という．例えば，ブロモクロロフルオロメタン（bromochlorofluoromethane）は図11-21のように二つの鏡像体 A，B が描かれ，これらの二つの鏡像異性体は互いに重ねあわせることができない．この二つの鏡像異性体は同じ組成で各原子は同じ順序で結合しているが，空間的配列が異なっているので，**立体異性体**である．

このような立体化学では，不斉中心の置換基の立体配置を議論する．すなわち，立体配置を記号で表すことにより光学活性物質の構造を表す．例えば，次のような記号が用いられる．

$$(+), (-) \quad \text{D, L} \quad d, l$$

ある物質に偏光を通過させたあと，通過光の偏光面が入射光の偏光面に対して傾きを示すとき，この現象を**旋光（optical rotation）**といい，その物質は**光学活性（optically active）**であるという．旋光は，光学活性物質中を偏光が通過する際に，右回り円偏光と左回り円偏光の速度が異なり，その結果，位相にずれができた現象と解釈することができる．

通常，光は進行方向に対して垂直な面内のあらゆる向きに振動する電磁波である．この光を偏光板に入射すると，ある一つの向きだけで振動する光が通過する（偏光）．したがって，一対の偏光板をその偏光軸が直角になるように並べておくと光を通さなくなり暗くなる．キラルな試料をこの偏光板の間に置くと，光の偏光面が回転するため再び明るくなる．分析用偏光板を左右のどちらかに回すと再び暗くなる．旋光は通常この回転角 α（°度単位）で表示する．回転角 α は別のニコルプリズムを検光子として用いることにより測定される．偏光面は変化しているので，光が通過するようにこのニコルプリズムを回転角 α と同じ角度に合わせる．検光子の視野が光の通過が最大となるように合わせ，偏光子との角度を測定する．測定の概略を図11-22 に示す．

光学活性物質に入射された光を，通過して出てきた方から観察して，偏光面が時計回りに回転していた（偏光を右回転させる）場合，その物質は右旋性であるといい，反時計回りに回転していた（偏光を左回転させる）場合，左旋性であるという．右旋光性は（＋）または d（dextro の d）の記号で示し，左旋光性は（－）または l（levo の l）の記号で示す．また，α は，光学活性物質の種類によるが，測定条件にも依存するから，標準化した旋光能の定量尺度の一つとして**比旋光度（specific rotation）**を記号 [α] を用いて示す（式(11-1)）．

$$[\alpha] = \frac{\alpha}{l \cdot C} \qquad D = 589 \text{ nm} \qquad (11\text{-}1)$$

(α：実測旋光角 [°]，l：入射光の光路長 [dm]，c：物質濃度 [溶質 g/100 mL]，λ：測定波長，t：測定温度．使用した溶媒も示し，一般に，測定はナトリウムの D 線（$\lambda = 589$ nm）を用いる)

したがって，（＋），（－）や d, l は実験的に測定された結果に基づく記号である．一組の鏡像体の示す旋光性は符号が逆で大きさが等しい．旋光性を示す物質は光学活性である（d または l 体）．一組の鏡像体の等量混合物は光学不活性でありラセミ体（あるいは dl 体）とよばれる．融点，沸点，溶解度などの物性（旋光性を除く）と化学的性質はすべて等しい．

一方，D と L は相対的立体配置を示すのに用いられる記号である．すなわち，これらは基準となる化合物に対する相対的な立体配置を示している．アミノ酸のα-位炭素の配置，および糖類の基準炭素原子（最も位置番号の大きい不斉炭素）の配置の表示法であり，（＋）-グリセルアルデヒド（(＋)-giyceraldehyde）と

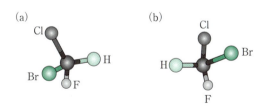

図 11-21　ブロモクロロフルオロメタンの鏡像体

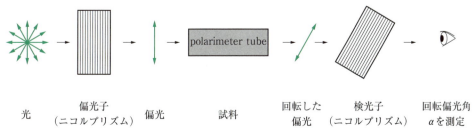

図 11-22　施光計を用いる施光度の測定

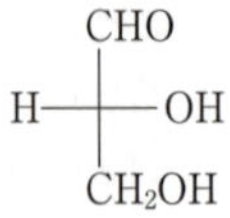

D-(+)-グリセルアルデヒド　　L-(-)-グリセルアルデヒド
D-(+)-glyceraldehyde　　　L-(-)-glyceraldehyde

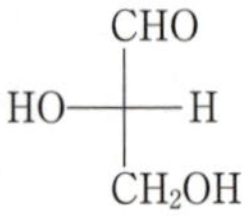

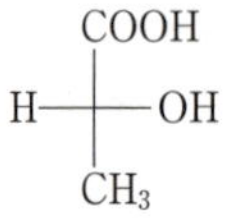

D-(-)-乳酸
D-(-)-lactic acid

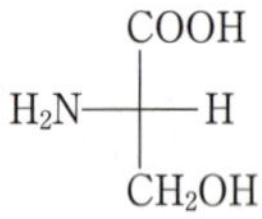

L-(-)-セリン　　　　L-(+)-アラニン
L-(-)-serine　　　　L-(+)-alanine

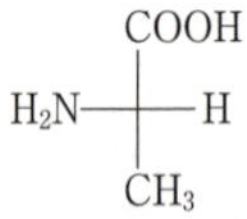

図 11-23　有機化合物の相対的立体配置の表記

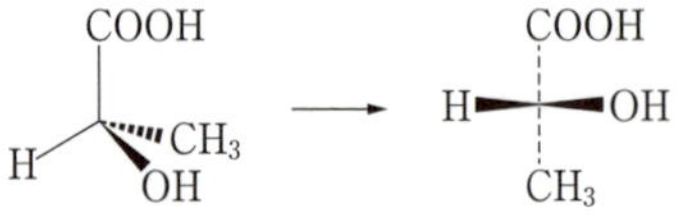

くさび式

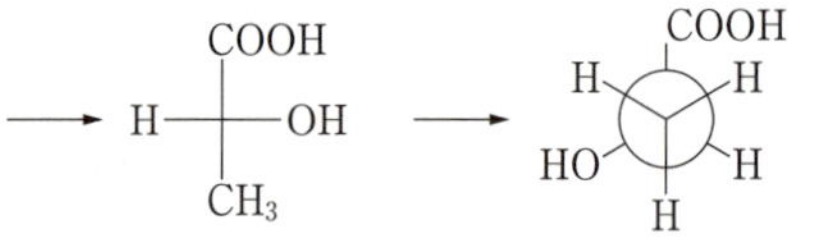

フィッシャー投影式　　ニューマン投影式
図 11-24　R-乳酸の各種投影式による表示

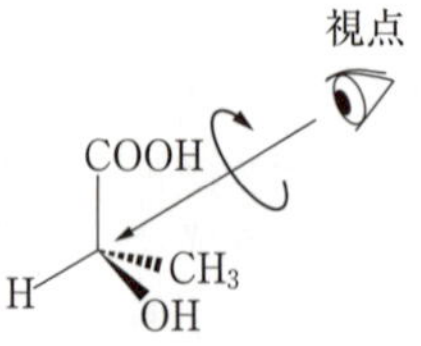

(R)-(-)-乳酸　　　(S)-(+)-乳酸
図 11-25　乳酸の RS 表示

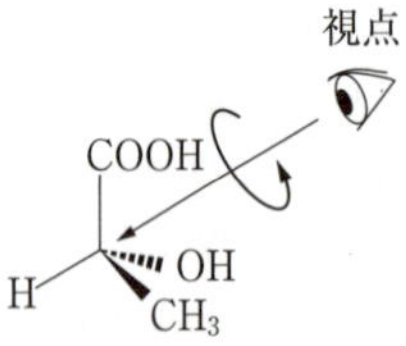

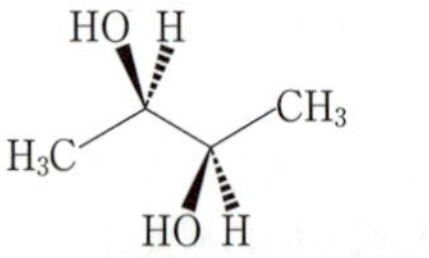

(2R, 3R)-2,3-ブタンジオール　　(2S, 3S)-2,3-ブタンジオール
(2R, 3R)-2,3-butanediol　　　　(2S, 3S)-2,3-butanediol
図 11-26　2,3-ブタンジオールの RS 表示

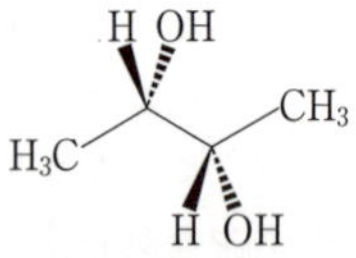

構造関連が付けられるものを D-, (-)-グリセルアルデヒド ((-)-glyceraldehyde) と関連付けられるものを L-で表示する．アミノ酸の場合は，D-(+)-または L-(-)-セリン (serine) を基準とし，間接的にグリセルアルデヒド (glyceraldehyde) と関連付ける (図 11-23)．

このとき D と L の表記には，少し小さいサイズの大文字（スモールキャピタル）を用いる．

11.2.3　絶対配置

相対配置 (relative configuration) は不斉炭素を 1 個含むような簡単な化合物には適用できるが 2 個以上のそれを含む化合物に適用することは困難である．これを解決するために，カーン，インゴルド，プレローグらにより 絶対配置 (absolute configuration) を表示する *RS* 表示法 (*RS* notation) が提案された (*R: rectus, S: sinister*)．例えば，相対立体配置が D-体である乳酸は *R*-乳酸 (*R*-lactic acid) であり，各種投影式で示すと図 11-24 のようになる．

フィッシャー投影式は炭素-炭素結合を上下に並べ，置換基を紙面の前方になるよう左右に配し，上下両端の炭素-炭素結合は紙面の後方に位置するように配置する．

また絶対配置の決定法は次のように行われ，乳酸の場合は図 11-25 のように表示される．
① 置換基の順位規則により基の優先順位を決める．
② 順位の最下位の基を紙面裏側になるようにみる．
③ 順位の高い基から順に右回り（時計回り）に配列しているときに *R*，左回り（反時計回り）に配列しているときに *S* と決める．

置換基の順位規則（不斉炭素に結合する基の優先順位，priority rule）は
① 原子番号の大きい順に優先順位が高い．
② 同じであれば 2 番目の原子で比較する．
③ 二重あるいは三重結合は単結合に展開する．

不斉炭素を 2 個含む化合物もこの規則で *RS* 表示される．図 11-26 に 2,3-ブタンジオール (2,3-butanediol) を示す．

11.2 節のまとめ

- 異性体の中でも光学異性体は，その「左」と「右」の関係により生物機能に差が生じることが多いため，生命の根源にも繋がり重要な概念である．
- 立体異性体（stereoisomer）：同じ原子が同じ配列順序で結合しているが，3次元構造が異なり，それらが相互変換できない分子．
- 鏡像異性体（mirror-image form，エナンチオマー（enantiomer））：不斉炭素が1個のとき，この炭素の周りの置換基の立体配置により生じる2種の鏡像の関係にある立体異性体．

11.3 有機化合物の異性体とその表示法

分子式の異なる分子は，互いに異分子であり，そのような分子は互いにヘテロマーであるという．これに対し，分子式が同一である分子には，すべての物理的化学的性質が等しいものと，それらの性質のいずれかが異なるものとがある．前者は同一物質分子であり，ホモマーとよばれるが，後者のような分子は互いに**異性体（isomer）**であるといい，異性体が存在する事象を**異性（isomerism）**とよぶ．主な異性体としては**構造異性体**と**立体異性体**があり，立体異性体は**幾何異性体，光学異性体，立体配座異性体（または回転異性体）**などに分類される．

11.3.1 構造異性体

同一分子式をもつが図 11-27 に示すように原子の配列順序により構造の異なる分子を互いに**構造異性体（structural isomer, constitutional isomer）**であるという．

11.3.2 立体異性体

構造が等しく，構成原子の空間的な相対位置のみが異なるものを**立体異性体（stereo isomer）**という．つまり原子の結合順序は同じであるが，空間的配列は異なる．立体異性体は，単結合の周りの回転に基づく比較的エネルギー障壁の低い相互変換による**立体配座異性体（conformational isomer）**と結合の開裂を必要とする相互変換による**立体配置異性体（configurational isomer）**に分けられる．さらに立体異性体には，互いに鏡像の関係にある**鏡像異性体（エナンチオマー，enantiomer）**と鏡像の関係にない**ジアステレオマー（diastereomer）**がある．したがって，幾何異性体もジアステレオマーに分類される．

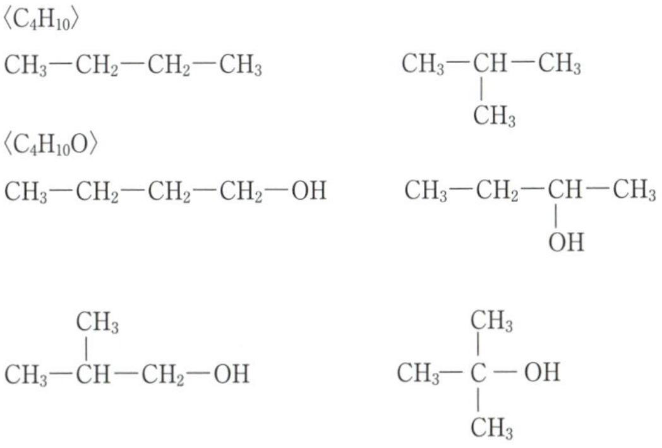

a. 幾何異性体

幾何異性体（geometrical isomer）とは，形が固定された分子で，分子内の参照平面に関し，特定の原子（または基）の相対位置だけが異なる異性体で，**シス-トランス異性体（*cis-trans* isomer）**ともいう．それらの対象原子（または基）が参照平面の同じ側にあるとき，互いにシス（*cis*）の位置関係にあるといい，参照平面の反対側にあるとき，トランス（*trans*）の位置関係にあるという．すなわち二つ以上の置換基が二重結合では結合軸を含む垂直面の同じ側および反対側に置換しているものをそれぞれシスおよびトランス体という．環式化合物では置換基が環の平均平面の同じ側にあるものをシス体，反対側にあるものをトランス体という．これらの立体異性体は鏡像の関係にないのでジアステレオマーである．置換基が三つ以上ついた二重結合の周りの配置表示の場合，どの基とどの基がシス（またはトランス）であるか表示できない場合があるので，一見して明確でない場合は，あいまいさのない **Z-E 表示法**を用いるべきである．例えば，シス-トランス命名法がうまく適合しない図 11-28 のような化合物の場合 Z-E 表示を用いるのがよい．

炭素-炭素結合の回転阻害による原子または原子団の配列が異なる化合物の場合のシス-トランスまたは

⟨C_4H_{10}⟩

$CH_3-CH_2-CH_2-CH_3$

$CH_3-CH-CH_3$
      |
      CH_3

⟨$C_4H_{10}O$⟩

$CH_3-CH_2-CH_2-CH_2-OH$

$CH_3-CH_2-CH-CH_3$
            |
            OH

CH_3
|
$CH_3-CH-CH_2-OH$

CH_3
|
CH_3-C-OH
|
CH_3

図 11-27　構造異性体の例

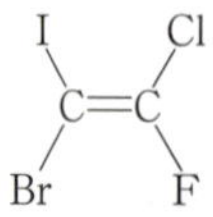

(Z)-1-ブロモ-2-クロロ-2-フルオロ-1-ヨードエチレン
(Z)-1-bromo-2-chloro-2-fluoro-1-iodoethylene

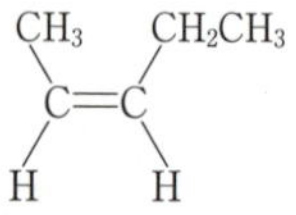

(Z)-2-ペンテン
(Z)-2-pentene

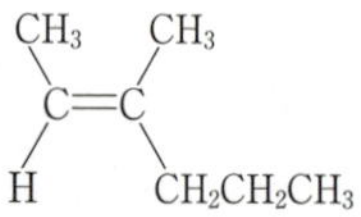

(E)-3-メチル-2-ヘキセン
(E)-3-methyl-2-hexene

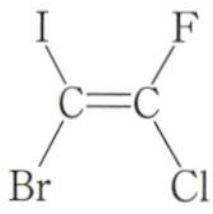

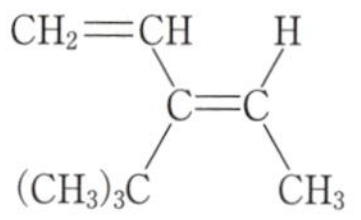

(E)-1-ブロモ-2-クロロ-2-フルオロ-1-ヨードエチレン
(E)-1-bromo-2-chloro-2-fluoro-1-iodoethylene

(Z)-3-t-ブチル-1,3-ペンタジエン
(Z)-3-*tert*-butyl-1,3-pentadiene

図 11-28　幾何異性体の Z-E 表示

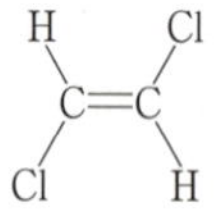

図 11-30　アルケンの名称の Z-E 表示

トランス体 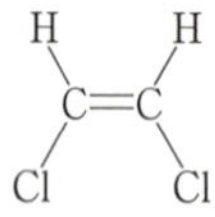　シス体

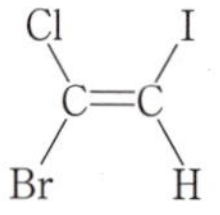

E体 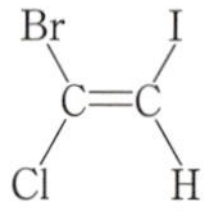　Z体

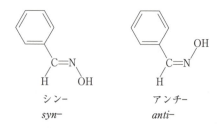

シン-　　　アンチ-
syn-　　　*anti*-

図 11-31　アルドキシムの名称のシン-アンチ表示

図 11-29　幾何異性体のシス-トランス表示と Z-E 表示

Z-E を示すと, 図 11-29 のように表示できる.

　炭素-炭素結合に限らず一般に Z-E 表示法は二重結合の周りの配置異性の表示に関するあいまいさを排除するために考案された一義的表示法で, 二重結合した二つの原子のそれぞれについて, 配位している二つの配位基（孤立電子対も含めて）の間に順位則に基づいて上下順位をつけ, 順位の上位の基同士がシス位にあるとき, この配置を **Z配置 (*Z*-configuration)** とよび, トランス位にあるとき **E配置 (*E*-configuration)** とよぶ（Z, E はそれぞれドイツ語の zusammen「いっしょに」, entgegen「逆」に由来する）. 図 11-29 の最後の例では I と Br が順位が高く同じ側にあるので Z 体であり（Z）を化合物名につけて表示する. アルケンを Z-E 表示で命名すると図 11-30 のようになる.

　シン-アンチ表示法はアルドキシムにおける立体異性体の配置表示に用いられた記号で, アルドキシムの水素とヒドロキシ基がシス位にあるものをシン異性体, トランスにあるのをアンチ異性体とよんだ. その後, 一般に炭素-窒素二重結合の周りの配置を示す記号としても用いられるようになったが, 炭素-炭素二重結合の場合と同様のあいまいさのため, Z-E 表示

に改められた（図 11-31）.

　E, Z 異性体は互いにジアステレオマーの関係にあり, 沸点, 融点, 双極子モーメントなどの物理的性質が異なる. また, ポテンシャルエネルギーも Z 体の方が置換基同士の非結合性相互作用のため E 体よりも 4～10 kJ mol^{-1} 大きい. 二重結合の回転障壁は炭素-炭素二重結合で 130～300 kJ mol^{-1} 程度と大きく, 光照射のような π 結合の開裂を引き起こす激しい条件でないと E と Z の相互変換は起こらない.

　図 11-32 に示すように環式化合物も置換基の相対位置によりシス-トランス異性体がある（環には E, Z 表示は用いない）. また, これらの異性体は RS 表示で表せるものもある.

b. 光学異性体

　本来, 旋光性についてのみ異なった性質をもち, 他の性質は同一であるような化合物を, 互いに**光学異性体 (optical isomer)** といい, この意味では, 鏡像異性体 (enantiomer) のみがこれに相当するが, 光学異性体は光学的性質の異なる立体異性体とも定義され, ジアステレオマー (diastereomer) も光学異性体に含まれる. 互いに鏡像関係にある異性体を鏡像異性体という. 原則として光学活性があり, 両者は互いに符号が逆で絶対値の等しい旋光度を示す. この鏡像と

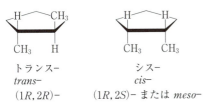

トランス-　　　　　　シス-
trans-　　　　　　　cis-
(1R, 2R)-　　　　　　(1R, 2S)- または meso-

1,2-ジメチルシクロペンタン
1,2-dimethylcyclopentane

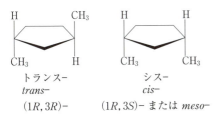

トランス-　　　　　　シス-
trans-　　　　　　　cis-
(1R, 3R)-　　　　　　(1R, 3S)- または meso-

1,3-ジメチルシクロペンタン
1,3-dimethylcyclopentane

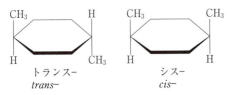

トランス-　　　　　　シス-
trans-　　　　　　　cis-

1,4-ジメチルシクロヘキサン
1,4-dimethylcyclohexane

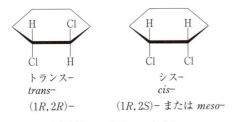

トランス-　　　　　　シス-
trans-　　　　　　　cis-
(1R, 2R)-　　　　　　(1R, 2S)- または meso-

1,2-ジクロロシクロヘキサン
1,2-dichlorocyclohexane

図 11-32 環式化合物のシス-トランス異性体

重ねあわせることができない性質を**キラリティー (chirarity)** といい，その性質をもつ分子を**キラル (chiral)** な分子という．鏡像と重ねあわさる場合は**アキラル (achiral)** である．例えば，乳酸は，その鏡像と重ならないのでキラルな分子であり，不斉炭素をもち，それに結合する置換基の立体配置が異なる一対の鏡像異性体がある．鏡像異性体同士は，**図 11-33** の乳酸にみられるように沸点，融点，溶解度，反応性などの物性（旋光性を除く）および化学的性質（キラルな試薬に対する以外）はすべて等しい．ところが偏光面を回転させる方向に違いがある．この性質を光学

(−)-乳酸　　　　　　　(+)-乳酸
融点 52.8℃, [α] −2.6　　融点 52.8℃, [α] +2.6

図 11-33 乳酸の鏡像異性体の性質

活性といい，光学異性体ともいわれるゆえんである．

キラル中心を二つ以上もつ分子などの立体異性体で，鏡像異性体でない関係のものを，互いに**ジアステレオ異性体 (diastereo isomer)** またはジアステレオマーとよぶ．かつては，旋光性をもつ立体異性体（光学異性体）の中で鏡像異性体でないものを指していた．複数のキラリティー要素が存在するジアステレオマーで，局所的キラリティーの存在にもかかわらず，全体として n 回回映軸（対称面や対称心）をもち，分子全体がアキラルとなったものを**メソ異性体 (meso form)** という．鏡像異性体の両方が 1：1 の比率で混合されている物質形態を**ラセミ体 (racemic modification)** といい，**dl-体 (dl-form)** ともよばれる．その旋光度は互いに打ち消しあうため旋光度をもたない．気相および液相では，すべて混合物として存在するが，固相では，物質によって**ラセミ混合物 (racemic mixture)** または**ラセミ化合物 (racemic compound)** の 2 種の状態にある．名称表示は物質名の前に（±）や dl の記号をつけて行う．

図 11-34 に示す酒石酸の異性体 A，B，C は 1 分子内に複数の不斉炭素を含む光学異性体であり A と B との等量混合物はラセミ体であり，C はメソ体である．また A と C，B と C は互いに鏡像体でない立体異性体なのでジアステレオマーである．ジアステレオマーは物理的性質が異なり，化学的性質もまったく同じではない．

このような関係は環状化合物にもみられ，図 11-35 の 1,2-ジメチルシクロペンタン (1,2-dimethylcyclopentane) は 2 個の不斉中心をもち，3 個の光学異性体が存在する．トランス体は一対の鏡像異性体であり，シス体はメソ体である．

二つの隣接した不斉中心の表示において，その相対配置がエリトロース（図 11-36）の配置と類似したものを**エリトロ形 (erythro form)** 配置といい，トレオース（図 11-36）の配置と類似したものを**トレオ形 (threo form)** 配置というが，あいまいさが残るためこれを改善した新しい定義による**シン-アンチ**による表示方法が提案されている．**シン-アンチ表示法**は幾

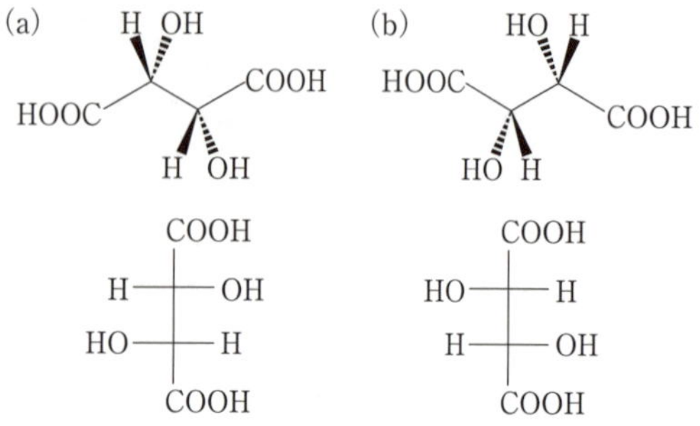

(a) (2R, 3R)-酒石酸
(2R, 3R)-tartaric acid
融点 170℃

(b) (2S, 3S)-酒石酸
(2S, 3S)-tartaric acid
融点 170℃

ラセミ体　融点 206℃

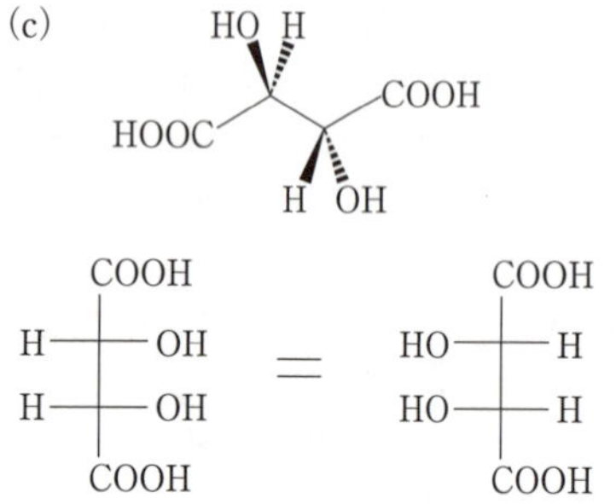

(c) (2R, 3S)-酒石酸
(2R, 3S)-tartaric acid
融点 140℃
メソ体

図 11-34　酒石酸の光学異性体

(1R, 2R)-　　(1S, 2S)-　　(1R, 2S)- または meso

1,2-ジメチルシクロペンタン
1,2-dimethylcyclopentane

図 11-35　ジメチルシクロペンタンの一対の鏡像異性体とメソ体

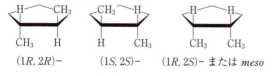

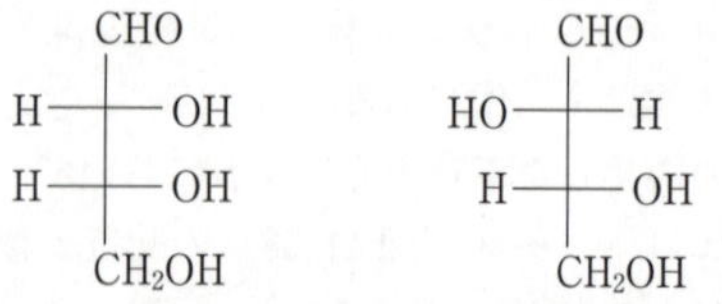

D-エリトロース　　D-トレオース

図 11-36　エリトロースとトレオース

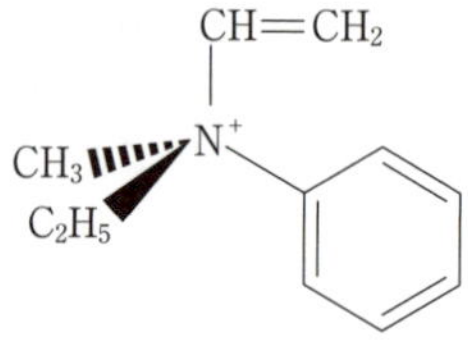

図 11-37　窒素がキラル中心となる例

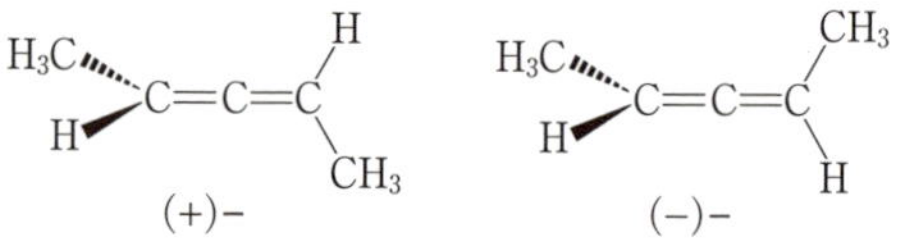

(+)-　　(−)-
2,3-ペンタジエン
2,3-pentadiene

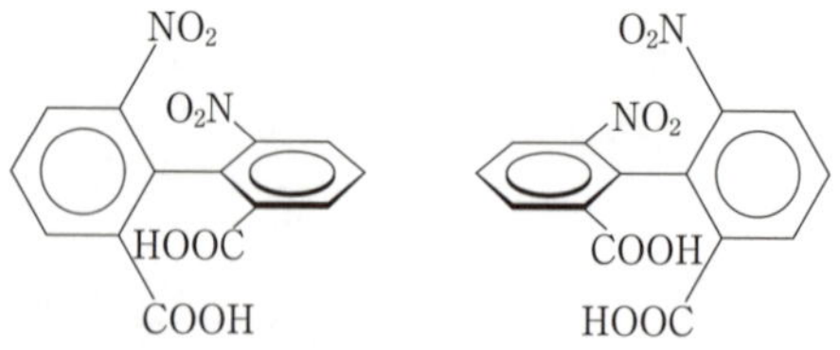

(+)-　　(−)-
6,6′-ジニトロ-2,2′-ビフェニルジカルボン酸
6,6′-dinitro-2,2′-biphenyldicarboxylic acid

図 11-38　軸性キラリティーを有する化合物の例

何異性体の表示でも用いたが，この場合には主鎖をジグザグ型においたとき，隣接した二つの不斉中心上の高順位基同士が，主鎖の同じ側にあるものをシン（*syn*），逆側にあるものをアンチ（*anti*）と表示する．

一般に分子の構成原子が，ある中心原子の周りにキラルな配置をとることにより，分子にキラリティーが生じる場合，このようなキラリティーを**中心性キラリティー**とよび，その中心原子を**キラル中心（chiral center）**または**キラリティー中心（chirality center）**とよぶ．これは慣用的な表現で，**不斉中心（asymmetric center）**ともよぶ．キラル中心は五配位，六配位原子の場合もあるが，有機立体化学での対象は，ほとんどの場合は四配位であり，炭素原子のほか，窒素，ケイ素，リン，硫黄などが四配位キラル中心となる．例えば図 11-37 の例では窒素原子がキラル中心である．

また，分子において，構成原子がある仮想軸の周りにキラルに配置されることによって分子にキラリティーが生じるとき，このようなキラリティーを**軸性キラリティー（axial chirality）**とよび，その仮想軸を**キラル軸（chiral axis）**または**キラリティー軸（chirality axis）**とよぶ．図 11-38 に示すような例がある．

ビフェニル誘導体におけるキラリティーは，置換基

の配置がキラルであることによるキラリティーではなく，二つのベンゼン環を結ぶ単結合の周りの回転が o-置換基の立体障害で阻害されていることによって生ずる，**配座的なキラリティー（confomational chirarity）**である．これらは不斉原子をもつ中心性キラリティーに対し，不斉原子をもたない分子全体の立体構造に由来するので**分子不斉（molecular asymmetry）**ともいわれる．

c. 立体配座異性体（回転異性体）

メタン（CH$_4$）やエチレン（CH$_2$＝CH$_2$）は，それぞれの式からその構造が容易にわかる．しかし，エタン（CH$_3$CH$_3$）になると炭素原子が2個になりその結合軸の周りに一つの炭素原子を（それに結合した水素原子も含めて）回転させると，回転の程度に応じて無限個の構造が考えられる．これらの配列を**立体配座（conformation）**という．同一構造，同一配置（configuration）で，配座のみが異なる異性体を**配座異性体（コンホーマー，conformer）**または**回転異性体（rotamer）**という．これらは異性体として単離されることはまれである．炭素-炭素結合は自由回転しているが，置換基の空間的な配置によりわずかながらエネルギー障壁が異なる構造を生じる．このような構造の違いを配座とよび，それら異性体が配座異性体ということになる．

エタンの立体配座を表すのに図 11-39 のように炭素-炭素結合の軸方向から眺めたニューマン投影式を使うと便利で，3個の水素原子同士が互い違いに位置しているような配座を**ねじれ形配座（staggered conformation）**といい，重なり位置にあるような配座を**重なり形配座（eclipsed conformation）**という．一般にねじれ形は6個の水素原子間の反発エネルギーが極小の位置にあり，重なり形は反発エネルギーが極大の位置にある（図 11-40）．そのエネルギー差は 13 kJ mol^{-1} であり，この差は比較的低いエネルギー障壁で，この回転に必要な熱エネルギーは常温で得られるのでエタンは常温でかなりの内部回転速度をもつ．したがって，一般に配座異性体は各配座間に遠い平衡があるので，常温ではそれぞれを個別に単離できない．

ブタンは，エタンの場合の水素原子間の重なりのほかに，メチル基とメチル基，メチル基と水素の重なりがある（図 11-41）．したがって，この分子に特有のいろいろな立体配座で存在する．ブタンのような 1,2-置換エタン形分子で，置換基間の二面角が 180° である配座を**トランス形（*trans* conformation）**または**アンチ形（*anti* conformation）**，0°である配座を**シス形**

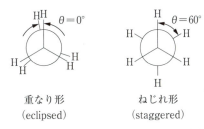

図 11-39　エタンの立体配座のニューマン投影式

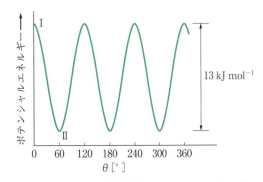

図 11-40　エタンの立体配座とポテンシャルエネルギーの関係

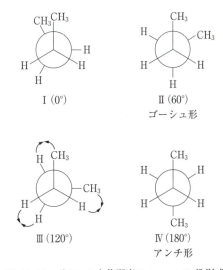

図 11-41　ブタンの立体配座のニューマン投影式

（*cis* conformation），60°である配座を**ゴーシュ形（*gauche* conformation）**とよび，**スキュー配座（*skew* conformation）**ともいう．

ねじれ角 θ とポテンシャルエネルギー曲線から，重なり形 I と III に対応して二つの回転障壁がある（図 11-42）．配座 I は，立体的にかさ高いメチル基間の反発エネルギーが最も大きく不安定である．ゴーシュ形

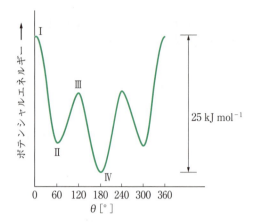

図 11-42 ブタンの立体配座とポテンシャルエネルギーの関係

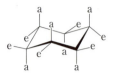

図 11-44 シクロヘキサンのアキシアル結合とエクアトリアル配合

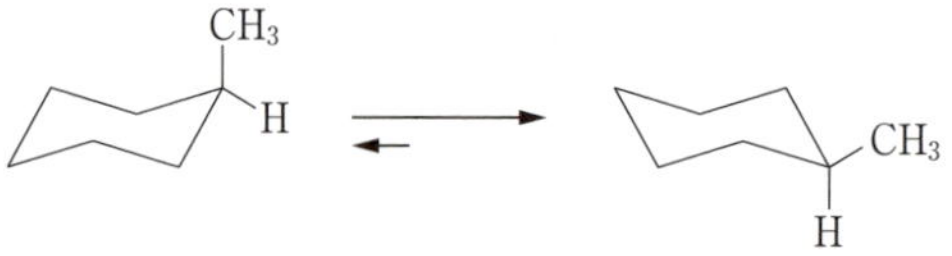

いす形　舟形　ねじれ舟形

図 11-43 シクロヘキサンの立体配座

図 11-45 メチルシクロヘキサンの配座平衡

Ⅲではねじれ形でメチル基が互いに隣同士にあり，アンチ形Ⅳでは180°反対側にあり最もポテンシャルエネルギーが低い．ⅠとⅣのエネルギー差は約 25 kJ mol^{-1}で，エタンの場合の約2倍である．また，ゴーシュ形立体配座はアンチ形に比べわずか 3.3 kJ mol^{-1} だけエネルギーが高い．これは 60°で配列している二つのメチル基の間の反発に起因している．

シクロヘキサンの配座の中で，角度ひずみの最も小さい二つの配座の一方を**いす形配座（chair form）**，他方を**舟形配座（boat form）**という（図 11-43）．いす形は，すべての炭素-炭素結合周りの配座はゴーシュ形であり，角度ひずみとともに重なりひずみも最小であるので，最安定配座であるが，舟形では，舟端に相当する二つの炭素-炭素結合が重なり配座となっているため，前者に比し，25 kJ mol^{-1} ほどポテンシャルエネルギーの高い不安定形である．これに対し，舟形配座を両舳先を結ぶ線を軸として左右に少しひねると，角度ひずみの大きな増加なしに，重なりひずみを緩和することができ，舟形配座より安定な**ねじれ舟形配座（twist boat）**となる．シクロヘキサンは，これらの配座を経由しながら，二つのいす形配座の間で速やかに相互変換している．

いす形シクロヘキサンの 12 本の環外結合のうち，軸に平行な 6 本（環の上下に 3 本ずつ）を**アキシアル結合（axial bond，「軸方向」を意味する）**とよび，環内結合のいずれかと平行な残りの 6 本を**エクアトリアル結合（equatorial bond，「赤道方向」を意味する）**とよぶ．それぞれ a, e の記号で表示する（図 11-44）．いす形配座から他のいす形配座への反転は，約 43 kJ mol^{-1} のエネルギー障壁を越えなければならないが，常温ではこの反転平衡は速やかに起こる．この反転では，一方のいす形配座の a 結合は，反転したいす形配座では e 結合となる．

シクロヘキサンに置換基がつくと，もっぱらエクアトリアル位を占めようとする．これは，アキシアル位の水素との立体反発を避けるためである（**1,3-ジアキシアル相互作用（1,3-diaxial interaction）**）．例えば，メチルシクロヘキサンのメチル基がエクアトリアル位にある配座は，アキシアル位にある配座に比べて 7.5 kJ mol^{-1} 安定である．これは前者が 95%，後者が 5% の存在比に相当する（図 11-45）．t-ブチルシクロヘキサン（$tert$-butylcyclohexane）ではほぼ 100% がエクアトリアル配座である．

11.3 節のまとめ

- 有機化合物には非常に多くの異性体が存在する．異性体は同じ分子式であっても異なる構造をもっており，それゆえに互いに異なる性質を示す．このことが少ない元素から多様な有機化合物を生み出す要因の一つとなっている．

章末問題

問題 11-1
不斉とキラルの違いを説明しなさい．

問題 11-2
C_6H_6 の化学式で表される有機化合物をすべて書き出しなさい．

問題 11-3
エタンのねじれ形 (staggered) は重なり形 (eclipsed) でエネルギー差があるにもかかわらず容易に回転するのはなぜかを説明しなさい．シクロヘキサンのいす形配置，舟形配置，ねじれ舟形は速やかに相互変化するかについても説明しなさい．

12. 有機化合物の構造と性質

　有機化合物（organic compound）は，炭素とそれ以外の元素（主に水素，窒素，酸素，リン，硫黄，ハロゲンなど）が多様な結合様式で共有結合した化合物群の総称である．有機化合物は，炭素と他の構成元素の化学結合によって構成される**原子団（置換基）**をもっている．その中でも特徴的な化学的性質や化学反応を生み出す置換基のことを**官能基**（functional group）とよぶ．本章では有機化合物の構造と物性の特徴と合わせて，有機化合物が引き起こす有機反応についても取り扱う．

12.1　有機化合物の構造と物性

12.1.1　炭化水素

　炭化水素（hydrocarbon）は，炭素と水素のみで構成される有機化合物である．炭素の結合様式や分子構造によって飽和炭化水素（アルカン），不飽和炭化水素（アルケンおよびアルキン），環状飽和炭化水素（シクロアルカン）あるいは芳香族炭化水素（アレーン）などに分類される．

a. 飽和鎖状炭化水素

　飽和炭化水素（アルカン，alkane）は，sp^3混成軌道を形成した炭素を主骨格とし，C_nH_{2n+2}の一般式で表される化合物である．アルカンはすべての結合が，σ結合（この結合を形成する電子をσ電子とよぶ）で構成されている．直鎖アルカンの沸点は，メチレン基（$-CH_2-$）の増加とともに高くなる．分枝アルカンは，分枝構造により表面積が小さくなることで互いの分子間力（ファンデルワールス力）が弱くなることから，同じ炭素数の直鎖状アルカンよりも沸点は低くなる（表 12-1）．炭素数が 4 以上のアルカンは，分子式が同じで骨格構造の異なる構造異性体（structural isomer）を生じる．アルカンは非極性分子で水素結合を形成できないために，水に溶けにくいが有機溶媒にはよく溶ける．酸・塩基あるいはほかの化学反応剤に対してほとんど不活性であるが，高温での加熱や紫外光照射するとそれぞれ酸化反応（燃焼）やラジカル置換反応を起こす．

b. 環状飽和炭化水素

　環状飽和炭化水素（シクロアルカン，cycloalkane）は，炭素と水素からなり，C_nH_{2n}の一般式で表される環状化合物である．環構造により炭素–炭素結合間の分子運動が抑制され，通常のアルカンよりも分子全体がより密に充填されるため，相互の分子間力が大きく作用する．したがって，シクロアルカンの沸点は，同じ炭素数のアルカンと比べると，分子量が小さいにもかかわらず高くなる（表 12-2）．環を構成する炭素の数により熱力学的な安定性がかなり異なる．例えば，五員環および六員環シクロアルカン（通常環）は，結合角 109.5°を保持できるため安定に存在することができるが，三員環および四員環シクロアルカン

表 12-1　アルカンの構造異性体（炭素数 $n = 5$）の沸点

化合物名	分子式	構造式（示性式）	沸点 [℃]
ペンタン	C_5H_{12}	$CH_3CH_2CH_2CH_2CH_3$	36
イソペンタン （2-メチルブタン）	C_5H_{12}	$CH_3-\underset{\underset{\displaystyle }{\displaystyle }}{\overset{\overset{\displaystyle CH_3}{\displaystyle \|}}{CH}}-CH_2CH_3$	28
ネオペンタン （2,2-ジメチルプロパン）	C_5H_{12}	$CH_3-\underset{\underset{\displaystyle CH_3}{\displaystyle \|}}{\overset{\overset{\displaystyle CH_3}{\displaystyle \|}}{C}}-CH_3$	10

12.1 有機化合物の構造と物性

表12-2 ヘキサンとシクロヘキサンの構造と沸点

アルカン	分子式	構造式（示性式）	沸点[℃]
ヘキサン	C_6H_{14}	$CH_3CH_2CH_2CH_2CH_2CH_3$	69
シクロヘキサン	C_6H_{12}	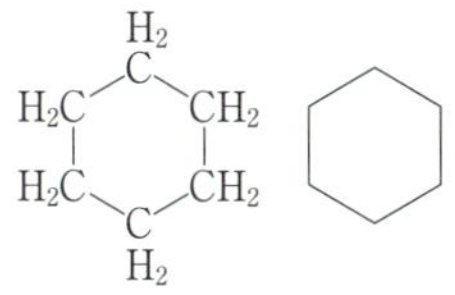 (構造式)	81

表12-3 エタン，エテン，エチンの沸点

炭化水素	分子式	構造式（示性式）	沸点[℃]
エタン	C_2H_6	CH_3-CH_3	−89
エテン（エチレン）	C_2H_4	$H_2C=CH_2$	−104
エチン（アセチレン）	C_2H_2	$HC≡CH$	−84

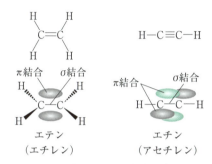

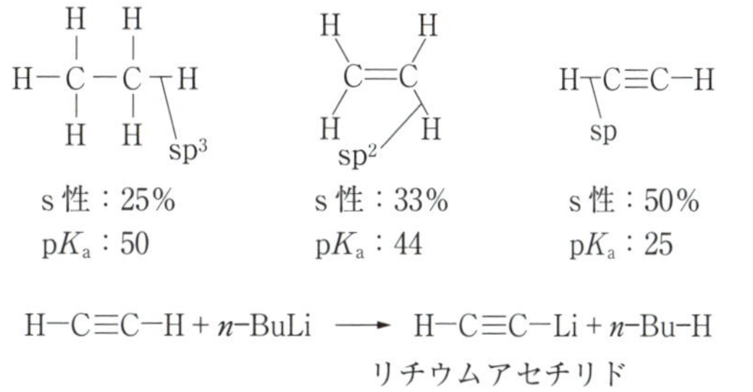

図12-1 エテンとエチンの不飽和結合の結合様式

エタン sp³　s性：25%　pK_a：50
エテン sp²　s性：33%　pK_a：44
エチン sp　s性：50%　pK_a：25

$H-C≡C-H + n\text{-BuLi} \longrightarrow H-C≡C-Li + n\text{-Bu-H}$
リチウムアセチリド

図12-2 炭素-水素結合の酸性度と金属アセチリドの生成

（小員環）は，この角度を維持できないため分子全体に大きな歪みがかかり不安定である．シクロヘキサンは，炭素-炭素結合を回転させることで，いす形配座（chair form conformation）と舟形配座（boat form conformation）の二つの立体配座（conformation）をとることができる．いす形立体配座の方が，ひずみが少なく熱力学的に安定（約 29 kJ mol⁻¹）である．いす形シクロヘキサンの水素には，主軸に平行なアキシアルと主軸に垂直なエクアトリアルの2種類の位置がある．

c. 不飽和炭化水素
　アルケン（alkene）は，分子内に炭素-炭素二重結合をもち，一般式 C_nH_{2n} で表される炭化水素である．アルケンの二重結合炭素は，sp²混成軌道（結合角120°）を形成している．アルキン（alkyne）は，分子内に炭素-炭素三重結合をもち，一般式 C_nH_{2n-2} で表される炭化水素である．アルキンの三重結合炭素は，sp混成軌道（結合角180°）を形成している．アルカンとアルケンおよびアルキンとの大きな違いは，分子内に σ結合以外の π結合（この結合を形成する電子を π電子）をもつことである．炭素-炭素二重結合は，1本の σ結合と1本の π結合から構成され，炭素-炭素三重結合は，1本の σ結合と2本の π結合から構成されている（図12-1）．

　π結合は，σ結合と比べて移動性に富みソフトであるため，**求電子剤（electrophile）**の作用により容易に切断される．σ結合からなるアルカンには，ファンデルワールス相互作用が働くが，アルケンやアルキンの場合には π結合（π電子）による分子間相互作用が働き（π-π 相互作用），これが物性に大きく影響を及ぼす．例えば，アルケンの沸点はアルカンよりも低いが，π結合を二つもつアルキンの沸点は，アルカンおよびアルケンよりも質量がそれぞれ4あるいは2少ないにもかかわらず，いずれよりも沸点は高い（表12-3）．明らかに，π-π 相互作用の存在が示唆される．

　アルキンの末端水素の酸性度は，アルカンやアルケンと比べて高い．アルカン，アルケンおよびアルキンの炭素-水素間の s軌道の寄与率（s性）は，それぞれ 25%，33%，50% である（図12-2）．アルキンでは s性の寄与が他に比べて著しく大きいため，結合電子が炭素の原子核側へより引きつけられる．その結果，炭素-水素結合は分極し，この水素は強い塩基により引き抜くことができ，アセチリドが生じる．

d. 芳香族炭化水素
　代表的な芳香族炭化水素はベンゼン（benzene）である（図12-3）．ベンゼン環を構成している六つの炭素原子は，sp²混成軌道（結合角120°）で結合しており，平面正六角形の構造をしている．単結合と二重結合が交互に組み合わされ（**共役している**）環骨格を形成しているようにみえるが，炭素-炭素結合の種類は1種類で結合の長さは，単結合（1.54 Å（0.154 nm））

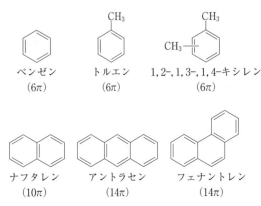

図 12-3　代表的な芳香族炭化水素とπ電子の個数．これらはいずれもヒュッケル則を満たし，芳香族性を有している．

と二重結合（1.34 Å（0.134 nm））の中間の長さで，すべて 1.39 Å（0.139 nm）である．

　三つの二重結合が独立して存在する仮想分子 1,3,5-シクロヘキサトリエンの水素化熱は，-330 kJ mol^{-1}（シクロヘキサンから 1,3-シクロヘキサジエンへの共鳴エネルギーの補正を考慮する）であるが，共役した三つの二重結合をもつベンゼンの水素化熱は，-206 kJ mol^{-1} である．比較すると 124 kJ mol^{-1} だけ位置（ポテンシャル）エネルギーが安定である．この安定性の差を，ベンゼンの**共鳴エネルギー（resonance energy）**とよぶ．この共鳴とは，π結合の電子が特定の原子上に固定されている（局在化）というのではなく，共役系を介して環状に**非局在化**（まんべんなく分布）しうることを表す概念である．したがって，共鳴エネルギーを非局在化エネルギーともよぶ．

　ベンゼンは，6個のπ電子からなる電子雲をもっているため有機反応においては，主に**求核剤（nucleophile）**として機能する．したがって，ベンゼン環にある種の反応を起こすためには，求電子剤を付すことが一般的である．また，共役系の破壊（共鳴エネルギーの損失）を避けるために求電子付加反応より求電子置換反応が優先して起こる．二重結合をもつ不飽和炭化水素のシクロヘキセンとベンゼンに対する臭素や過マンガン酸カリウム水溶液の室温での反応性は，明らかに異なっている．シクロヘキセンでは付加や酸化反応が進行するが，ベンゼンはこれらの反応剤に対しては不活性である．

　不飽和環状化合物のうち，環骨格に $4n+2$（$n=0, 1, 2, 3, ……$）個のπ電子をもつ化合物は，**芳香族性（aromaticity）**を有するという．ベンゼンは骨格内に6個のπ電子をもっていることから芳香族性を

表 12-4　炭素–ハロゲン結合の性質

	炭素–ハロゲン結合			
	C—F	C—Cl	C—Br	C—I
結合エネルギー [kJ mol^{-1}]	460	356	293	238
結合距離 [nm]	0.132	0.177	0.193	0.214
結合のイオン性 (%)	43	6	2	0

有している．ベンゼン環をもつ有機化合物が芳香族性を有するわけではないので注意が必要である．このπ電子の個数を示した規則は，**ヒュッケル則（Hückel rule）**として広く知られている．

12.1.2　ハロゲン化アルキル（ハロアルカン）

　炭化水素の水素をハロゲン元素で置換した化合物が，ハロゲン化アルキル（ハロアルカン，alkyl halide, haloalkane）である．ハロゲン化アルキルは，電子の偏りが大きい極性分子であるため母体となる炭化水素よりも高い沸点をもつ．ハロゲン化アルキルの代表的な反応は二つある．一つは，電気陰性度の大きなハロゲンと炭素の結合には電荷の偏りの大きな分極が生じ，この炭素への求核剤の攻撃により起こる求核置換反応と，もう一つは，**脱離基（leaving group）**とβ位炭素に結合する水素が引き抜かれてアルケンを生成する脱離反応である．

　ハロゲン化アルキルの反応性は，結合しているハロゲンに大きく依存する．表 12-4 に炭素–ハロゲン結合の結合エネルギー，結合距離，結合のイオン性を示した．フッ素の高い電気陰性度を考えると炭素–フッ素結合が大きく分極し，炭素への求核反応が高いように思われるが，炭素–フッ素結合は，sp^3 混成軌道によりフッ素と炭素の原子核が相互作用するので，炭素–水素結合（413 kJ mol^{-1}）よりも結合エネルギーが高く求核攻撃も受けにくい．一方，塩素，臭素，ヨウ素の順に原子サイズが大きくなると，結合エネルギーは小さくなり反応性は高くなる．これは，ハロゲンの原子サイズが大きくなり炭素–ハロゲン結合が切れやすくなっているというよりは，むしろ，脱離したヨウ化物イオンが電荷分散して安定化することから，よい脱離基として機能する影響の方が強いと考えられる．一方，ハロゲンが結合している炭素の構造により第一級ハロゲン化アルキル，第二級ハロゲン化アルキル，第三級ハロゲン化アルキルに分類される（図 12-4）．

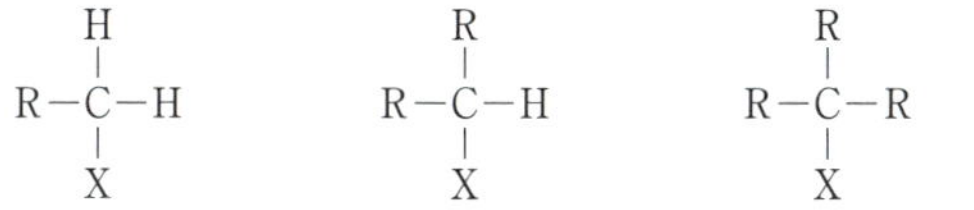

第一級ハロゲン化アルキル　第二級ハロゲン化アルキル　第三級ハロゲン化アルキル

(X＝F, Cl, Br, I)

図 12-4　ハロゲン化アルキルの分類

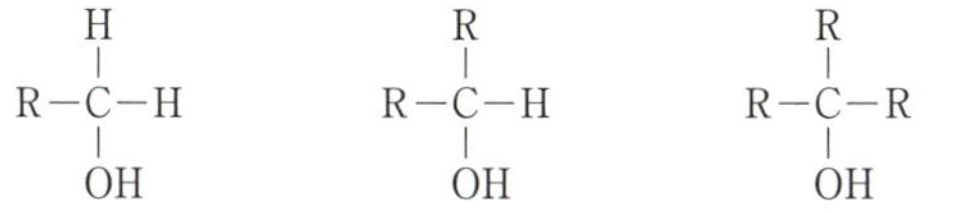

第一級アルコール　第二級アルコール　第三級アルコール

(R：アルキル基あるいはアリール基)

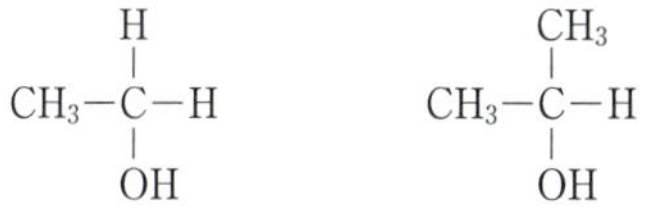

エタノール　2-プロパノール（イソプロピルアルコール）

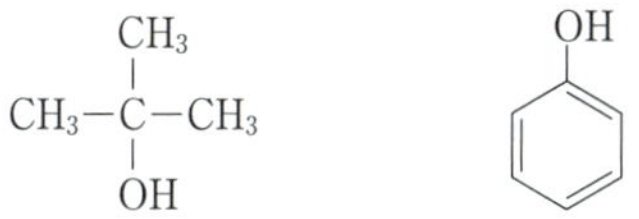

2-メチル-2-プロパノール（*t*-ブチルアルコール）　フェノール

図 12-5　アルコールの一般式と代表的なアルコール

12.1.3　含酸素化合物

a. アルコール

炭化水素の水素をヒドロキシ基で置換したものが，アルコール（alcohol）である．芳香環が結合したアルコールは，フェノール（phenol）とよぶ．アルコールは，ヒドロキシ基同士の**水素結合（hydrogen bonding）**により多分子の会合体を形成するので，炭素数が同じのアルカンやハロゲン化アルキル（ハロアルカン）よりも沸点が高い．炭素数が 3 以下の一価のアルコールの水への溶解性は無限大である．また，炭素数が 4 以上の一価のアルコールの水への溶解性は，アルキル基同士の分子間力（ファンデルワールス力）がヒドロキシ基の水素結合を上回るため，分散しにくくなり低くなる．

アルコールは，ヒドロキシ基が結合している炭素の分枝構造により，第一級アルコール，第二級アルコール，第三級アルコールに分類される（図 12-5）．アルコールのヒドロキシ基の水素と酸素は，それぞれプロトン供与体，プロトン受容体として作用する．また，ヒドロキシ基は，酸性条件下では脱離基として機能する．

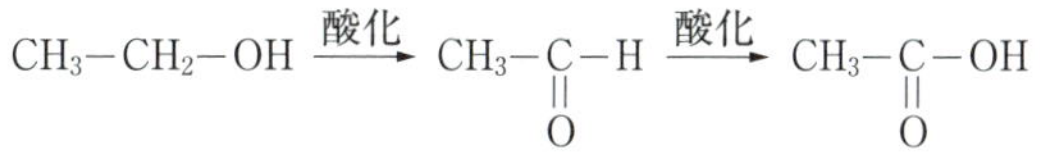

第一級アルコール　アルデヒド　カルボン酸

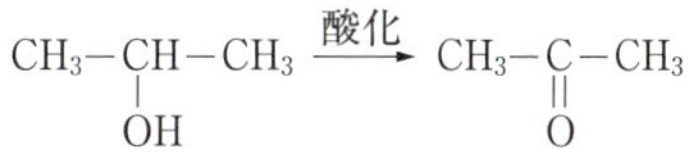

第二級アルコール　ケトン

図 12-6　アルコールの酸化反応

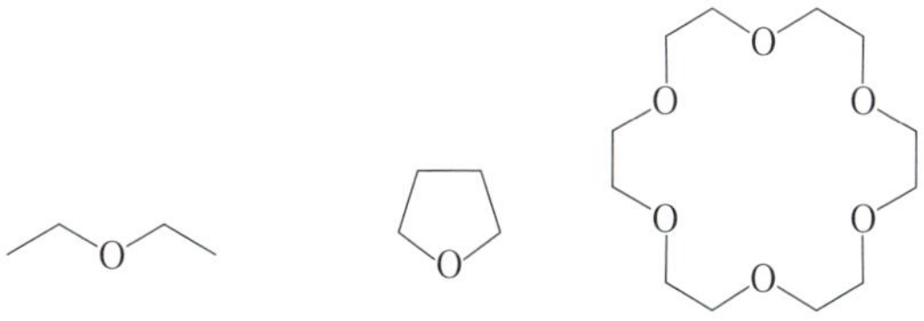

ジエチルエーテル diethyl ether　テトラヒドロフラン tetrahydrofuran（THF）　18-クラウン-6 18-crown-6

図 12-7　代表的なエーテル化合物

アルコールは，弱い酸であり弱い塩基であるためさまざまな化合物と反応することができる．例えば，アルコールは，アルカリ金属や水酸化ナトリウムのような強い塩基と反応し，アルコキシドイオンを生じ，ハロゲン化水素のような酸に対しては，求核置換反応を起こし，ハロゲン化アルキルを生成する．また，140℃に加熱した濃硫酸にエタノールを加えると分子間脱水縮合してジエチルエーテルを生じ，さらに，160℃以上で加熱した濃硫酸にエタノールを加えると分子内脱水反応を起こしてエチレンを生成する．特に，アルケンが得られる反応は，中間体の安定化寄与から第三級アルコールの場合に顕著にみられる．アルコールにカルボン酸と少量の希硫酸を加えて加熱するとエステルが生じる．アルコールのうち第三級アルコールは酸化されにくいが，第一級アルコールは穏やかな酸化条件ではアルデヒドで止まるが，厳しい酸化条件ではカルボン酸まで一度に酸化される（図 12-6）．第二級アルコールは二クロム酸カリウムや過マンガン酸カリウムで酸化されケトンになる．

b. エーテル

エーテル（ether）は，アルコールのヒドロキシ基の水素を別の炭化水素基で置換した化合物である（図 12-7）．同じ酸素に二つの炭化水素基が結合している

アルデヒド　　　　ケトン
（R：アルキル基あるいはアリール基）

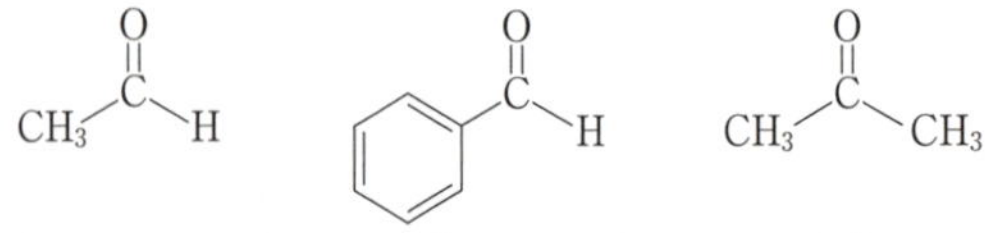

アセトアルデヒド　ベンズアルデヒド　アセトン
acetaldehyde　　benzaldehyde　　acetone

図 12-8　アルデヒドとケトンの一般式と代表的なカルボニル化合物

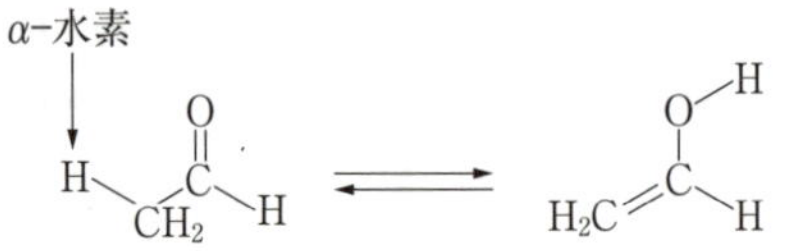

ケト形　　　　　　エノール形

図 12-9　ケト―エノール互変異性

が，互いの双極子モーメントは打ち消しあわないので折れ曲がった構造をしている．結合している炭化水素基は，主にアルキル基やアリール基である．鎖状エーテルは，分子間で水素結合を形成しないことから異性体であるアルコールよりも沸点がかなり低い．また，炭化水素基の疎水性のために分子量が大きくなるにつれ水への溶解性はきわめて低くなる．代表的な環状エーテルであるテトラヒドロフラン（tetrahydrofuran：THF）は，水によく溶解する．また，金属イオンを溶媒和し，優れた触媒作用を発揮する**クラウンエーテル（crown ether）**とよばれる特殊な環状ポリエーテルもある．

　エーテルは，化学的に安定な化合物であり，酸・塩基あるいは有機金属化合物などとも反応しないので，有機合成反応（グリニャール反応など）や水中の有機物を抽出する際の優れた溶媒として用いられる．また，エーテル酸素の**非共有電子対（孤立電子対，lone pair electrons）**がルイス塩基として働き，三フッ化ホウ素（BF_3）のようなルイス酸とはきわめて安定な錯体（塩）を形成する．一方で，アルキルエーテルは可燃性の有機化合物であり，また，空気中で長期間保存しておくと爆発性をもつ過酸化物を形成するので注意が必要である．

c. アルデヒドとケトン

　カルボニル化合物のカルボニル基の炭素部位から出ている2本の結合に対して，水素原子が少なくとも一つ結合している化合物をアルデヒド（aldehyde）とよび，二つ炭素原子が結合している化合物をケトン（ketone）とよぶ（図 12-8）．アルデヒドとケトンの沸点は，同じ炭素数をもつアルコールよりも強い水素結合を形成することができないため低い．しかし，カルボニル基の炭素-酸素二重結合は，炭素上が正電荷に酸素上が負電荷に分極しているため，同じ炭素数の炭化水素の沸点よりは高くなる．分子量の小さいホルムアルデヒドやアセトンは，水に無制限に溶解するが，分子量が大きいものは溶けにくくなる．

　アルデヒドは，過マンガン酸カリウムや酸性条件下での三酸化クロムで容易に酸化されカルボン酸になる．また，還元性をもつので銀鏡反応やフェーリング反応（ギ酸を除く）に陽性を示す．ケトンは，通常酸化に対しては不活性である．アセチル基（$CH_3C=O$—基）をもつメチルケトン誘導体や，酸化によりメチルケトンを生じる第二級アルコールは，ヨードホルム反応に陽性を示す．アルデヒドとケトンの炭素-酸素二重結合は，炭素が正電荷に分極しているためさまざまな求核種と付加反応することができる．例えば，酸あるいは塩基触媒とともに水あるいはアルコールで処理すると，対応するジェミナルジオールあるいはヘミアセタールがそれぞれ生成する．一般に，アルデヒドは，カルボニル基の置換基の一つがサイズの小さい水素であることからケトンよりも付加反応を受けやすい．また，アルデヒドやケトン（ケト型）のα位炭素上の水素（α-水素）は，酸性度が比較的高いため微量の酸あるいは塩基触媒が存在するとカルボニル酸素上に転位し，化学構造がエノール型に異性化（互変異性化）する．これを**ケト-エノール互変異性**（図 12-9）という．この異性化は，ケト形がエノール形に優先する平衡反応である．

d. カルボン酸

　カルボン酸（carboxylic acid）は，カルボニル基とヒドロキシ基の二つから構成されたカルボキシ基を官能基としてもつ化合物である（図 12-10）．分子量が小さいカルボン酸は，独特の不快臭をもつものが多い．両官能基は分極していることから，2分子間でカルボニル基とヒドロキシ基による水素結合を作りやすいため，カルボン酸の多くは環状二量体として存在している（図 12-11）．カルボン酸の沸点が，対応する分子量の炭化水素，ハロゲン化アルキル，アルデヒド，ケトンあるいはアルコールよりも高いのは，この構造の寄与のためである．最も簡単なカルボン酸のギ

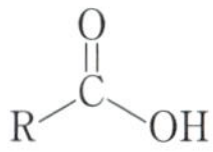

カルボン酸
（R：アルキル基あるいはアリール基）

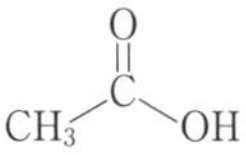

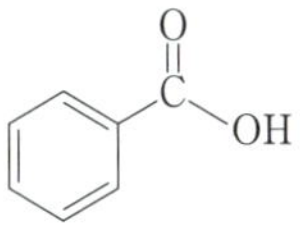

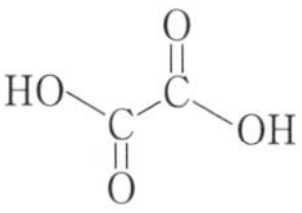

酢酸
acetic acid

安息香酸
benzoic acid

シュウ酸
oxalic acid

図 12-10　カルボン酸の一般式と代表的なカルボン酸

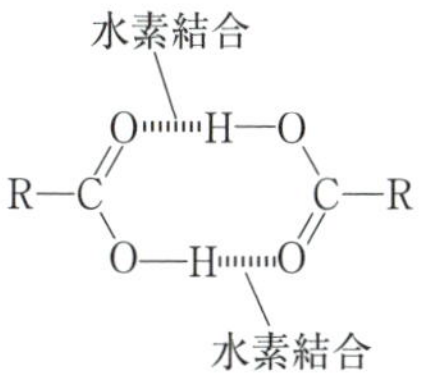

（R：アルキル基あるいはアリール基）

図 12-11　カルボン酸の二量体

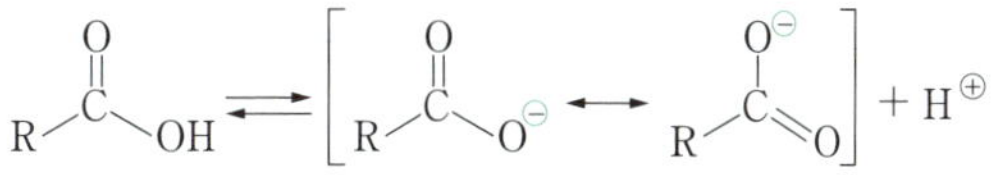

カルボキシラートアニオン
（共鳴構造式）

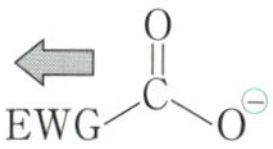

電子求引基（EWG）
共役塩基を安定化
→ 酸性度は高くなる

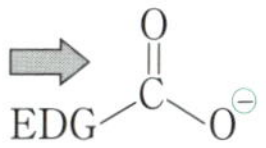

電子供与基（EDG）
共役塩基を不安定化
→ 酸性度は低くなる

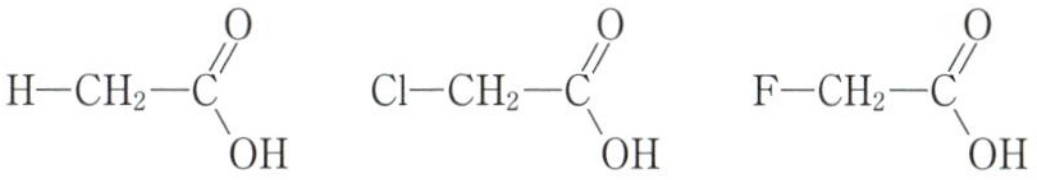

pK_a：4.76　　pK_a：2.88　　pK_a：2.66

図 12-12　カルボキシラートアニオンと pK_a の関係

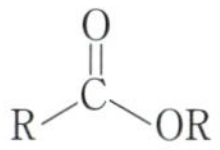

エステル
（R：アルキル基あるいはアリール基）

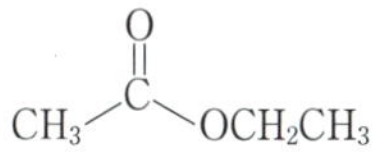

酢酸エチル
ethyl acetate

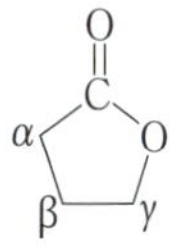

γ-ブチロラクトン
γ-butyrolactone

図 12-13　エステルの一般式と代表的なエステル

酸（蟻酸）でも沸点は100℃である．カルボン酸には一価のカルボン酸（モノカルボン酸）だけでなく，二価のカルボン酸（ジカルボン酸）もある．炭化水素鎖以外の芳香環が結合した安息香酸などの芳香族カルボン酸も存在する．

カルボン酸は，アルコールよりも強い酸である．これは，カルボン酸が電離（解離）によりプロトンを放出することと，対アニオンであるカルボキシラートアニオンの負電荷が，二つの酸素上に非局在化し，安定化できるからである（図 12-12）．カルボン酸の炭化水素基に**電子を引きつける置換基（電子求引基，electron-withdrawing group：EWG）**を導入すれば，ヒドロキシ基の水素をプロトンとして解離しやすくなることから酸性度は高くなる．これは，プロトンを放出後に生成するカルボキシラートアニオンが共鳴安定化を受けるからである．一方，**電子を押し出す置換基（電子供与基，electron-donating group：EDG）**を導入すれば，水素はプロトンとして解離しにくくなることから酸性度は低くなる．

カルボン酸は，アンモニアや水酸化ナトリウムなどの塩基と反応し，カルボン酸塩を形成する．カルボン酸塩の水への溶解性は非常に高いが，非極性溶媒に対しては不溶である．

カルボン酸は，第一級アルコールやトルエンなどのアルキル置換ベンゼンを過マンガン酸カリウムで酸化することで得られる（図 12-6）．ニトリルに酸あるいは塩基の水溶液を加えて加熱すると，加水分解を起こしカルボン酸が生じる．

e．エステル

エステル（ester）は，カルボン酸のヒドロキシ基をアルコキシ基で置換した化合物であり，水には溶けにくく，有機溶媒にはよく溶解する（図 12-13）．環状エステルを**ラクトン（lactone）**とよぶ．ラクトンの場合は，環を構成しているメチレン炭素の数を頭にギリシャ文字で表記する．分子量の比較的小さなエステルは，揮発性で果実の芳香をもち，香料や溶剤として広く用いられている．カルボン酸と過剰量のアルコールに酸を触媒量加えて加熱すると，脱水縮合反応が起こりエステルを生じる（フィッシャーエステル化反応）（図 12-14）．この反応は，生成する水を除去しながら加熱すると平衡が生成系に偏り，エステルが効率

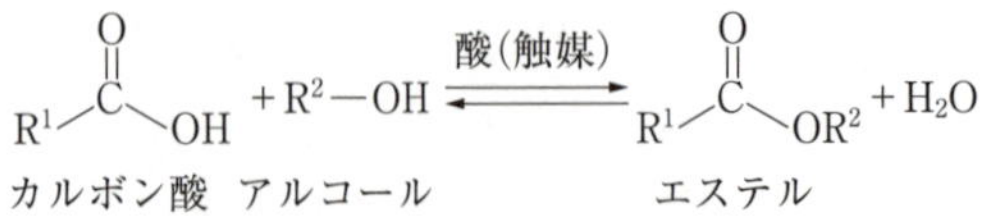

図 12-14 エステル化反応

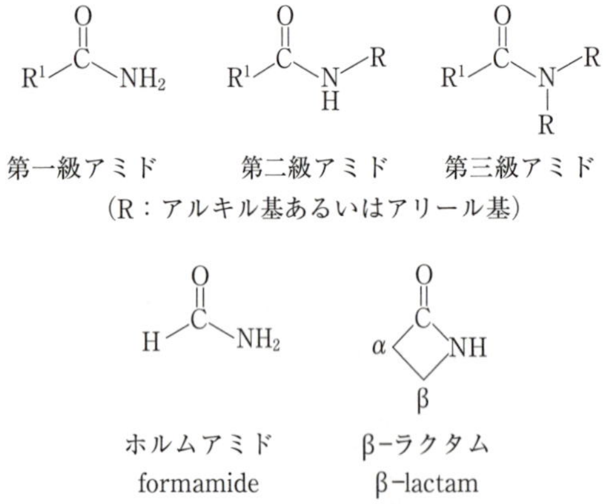

図 12-15 アミドの一般式と代表的なアミド

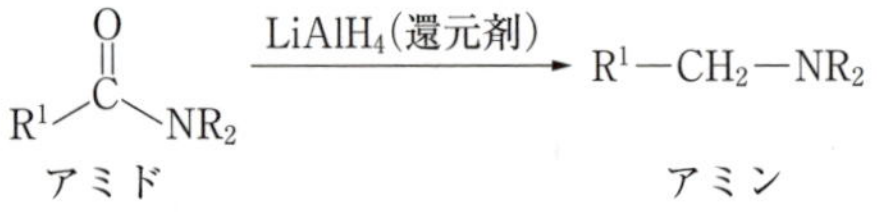

図 12-16 アミドの還元反応例

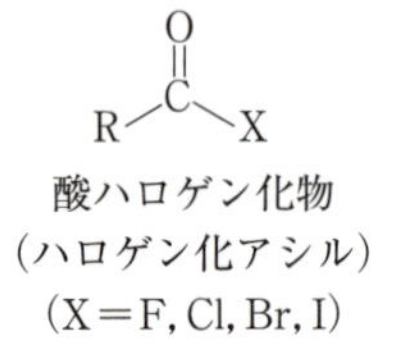

図 12-17 酸ハロゲン化物の一般式
(X = F, Cl, Br, I)

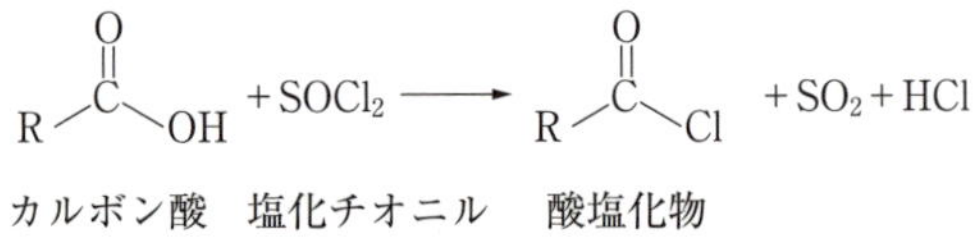

図 12-18 酸塩化物の合成例

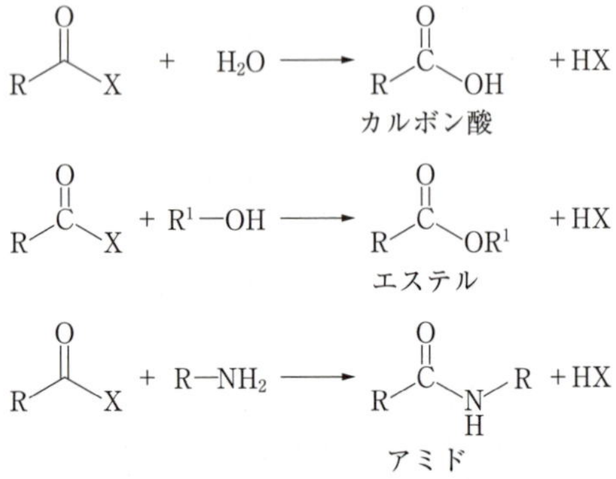

図 12-19 酸ハロゲン化物の反応例

よく得られる．また，可逆反応であるために，エステルに酸触媒と水を加えて加熱するとカルボン酸とアルコールに分解することができる（エステル加水分解）．

f. アミド

アミド（amide）は，カルボン酸のヒドロキシ基をアミノ基で置換した化合物であり，水には溶けにくい．環状アミドを**ラクタム（lactam）**とよぶ（図 12-15）．アミノ基の構造により第一級アミド（N 上に水素が二置換），第二級アミド（N 上に水素が一置換，炭化水素が一置換），第三級アミド（N 上に炭化水素が二置換）に分類される．ラクトン同様に，環を構成しているメチレン炭素の数を頭にギリシャ文字で表記する．カルボン酸とアミンを加熱すると脱水縮合反応が進行し，アミドが生じる．アミドのアミノ基の孤立電子対は，隣接するカルボニル基の π 電子と非局在化（共役）していることからカルボニル炭素の求電子性は低い．そのためアミドと求核剤を反応させるためには厳しい条件が必要である．アミドを水素化アルミニウムリチウム（LiAlH$_4$）のような非常に強い還元剤で処理するとアミンが得られる（図 12-16）．

g. 酸ハロゲン化物

酸ハロゲン化物（アシルハロゲン化物，acyl halide）は，カルボン酸のヒドロキシ基をハロゲンに置換した化合物である（図 12-17）．カルボン酸を塩化チオニルと反応させると酸塩化物が生じ（図 12-18），三臭化リンと反応させると酸臭化物が生じる．酸ハロゲン化物のカルボニル炭素は電気陰性度の大きいハロゲンと結合していることから反応性が高く（求電子性が高く），水，アルコールあるいはアミンと反応し，それぞれカルボン酸，エステル，アミドを生じる（図 12-19）．

h. カルボン酸無水物

カルボン酸無水物（carboxylic anhydride）は，2 分子のカルボン酸が脱水縮合することで生じる化合物（図 12-20）と同じであるが，これは一般的な合成法ではない．一般には，カルボン酸と酸ハロゲン化物を

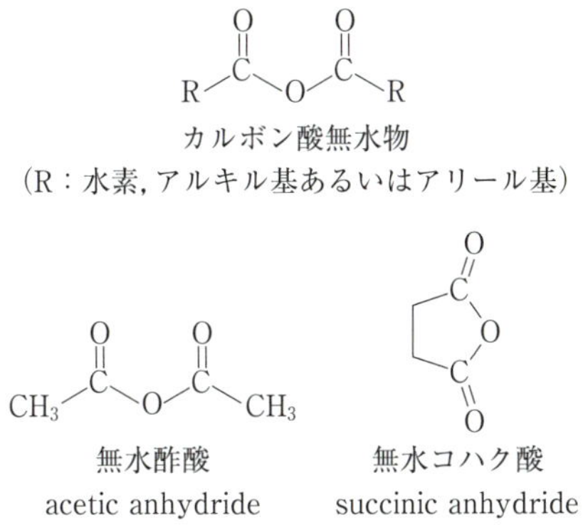

図 12-20 カルボン酸無水物の一般式

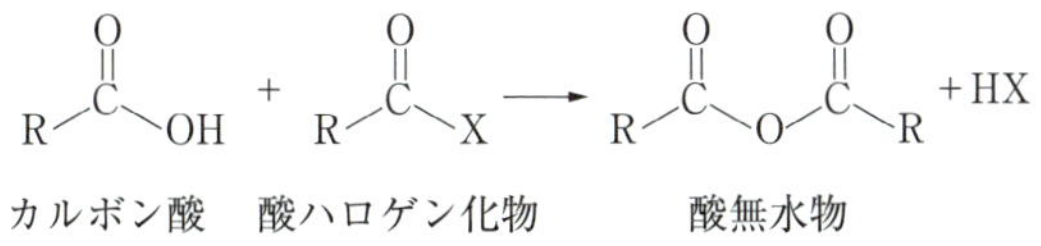

図 12-21 カルボン酸無水物の合成例

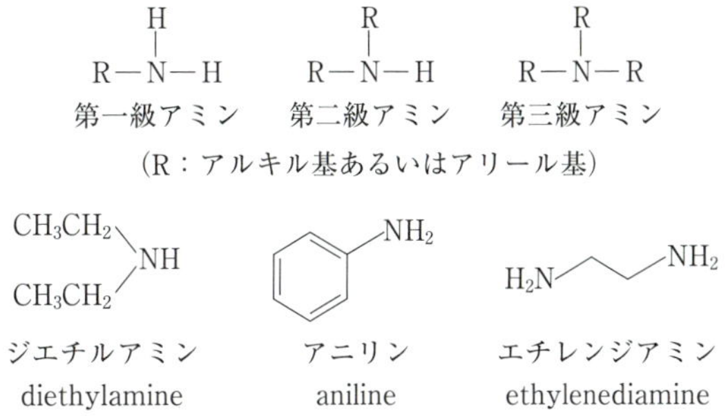

図 12-22 アミンの一般式と代表的なアミン

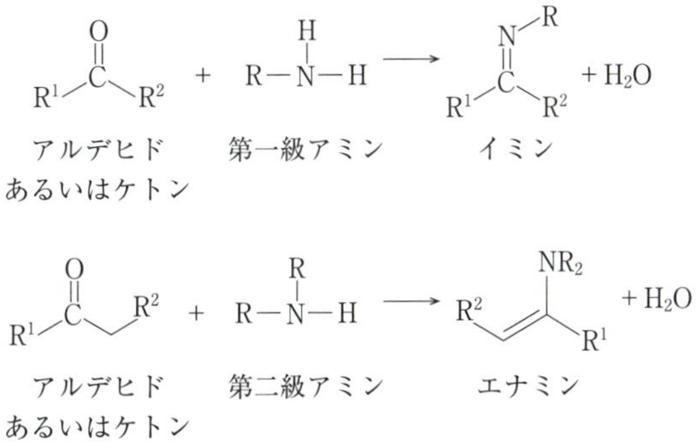

図 12-23 イミンとエナミンの合成

反応させる方法で合成する（図 12-21）．同一分子内に二つのカルボン酸をもつコハク酸を高温で加熱すると，分子内脱水縮合し無水コハク酸が生じる．酸ハロゲン化物とカルボン酸無水物のカルボニル基に結合しているハロゲンと RCO_2 部位はそれぞれ脱離能が高いため，それぞれの化合物にある種の求核剤を反応させると容易に脱離して，新たな付加体を生じる（求核アシル化反応）．酸ハロゲン化物とカルボン酸無水物は，エステルやアミドよりも反応性が高く，有機合成反応の合成中間体として利用価値の高い化合物である．

12.1.4 含窒素化合物

a. アミン

アミン（amine）は，アンモニアの水素をアルキル基やアリール基で置換した化合物である（図 12-22）．特に，アンモニアの水素原子をベンゼン環で置換した化合物はアニリン（aniline）とよぶ．アミンは，窒素原子上に非共有電子対をもつことから，一般に塩基性と求核性を示し，独特の不快臭をもつものが多い．窒素に置換した炭化水素基の数により第一級アミン（N 上に炭化水素が無置換），第二級アミン（N 上に炭化水素が一置換），第三級アミン（N 上に炭化水素が二置換）に分類される．アミンには，アミノ基を二つもつジアミン（diamine）もある．

アミンは，水素結合できることから分子量の小さいアミンは水に溶解するが，炭素数が 6 個を超えるとほとんど溶解しなくなる．アミンの水素結合はアルコールよりも弱いので，同じ炭素数のアルコールよりも沸点は低い．アミンは，酸により容易にプロトン化され水溶性の高い塩となる．この塩は，アルカリ水溶液で元のアミンへ再生することができる．この原理を応用することで他の化合物を含む混合物からアミンを精製することができる．

アミンは，求核性ももつことから，求電子剤を加えると置換反応や付加反応を起こす．例えば，第一級アミンとハロゲン化アルキルを反応させると求核置換反応が起こり，第二級アミンが生じ，酸塩化物にアミンを反応させると求核アシル化が起こり，アミドが生じる．また，アルデヒドやケトンと第一級アミンを反応させると付加の後に脱水反応を起こし，炭素-窒素二重結合をもつイミン（imine）が生成し，第二級アミンと反応させると炭素-炭素二重結合にアミンが結合したエナミン（enamine）が生成する（図 12-23）．

b. ニトリル

ニトリル（nitrile）は，炭化水素の水素をシアノ基（炭素-窒素三重結合）で置換した化合物である（図 12-24）．ニトリルに，強酸性水溶液あるいは強塩基性水溶液を加え加熱すると，加水分解が起こりカルボン

R—C≡N
ニトリル
(R：アルキル基あるいはアリール基)

CH₃—CN　　　　　　C₆H₅—CN
アセトニトリル　　　ベンゾニトリル
acetonitrile　　　　benzonitrile

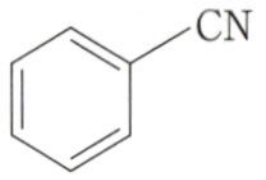

図 12-24　ニトリルの一般式と代表的なニトリル

$$R-S-R \xrightarrow{酸化} R-\overset{O}{\underset{}{S}}-R \xrightarrow{酸化} R-\overset{O}{\underset{O}{S}}-R$$
スルフィド　　　　スルホキシド　　　　スルホン

図 12-26　含硫黄化合物の酸化反応

R—SH　　　R—S—R　　　R—S—S—R
チオール　　スルフィド　　ジスルフィド
(メルカプタン)　(チオエーテル)

(R：アルキル基あるいはアリール基)

CH₃CH₂—SH　　CH₃—S—CH₃　　Ph—S—S—Ph
エタンチオール　ジメチルスルフィド　ジフェニルジスルフィド
ethanethiol　　dimethyl sulfide　　diphenyl disulfide
(エチルメルカプタン)　(硫化メチル)

図 12-25　含硫黄化合物の一般式と代表的な硫黄化合物

R—Li　　　　　　　R—Mg—X
有機リチウム化合物　有機マグネシウム化合物
　　　　　　　　　(グリニャール反応剤)

(R：アルキル基あるいはアリール基)

図 12-27　有機金属化合物の例

酸を生じる．

12.1.5　含硫黄化合物

a. チオール (メルカプタン) とスルフィド (チオエーテル)

　チオール (thiol) はアルコールの酸素を，スルフィド (sulfide) はエーテルの酸素を，硫黄に置換した化合物であり，これらはアルコールの硫黄類縁体である (図 12-25). チオールは不快臭が特徴であり，例えば，t-ブチルチオールは無臭の天然ガスの漏洩を検知するために付臭剤として用いられている．チオールの硫黄原子はアルコールの酸素原子よりも原子半径が大きいことから，分極が小さくなり水素結合能が弱い．そのためチオールの沸点は，対応するアルコールと比べると低い．また，チオールからプロトンが脱離したチオラートアニオンがアルコキシドアニオンよりも安定なために，酸性度はアルコールよりもチオールの方が高く，弱酸性を示す．

　チオールを塩基で処理して発生するチオラートアニオンは，求核性が高いためにハロゲン化アルキルと反応させると求核置換反応を起こし，スルフィドを生成する．チオールを酸化することで生じるジスルフィド (disulfide) 結合は，アミノ酸の橋掛け構造の一部を構成し，生体の3次元構造を安定化する重要な結合の一つである．スルフィドは，過酸化水素などで酸化するとスルホキシド (sulfoxide) に変換され，さらに酸化するとスルホン (sulfone) に変換される (図 12-26).

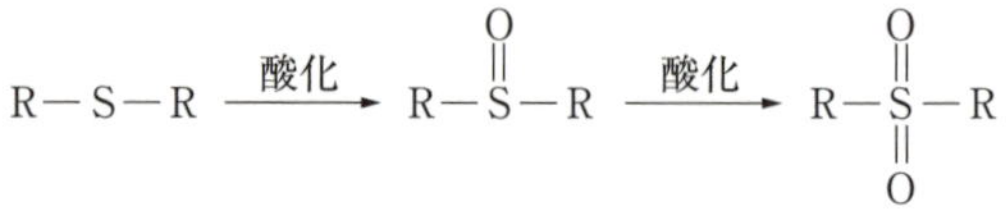

12.1.6　有機金属化合物

　ハロゲン化アルキルと0価の金属 (Li, K, Na, Mg, Zn など) を反応させると金属を含む有機化合物が生成する．これらを一般に有機金属化合物 (organometallic compound) とよぶ (図 12-27). 有機金属化合物は金属-炭素結合をもつが，これらの結合は金属と炭素の電気陰性度の差から金属上が正電荷，炭素上が負電荷 (カルボアニオン) に分極している．

　代表的な有機金属化合物として，有機リチウム化合物と有機マグネシウム化合物 (グリニャール反応剤など) がある．これら反応剤のカルボアニオンは，非常に強い塩基性と求核性をもつことから有機合成反応において非常に有用な化合物として利用されている．例えば，グリニャール反応剤をホルムアルデヒドと反応させると第一級アルコールが，ホルムアルデヒド以外のアルデヒドと反応させると第二級アルコールが，そして，ケトンと反応させると第三級アルコールが生成する (図 12-28).

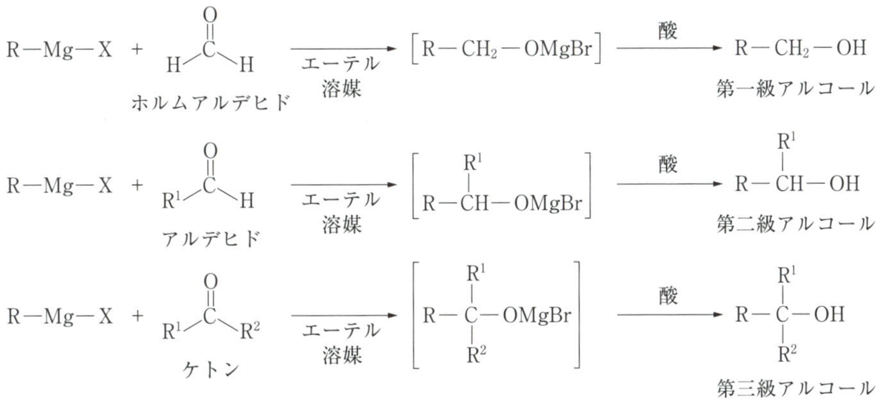

図12-28 グリニャール反応剤とカルボニル化合物の反応

12.1 節のまとめ
- 炭素とそれ以外の元素が種々の結合様式をとることで多様な性質と構造をもつ有機化合物が生み出される．
- ハロゲン化アルキルは，骨格内に炭素-ハロゲン単結合をもつ有機化合物である．
- アルコールやエーテルは，骨格内に炭素-酸素単結合をもつ有機化合物である．
- アルデヒド，ケトン，カルボン酸，エステル，アミドおよびカルボン酸無水物は，骨格内に炭素-酸素二重結合をもつ有機化合物である．
- アミン，イミン，エナミンおよびニトリルは，骨格内に炭素-窒素単結合，炭素-窒素二重結合あるいは炭素-窒素三重結合をもつ有機化合物である．
- チオールは，骨格内に炭素-硫黄単結合をもつ有機化合物である．
- 有機金属結合化合物は，炭素-金属結合をもつ化合物である．

12.2 有機化合物の反応

12.2.1 単結合の結合様式

単結合の開裂様式はヘテロリシス開裂とホモリシス開裂の2種類ある（図12-29）．**ヘテロリシス開裂（不均一開裂, heterolytic cleavage）**とは，共有結合を形成している結合の電子が片方の原子へ2電子とも移動することで生ずる開裂である．開裂後は，正に帯電したA$^+$（カチオン）と負に帯電したB$^-$（アニオン）の活性種が生じ，これらをイオン（ion）とよぶ．炭素の場合は，**カルボカチオン（carbocation），カルボアニオン（carbanion）**という．カチオンとアニオンが生じる反応あるいは，カチオンとアニオンが反応することで新たな結合形成を起こす反応をイオン反応とよぶ．反応機構の記載は，アニオン側からカチオン側へ電子の動きを記載し，両フックの矢印で示す．

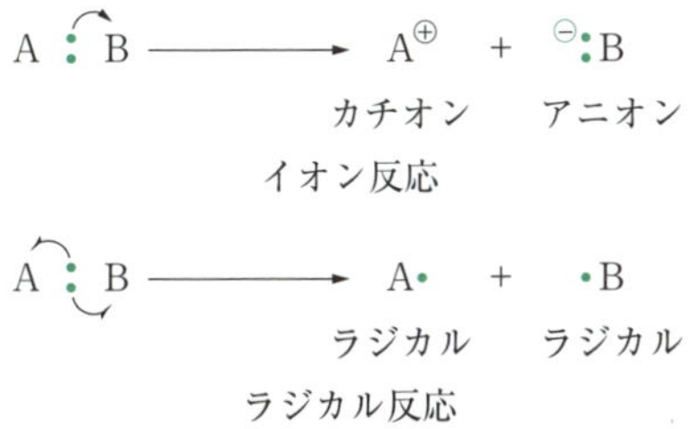

ホモリシス開裂（均一開裂, homolytic cleavage）とは，共有結合を形成している結合の電子が両方の炭素原子へ1電子移動することで生ずる開裂である．開裂後は，互いに中性原子であるA・とB・の活性種が生じ，これらをラジカル（遊離基, radical）とよぶ．ラジカルは炭素の場合は，炭素ラジカル（あるいはラジカル）とよび，**不対電子（unpaired electron）**をもつ．ラジカルを生じる反応あるいは，ラジカル同士が

図12-29 単結合の開裂方法と反応の分類

反応（カップリング）することで新たな結合形成を起こす反応をラジカル反応とよぶ．反応機構の記載は，互いの不対電子を合わせるように電子の動きを記載し，片フックの矢印で示す．

12.2.2　イオン反応について

炭素（反応基質）が求核剤あるいは求電子剤として機能することでイオン反応をいくつかの種類に分類することが可能である．

a. 求核置換反応

求核置換反応（nucleophilic substitution）は，反応剤（求核剤）と反応基質（求電子剤）を反応させると反応基質の一部が脱離して反応剤に置換する反応である．反応に大きく関与する分子の数によって，**二分子求核置換反応（S_N2：bimolecular nucleophilic substitution）**（図 12-30）と**一分子求核置換反応（S_N1：unimolecular nucleophilic substitution）**（図 12-31）に分類される．

S_N2 の大きな特徴としては，反応基質の中心炭素上で結合の開裂と形成が 1 段階で起こる協奏反応（concerted reaction）である．求核剤は脱離基（leaving group）の背面から攻撃するため，反応基質の中心炭素上で立体反転（steric inversion）が生じる．反応速度は反応剤と反応基質の両方の濃度に依存する二次反応である．立体反発の影響が作用するためにハロゲン化アルキルの反応性の順序は，ハロゲン化メチル＞第一級ハロゲン化アルキル＞第二級ハロゲン化アルキル≫第三級ハロゲン化アルキル（起こらない）である．

S_N1 の大きな特徴としては，反応基質から最初に脱離基が外れカルボカチオン中間体が生成し，その後，その中間体を求核剤が攻撃することで結合形成する 2 段階反応である．反応の**律速段階（rate-determinating step）**は，脱離基が脱離する段階である．反応基質が不斉炭素（chiral carbon）をもつ場合は，立体反転と立体保持をした生成物が等量生成するラセミ化（racemization）が起こる．反応速度は，反応基質の濃度のみに依存する一次反応である．カルボカチオン中間体の安定性が大きく寄与するため反応性の順序は，第三級ハロゲン化アルキル＞第二級ハロゲン化アルキル≫第一級ハロゲン化アルキル（起こらない）＞ハロゲン化メチル（起こらない）である．

b. 脱離反応

脱離反応（elimination）は，ハロゲン化アルキルのような反応基質（求電子剤）に対して塩基などの反応剤（求核剤）を付すとハロゲン化水素が脱離し，アルケンが生じる反応である．脱離基が結合している炭素

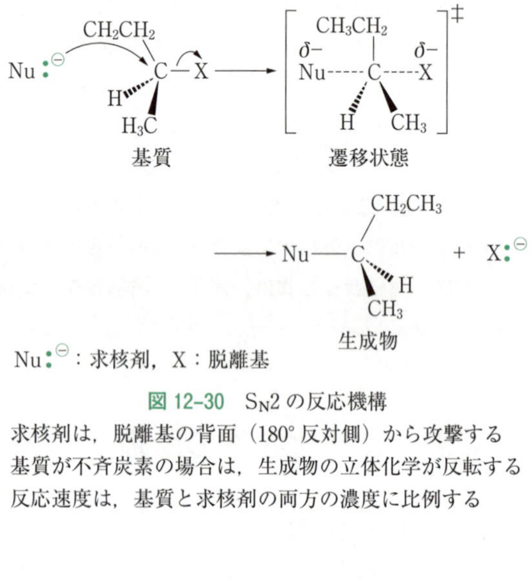

図 12-30　S_N2 の反応機構
求核剤は，脱離基の背面（180°反対側）から攻撃する
基質が不斉炭素の場合は，生成物の立体化学が反転する
反応速度は，基質と求核剤の両方の濃度に比例する

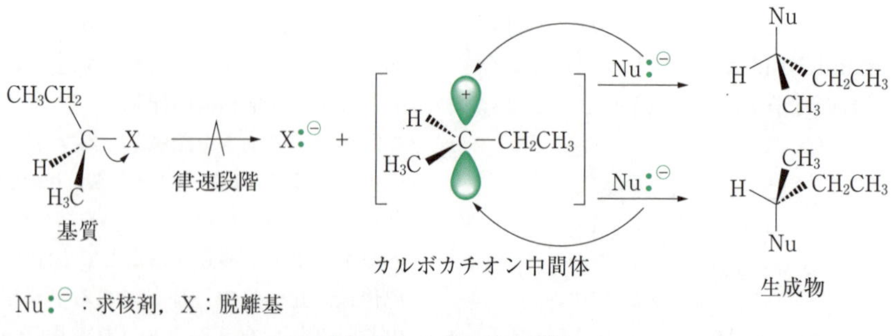

図 12-31　S_N1 の反応機構
脱離基が脱離し，カルボカチオン中間体が生成する
基質が不斉炭素の場合は，ラセミ化する
反応速度は，基質の濃度にのみ比例する

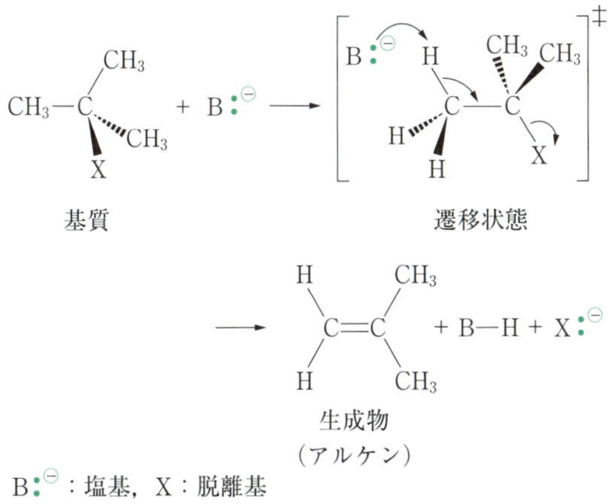

12.2 有機化合物の反応

図 12-32 E2 の反応機構
水素の引抜きとπ結合の形成および脱離基の脱離が同時に起こる
反応速度は，基質と求核剤の両方の濃度に比例する

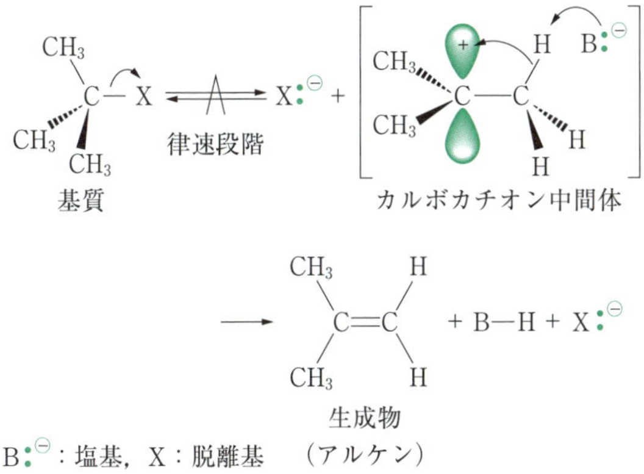

図 12-33 E1 反応の例
脱離基が脱離する段階が律速段階である
反応速度は，基質の濃度にのみ比例する

の隣の炭素上の水素（β-水素）が塩基により引き抜かれることにより反応が進行している．反応に大きく関与する分子の数によって，**二分子脱離反応（E2：bimolecular elimination）**（図 12-32）と**一分子脱離反応（E1：unimolecular nucleophilic elimination）**（図 12-33）に分類される．

E2 の大きな特徴としては，塩基による水素の引き抜きと脱離基の脱離および π 結合の形成が同時に起こることである．ハロゲン化アルキルから脱ハロゲン化水素して生成するアルケンは，より多置換（熱力学的に安定）のものが優先する．これを**ザイツェフ（セイチェフ）則（Zaitsev's (Saytzeff's) rule）**という．E2 反応におけるハロゲン化アルキルの反応性は，R—I＞R—Br＞R—Cl＞R—F であり，ハロゲンの脱離能と一致している．反応速度は，塩基（反応剤）と反応基質の両方の濃度に依存する二次反応である．

E1 の大きな特徴としては，脱離基の脱離によるカルボカチオンの生成，および塩基による β-水素の引き抜きとそれに続く π 結合の生成という 2 段階の反応で進行していることである．中間体カルボカチオンはより安定なカルボカチオンに**転位（rearrangement）**することができる．生成するアルケンは E2 反応と同様にザイツェフ則に従う．反応の律速段階は，脱離基が脱離する段階である．反応速度は，反応基質の濃度のみに依存する一次反応である．

ハロゲン化アルキルと用いる求核剤（塩基）の種類や立体構造により，置換反応と脱離反応は競争する．

c. 求電子付加反応

2 分子同士が結合し，1 分子が生成する反応を付加反応（addition reaction）とよぶ．付加反応は，1 本の結合が切断され 2 本の結合が新しく形成することから発熱反応であり，基本的には必ず進行する．その際，反応は一定の法則に沿って進行することから生成物は**立体選択的（stereoselective）**に得られる．π 電子をもつ不飽和結合（基質）が求電子剤（反応剤）へ付加する反応を**求電子付加反応（electrophilic addition）**という．求電子付加反応の反応機構は，アルケンとハロゲン化アルキルの反応を例にすれば，アルケンの π 電子が正に帯電しているアルキル炭素へ求電子攻撃し，1 本目の σ 結合とカルボカチオンが生成，次に，脱離したハロゲン化物イオンのカルボカチオンへの求核攻撃により 2 本目の σ 結合が形成するという 2 段階で進行している．反応の律速段階は，最初にプロトン化する段階である．

非対称に置換されたアルケンとハロゲン化水素との付加は，カルボカチオン中間体の安定性に基づき位置選択的（regioselective）に進行し，1 種類の生成物しか与えない（図 12-34）．付加の配向性（orientation）は，**マルコフニコフ則（Markovnikov's rule）**に従うが，実際のところは中間体カルボカチオンの安定性により制御される．カルボカチオンの安定性は，炭素-

---

ウラジミール・ワシリエビッチ・マルコフニコフ

ロシアの化学者．有機化合物の構造論や反応論の研究を行った．不飽和化合物に対するハロゲン化水素の付加についての規則を明らかにした（1869 年）．（1837-1904）

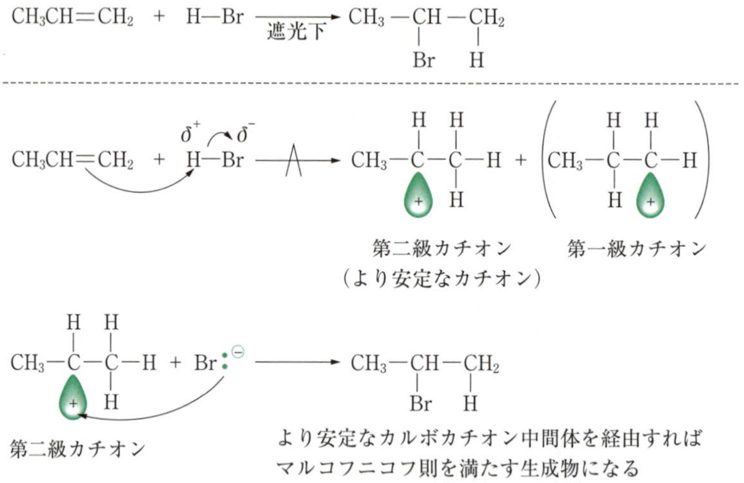

$$CH_3CH=CH_2 + H-Br \xrightarrow{遮光下} CH_3-CH-CH_2$$
$$\quad\quad\quad\quad\quad\quad\quad\quad\quad\quad\quad\quad |\quad\ |$$
$$\quad\quad\quad\quad\quad\quad\quad\quad\quad\quad\quad\quad Br\ \ H$$

図 12-34 求電子付加反応の機構

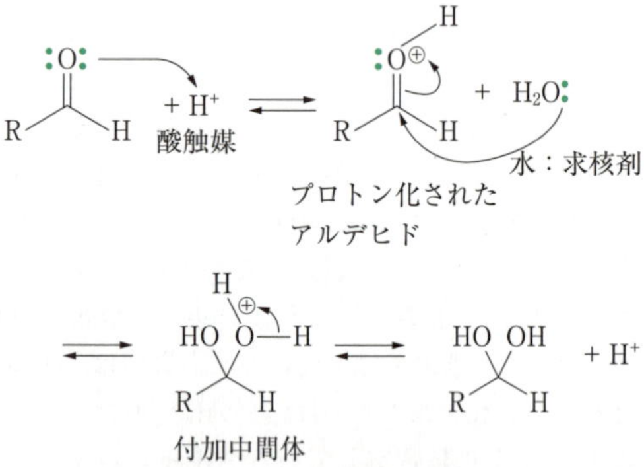

図 12-35 求核付加反応の例

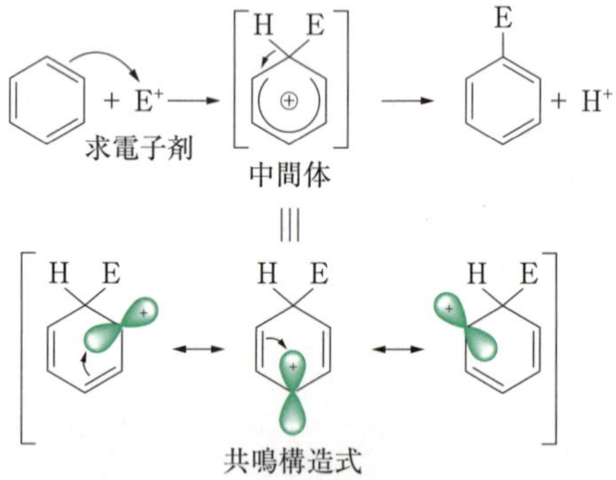

図 12-36 芳香族求電子置換反応のメカニズム

水素結合の σ 電子による **超共役（hyperconjugation）** の影響から，第三級カルボカチオン＞第二級カルボカチオン＞第一級カルボカチオン＞メチルカチオンである．求電子付加反応は，カルボカチオン中間体を経由することから転位を伴う．

d. 求核付加反応

π 電子をもつ不飽和結合（基質）の電子不足部位へ求核剤（反応剤）が付加する反応を **求核付加反応（nucleophilic addition）** という．求核付加反応は，アルデヒドやケトンのような非対称な不飽和結合（カルボニル基）をもつ基質で起こりやすい．この反応は一般に可逆反応であることから無触媒条件では進行しにくいが，酸あるいは塩基を触媒として加えることで加速させることができる．酸性条件下，アルデヒドへの水の求核付加を例にする（図 12-35）．プロトン化されたカルボニル炭素（求電子性がさらに大きくなる）が水からの求核攻撃を受け，新たに σ 結合を形成し，付加中間体を生じる．付加中間体からプロトンが脱離することで付加体が生成する．付加する求核剤としては，水以外にもアルコールやアミン等を用いることができる．

e. 求電子置換反応（芳香環上での反応）

π 電子をもつ不飽和結合（基質）上の置換基が，求電子剤（反応剤）に置換される反応を求電子置換反応（electrophilic substitution）という．特に，ベンゼン環上の水素と求電子剤が置換を起こす反応を **芳香族求電子置換反応（electrophilic aromatic substitution）** という．ベンゼンは，芳香族性の最終的な破壊を避けるため付加反応よりも置換反応を起こす．一連の反応は次のような経路で進行する（図 12-36）．π 電子雲をもつベンゼン環が求電子剤と付加し，新しく σ 結合を形成すると同時にカチオン中間体（非芳香族性で不安定）を形成する．その後，芳香族性による安定化を取り戻すためプロトンが脱離することで最終生成物

電子供与基(EDG)：アルキル基，アミノ基，ヒドロキシ基など
ベンゼンとの置換速度(反応性)
→加速する
一置換ベンゼンへの配向性
→オルト・パラ配向性

電子求引基（EWG）：ニトロ基，カルボキシ基，ハロゲンなど
ベンゼンとの置換速度(反応性)
→減速する
一置換ベンゼンへの配向性
→メタ配向性
→オルト・パラ配向性(ハロゲンのみ)

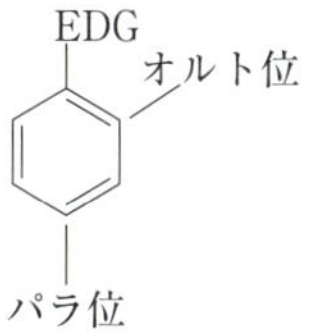

図 12-37 芳香族求電子置換反応の特徴

図 12-38 芳香族求電子置換反応の多様な例

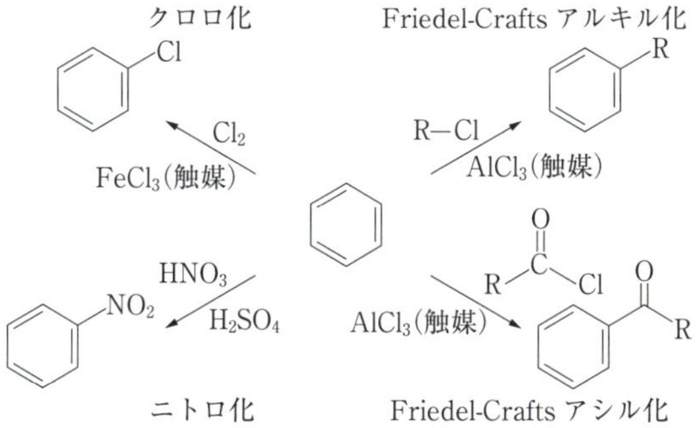

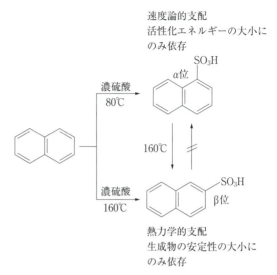

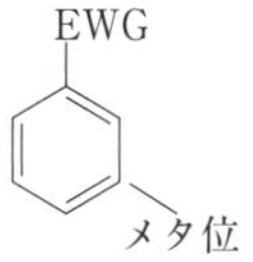

を生じる．

この反応の特徴（図 12-37）としては，カチオン中間体を安定化する電子供与基が結合していると加速し（活性化する），不安定化する電子求引基が結合していると減速する（不活性化する）．また，一置換ベンゼンへの求電子剤の配向性は，電子供与基の場合，オルト・パラ配向性（*ortho-para* orientation）を示し，電子求引基の場合は，メタ配向性（*meta* orientation）を示す．ただし，電子求引基であるハロゲンはオルト・パラ配向性を示す．ベンゼン環状への求電子置換反応を図 12-38 にまとめている．クロロ化反応やニトロ化反応を起こす．また，ベンゼン環と炭素求電子剤の反応は，フリーデル・クラフツ（Friedel-Crafts）反応とよばれている．

一つの反応基質から複数の生成物が得られる反応がある．芳香族求電子置換反応の一例として，ナフタレンのスルホン化反応が知られている．ナフタレンと濃硫酸を用い，低温（80℃）条件下で処理すると，1 位（α 位）がスルホン化されたナフタレンスルホン酸が選択的に得られる．一方，同じ反応を高温（160℃）

図 12-39 速度論的支配と熱力学的支配の反応例

条件下で処理すると，2 位（β 位）がスルホン化されたナフタレンスルホン酸が優先的に得られる（図 12-39）．前者のように，低温条件下で優先的に進行する反応は，活性化エネルギーの大きさによって制御されている．これを**速度論（的）支配（kinetic control）**の反応とよぶ．一方，後者のように，高温条件下で選択的に進行する反応は，生成物の安定性によって制御されている．これを**熱力学（的）支配（thermodynamic control）**の反応とよぶ．

12.2.3 ラジカル反応について

ラジカル（遊離基）の発生は，無極性溶媒中，あるいは気相中で光（主に紫外光）や過酸化物存在下，あるいは熱（高温）により起こる．しかし，アルカンのような強い結合をもつ化合物からラジカルを発生させるのはきわめて困難で，かなりの高温条件（500℃以上）を必要とする．一方，塩素や臭素のようなハロゲンや酸素-酸素結合あるいは窒素-窒素二重結合をもつ有機化合物は，紫外光照射や比較的低い加熱条件でホ

福井謙一

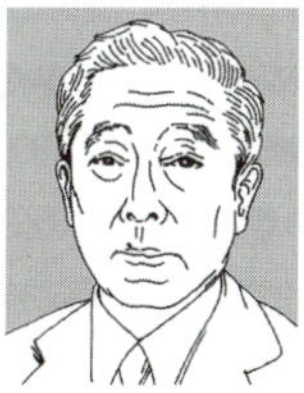

日本の化学者．原子の外縁部にある軌道のエネルギーや対称性を調べることで化学反応の経路が予測できるとするフロンティア軌道（電子）理論を提唱し，ノーベル化学賞を受賞した（1981）．京都大学教授，京都工芸繊維大学学長などを務めた．（1918-1998）

モリシスを起こし，ラジカルを発生することができることからラジカル開始剤（radical initiator）として機能することが知られている（図12-40）．ホモリシスに必要なエネルギーを**結合解離エネルギー**$DH°$ $[kJ\,mol^{-1}]$という．炭素ラジカルの安定性は，カルボカチオンの安定性と同様に，第三級ラジカル＞第二級ラジカル＞第一級ラジカル＞メチルラジカルである．

ラジカルが関与する代表的な付加反応と置換反応について述べる．

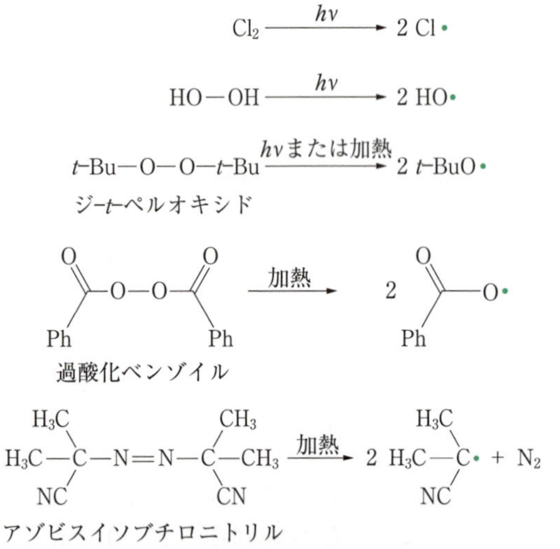

a. ラジカル付加反応

π電子をもつ不飽和結合（基質）へラジカルが付加する反応を**ラジカル付加反応（radical addition）**という．非対称アルケンへの臭化水素のラジカル付加の反応例を図12-41に示す．光照射あるいは加熱よりラジカル開始剤がホモリシス開裂を起こし，ラジカル種が発生し，そのラジカル種が臭化水素から水素を引き抜き臭素ラジカルが生成する（連鎖開始段階）．その臭素ラジカルとアルケンが付加し新たにラジカル中間体を生じるが，そのラジカル中間体がより安定になる配向性で臭素ラジカルは付加する（連鎖成長段階1）．ラジカル中間体が臭化水素から水素を引き抜くことで，臭化アルキルの生成と臭素ラジカルが再生する（連鎖成長段階2）．再生した臭素ラジカルは，再びアルケンと付加することで**連鎖反応（chain reaction）**を継続する．この連鎖反応は臭化水素がすべて消費されるまで続く．

ラジカル付加の反応機構は，**アンチマルコフニコフ則（anti-Markovnikov's rule）**に従い進行し，イオン反応的に進行する付加反応と異なる反応経路をとることがわかる．アルケンへのハロゲン化水素によるラジカル付加反応について，塩化水素とヨウ化水素の場合は，連鎖成長段階が吸熱反応のためにラジカル開始剤を加えてもイオン反応機構で進行する．

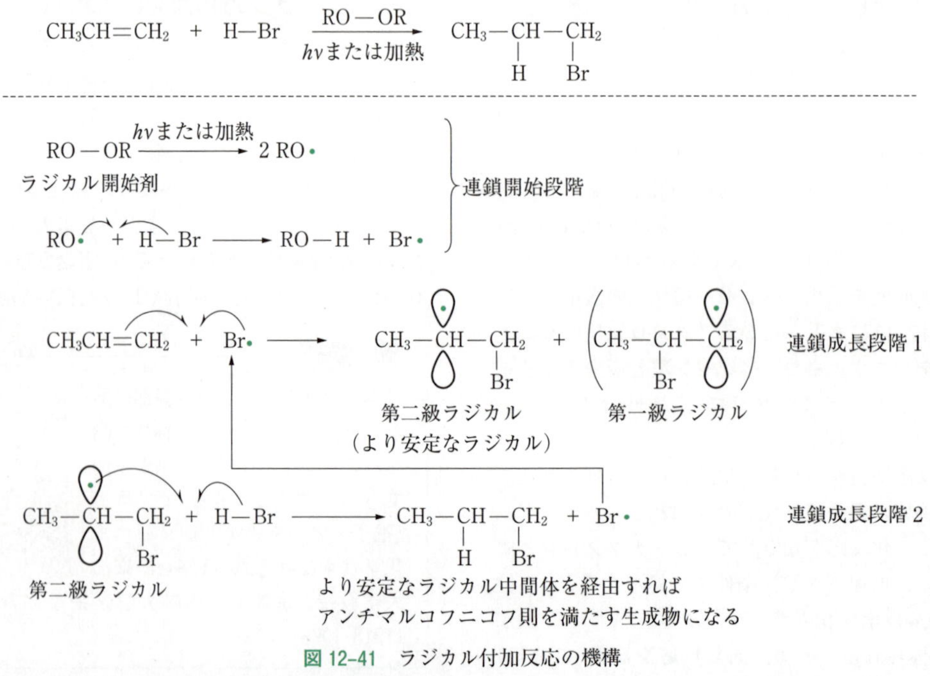

図12-40 ラジカル開始剤の例

図12-41 ラジカル付加反応の機構

b. ラジカル置換反応

アルカンの末端水素を別のラジカルで置換する反応を**ラジカル置換反応**（radical substitution）という．エタンと臭素の反応例に図 12–42 に示す．紫外光を照射すると臭素がホモリシスを起こし，臭素ラジカルが発生する（開始反応）．その臭素ラジカルがエタンから水素を引き抜くことでエチルラジカルと臭化水素が生成する（連鎖反応）．そのエチルラジカルが臭素を引くことで，ブロモエタンの生成と臭素ラジカルが再生する．再生した臭素ラジカルは，再びエタンから水素を引き抜くことで連鎖反応を継続する．この連鎖反応は臭素がすべて消費されるまで続く．臭素ラジカルあるいはエチルラジカル同士がカップリングすることでラジカル反応が終結する．

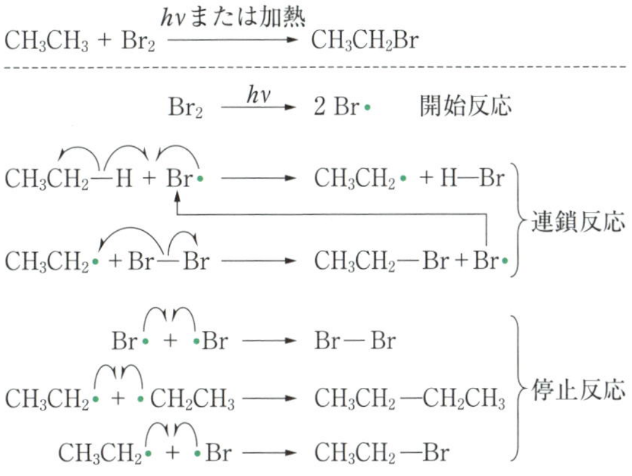

アルカンのハロゲンによるラジカル置換反応は，塩素と臭素では良好に進行するが，フッ素は爆発的に進行し制御できない．また，ヨウ素の置換反応は，吸熱反応のため進行しない．ラジカル置換反応全体の $DH°$ 値は，連鎖反応に示された二つの反応式の $DH°$ の値を足しあわせた値と一致する．

$$CH_3CH_3 + Br_2 \xrightarrow{h\nu \text{または加熱}} CH_3CH_2Br$$

$$Br_2 \xrightarrow{h\nu} 2\,Br\cdot \quad \text{開始反応}$$

$$CH_3CH_2-H + Br\cdot \longrightarrow CH_3CH_2\cdot + H-Br$$
$$CH_3CH_2\cdot + Br-Br \longrightarrow CH_3CH_2-Br + Br\cdot$$
連鎖反応

$$Br\cdot + \cdot Br \longrightarrow Br-Br$$
$$CH_3CH_2\cdot + \cdot CH_2CH_3 \longrightarrow CH_3CH_2-CH_2CH_3$$
$$CH_3CH_2\cdot + \cdot Br \longrightarrow CH_3CH_2-Br$$
停止反応

図 12–42 ラジカル置換反応の機構

12.2 節のまとめ

- 有機化合物の反応は，ヘテロリシスによるイオン反応とホモリシスによるラジカル反応の二つに大きく分類される．
- イオン反応の反応機構は，求核置換反応，求電子置換反応，求核付加反応，求電子付加反応，脱離反応，転位反応に大きく分類される．
- ラジカル反応の反応機構は，ラジカル付加反応とラジカル置換反応に大きく分類される．

章末問題

問題 12–1
カルボカチオンの安定性について説明しなさい．

問題 12–2
C=C と C=O の二重結合の違いを説明しなさい．

問題 12–3
有機化学反応における速度論（的）支配と熱力学（的）支配を例を挙げて説明しなさい．

13. 無機化合物の命名法と構造

13.1 無機化合物の命名法

有機化合物の命名法に関する IUPAC（International Union of Pure and Applied Chemistry；国際純正・応用化学連合）勧告がブルーブックとよばれる冊子にまとめられているのに対し，無機化合物の命名法に関する勧告は，レッドブックとよばれる冊子にまとめられている．IUPAC の規則は継続的に審議されており，レッドブックについてもこれまでに，1990 年勧告版，2000 年勧告版およびこれらを大幅に改訂した最新刊である 2005 年勧告版（原著名：Nomenclature of Inorganic Chemistry IUPAC Recommendations 2005）が刊行されている．以下，日本化学会の化合物命名法委員会によって翻訳された全 354 ページにわたる「無機化学命名法—IUPAC 2005 年勧告—」に基づいて無機化合物命名法の概要を示すが，詳細については原著を参照すること．

13.1.1 命名法体系の種類

化合物命名法の意義は，化合物に関する情報伝達を助けるために，対象となる化合物を一義的に識別することにある．ただし命名法の体系にはいくつかの種類があるため，これらの異なる命名法体系の中から，伝達すべき情報の種別によって最も適したものを選択する必要がある．無機化合物で特に重要な命名法体系は組成命名法，置換命名法および付加命名法の 3 種である．

組成命名法（compositional nomenclature）
構造に関する情報をほとんど，またはまったく含まない，組成に基づいた命名体系．定比組成型と付加化合物型に大別される．

置換命名法（substitutive nomenclature）
特定の水素化物にのみ適用される．母体水素化物と母体の水素原子を置換する原子や原子団（特性基）に基づいた命名体系．

付加命名法（additive nomenclature）
中心原子や原子団とこれに配位する原子や原子団（配位子）に基づいた命名体系．

13.1.2 組成命名法

a. 定比組成型

化合物の組成式に基づいて命名する形式である．定比組成型の命名において最も単純な系は単体であり，元素名にモノ（mono），ジ（di），トリ（tri）などの倍数接頭語（表 13-1）や，必要に応じてポリ（poly）やシクロ（cyclo）などの幾何学的，構造的特性を示す接頭語を組み合わせて示される．いくつかの単体については以下のように非体系的名称が許容される．

例）
O_2
二酸素　dioxygen（体系的名称）
酸素　oxygen（非体系的名称）
O_3
三酸素　trioxygen（体系的名称）
オゾン　ozone（非体系的名称）

次に単純な系は二元系化合物であり，これは 2 成分のうちの一方を電気的に陽性な成分，他方を陰性な成分として，日本語名では陰性→陽性，英語名では逆に陽性→陰性の順に各成分の名称を並べて示される．この際，陰性成分の名称は，元素名の語尾を「化物（ide）」として表記される（二元系化合物の日本語名では一般的に，陰性成分の名称の「化物」から「物」を除いたものに陽性成分の名称をつなげる）．また，必要に応じて，各成分の名称の前に倍数接頭語をつける．倍数接頭語の代わりに，各成分の名称の直後に丸括弧で囲んだ電荷数（アラビア数字で数値を示したあとに＋または－の符号をつける）や酸化数（ゼロの場合はアラビア数字の 0 で，その他の場合はローマ数字で数値を示し，酸化数が負の場合にのみ数値の前に－の符号をつける）を表記することで成分組成比の情報を示してもよい．なお，酸化数の決定には主観的な判断を伴うこともあることから，命名においては電荷数の利用の方が酸化数の利用よりも優先される．

例）
HCl
塩化水素　hydrogen chloride

表 13-1 倍数接頭語

倍数接頭語（別系統）	読みかた	日本語表記	倍数接頭語	読みかた	日本語表記
mono	モノ	一	triaconta	トリアコンタ	三十
di（bis）	ジ（ビス）	二	hentriaconta	ヘントリアコンタ	三十一
tri（tris）	トリ（トリス）	三	dotriaconta	ドトリアコンタ	三十二
tetra（tetrakis）	テトラ（テトラキス）	四	-triaconta	-トリアコンタ	三十三〜
penta（pentakis）	ペンタ（ペンタキス）	五	tetraconta	テトラコンタ	四十
hexa（hexakis）	ヘキサ（ヘキサキス）	六	hentetraconta	ヘンテトラコンタ	四十一
hepta（heptakis）	ヘプタ（ヘプタキス）	七	dotetraconta	ドテトラコンタ	四十二
octa（octakis）	オクタ（オクタキス）	八	-tetraconta	-テトラコンタ	四十三〜
nona（nonakis）	ノナ（ノナキス）	九	pentaconta	ペンタコンタ	五十
deca（decakis）	デカ（デカキス）	十	hexaconta	ヘキサコンタ	六十
undeca	ウンデカ	十一	heptaconta	ヘプタコンタ	七十
dodeca	ドデカ	十二	octaconta	オクタコンタ	八十
trideca	トリデカ	十三	nonaconta	ノナコンタ	九十
-deca	-デカ	十四〜	hecta	ヘクタ	百
icosa	イコサ	二十	dicta	ジクタ	二百
henicosa	ヘンイコサ	二十一	pentacta	ペンタクタ	五百
docosa	ドコサ	二十二	kilia	キリア	千
-cosa	-コサ	二十三〜	dilia	ジリア	二千

NO_2
 二酸化窒素 nitrogen dioxide
 酸化窒素(IV) nitrogen(IV) oxide
PCl_3
 三塩化リン phosphorus trichloride
 塩化リン(III) phosphorus(III) chloride
$HgCl_2$
 二塩化水銀 mercury dichloride
 塩化水銀(II) mercury(II) chloride
 塩化水銀(2+) mercury(2+) chloride

3種以上の成分を含む化合物についても同様に，構成成分を形式的に電気的に陽性な成分のグループと陰性な成分のグループとに二分化したのち，日本語名では陰性→陽性，英語名では逆に陽性→陰性の順に各成分の名称を並べて示す．この際，各グループの分類には任意性が許容される．グループ内の成分の配列は原則としてアルファベット順とするが（ただし，水素を電気的陽性成分に分類した場合には水素を常に陽性成分の末尾に記載する），同種化合物間の類似性を協調したい場合には，必ずしもこれに従わなくてもよい．

成分組成比の情報は，二元系化合物と同様，倍数接頭語や電荷数，酸化数を用いて示す．この際，例えば NO_3^-（trioxidonitrate（1−））のように成分の名称に倍数接頭語が含まれる場合をはじめ，倍数接頭語を併記することで誤解が生じる恐れがある場合には，表 13-1 に示した別系統の倍数接頭語（ビス（bis），トリス（tris），テトラキス（tetrakis），……）を用いて，これらが作用する原子団を括弧で囲む．

例）
 CuK_5Sb_2
 （Cu と K を陽性成分，Sb を陰性成分とみなした場合）
  二アンチモン化銅五カリウム
  copper pentapotassium diantimonide
 K_5CuSb_2
 （K を陽性成分，Cu と Sb を陰性成分とみなした場合）
  銅化二アンチモン化五カリウム
  pentapotassium cupride diantimonide
 $Ca(NO_3)_2$

ビス（トリオキシド硝酸）カルシウム
calcium bis（trioxidonitrate）
calcium nitrate

b. 付加化合物型

複数の成分から構成される広義の付加化合物に適用可能な形式であり，組成命名法や後述の置換命名法，付加命名法のうち適当な体系に基づいて構築された成分化合物の名称を全角ダッシュ（―）で連結し，さらに半角スペースを挟んで，丸括弧で囲んだ組成記号（アラビア数字で示した組成比を斜線で区切ったもの）を付記することで示される．成分化合物は，まず組成比の小さい順に，次いでアルファベット順に記載し，組成記号の数字（組成比）は，対応する成分化合物の順に従って，各数値を斜線で区切って表記する．ただし，水が含まれる場合，水の名称（water）と組成はそれぞれ，成分名および組成記号の末尾におかれる．なお，水を成分とする付加化合物群については水和物（hydrate）の代表名称を用いることが許容されており，簡潔な定比組成をもつ一部の水和物については個々に古典的な水和物名を用いることが許容されている（同位体修飾された水を含む付加化合物に対して，例えば重水和物や三重水和物の名称を用いることは許容されない）．

例）
$CaCl_2 \cdot 8NH_3$
　塩化カルシウム―アンモニア（1/8）
　calcium chloride―ammonia（1/8）
$Al_2(SO_4)_3 \cdot K_2SO_4 \cdot 24H_2O$
　（付加化合物としての表記）
　硫酸アルミニウム―硫酸カリウム―水（1/1/24）
　aluminium sulfate―potassium sulfate―water（1/1/24）
$AlK(SO_4)_2 \cdot 12H_2O$
　（水和物としての表記）
　ビス（硫酸）アルミニウムカリウム十二水和物
　aluminium potassium bis（sulfate）dodecahydrate

13.1.3　置換命名法

表 13-2 に示した標準結合数をとる**単核母体水素化物（parent hydride）**と，同じ原子の組合せで結合数の異なる単核母体水素化物およびこれらに対応する多核母体水素化物の誘導体に対して推奨される命名体系が**置換命名法（substitutive nomenclature）**である．有機化合物の置換命名法と同様，誘導体の名称は，母体水素化物の水素原子が他の原子や原子団（特性基）によって置換されたものと見なして命名される．以下に，鎖状水素化物とその誘導体の命名手順について解説する（環状水素化物とその誘導体の命名法については，「無機化学命名法―IUPAC 2005 年勧告―」参照）．

a. 標準結合数以外の結合数をとる単核母体水素化物の名称

標準結合数をとる対応の母体水素化物の名称の前に，ハイフンを挟んで λ^n（n は結合数）を表記して示す．

例）
PH
　λ^1-ホスファン　λ^1-phosphane
PH_5
　λ^5-ホスファン　λ^5-phosphane

b. 標準結合数をとる同種原子からなる非環状飽和型の多核母体水素化物の名称

対応する単核母体水素化物の名称の前に，倍数接頭語をつけて示す．

例）
H_2NNH_2
　ジアザン　diazane
　ヒドラジン　hydrazine
$HSeSeSeH$
　トリセラン　triselane
$H_3SiSiH_2SiH_2SiH_3$
　テトラシラン　tetrasilane

c. 非標準結合数をとる原子を含む同種原子からなる非環状飽和型の多核母体水素化物の名称

標準結合数をとる対応の多核母体水素化物の名称の前に，ハイフンをはさんで $N\lambda^n$（N は非標準結合数をとる原子の位置番号，n は結合数）を表記して示す．非標準結合数をとる原子が複数ある場合には，各原子の $N\lambda^n$ を位置番号の小さい順にカンマで区切りながら列記する．この際，標準結合数をとる原子より非標準結合数をとる原子の番号が小さくなるように，また大きな非標準結合数をとる原子の番号が小さくなるように位置を決める．

例）
H_5SSSH_4SH
　$1\lambda^6,3\lambda^6$-テトラスルファン
　$1\lambda^6,3\lambda^6$-tetrasulfane

表 13-2 単核母体水素化物の名称

【13族元素の水素化物】			【16族元素の水素化物】		
BH_3	ボラン	borane	H_2O	オキシダン	oxidane[a, d]
AlH_3	アルマン	alumane[a]	H_2S	スルファン	sulfane[a, f]
GaH_3	ガラン	gallane	H_2Se	セラン	selane[a, f]
InH_3	インジガン	indigane[b]	H_2Te	テラン	tellane[a, f]
TlH_3	タラン	thallane	H_2Po	ポラン	polane[a, f]
【14族元素の水素化物】			【17族元素の水素化物】		
CH_4	メタン	methane[c]	HF	フルオラン	fluorane[g]
SiH_4	シラン	silane	HCl	クロラン	chlorane[g]
GeH_4	ゲルマン	germane	HBr	ブロマン	bromane[g]
SnH_4	スタンナン	stannane	HI	ヨーダン	iodane[g]
PbH_4	プルンバン	plumbane	HAt	アスタタン	astatane[g]
【15族元素の水素化物】					
NH_3	アザン	azane[d]			
PH_3	ホスファン	phosphane[e]			
AsH_3	アルサン	arsane[e]			
SbH_3	スチバン	stibane[e]			
BiH_3	ビスムタン	bismuthane[a]			

a aluminane, bismane, oxane, thiane, selenane, tellurane, polonane は Hantzsch-Widman 体系において，飽和ヘテロ六員単環化合物の名称に使われるので，母体水素化物の名称としては用いることができない．AlH_3 にはアラン alane という名称が用いられてきたが，置換基-AlH_2 の体系的に導かれる名称はアラニル alanyl であり，アミノ酸のアラニンから誘導されるアシル基の広く用いられる名称と重複することから，廃棄されねばならない．

b InH_3 同族体の体系的名称はインダン indane となるが，しかし，これでは炭化水素 2,3-ジヒドロインデン 2,3-dihydroindene の名称として広く確立しているインダン indane と重複してしまう．indiane では，不飽和な誘導体を命名する際に紛らわしい．つまり，トリインジエン triindiene は不飽和部位を一つもつトリインジアン triindiane の誘導体の名称というだけでなく，二つの二重結合をもつ (diene) 化合物をも意味する．母体名称インジガン indigane はインジゴ（インジウムの炎色反応の色）を語源としている．

c 体系的名称はカルバン carbane である．CH_4 については一般的にメタン methane という名称が使われており，カルバン carbane は推奨されていない．

d アザン azane およびオキシダン oxidane という名称はアンモニアおよび水の誘導体を命名する際にのみ，置換命名法で用いられる．また，多核化合物を命名する際の基本名となる（例：トリアザン triazane, ジオキシダン dioxidane）．

e 本書では体系的名称のホスファン phosphane, アルサン arsane, およびスチバン stibane を統一して用いた．ホスフィン phosphine, アルシン arsine, およびスチビン stibine という名称はもはや認められない．

f スルファン sulfane は無置換のとき，硫化水素 hydrogen sulfide, より正確には硫化二水素 dihydrogen sulfide（定比組成名称）と命名してもよい．しかし，定比組成名称は母体名称としては用いることができない．同じことがセラン selane, テラン tellane, ポラン polane でも当てはまる．

g フルオラン fluorane, クロラン chlorane, ブロマン bromane, ヨーダン iodane, アスタタン astatane という名称は，それらのイオン，ラジカル，置換基の置換式名称を作る際に基本となるのでここに提示した．非置換水素化物は，フッ化物水素 hydrogen fluoride, 臭化水素 hydrogen bromide などとなる（定比組成命名法）．しかし，これらの定比組成名称は母体名称として用いることはできない．

HSSH$_4$SH$_4$SH$_2$SH
  2λ^6,3λ^6,4λ^4-ペンタスルファン
  2λ^6,3λ^6,4λ^4-pentasulfane

d. 同種原子からなる非環状不飽和型の水素化物の名称

有機化合物と同様，二重結合の場合には対応する飽和水素化物の名称の語尾をアン（ane）からエン（ene）に，三重結合の場合にはイン（yne）に変え，必要に応じて位置番号や倍数接頭語を組み合わせて表記して示す．位置番号は，不飽和部分の番号がなるべく小さくなるように決める．なお，非環状不飽和型の水素化物は母体水素化物には用いられない（結合数に関する識別規則は飽和型と同様）．

例）
  HN=NH
    ジアゼン　diazene
  H$_2$NN=NNHNH$_2$
    ペンタアズ-2-エン　pentaaz-2-ene

e. ヘテロ原子からなる非環状型の母体水素化物の名称

同種原子からなる対応の母体水素化物の名称または類似の骨格構造を有する炭化水素の母体名称（骨格がすべて炭素原子で構成されているものと見なした場合の名称）から誘導される．この際，ヘテロ原子は，表 13-3 に示す代置接頭語（'a' 語群）を用いて，表 13-4 に示す順序で位置番号を付記して表記する．位置番号は，ヘテロ原子全体に付記する番号がなるべく小さく，また先に記載されるヘテロ原子に付記する番号が小さくなるように決め，これでも一義的に決まらない場合には，不飽和部分の番号がなるべく小さくなるように決める．なお，この命名法は四つ以上のヘテロ単位（それ自身が母体水素化物の骨格となるようなヘテロ原子の連結単位）を含む場合にのみ適用される．これより少ないヘテロ単位しか含まない場合には，同種原子からなる鎖状母体水素化物の置換誘導体として命名され，これは母体名称には用いられない．

例）
  SiH$_3$SiH$_2$SiH$_2$GeH$_2$SiH$_3$
    2-ゲルマペンタシラン
    2-germapentasilane
  1,2,3,5-テトラシラ-4-ゲルマペンタン
  1,2,3,5-tetrasila-4-germapentane
  CH$_3$OCH$_2$CH$_2$OCH$_2$CH$_2$SiH$_2$CH$_2$SCH$_3$
    7,10-ジオキサ-2-チア-4-シラウンデカン

  7,10-dioxa-2-thia-4-silaundecane

f. 繰り返し単位の鎖からなる水素化物の名称

炭素以外の原子 A，B の繰り返し単位によって骨格形成される水素化物の名称は，表 13-3 に示す代置接頭語（'a' 語群）に，繰り返し単位における各原子の数を示す倍数接頭語を組み合わせて表記する．この際，代置接頭語は表 13-4 に示す順序で表記し，後においた代置接頭語の語尾は「ne」に変える．また，後においた代置接頭語が「a」または「o」で始まる場合には，前においた代置接頭語の語尾の「a」を省略する（不飽和部分を含む場合には，母体名称には用いられない）．

例）
  SiH$_3$SSiH$_2$SSiH$_2$SSiH$_3$
    テトラシラチアン　tetrasilathiane
  SiH$_3$NHSiH$_3$
    ジシラザン　disilazane

g. 母体水素化物誘導体の名称

母体水素化物の名称と，母体水素化物の水素原子を置換している原子または原子団（特性基）を表す適切な接頭語や接尾語を組み合わせて命名される．母体水素化物の名称が一義的に決まらない場合には，以下の順で定めた先位元素に基づいて決める．

N→P→As→Sb→Bi→Si→Ge→Sn→Pb→B→Al→Ga→In→Tl→O→S→Se→Te→C→F→Cl→Br→I
複数の特性基がある場合，表 13-5 に示す順位において最高順位のものを主特性基として接尾語で示し，これ以外の特性基はすべて接頭語で示す．この際，hydro 以外の接頭語はアルファベット順に並べてそれぞれ括弧で囲む．同じ特性基が複数ある場合には，対応する接頭語や接尾後の前に倍数接頭語を付記する（特性基を表す接頭語や接尾語が倍数接頭語を含む場合や，倍数接頭語を併記することで誤解が生じる恐れがある場合は，別の系列を利用する）．なお，表 13-6 に示した特性基については，常に接頭語として表記する．いくつかの特性基に対する接頭語と接尾語については表 13-7 に示したが，詳しくは，例えば章末の文献や化学命名法についてまとめた参考書などを参照のこと．

例）
  SiH$_3$OH
    シラノール　silanol
  Si(OH)$_4$
    シランテトロール　silanetetrol

13.1 無機化合物の命名法

表 13-3 陰イオン名称,置換命名法で用いられる 'a' 語群および鎖状環状命名法で用いられる 'y' 語群

元素名	陰イオン名称[a]		'a' 語群		'y' 語群	
actinium	actinate	アクチニウム酸	actina	アクチナ	actiny	アクニチ
aluminium	aluminate	アルミン酸	alumina	アルミナ	aluminy	アルミニ
americium	americate	アメリシウム酸	america	アメリカ	americy	アメリシ
antimony	antimonate	アンチモン酸	stiba[b]	スチバ	stiby[b]	スチビ
argon	argonate	アルゴン酸	argona	アルゴナ	argony	アルゴニ
arsenic	arsenate	ヒ酸	arsa	アルサ	arsy	アルシ
astatine	astatate	アスタチン酸	astata	アスタタ	astaty	アスタチ
barium	barate	バリウム酸	bara	バラ	bary	バリ
berkelium	berkelate	バークリウム酸	berkela	バークラ	berkely	バークリ
beryllium	beryllate	ベリリウム酸	berylla	ベリラ	berylly	ベリリ
bismuth	bismuthate	ビスマス酸	bisma	ビスマ	bismy	ビスミ
bohrium	bohrate	ボーリウム酸	bohra	ボーラ	bohry	ボーリ
boron	borate	ホウ酸	bora	ボラ	bory	ボリ
bromine	bromate	臭素酸	broma	ブロマ	bromy	ブロミ
cadmium	cadmate	カドミウム酸	cadma	カドマ	cadmy	カドミ
caesium	caesate	セシウム酸	caesa	セサ	caesy	セシ
calcium	calcate	カルシウム酸	calca	カルカ	calcy	カルシ
californium	californate	カリホルニウム酸	calforna	カリホルナ	californy	カリホルニ
carbon	carbonate	炭酸	carba	カルバ	carby	カルビ
cerium	cerate	セリウム酸	cera	セラ	cery	セリ
chlorine	chlorate	塩素酸	chlora	クロラ	chlory	クロリ
chromium	chromate	クロム酸	chroma	クロマ	chromy	クロミ
cobalt	cobaltate	コバルト酸	cobalta	コバルタ	cobalty	コバルチ
copper	cuprate[c]	銅酸	cupra[c]	クプラ	cupry[c]	クプリ
curium	curate	キュリウム酸	cura	キュラ	cury	キュリ
darmstadtium	darmstadtate	ダームスタチウム酸	darmstadta	ダームスタタ	darmstadty	ダームスタチ
deuterium	deuterate	ジュウテリウム酸	duetera	ジュウテラ	deutery	ジュウテリ
dubnium	dubnate	ドブニウム酸	dubna	ドブナ	dubny	ドブニ
dysprosium	dysprosate	ジスプロシウム酸	dysprosa	ジスプロサ	dysprosy	ジスプロシ
einsteiniuim	einsteinate	アインスタイニウム酸	einsteina	アインスタイナ	einsteiny	アインスタイニ
erbium	erbate	エルビウム酸	erba	エルバ	erby	エルビ
europium	europate	ユウロピウム酸	europa	ユウロパ	europy	ユウロピ
fermium	fermate	フェルミニウム酸	ferma	フェルマ	fermy	フェルミ
fluorine	fluorate	フッ素酸	fluora	フルオラ	fluory	フルオリ
francium	francate	フランシウム酸	franca	フランカ	francy	フランシ
gadolinium	gadolinate	ガドリニウム酸	gadolina	ガドリナ	gadoliny	ガドリニ
gallium	gallate	ガリウム酸	galla	ガラ	gally	ガリ
germanium	germanate	ゲルマニウム酸	germa	ゲルマ	germy	ゲルミ
gold	aurate[d]	金酸	aura[d]	アウラ	aury[d]	アウリ
hafnium	hafnate	ハフニウム酸	hafna	ハフナ	hafny	ハフニ
hassium	hassate	ハッシウム酸	hassa	ハッサ	hassy	ハッシ
helium	helate	ヘリウム酸	hela	ヘラ	hely	ヘリ
holmium	holmate	ホルミウム酸	holma	ホルマ	holmy	ホルミ
hydrogen	hydrogenate	水素酸	—		hydrony	ヒドロニ
indium	indate	インジウム酸	inda	インダ	indy	インジ

表 13-3 （つづき）

元素名	陰イオン名称[a]		'a' 語群		'y' 語群	
iodine	iodate	ヨウ素酸	ioda	ヨーダ	iody	ヨージ
iridium	iridate	イリジウム酸	irida	イリダ	iridy	イリジ
iron	ferrate[e]	鉄酸	ferra[e]	フェラ	ferry[e]	フェリ
krypton	kryptonate	クリプトン酸	kryptona	クリプトナ	kryptony	クリプトニ
lanthanum	lanthanate	ランタン酸	lanthana	ランタナ	lanthany	ランタニ
lawrencium	lawrencate	ローレンシウム酸	lawrenca	ローレンカ	lawrency	ローレンシ
lead	plumbate[f]	鉛酸	plumba[f]	プルンバ	plumby[f]	プルンビ
lithium	lithate	リチウム酸	litha	リタ	lithy	リチ
lutetium	lutetate	ルテチウム酸	luteta	ルテタ	lutety	ルテチ
magnesium	magnesate	マグネシウム酸	magnesa	マグネサ	magnesy	マグネシ
manganese	manganate	マンガン酸	mangana	マンガナ	mangany	マンガニ
meitnerium	meitnerate	マイトネリウム酸	meitnera	マイトネラ	meitnery	マイトネリ
mendelevium	mendelevate	メンデレビウム酸	mendeleva	メンデレバ	mendelevy	メンデレビ
mercury	mercurate	水銀酸	mercura	メルクラ	mercury	メルクリ
molybdenum	molybdate	モリブデン酸	molybda	モリブダ	molybdy	モリブジ
neodymium	neodymate	ネオジム酸	neodyma	ネオジマ	neodymy	ネオジミ
neon	neonate	ネオン酸	neona	ネオナ	neony	ネオニ
neptunium	neptunate	ネプツニウム酸	neptuna	ネプツナ	neptuny	ネプツニ
nickel	nickelate	ニッケル酸	nickela	ニッケラ	nickely	ニッケリ
niobium	niobate	ニオブ酸	nioba	ニオバ	nioby	ニオビ
nitrogen	nitrate	硝酸	aza[g]	アザ	azy[g]	アジ
nobelium	nobelate	ノーベリウム酸	nobela	ノーベラ	nobely	ノーベリ
osmium	osmate	オスミウム酸	osma	オスマ	osmy	オスミ
oxygen	oxygenate	酸素酸	oxa	オキサ	oxy	オキシ
palladium	palladate	パラジウム酸	pallada	パラダ	pallady	パラジ
phosphorus	phosphate	リン酸	phospha	ホスファ	phosphy	ホスフィ
platinum	platinate	白金酸	platina	プラチナ	platiny	プラチニ
plutonium	plutonate	プルトニウム酸	plutona	プルトナ	plutony	プルトニ
polonium	polonate	ポロニウム酸	polona	ポロナ	polony	ポロニ
potassium	potassate	カリウム酸	potassa	ポタッサ	potassy	ポタッシ
praseodymium	praseodymate	プラセオジム酸	praseodyma	プラセオジマ	praseodymy	プラセオジミ
promethium	promethate	プロメチウム酸	prometha	プロメタ	promethy	プロメチ
protactinium	protactinate	プロトアクチニウム酸	protactina	プロトアクチナ	protactiny	プロトアクチニ
protium	protate	プロチウム酸	prota	プロタ	proty	プロチ
radium	radate	ラジウム酸	rada	ラダ	rady	ラジ
radon	radonate	ラドン酸	radona	ラドナ	radony	ラドニ
rhenium	rhenate	レニウム酸	rhena	レナ	rheny	レニ
rhodium	rhodate	ロジウム酸	rhoda	ロダ	rhody	ロジ
roentgenium	roentgenate	レントゲニウム酸	roentgena	レントゲナ	roentgeny	レントゲニ
rubidium	rubidate	ルビジウム酸	rubida	ルビダ	rubidy	ルビジ
ruthenium	ruthenate	ルテニウム酸	ruthena	ルテナ	rutheny	ルテニ
rutherfordium	rutherfordate	ラザホージウム酸	rutherforda	ラザホーダ	rutherfordy	ラザホージ
samarium	samarate	サマリウム酸	samara	サマラ	samary	サマリ
scandium	scandate	スカンジウム酸	scanda	スカンダ	scandy	スカンジ
seaborgium	seaborgate	シーボーギウム酸	seaborga	シーボーガ	seaborgy	シーボーギ

表 13-3 （つづき）

元素名	陰イオン名称[a]		'a' 語群		'y' 語群	
selenium	selenate	セレン酸	selena	セレナ	seleny	セレニ
silicon	silicate	ケイ酸	sila	シラ	sily	シリ
silver	argentate[h]	銀酸	argenta[h]	アルゲンタ	argenty[h]	アルゲンチ
sodium	sodate	ナトリウム酸	soda	ソーダ	sody	ソージ
strontium	strontate	ストロンチウム酸	stronta	ストロンタ	stronty	ストロンチ
sulfur	sulfate	硫酸	thia[i]	チア	sulfy	スルフィ
tantalum	tantalate	タンタル酸	tantala	タンタラ	tantaly	タンタリ
technetium	technetate	テクネチウム酸	techneta	テクネタ	technety	テクネチ
tellurium	tellurate	テルル酸	tellura	テルラ	tellury	テルリ
terbium	terbate	テルビウム酸	terba	テルバ	terby	テルビ
thallium	thallate	タリウム酸	thalla	タラ	thally	タリ
thorium	thorate	トリウム酸	thora	トラ	thory	トリ
thulium	thulate	ツリウム酸	thula	ツラ	thuly	ツリ
tin	stannate[j]	スズ酸	stanna[j]	スタンナ	stanny[j]	スタンニ
titanium	titanate	チタン酸	titana	チタナ	titany	チタニ
tritium	tritate	トリチウム酸	trita	トリタ	trity	トリチ
tungsten	tungstate	タングステン酸	tungsta	タングスタ	tungsty[k]	タングスチ
uranium	uranate	ウラン酸	urana	ウラナ	urany	ウラニ
vanadium	vanadate	バナジウム酸	vanada	バナダ	vanady	バナジ
xenon	xenonate	キセノン酸	xenona	キセノナ	xenony	キセノニ
ytterbium	yetterbate	イッテルビウム酸	ytterba	イッテルバ	ytterby	イッテルビ
yttrium	yttrate	イットリウム酸	yttra	イットラ	yttry	イッテリ
zinc	zincate	亜鉛酸	zinca	ジンカ	zincy	ジンシ
zirconium	zirconate	ジルコニウム酸	zircona	ジルコナ	zircony	ジルコニ

a その原子を中心原子として含むヘテロ原子陰イオンに対する付加名称で用いられる語尾変化した元素名称.
b 名称 stibium から.　c 名称 cuprum から.　d 名称 aurum から.　e 名称 ferrum から.　f 名称 plumbum から.
g 名称 azote から.　h 名称 argentum から.　i 名称 theion から.　j 名称 stannum から.
k "Nomenclature of Inorganic Chains and Ring Compounds", E.O. Fluck and R.S. Laitinenm, *Pure Appl. Chem.*, 69, 1659-62 (1997) と Chaptes II-5 of *Nomenclature of Inorganic Chemistry II, IUPAC Recommendations 2000*, eds. J.A. MaCleverty and N.G. Connelly, Royal Society of Chemistry, 2001 では, 'wolframy' が用いられていた.

表 13-4　元素の順序

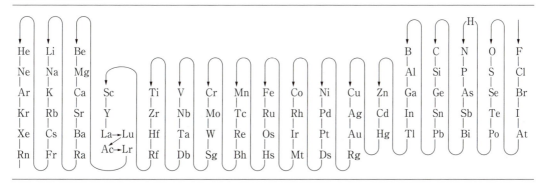

表 13-5 特性基の優先順位

1. onium と類似の陽イオン
2. 酸：COOH, C(=O)OOH. 両者の S, Se 誘導体. 次いでスルホン酸, スルフィン酸など
3. 酸誘導体：無水物, エステル, アシル-ハロゲン化物, アミド, ヒドラジド, イミド, アミジンなどの順
4. ニトリル（シアニド），次いでイソシアニド
5. アルデヒド，その S, Se 類似体，次いでその誘導体
6. ケトン，その類似体と誘導体（アルデヒドと同じ順序）
7. アルコールとフェノール，次いで S, Se, Te 類似体，次にハロゲン化水素以外の無機酸とアルコール，フェノールの中性エステルを同じ順に.
8. ヒドロ過酸化物
9. アミン，イミン，ヒドラジンなどの順
10. エーテル，その S, Se 類似体
11. 過酸化物

表 13-6 常に接頭語で示すべき特性基

特性基	接　頭　語
—Br	Bromo
—Cl	Chloro
—ClO	Chlorosyl
—ClO_2	Chloryl
—ClO_3	Perchloryl
—F	Fluoro
—I	Iodo
—IO	Iodosyl
—IO_2	Iodyl（iodoxy の代わり）
—$I(OH)_2$	Dihydroxyiodo
—IX_2	X はハロゲンか基を示す. 接頭語は di-halogenoiodo などか diacetoxyiodo などとする.
=N_2	Diazo
—N_3	Azido
—NO	Nitroso
—NO_2	Nitro
=N(O)OH	*aci*-Nitro
—OR	R-oxy
—SR	R-thio（R-seleno, R-telluro も同様）

SiH_3NH_2
　　シランアミン　silanamine
$MePHSiH_3$
　　メチル（シリル）ホスファン
　　methyl（silyl）phosphane

h. 母体水素化物にヒドロン（H^+）を付加することで誘導される陽イオンの名称

母体水素化物名の末尾の「e」をイウム（ium）に変更して示す．なお，ポリ酸イオンが誘導される場合には，母体水素化物の末尾にそのままジイウム（diium），トリイウム（triium）などをつけて示す．位置番号を付記する場合には接尾語の直前につける．この際，まずは付加したヒドロン部分の番号がなるべく小さくなるように，次いで不飽和部分の番号がなるべく小さくなるように位置を決める．

例）
　H_3O^+
　　オキシダニウム　oxidanium
　　オキソニウム　oxonium
　NH_4^+
　　アザニウム　azanium
　　アンモニウム　ammonium
　$N_2H_5^+$
　　ジアザニウム　diazanium
　　ヒドラジニウム　hydrazinium
　$N_2H_6^{2+}$
　　ジアザンジイウム　diazanediium
　　ヒドラジンジイウム　hydrazinediium
　$^+H_3NN=NH$
　　トリアズ-2-エン-1-イウム　triaz-2-en-1-ium

i. 母体水素化物から水素化物イオン（H^-）を除くことで誘導される陽イオンの名称

母体水素化物名の末尾の「e」をイリウム（ylium）に変更して示す．なお，ポリ酸イオンが誘導される場合には，母体水素化物の末尾にそのままジイリウム（diylium），トリイリウム（triylium）などをつけて示す．位置番号を付記する場合には接尾語の直前につける．この際，まずは除かれた水素化物イオン部分の番号がなるべく小さくなるように，次いで不飽和部分の番号がなるべく小さくなるように位置を決める．

例）
　SiH_3^+
　　シリリウム　silylium
　$Si_2H_5^+$
　　ジシラニリウム　disilanylium
　$^+HNN=NH$
　　トリアズ-2-エン-1-イリウム　triaz-2-en-1-ylium

表 13-7　よく使われる特性基の接頭語と接尾語

分類	式*	接頭語	接尾語
Cations		-onio	-onium
		-onia	-onium
Carboxylic acid	—COOH	Carboxy	-carboxylic acid
	—(C)OOH	—	-oic acid
Sulfonic acid	—SO_3H	Sulfo	-sulfonic acid
Salts	—COOM	—	Metal...carboxylate
	—(C)OOM	—	Metal...oate
Esters	—COOR	R-oxycarbonyl	R...carboxylate
	—(C)OOR	—	R...oate
Acid halides	—CO—Halogen	Haloformyl	-carbonyl halide
	—(C)O—Halogen	—	-oyl halide
Amides	—CO—NH_2	Carbamoyl	-carboxamide
	—(C)O—NH_2	—	-amide
Amidines	—C(=NH)—NH_2	Amidino	-carboxamidine
	—(C)(=NH)—NH_2	—	-amidine
Nitriles	—C≡N	Cyano	-carbonitrile
	—(C)≡N	—	-nitrile
Aldehydes	—CHO	Formyl	-carbaldehyde
	—(C)HO	Oxo	-al
Ketones	>(C)=O	Oxo	-one
Alcohols	—OH	Hydroxy	-ol
Phenols	—OH	Hydroxy	-ol
Thiols	—SH	Mercapto	-thiol
Hydro-peroxides	—O—OH	Hydro-peroxy	—
Amines	—NH_2	Amino	-amine
Imines	=NH	Imino	-imine
Ethers	—OR	R-oxy	—
Sulfides	—SR	R-thio	—
Peroxides	—O—OR	R-dioxy	—

*式中の（ ）の炭素原子は接尾語や接頭語に含まれないため，母体化合物名に含める．

j. 母体水素化物の水素原子が置換されることで誘導される置換陽イオンの名称

母体水素化物の名称に特性基を表す適当な接頭語（13.1.3 項 g 参照）をつけて示す．位置番号を付記する場合，まずは付加したヒドロンまたは除かれた水素化物イオン部分の番号がなるべく小さくなるように，次いで特性基部分の番号がなるべく小さくなるように位置を決める．

例）

[NF_4]$^+$
　テトラフルオロアザニウム
　tetrafluoroazanium
　テトラフルオロアンモニウム
　tetrafluoroammonium

[NMe_4]$^+$
　テトラメチルアザニウム
　tetramethylazanium
　テトラメチルアンモニウム
　tetramethylammonium

[$ClPH_3$]$^+$
　2-クロロジホスファン-1-イウム
　2-chlorodiphosphan-1-ium

k. 母体水素化物からヒドロン（H^+）を除くことで誘導される陰イオンの名称

母体水素化物名の末尾の「e」をイド（ide）に変更して示す．なお，ポリ酸イオンが誘導される場合には，母体水素化物の末尾にそのままジイド（diide）

などをつけて示す．位置番号を付記する場合には接尾語の直前につける．この際，まずは除かれたヒドロン部分の番号がなるべく小さくなるように，次いで不飽和部分の番号がなるべく小さくなるように位置を決める．

例）
SiH_3^-
　シラニド　silanide
NH_2^-
　アザニド　azanide
　アミド　amide
NH^{2-}
　アザンジイド　azanediide
　イミド　imide
H_2NNH^-
　ジアザニド　diazanide
　ヒドラジニド　hydrazinide
$^-HNNH^-$
　ジアザン-1,2-ジイド　diazane-1,2-diide
　ヒドラジン-1,2-ジイド　hydrazine-1,2-diide
$^-HNN=NH$
　トリアズ-2-エン-1-イド　triaz-2-en-1-ide

l. **母体水素化物に水素化物イオン（H^-）を付加することで誘導される陰イオンの名称**

母体水素化物名の末尾のeをウイド（uide）に変更して示す．位置番号を付記する場合には接尾語の直前につける．この際，まずは付加した水素化物イオン部分の番号がなるべく小さくなるように，次いで不飽和部分の番号がなるべく小さくなるように位置を決める．

例）
$[BH_4]^-$
　ボラヌイド　boranuide

m. **母体水素化物の水素原子が置換されることで誘導される置換陰イオンの名称**

母体水素化物の名称に特性基を表す適当な接頭語（本項 g 参照）をつけて示す．位置番号を付記する場合，まずは付加したヒドロンまたは除かれた水素化物イオン部分の番号がなるべく小さくなるように，次いで特性基部分の番号がなるべく小さくなるように位置を決める．

例）
$MeNH^-$
　メチルアザニド　methylazanide
　メチルアミド　methylamide
　メタンアミニド　methanaminide
$MePH^-$
　メチルホスファニド　methylphosphanide
$[PF_6]^-$
　ヘキサフルオロ-λ^5-ホスファヌイド
　hexafluoro-λ^5-phosphanuide

13.1.4　付加命名法

中心原子や原子団とこれに配位する原子や原子団（配位子）に基づいた命名体系である．化合物の構成成分を形式的に中心原子や原子団のグループと配位子のグループとに二分化したのち，配位子を示す接頭語と中心原子や（適当な体系に基づいて構築された）中心原子団の名称を組み合わせることで命名される．以下に，錯体を含む単核および対称的な二核化合物の命名手順について解説する（非対称的な二核化合物，鎖状，環状化合物を含む多核化合物の命名法については，「無機化学命名法—IUPAC 2005 年勧告—」を参照のこと）．

a. 配位子を示す接頭語の表記方法

陰イオン性の配位子を接頭語とする際には，陰イオンの名称の語尾にあるイド（ide），アート（ate），イト（ite）をそれぞれ，イド（ido），アト（ato），イト（ito）に変える．

例）
H^-
　ヒドリド　hydrido
F^-
　フルオリド　fluorido
Cl^-
　クロリド　chlorido
Br^-
　ブロミド　bromido
I^-
　ヨージド　iodido
OH^-
　オキシダニド　oxidanido
　ヒドロキシド　hydroxide
NO^-
　オキシドニトラト　oxidonitrato
NO_3^-
　トリオキシドニトラト　trioxidonitrato
HCO_3^-
　ヒドロキシドジオキシドカルボナト

hydroxidodioxidocarbonato
ヒドロゲンカルボナト
hydrogencarbonato

中性および陽イオン性の配位子については，いくつかの例外を除いて，配位子の名称をそのまま接頭語とする．

例）
〈中性および陽イオン性の配位子〉
H_2O_2
ジオキシダン　dioxidane
SO_2
ジオキシド硫黄　dioxidesulfur
NO^+
オキシド窒素　oxidonitrogen

〈慣用名を使用する中性および陽イオン性の配位子〉
H_2O
アクア　aqua
NH_3
アンミン　ammine
$-(C=O)-$
カルボニル　carbonyl
$-N=O$
ニトロシル　nitrosyl
$-CH_4$
メチル　methyl
$-C_2H_5$
エチル　ethyl

配位子を陰性と見なすか，中性あるいは陽性と見なすかについては任意性が許容されるが，通常は陰イオン性として扱われる．

よく使われる接頭語については，「無機化学命名法—IUPAC 2005年勧告—」の付表 IX にまとめられているので参照のこと．

b. 単核体の名称

化合物中に金属原子が含まれる場合には常にこれを中心原子とし，中心原子が一義的に決まらない場合には表 13-4 の順序において最も後にくるものを中心原子として，これらの名称の前に配位子を示す接頭語を組み合わせて示す．ただし，水素原子については中心原子の対象とはしない．

異なる配位子が複数ある場合にはアルファベット順に表記し，同じ配位子が複数ある場合には接頭語の前に倍数接頭語を付記する（配位子を示す接頭語が倍数接頭語を含む場合や，配位子名が長く複雑な場合，倍数接頭語を併記することで誤解が生じる恐れがある場合には，別の系列を利用する）．なお，中性配位子や陽イオン性配位子，倍数接頭語を含む無機陰イオン性配位子，組成名称で示される配位子，置換有機配位子などを含む場合には，配位子同士を括弧で区画する必要がある．

例）
SF_6
ヘキサフルオリド硫黄　hexafluoridosulfur
$FClO$
フルオリドオキシド塩素　fluoridooxidochlorine
$Si(OH)_4$
テトラヒドロキシドケイ素
tetrahydroxidosilicon
$PbEt_4$
テトラエチル鉛　tetraethyllead
$[Hg(CHCl_2)Ph]$
（ジクロロメチル）（フェニル）水銀
（dichloromethyl）（phenyl）mercury

命名対象がイオンであるときには，陰イオン化学種の場合にのみ，語尾をアート（ate）（日本語名では「酸」と表記する）に変える．また，化合物名称の後に丸括弧で囲んだ電荷数を付記する．命名対象がラジカルであるときには，化合物名称の後に丸括弧で囲んだラジカルドット・を付記する．この際，ポリラジカルについては，ドットの前に適当な数字をおいて示す．

例）
$[PF_6]^-$
ヘキサフルオリドリン酸（1−）
hexafluoridophosphate（1−）
$[Fe(CN)_6]^{4-}$
ヘキサシアニド鉄酸（4−）
hexacyanidoferrate（4−）
$[Al(OH_2)_6]^{3+}$
ヘキサアクアアルミニウム（3+）
hexaaquaaluminium（3+）
$NO^{(2\cdot)-}$
オキシド硝酸（2・1−）　oxidonitrate（2・1−）

ちなみに，付加命名法で構築したイオン種の名称を用いて，定比組成型の組成命名法に従ってイオン性化合物を命名すると，例えば以下のようになる．（13.1.2 項 a 参照）

例）
$K_4[Fe(CN)_6]$
ヘキサシアニド鉄酸四カリウム
tetrapotassium hexacyanidoferrate
ヘキサシアニド鉄酸（4−）カリウム

potassium hexacyanidoferrate（4−）
ヘキサシアニド鉄（II）鉄カリウム
potassium hexacyanidoferrate（II）

c．対称的な二核体の名称

中心原子の名称の直前に倍数接頭語のジ（di）（日本語名では「二」と表記する）をおくこと以外，単核錯体と同様の規則で命名する．この際，二つの中心原子間に結合がある場合には，イタリック表記した中心原子の元素記号二つを全角ダッシュで結んで丸括弧で囲み，これを化合物名称の後に付記する．架橋配位子を含む場合には，対応する配位子名の直前に「μ-」を付記するとともに，「μ-」を含む架橋配位子名全体をほかの配位子とハイフンで区画する．

例）

NCCN
　ジニトリド二炭素（C—C）
　dinitridodicarbon（C—C）

(NC)SS(CN)$^{・-}$
　ビス（ニトリドカルボナト）二硫酸（S—S）（$^{・}1-$）
　bis（nitridocarbonato）disulfate（S—S）（$^{・}1-$）
　または
　ジシアニド二硫酸（S—S）（$^{・}1-$）
　dicyanidodisulfate（S—S）（$^{・}1-$）

$Al_2Cl_4(\mu\text{-}Cl)_2$

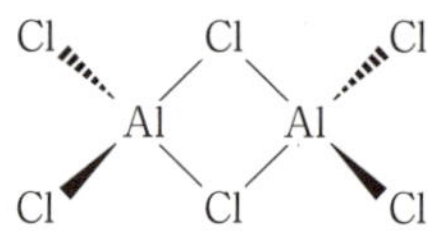

ジ-μ-クロリド-テトラクロリド二アルミニウム
di-μ-chlorido-tetrachloridoaluminium

なお，この種の二核体の名称は，括弧で囲んだ対称単位の名称の前にビス（bis）を付記して示してもよい．

例）

NCCN
　ビス（ニトリド炭酸）（C—C）
　bis（nitridocarbon）（C—C）

(NC)SS(CN)$^{・-}$
　ビス［（ニトリドカルボナト）硫酸］（S—S）（$^{・}1-$）
　bis（nitridocarbonato）disulfate（S—S）（$^{・}1-$）
　または
　ビス（シアニド硫酸）（S—S）（$^{・}1-$）
　bis（cyanidosulfate）（S—S）（$^{・}1-$）

$Al_2Cl_4(\mu\text{-}Cl)_2$
　ジ-μ-クロリド-ビス（ジクロリド二アルミニウム）
　di-μ-chlorido-bis（dichloridoaluminium）

13.1節のまとめ

- 無機化合物の特に重要な命名法：

　組成命名法：構造に関する情報をほとんど，またはまったく含まない，組成に基づいた命名体系．定比組成型と付加化合物型に大別される．

　置換命名法：特定の水素化物にのみ適用される．母体水素化物と母体の水素原子を置換する原子や原子団（特性基）に基づいた命名体系．

　付加命名法：中心原子や原子団とこれに配位する原子や原子団（配位子）に基づいた命名体系．

13.2 無機化合物の構造

無機化合物の構造は，分子構造から結晶構造に至るまで実に多種多様であるが，命名法体系との関連において特に重要なのは錯体（一般に，中心金属原子と配位子から構成されるイオンまたは中性分子）の構造である．ここでは，錯体の構造に絞ってその概要を示す．

13.2.1 錯体の幾何構造

複数の配位子を有する錯体の幾何構造は，多面体記号によって表現することができる．多面体記号は，幾何構造を表す単語に由来するアルファベット（大文字のイタリック体）と中心金属の配位数に相当するアラビア数字によって構成される．例えば，直線型の多面体記号は「L-2」であり，折れ線型の多面体記号は「A-2」である．命名法においては，丸括弧で囲んだ多面体記号と錯体の名称をハイフンでつなぐ形で用いる．

例）

（T-4)-テトラシアノニッケル（0）酸イオン
（T-4)-tetracyanonickelate（0）ion

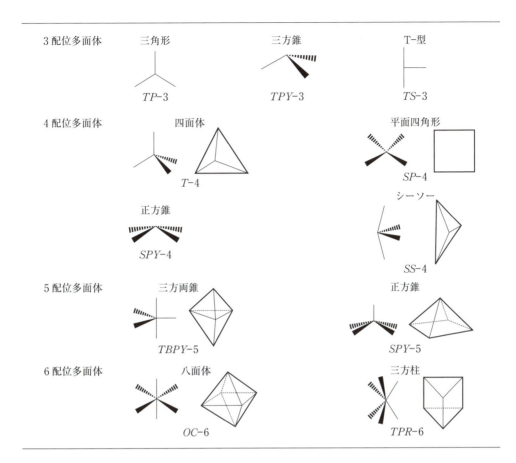

その他，錯体の主な幾何構造と多面体記号を図13-1に示した．

13.2.2 立体異性体

有機物の場合と同様，組成が同一でありながら，成分の空間的な配置が異なる分子を立体異性体とよび，このうち，互いに鏡像関係にあるものを鏡像（エナンチオ）異性体，これ以外の立体異性体をジアステレオ異性体とよぶ．一般に，ジアステレオ異性体は互いに異なる物理的性質や化学的性質を示すが，鏡像異性体は，互いに旋光性が異なり，また限定条件下において生化学的性質を含む化学的性質が異なる場合があるものの，物理的性質は同一である（11.3節参照）．命名法体系において配位子の相対的な空間配置の違いに基づくジアステレオ異性体を区別する具体的な方法については，「無機化学命名法―IUPAC 2005年勧告―」を参照のこと．

13.2 節のまとめ
- 錯体：一般に，中心金属原子と配位子から構成されるイオンまたは中性分子を指す．
- 複数の配位子を有する錯体の幾何構造は，多面体記号（直線型 *L*-2 など）によって表現する．命名法では，丸括弧で囲んだ多面体記号と錯体の名称をハイフンでつなぐ形で表す．

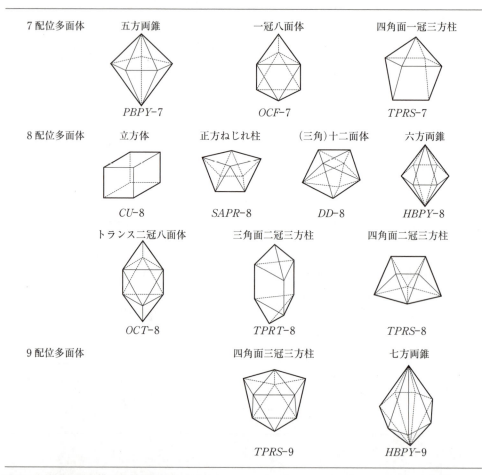

図 13-1　錯体の幾何構造と多面体記号

章末問題

問題 13-1

次の化合物について，組成命名法体系に基づく名称を示しなさい．

(a) NO_2

(b) CuK_5Sb_2（Cu と K を陽性成分，Sb を陰性成分とみなした場合）

(c) $Ca(NO_3)_2$

問題 13-2

次の化合物について，置換命名法に基づく名称を示しなさい．なお，NH_3 の単核母体水素化物としての名称はアザン（azane）である（アンモニアおよび水の誘導体を命名する際にのみ置換命名法が用いられる）．

(a) H_2NNH_2

(b) HN = NH
  (c) NH_4^+

問題 13-3
次の化合物について，付加命名法体系に基づく名称を示しなさい．
  (a) SO_2
  (b) $K_4[Fe(CN)_6]$
  (c) NCCN

参 考 文 献

[1] K. Wada, *Adv. Inorg. Chem. Radiochem.*, **18**, pp. 1-66 (1976)

[2] R.E. Williams, *Adv. Inorg. Chem. Radiochem.*, **18**, pp. 67-142 (1976)

[3] D.M.P. Mingos, *Acc. Chem. Res.*, **17**, pp. 311-319 (1984)

章末問題解答

1. 物質の構造

問題 1-1
$_{18}$Ar と $_{19}$K, $_{27}$Co と $_{28}$Ni, $_{52}$Te と $_{53}$I など原子量が原子番号順になっていない. 原子量はその物質の同位体の天然の存在比によって決まるので, その存在比によっては逆転現象がみられる.

問題 1-2
1.4 節「化学量論」にあるように, C+4H ⟶ CH$_4$ は, C 原子 1 個+H 原子 4 個 ⟶ CH$_4$ 分子 1 個と解釈できる. したがって, 物質を個数で数えることができれば, 化学反応などは扱いやすい. 切りの良い数字, 例えば, 100 個の原子あるいは分子を 1 mol と定義できればアボガドロ数に相当する定数は整数となる. しかし, 実際に分子を個数で数えることはできない. そこで, 一定の数の原子あるいは分子からなる物質を質量で量りとる. 個数ではなく質量であれば, 12 g の C 原子と 4 g の H 原子から 16 g の CH$_4$ 分子ができ, このとき C 原子 12 g と H 原子 1 g には同じ数の原子があることがわかる. ここで 12 g の C 原子の数を数えた値がアボガドロ数となる. アボガドロ数は整数であるはずであるが, 現在の技術で正確に 1 桁目までを数えることができないので, 有効数字をもった値として示される.

問題 1-3
水 1 mol の体積 18 cm^3 中に 6×10^{23} 個の水分子が存在する. したがって, 水分子 1 個の占める体積は

$$\frac{18\,\text{cm}^3}{6 \times 10^{23}} = 3 \times 10^{-23}\,\text{cm}^3$$

と計算でき, 一辺は

$$\sqrt[3]{3 \times 10^{-23}\,\text{cm}^3} = 3.1 \times 10^{-8}\,\text{cm}$$

と見積もれる. 10^{-8} オーダーの大きさである.

2. 原子の構造

問題 2-1
プランクのエネルギー量子説では, 光は波として扱い, そのエネルギーが $h\nu$ を最小単位として整数倍しかとれないとしている. 波のエネルギーは, 波の振幅 (振幅の 2 乗) に関係する. 波のエネルギーが不連続に変化するならば, 波の高さ (振幅) も不連続となる. つまり, プランクの説での $E = nh\nu$ は, 光を波と扱っているので, 波は高さを自由に変えられないという奇妙な現象となる.

一方, 同じ式であるが, アインシュタインの説では, 光を粒子ととらえ, 粒子一つがもつエネルギーが $h\nu$ であるとしている. n 個の粒子のエネルギーが $nh\nu$ と $h\nu$ の倍数として表されるのは極めて自然な現象と理解される.

問題 2-2
0.053 nm. 式 (2-45) に物理定数を代入して算出する.

問題 2-3
$|\phi|^2$ が粒子の存在確率を意味することから, 波動関数を複素表示することが求められる.

例えば, 速度 v で運動する質量 m の粒子を考える. この粒子の運動量は $p = mv$ と確定している. したがって, 不確定性原理より位置 x は無限大の不確かさをもつ, すなわち, 「粒子の位置が全く定まらない」=「すべての位置 x において粒子の見出される確率が等しい」と解釈される. 波動関数を $\phi = A_0 \cos(kx - \omega t)$ と実数表示すると $|\phi|^2 = A_0^2 \cos^2(kx - \omega t)$ と一定にならず, 「すべての位置 x において粒子の見出される確率が等しい」の要請を満たさない. しかし, 波動関数を $A_0 \exp\{i(kx - \omega t)\}$ と複素表示すれば $|\phi|^2 = \phi^*\phi = A_0^2$ と一定となり, 要請を満たす.

3. 原子の性質

問題 3-1
$Z = 137$

問題 3-2
3.4 節「イオン化エネルギー」参照

問題 3-3
3.5 節「電子親和力」参照.

4. 化学結合と分子構造

問題 4-1
4.1.1 節「イオン結合」参照

問題 4-2
水素化物の結合角を sp^3 混成軌道から説明される NH$_3$ や H$_2$O が例外であると言える. すなわち, 混成軌道ではなく p 軌道の結合角 90° が結合角に反映され

ていると考えられる.

問題 4-3

C 原子と H 原子とが共有結合することで結合エネルギーの分のエネルギーが低くなる. C 原子が電子を昇位させて sp³ 混成軌道を作ることはエネルギー的に不安定であるが, それによって C 原子に二つの H 原子ではなく, 四つの H 原子が結合させることができる. つまり, CH_2 より CH_4 となるのは, 昇位させてエネルギー的に不利な sp³ 混成軌道をつくっても結合によるエネルギーの安定化が見込めることの説明が不足している.

5. 物質の状態とエネルギー論
問題 5-1

$$1\,\text{L atm} = (1\times 10^{-3}\,\text{m}^3)\times(1.013\times 10^5\,\text{Pa})$$
$$= (1\times 10^{-3}\,\text{m}^3)\times(1.013\times 10^5\,\text{kg m}^{-1}\,\text{s}^{-2})$$
$$= 1.013\times 10^2\,\text{kg m}^2\,\text{s}^{-2} = 1.013\times 10^2\,\text{J}$$

したがって,

$$0.08206\,\text{L atm} = 0.08206\times 1.013\times 10^2\,\text{J}$$
$$= 0.083126\times 10^2\,\text{J} = 8.3126\,\text{J}$$

よって $R = 0.08206(\text{L atm})/(\text{K mol})$
$= 8.313\,\text{J}/(\text{K}\cdot\text{mol})$ となる.

問題 5-2

各温度における $1/T$ および $\ln P$ を求め, x 軸に $1/T$, y 軸に $\ln P$ をとったプロットをとる. このプロットは理想気体では直線となり, その傾きが $-\Delta H_\text{evaporation}/R$ となるので, 実際に傾きを求め, それに $-R$ を乗じたものが $\Delta H_\text{evaporation}$ となる.

問題 5-3

(1) B の質量百分率は, $w_B/(w_A+w_B)\times 100$

モル分率は,

$$X_B = \frac{\left(\dfrac{w_B}{M_B}\right)}{\left(\dfrac{w_A}{M_A}+\dfrac{w_B}{M_B}\right)}$$

モル濃度は, $C_B = \dfrac{\left(\dfrac{w_B}{M_B}\right)}{V}$

(2) $\left(\dfrac{w_B}{M_B}\right) = \left(\dfrac{w_A}{M_A}+\dfrac{w_B}{M_B}\right)X_B$

より,

$$C_B = \frac{\left(\dfrac{w_A}{M_A}+\dfrac{w_B}{M_B}\right)}{V}X_B$$

と表される.

問題 5-4 省略
問題 5-5 省略

6. 化学反応・化学量論・反応速度
問題 6-1

二つの中間体の NO_2 と NO_3 について,

$$\frac{d[NO]}{dt} = k_2[NO_2][NO_3] - k_3[NO][N_2O_5] = 0$$

$$\frac{d[NO_3]}{dt} = k_1[N_2O_5] - (k_{-1}+k_2)[NO_2][NO_3] = 0$$

これらを $[N_2O_5]$ の速度式に代入すると,

$$\frac{d[N_2O_5]}{dt} = k_{-1}[NO_2][NO_3] - k_1[N_2O_5]$$
$$- k_3[NO][N_2O_5]$$

$[N_2O_5]$ に関する次の 1 次反応速度式を得る.

$$\frac{d[N_2O_5]}{dt} = -\frac{2k_1k_2}{k_{-1}+k_2}[N_2O_5]$$

問題 6-2

平衡および反応より次式が成り立つ.

$$K = \frac{[N_2O_5]}{[NO]^2}$$

$$\frac{d[NO_2]}{dt} = k_2[N_2O_5][O_2]$$

よって,

$$\frac{d[NO_2]}{dt} = k_2 K[NO]^2[O_2]$$

上式で $k_2 K$ を定数とすると 3 次反応速度式が得られる.

また, 第 1 段階の反応が発熱反応だとすれば, 温度上昇につれて平衡定数 K は減少する. その減少が, 第 2 段階の温度による k_2 の増加を上回ると考えれば, この反応の速度定数が温度上と共に減少することも説明できる.

問題 6-3

温度を上げると反応は速く進む. 反応速度定数は温度に対して指数関数的に増加する.

アレニウスの式

$$\ln\frac{k_2}{k_1} = -\frac{E_a}{R}\left(\frac{1}{T_2}-\frac{1}{T_1}\right)$$

に, $k_2/k_1 = 2$ または 3, $T_1 = 298\,\text{K}$, $T_2 = 308\,\text{K}$, $R = 8.31\,\text{JK}^{-1}\,\text{mol}^{-1}$ を代入すると, 活性化エネルギー $E_a = 52.9\,\text{kJ mol}^{-1}$, $83.8\,\text{kJ mol}^{-1}$ となる.

7. 酸と塩基
問題 7-1

$1.0\times 10^{-4}\,\text{mol L}^{-1}$ の HCl 溶液の $[H^+] = 1.0\times 10^{-4}\,\text{mol L}^{-1}$ である. この値は水から供給される $[H^+] = 1.0\times 10^{-7}\,\text{mol L}^{-1}$ に比べれば十分に大きい. よって, 水からの水素イオンは無視できるので, $\text{pH} = -\log[H^+]$ に代入し, $\text{pH} = 4.00$.

1.0×10^{-8} mol L^{-1} の HCl 溶液の [H$^+$] = 1.0×10^{-8} mol L^{-1} である．この値は水から供給される [H$^+$] = 1.0×10^{-7} mol L^{-1} に比べて無視できない ([H$^+$] < 1.0×10^{-6} mol L^{-1})．よって，

$$\text{pH} = -\log\left(\frac{[\text{H}^+]+\sqrt{[\text{H}^+]^2+4K_w}}{2}\right)$$ に代入し，

pH = 6.98．

問題 7-2

(1) $K_a/C_a = 2 > 10^{-2}$ と非常に大きいので，電離度も大きく $1-\alpha$ を 1 と近似できない場合に相当するので

$$[\text{H}^+] = \frac{-K_a+\sqrt{K_a^2+4C_aK_a}}{2}$$ により [H$^+$] = 0.0732 mol L^{-1} となる．この値は水から供給される [H$^+$] = 1.0×10^{-7} mol L^{-1} に比べれば十分に大きい．よって，水からの水素イオンは無視できるので，pH = $-\log 0.0732$ = 1.14．

(2) $K_a/C_a = 1.75\times10^{-4} < 10^{-2}$ と非常に小さいので，電離度も大きく $1-\alpha$ を 1 と近似できる場合に相当するので，[H$^+$] = $\sqrt{C_aK_a}$ より [H$^+$] = 1.32×10^{-3} mol L^{-1} となる．この値は水から供給される [H$^+$] = 1.0×10^{-7} mol L^{-1} に比べれば十分に大きい．よって，水からの水素イオンは無視できるので，pH = $-\log 1.32\times10^{-3}$ = 2.88．

(3) $K_a/C_a = 4.0\times10^{-12} < 10^{-2}$ と非常に小さいので，電離度も大きく $1-\alpha$ を 1 と近似できる場合に相当するので [H$^+$] = $\sqrt{C_aK_a}$ より [H$^+$] = 2.0×10^{-7} mol L^{-1} となる．この値は水から供給される [H$^+$] = 1.0×10^{-7} mol L^{-1} に比べて無視できない．[H$^+$] = $\sqrt{C_aK_a+K_w}$ より pH = 6.65．

問題 7-3

(1) 表 7-2 より酢酸の pK_a = 4.76，式 (7-25) より，

$$\text{pH} = 4.76+\log\frac{0.10}{0.08} = 4.86$$

(2) HCl 添加後

$$\text{pH} = 4.76+\log\frac{0.10-0.01}{0.08+0.01} = 4.76$$

(3) CH$_3$COOH 添加後

$$\text{pH} = 4.76+\log\frac{0.10}{0.08+0.01} = 4.81$$

8. 酸化還元反応

問題 8-1

2H$^+$ + 2e$^-$ = H$_2$(g) と Na$^+$ e$^-$ = Na(s) の標準電極電位，いわゆる，イオン化傾向の差による．

問題 8-2

塩酸は過マンガン酸カリウムによって酸化されてしまい，硝酸は酸化剤として働くので，酸化作用のほとんどない希硫酸を用いる．

問題 8-3

理論的には起電力は 0.76 V と計算される．作製直後に約 1 V になるのは，銅板の表面に少量の銅の化合物が存在して，短時間だけ次のような反応が進むためと考えられている．

Cu^{2+} + 2e$^-$ = Cu   +0.337 V
CuO(s) + 2H$^+$ + 2e$^-$ = Cu(s) + H$_2$O +0.558 V
Cu$_2$O(s) + 2H$^+$ + 2e$^-$ = 2Cu(s) + H$_2$O +0.471 V

9. 無機化合物の反応と性質

問題 9-1

(1) (a) Be$_2$C, CaC$_2$, KC$_8$
 (b) B$_4$C, SiC
 (c) WC, Fe$_3$C

(2) (a) Li$_3$N, Mg$_3$N$_2$
 (b) N$_2$H$_4$, P$_3$N$_5$, BN
 (c) Mn$_3$N$_2$, VN

問題 9-2

Si を中心原子として四つの O が配位した SiO$_4$ 四面体の O が，ほかの SiO$_4$ 四面体によって共有されることで三次元網目状に連結された [SiO$_2$]$_n$ 骨格を有している．

問題 9-3

(1) (a) ホスホン酸イオン   HPO$_3^{2-}$
 (b) 次リン酸イオン   P$_2$O$_6^{4-}$
 (c) オルトリン酸（リン酸）イオン   PO$_4^{3-}$
  リン酸水素イオン   HPO$_4^{2-}$
  リン酸二水素イオン   H$_2$PO$_4^-$
  ピロリン酸（二リン酸）イオン   P$_2$O$_7^{4-}$
  トリポリリン酸（三リン酸）イオン   P$_3$O$_{10}^{5-}$
  など（9.6.3 項 b 参照）

10. 多原子分子の分子構造と化学結合

問題 10-1

(1) H : O : H   H—O—H

(2) H : O : O : H   H—O—O—H

(3) O :: C :: O |O═C═O|

(4) H : C : H (with H above and below)   H—C—H (with H above and below)

(5) H : C ::: O :   H—C≡N|

この解答では，分子の形状を考慮していない．たと

えば，水は結合角 104.5°の折れ線形であり，メタンは正四面体である．

問題 10-2

(1) [アントラセンの共鳴構造]

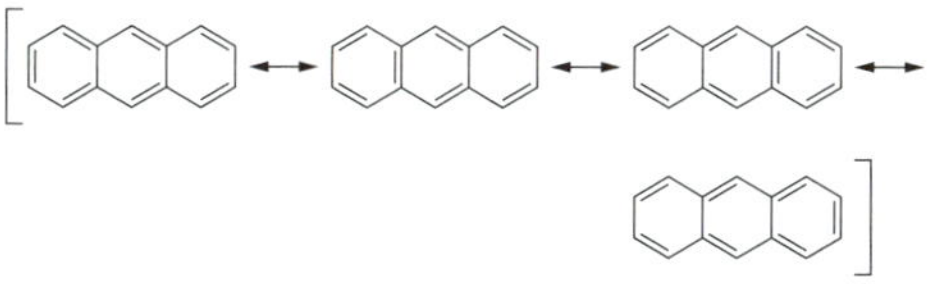

(2) [フェナントレンの共鳴構造]

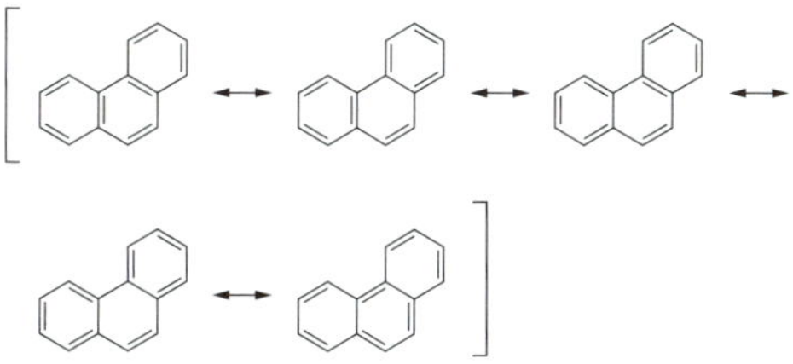

問題 10-3

(1) のイオンはこの構造以外に共鳴構造を書けないが，(2) のイオンは下に示すような共鳴構造が書ける．正電荷が非局在化するため，(2) のイオンの方が安定であると考えてよい．

[$H_3C-CH=CH-\overset{\oplus}{C}H_2$ ⇄ $H_3C-\overset{\oplus}{C}H-CH=CH_2$]

11. 有機化合物の構造と命名法

問題 11-1

キラルとは，鏡像と実像が合致しない物体をいう．逆に，鏡像と重ね合わせられる物体はアキラルという．

不斉とは，その物体に対称性のないことをいう．

対称性がなければ鏡像と実像が合致しないので，不斉な分子はキラルとなる．しかし，ジメチルシクロプロパンのような分子では，対象性がある（回転軸をもつ）ので不斉ではないがキラルである．すなわち，キラルな分子であれば必ずしも不斉になるとは限らない．

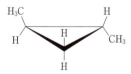

問題 11-2
217 個．

$CH_2=C=CH-CH=C=CH_2$，$CH_3-C\equiv C-C\equiv C-CH_3$ など数多くの構造が考えられる．

問題 11-3

11.3.2 項 c「立体配座異性体（回転異性体）」参照．

12. 有機化合物の構造と性質

問題 12-1

アルキル基（CH_3- など）は電子供与性（電子を押しやる効果）があるため，アルキル基が多く付くほどカルボカチオンは安定化する．また，アルキル基の sp^3 軌道と正電荷をもつ炭素原子の空の p 軌道が平行になることでわずかに電子を供与される超共役によってもカルボカチオンが安定化する．

問題 12-2

$C=C$ の二重結合は負の電荷をもつ電子雲が $C=C$ の上下に存在するので，正電荷の X^+ がつかまることになる．基本的には求電子付加である．

一方，$C=O$ の二重結合は分極しているので，C に求核付加が見られる．

問題 12-3

図 12-39 参照．

13. 無機化合物の構造と命名法

問題 13-1

(a) 二酸化窒素　nitrogen dioxide
(b) 二アンチモン化銅五カリウム　copper pentapotassium diantimonide
(c) ビス（トリオキシド硝酸）カルシウム　calcium bis（trioxidonitrate）

問題 13-2

(a) ジアザン　diazane
(b) ジアゼン　diazene
(c) アザニウム　azanium

問題 13-3

(a) ジオキシド硫黄　dioxidesulfur
(b) ヘキサシアニド鉄酸四カリウム
　　tetrapotassium hexacyanidoferrate
(c) ジニトリド二炭酸（$C-C$）
　　dinitridodicarbon（$C-C$）

索　引

あ
亜塩素酸ナトリウム　146
アキシアル結合　178
アキラル　175
アクチノイド　41
亜酸化ケイ素　130
アニオン　189
アニリン　187
アノード　115
アボガドロ数　5
アボガドロ定数　5
アボガドロの法則　68
網状ケイ酸塩　131
アミド　186
アミン　187
アモルファス　76
アルカリ金属　41
アルカリ土類金属　41
アルカン　180
アルキン　163,181
アルケン　163,181
アルコール　183
アルゴン　147
アルデヒド　184
アルミノケイ酸塩　132
アレニウスによる定義　100
アレニウスの式　95
アレニウスプロット　95
アンチ　176
アンチ形　177,178
アンチマルコフニコフ則　194
アンモニア　133
アンモニアソーダ法　128

い
硫黄　139
イオン　4
イオン化エネルギー　41,43
イオン化傾向　116
イオン（型）化合物　4
イオン結合　4,51
イオン結合性炭化物　127
イオン結晶　4,76
イオン電子法　114
イオン半径　49
いす形配座　178,181
異性　173
異性体　173
位置エネルギー　82
一重項酸素　157
位置選択的　191
一分子求核置換反応　190

一分子脱離反応　191
一リン化物　136
一酸化ケイ素　130
一酸化炭素　128
イミン　187
陰イオン　4
陰極　115
陰極線　8

う
右旋性　171
運動エネルギー　82

え
エーテル　183
液相　67
液体　67
エクアトリアル　181
エクアトリアル結合　178
エステル　185
エステル加水分解　186
エナミン　187
エナンチオマー　170,173
エネルギー準位　17
エネルギー保存則　82
エフロレセンス　128
エリトロ形　175
塩　4
塩化水素　145
塩化セシウム型構造　78
塩化ナトリウム型構造　79
塩化物　144
塩基　100
塩基解離定数　104
塩効果　106
塩素　143
塩素酸カリウム　146
エンタルピー　82
エントロピー　84,85
円偏光　171
塩類似炭化物　127
塩類似窒化物　132

お
オールレッド・ロコウ　46
オキソニウムイオン　100
オクテット則　51,149
オストワルト法　134
オゾン　137
オルトケイ酸塩　130
オルト・パラ配向性　159,193
オルトホウ酸　125
オルトホウ酸塩　126

オルトリン酸　137

か
化学熱力学　81
回映軸　175
外殻電子数　149
回転異性体　173,177
解離度　105
過塩素酸アンモニウム　146
過塩素酸リチウム　146
化学結合　51
化学式　3
化学熱力学　81
化学反応　83
化学反応式　7
化学量論　5,90
可逆的膨張仕事　82
可逆変化　82
確率密度　28
化合物　3
重なり形配座　177
加水分解反応　106
カソード　115
カチオン　189
活性化エネルギー　95
活性化衝突　95
活性錯合体　93
活性質量　92
カテネーション　127
カリミョウバン　142
カルノーサイクル　84
カルノーの定数　85
カルボアニオン　189
カルボカチオン　189
カルボン酸　184
カルボン酸無水物　186
還元　113
還元剤　113
緩衝液　107
緩衝能　108
官能基　180
慣用名　162,168

き
幾何異性体　173
規格化条件　28
貴ガス元素　41,147
基官能名　168,169
基官能命名法　167,169
基準炭素原子　171
気体　67
気体定数　68
気体分子運動論　69

218　索引

起電力　116
希土類元素　41
ギブズの自由エネルギー　87
基本粒子　8
求核剤　182
求核置換反応　190
求核付加反応　192
吸収過程　18
吸収スペクトル　17
吸着等温式　98
求電子剤　181
求電子体　159
求電子置換反応　159,192
求電子付加反応　191
吸熱　83
球棒模型　170
球面調和関数　30
強塩基　104
凝固点降下　74,75
強酸　103
鏡像異性体　170
共通イオン効果　106
橋頭炭素原子　166
共鳴エネルギー　182
共鳴効果　159,160
共鳴構造式　152
　　——の寄与　152
共鳴混成体　152,155
　　——への寄与　157
共役　154
共役塩基　100
共役化合物　150,151
共役酸　100
共有結合　4,51,52
　　——のイオン性　63
　　——の結晶　76
共有結合性炭化物　127
供与体-受容体結合　61
極限構造式　152
極性分子　63
局部電池　121
キラリティー　175,176
キラリティー軸　176
キラリティー中心　176
キラル　175
キラル軸　176
キラル中心　175,176
キルヒホッフの法則　83,84
キレート化合物　61
均一系　67
均一系触媒反応　97
金属過剰リン化物　136
金属結晶　76
金属錯体　61
金属類似炭化物　127
金属類似窒化物　133

く

空間充填模型　170
空軌道　60
クーロン力　51,76
くさび式　170

クラウジウス・クラペイロンの式　72,73
クラウジウスの原理　84
クラウンエーテル　184
グラハムの法則　70
クラペイロンの式　72
グリニャール反応剤　188
グループモーメント　62
クロロ化反応　193

け

系　67
ケイ化物　129
ケイ酸イオン　131
ケイ酸塩　130
形式電荷　149,153
ケイ素　129
ゲイ・リュサックの法則　67
ケクレ構造　153
結合エネルギー　57
結合解離エネルギー　52,56,194
　　主な結合の——　57
結合距離　52
結合生成エネルギー　56
結合性分子軌道　53
結晶構造解析　80
ケト-エノール互変異性　184
ケトン　184
ケミカルポテンシャル　87
限界波長　14
減去命名法　167,169
原子　1
原子価殻電子対反発理論　65
原子核　2,8
原子価結合法　52,148
原子軌道　148
原子軌道の線形結合　53
原子構造　2
原子質量　3
原子質量単位　3
原子スペクトル　17
原子半径　47
原子番号　2
原子量　3
元素　1

こ

光学異性体　173,174,175
光学活性　171
光学活性物質　171
交換反応　90
光子　14
格子定数　79
構造異性体　173,180
構造式　3
光電効果　14
光電子分光法　44
光量子　14
固/液平衡　81
ゴーシュ形　177
ゴーシュ形立体配座　178
氷　138
国際純正・応用化学連合　162

固相　67
固体　67
固体酸化物形燃料電池　139
骨格模型　170
古典熱力学　81
古典力学　8
コハク酸　187
木挽き台式　170
孤立電子対　61
混合物　4
混成軌道　58,59,148
コンプトン効果　15
コンプトン散乱　15
根平均二乗速度　70

さ

最小イオン半径比　78
最大重なりの原理　52
ザイツェフ則　191
最密充填構造　77
錯体の幾何構造　208
鎖状ケイ酸塩　131
左旋性　171
さらし粉　146
酸　100
酸化　113
酸化アルミニウム　138
酸解離指数　104
酸解離定数　103,160
酸解離定数　104
酸化還元反応　113,114
酸化剤　113
酸化状態　113
酸化ジルコニウム　139
酸化数　113
酸化物　138
三酸化硫黄　140
三次元ケイ酸塩　131
三重結合　52
三重項酸素　157
酸素　137
三中心二電子結合　61
三電子結合　156,157
酸ハロゲン化物　186

し

次亜塩素酸カルシウム　146
ジアステレオ異性体　175
ジアステレオマー　173,174,175
ジアミン　187
ジエチルエーテル　183
式単位　6
式量　6
磁気量子数　34
軸性キラリティー　176
シス-トランス異性体　173
シス形　177
示性式　3
実在気体　67
質量数　2
質量百分率　73
質量保存の法則　7

質量モル濃度　73
脂肪族環状炭化水素　164
弱塩基　104
弱酸　103
シャルルの法則　67
自由エネルギー　86
臭化物　144
周期表　1,40
周期律　40
臭素　143
充填率　77
重量百分率　73
ジュールの法則　83
縮合多環炭化水素　166
主量子数　34
シュレディンガーの波動方程式　27
準安定平衡　91
純物質　4
硝酸　133
硝酸塩　135
状態量　82
衝突数　94
シリカ　130
ジルコニア　139
シン　176
シン-アンチ表示法　174,175
浸透　75
浸透圧　75
振動数条件　21
侵入型炭化物　127
侵入型窒化物　133

す

水酸化カルシウム　124
水酸化ナトリウム　124
水酸化物　124
水酸化物イオン　100
水素　123
水素イオン指数　102
水素化アルミニウムリチウム　186
水素化物　123
水素結合　54,55,183
水素結合性結晶　76
水素原子のスペクトル　18,23
スキュー配座　177
スピネル類似構造　138
スピロ　166
スピロ結合　166
スピロ原子　166,167
スピン量子数　35
スルフィド　188
スルホキシド　188
スルホン　188

せ

正極　115
生成物　7
セイチェフ則　191
静電結合　51
接合命名法　167,169
絶対エントロピー　86
絶対配置　172

節平面　53
ゼーマン効果　34
閃亜鉛鉱型構造　79
遷移　17
遷移元素　41
旋光　171
旋光性　174,175
旋光度　174
線スペクトル　17

そ

相　67
双極子-双極子相互作用　54,56
双極子モーメント　46,62
層状ケイ酸塩　131
相対的立体配置　171
相対配置　172
速度定数　92
速度論（的）支配　193
組成式　4
組成命名法　196
素電荷　11
素反応　93
ソルベー法　128

た

第一級炭素　164
体系的命名法　162
第三級炭素　164
第三ビリアル係数　71
体心立方格子　77
体心立方構造　77
代置命名法　167,169
第二級炭素　164
第二ビリアル係数　71,72
多塩基酸　110
多結晶　75
多原子イオン　5
脱離基　182,190
脱離反応　190
多硫化物　140
単位格子　77,79
炭化水素基　163
炭化物　127
単結合　52
単結晶　75
単原子イオン　4
炭酸塩　128
炭酸カルシウム　129
炭酸水素ナトリウム　129
炭酸ナトリウム　128
単純立方構造　77
炭素　127
単体　4
断熱可逆圧縮　85
断熱可逆膨張　85
断熱過程　83

ち

チオール　188
置換基の順位規則　172
置換反応　90

置換名　169
置換命名法　167,196,198
窒化物　132
窒化ホウ素　133
窒素　132
中心性キラリティー　176
中性子　2,8,12
中性子の質量　12
超共役　154,192
直鎖炭化水素　162
直鎖飽和炭化水素　164

つ

通俗名　162

て

定圧過程　83
定圧熱容量　83
定温可逆圧縮　85
定温可逆膨張　85
定温過程　83
定常状態条件　21
定比組成型　196
定比例の法則　3
定容過程　83
定容熱容量　83
デオキシリボ核酸　55
滴定曲線　109
テクトケイ酸塩　131
テトラヒドロフラン　184
デュワー構造　153
転位　191
電荷素量　11
電気陰性度　45
電気素量　11
電極電位　116
典型元素　41
電子　2,8
　──の質量　11
　──の存在確率　26
　──の電荷　11
　──の電気量　11
電子雲　26,148
電子求引基　185
電子供与基　185
電子欠損分子　61
電子親和力　44,51
電子線　9
電子対結合　52
電池　115
電池図　121
電池反応　115

と

同位元素　12
同位体　2,12
動径関数　30
統計熱力学　81
動径分布関数　31
動的平衡　92
当量点　109
特性基　167

ド・ブロイの仮説　15
ド・ブロイの式　16
ド・ブロイ波　16, 25
トムソンの実験　9
トランス形　177
トルートンの通則　73
ドルトンの分圧の法則　68, 69
トレオ形　175

な

内部エネルギー　82

に

二環系炭化水素　166
二酸化硫黄　140
二酸化ケイ素　130
二酸化炭素　128
二重結合　52
二重性　14, 15
ニトリル　187
ニトロ化反応　193
二分子求核置換反応　190
二分子脱離反応　191
二ホウ酸塩　126
ニューマン投影式　170

ね

ネオン　147
ねじれ形配座　177
ねじれ舟形配座　178
熱効率　85
熱容量　81, 83
熱力学第一法則　82, 83
熱力学第三法則　86
熱力学第二法則　84, 85
熱力学(的)支配　193
ネルンストの式　121

は

パーセント組成　6
配位結合　61, 150, 157
配位子　61
配位数　76
配向性　191
配座異性体　177
配座的なキラリティー　177
排除体積　70
パウリの排他律　35, 148
爆鳴気　123
発光スペクトル　18
発熱　83
ハミルトン演算子　27
ハロゲン　143
ハロゲン化アルキル　182
ハロゲン化酸化物　145
ハロゲン化水素　144
ハロゲン化物　144
ハロゲン間化合物　144
ハロゲン元素　41
半金属類似炭化物　127
半金属類似窒化物　132
反結合性分子軌道　53

板状ケイ酸塩　131
半電池反応　115
反応エンタルピー　83
反応次数　93
反応速度　92
反応速度定数　94
反応熱　83
反応物　7
半反応　114

ひ

非共役化合物　150
非共有電子対　61, 149, 150, 184
非局在　154
非局在化　151, 182
非結合電子対　61
非晶質　76
比旋光度　171
比速度　92
比電荷　9
ヒュッケル則　182
標準状態　116
標準生成エンタルピー　83
標準電極電位　116
標準沸点　72
ビラジカル　157
ビリアル方程式　71
ピロケイ酸塩　130

ふ

ファンデルワールス定数　70, 71
ファンデルワールスの状態方程式　70
ファンデルワールス力　54, 56, 76
ファント・ホッフの法則　75
フィッシャー投影式　170, 172
風解　128
フェノール　183
付加化合物型　198
不可逆的膨張仕事　82
不可逆変化　82
不確定性原理　24, 25
付加反応　191
付加命名法　167, 169, 196, 206
負極　115
不均一系　67
不均一系触媒反応　97
腐食　121
不斉炭素　170, 175, 190
不斉中心　170, 176
不対電子　156, 189
フッ化水素　145
フッ化物　144
物質波　16, 25
物質量　5
フッ素　143
沸点上昇　74, 75
沸騰　72
舟形配座　178, 181
不飽和炭化水素　155
不飽和炭化水素基　163
ブラッグの式　80
ブラッグの反射条件　15

ブラベ格子　77, 79, 80
フリーデル・クラフツ反応　193
ブレンステッドとローリーによる定義　100
プロトン　100
分解反応　90
分子　3
分子間結合　54
分子間力　180, 183
分子軌道法　53
分子結晶　76
分子式　3
分枝炭化水素　163
分子不斉　177
分子模型　170
分子量　6
ブンゼンの吸収係数　74
フントの規則　37

へ

平均二乗速度　69
平衡　91
平衡状態　91
平衡定数　87, 101
ヘキサフルオロケイ酸　130
ヘスの法則　83, 84
ヘテロリシス開裂　189
ヘリウム　147
ベルヌーイの式　69
ヘルムホルツの自由エネルギー　86
偏光　171
ベンゼン　181
ヘンダーソン・ハッセルバルヒの式　107
ヘンリーの法則　74

ほ

ボイル・シャルルの法則　68
ボイルの法則　67
方位量子数　34
ホウ化物　125
ホウケイ酸塩　131
芳香族求電子置換反応　192
芳香族性　182
ホウ酸塩　126
放射過程　18
放出過程　18
ホウ素　125
飽和炭化水素基　163
ボーアの原子模型　20, 21
ボーア半径　21, 47
ボーア理論　23, 24
ホスフィン置換型　135
ボッシュ・ハーバー法　133
ホモリシス開裂　189
ポリ硫化物　140
ボルツマン定数　70

ま

マルコフニコフ則　191

み

水　138

水ガラス　130
水のイオン積　101
三つ組元素　1
ミョウバン　142
ミラー指数　79
ミリカンの油滴実験　10

む
無機化合物　123
無極性分子　63
無水コハク酸　187

め
命名法　162
メソ異性体　175
メソ体　175
メタ配向性　193
メタホウ酸　126
メタホウ酸塩　126
メタロイド　41
面心立方格子　77

も
モーズレー　40
モル　5
モル凝固点降下定数　75
モル蒸発熱　72
モル体積　68
モル濃度　73,74
モル沸点上昇定数　75
モル分率　73,74

ゆ
有機金属化合物　188
誘起効果　160
有機マグネシウム化合物　188
有機リチウム化合物　188
有効核電荷　32
誘電率　111
遊離基　56

よ
陽イオン　4
溶液　73
溶解度　74
ヨウ化物　144
陽極　115
陽極線　11
陽子　2,8,11
陽子の質量　11
容積百分率　73
ヨウ素　143
溶体　73
ヨードホルム反応　184

四ホウ酸塩　126

ら
ラウールの法則　74
ラクタム　186
ラクトン　185
ラジカル　56,189
ラジカル開始剤　194
ラジカル置換反応　195
ラジカル付加反応　194
ラセミ化　190
ラセミ化合物　175
ラセミ混合物　175
ラセミ体　171,175
ラプラス演算子　28
ランタノイド　41
ランタノイド収縮　49

り
理想気体　67,68
　——の状態方程式　68
律速段階　190
律速反応　94
立体異性　170
立体異性体　170,171,173,175,209
立体化学　170
立体構造　170
立体選択的　191
立体配座　177,181
立体配座異性体　173
立体配置　170
立体配置異性体　173
立体反転　190
立方最密構造　76
立方最密充填構造　77
粒界　75
硫化水素　140
硫化物　140
硫酸　141
硫酸塩　141
硫酸カリウムアルミニウム十二水和物　142
硫酸カルシウム水和物　142
硫酸バリウム　142
リュードベリ定数　19,22
リュードベリの式　19
量子化学　8,24
量子条件　21
量子数　30,34
量子力学　8,24
量子論　24
リン　135
臨界半径比　78,79
リン過剰リン化物　136

リン化物　135
リン酸緩衝液　108

る
ルイス塩基　101
ルイス構造式　149,150
ルイス酸　60
ルイスによる定義　101

れ
励起　17
零点エネルギー　52
連鎖反応　194

ろ
ロープ　52,148
六方最密格子　77
六方最密構造　76
六方最密充填構造　77

英・数
1,3-ジアキシアル相互作用　178
2p 軌道　151,153
8 電子則　51
π 結合　53,148,151
π 電子　151,153
σ 結合　52,148,154
$cyclo$-ケイ酸塩　130
dl-体　175
DNA　55
E 配置　174
head to head　52
I 効果　159
IUPAC　162
LCAO　53
MO 法　53
p 軌道　148,157
pH 指示薬　110
ppb　73,74
ppm　73,74
R 効果　159
RS 表示法　172
s 軌道　148
side by side　52
SOFC　139
sp 混成軌道　60
sp^2 混成軌道　59,148,150,153
sp^3 混成軌道　59
VB 法　52
Z-E　174
Z-E 表示法　173
Z 配置　174

執筆者一覧

橋詰 峰雄（はしづめ みねお）[1章]
1999年 東京工業大学大学院生命理工学研究科博士後期課程修了，博士（工学）．理化学研究所研究員，奈良先端科学技術大学院大学助手（助教）を経て2008年東京理科大学工学部第一部工業化学科講師を経て，2017年より同大教授．

湯浅 真（ゆあさ まこと）[2章]
1988年 早稲田大学大学院理工学研究科応用化学専攻博士後期課程修了，工学博士．1988年 東京理科大学理工学部工業化学科助手，1993年 同大講師，1998年 同大助教授を経て，2001年より同大教授．

竹内 謙（たけうち けん）[3章]
1996年 東京理科大学大学院理工学研究科工業化学専攻博士課程修了，博士（工学）．1997年 米国アルゴンヌ国立研究所博士研究員．2001年 東京理科大学基礎工学部長万部教養講師，准教授を経て，2013年より同大教授．

郡司 天博（ぐんじ たかひろ）[4章]
1992年 東京理科大学大学院理工学研究科工業化学専攻博士課程修了，博士（工学）．同年 ウィスコンシン大学化学科博士研究員．1993年 東京理科大学理工学部工業化学科助手，講師，助教授，准教授を経て，2012年より同教授．

酒井 秀樹（さかい ひでき）[5章]
1995年 東京大学大学院工学系研究科応用化学専攻博士課程修了，博士（工学）．同年 東京理科大学理工学部工業化学科助手を経て，2012年より同大教授．

近藤 行成（こんどう ゆきしげ）[6章]
1995年 東京理科大学大学院理工学研究科博士後期課程中退．同年 東京理科大学工学部第一助手．2004年〜2005年 ウィスコンシン大学マジソン校 Visiting Assistant Professor を経て，2015年より東京理科大学工学部教授．博士（工学）．

板垣 昌幸（いたがき まさゆき）[7章]
1993年 東京工業大学理工学研究科博士後期課程修了，博士（工学）．1994年 東京理科大学理工学部工業化学科助手を経て，2004年より同大教授．

井手本 康（いでもと やすし）[8章]
1986年 東京理科大学大学院理工学研究科工業化学専攻修士課程修了，博士（工学）．1986年 富士写真フイルム（株），1989年 東京理科大学理工学部工業化学科助手，講師，助教授，准教授を経て，2008年より同大教授．現在，理工学部学部長・理工学研究科長．

田中 優実（たなか ゆみ）[9章，13章]
2003年 東京大学大学院工学系研究科応用化学専攻修了，博士（工学）．2006年 東京医科歯科大学生体材料工学研究所無機材料分野助手，2010年 九州大学大学院工学研究院応用化学部門准教授を経て，2013年より東京理科大学工学部工業化学科准教授．

杉本 裕（すぎもと ひろし）[10章，11章]
1993年 東京大学大学院工学系研究科合成化学専攻博士課程修了，博士（工学）．1995年 東京理科大学工学部工業化学科助手を経て，2013年より同大教授．

坂井 教郎（さかい のりお）[12章]
2000年 大阪大学大学院工学研究科物質化学専攻博士後期課程修了，博士（工学）．同年 東京理科大学理工学部工業化学科助手を経て，2010年より同大准教授．

本田 宏隆（ほんだ ひろたか）[章末問題]
1985年 東京理科大学薬学部製薬学科卒業，1987年 東京理科大学基礎工学部助手，講師，助教授，准教授を経て，2009年より同大教授，博士（薬学）

理工系の基礎　基礎化学

平成 27 年 12 月 30 日　発　　　行
令和 4 年 12 月 25 日　第 6 刷発行

著作者　井手本 康・橋詰 峰雄・湯浅 真
　　　　竹内 謙・郡司 天博・酒井 秀樹
　　　　近藤 行成・板垣 昌幸・田中 優実
　　　　杉本 裕・坂井 教郎・本田 宏隆

発行者　池 田 和 博

発行所　丸善出版株式会社
　　　　〒101-0051　東京都千代田区神田神保町二丁目17番
　　　　編集：電話 (03) 3512-3263／FAX (03) 3512-3272
　　　　営業：電話 (03) 3512-3256／FAX (03) 3512-3270
　　　　https://www.maruzen-publishing.co.jp

Ⓒ 東京理科大学, 2015

組版印刷・製本／三美印刷株式会社
ISBN 978-4-621-30012-1 C 3043　　　　Printed in Japan

JCOPY 〈(一社)出版者著作権管理機構　委託出版物〉
本書の無断複写は著作権法上での例外を除き禁じられています．複写される場合は，そのつど事前に，(一社)出版者著作権管理機構（電話 03-5244-5088, FAX 03-5244-5089, e-mail：info@jcopy.or.jp）の許諾を得てください．